植物生理学

王永飞　　马三梅　李宏业　主编

国务院侨务办公室立项
彭磷基外招生人才培养改革基金资助项目
国家西甜瓜产业技术体系资助项目
暨南大学教材资助项目

U0210081

北　京

内 容 简 介

本书依据植物生理学的学科性质，在力求全面地阐述基本概念、基础知识和基本理论的基础上，参考国际上近年来较通行教材的内容，按照"植物的生命活动大致可分为生长发育和形态建成、物质和能量转化、信息传递和信号转导等方面"的理念，将全书分成"生长发育和形态建成""物质和能量转化""信息传递和信号转导"共 3 篇 12 章。其中，生长发育和形态建成篇包括植物的生长生理与形态建成、生殖生理、成熟和衰老生理3 章；物质和能量转化篇包括植物的生长物质、水分生理、矿质营养、光合作用、同化物的运输与分配、呼吸作用、次生代谢产物 7 章；信息传递和信号转导篇包括植物的信号转导和抗逆生理 2 章。为便于学生自学和复习，每章一开始就列出了本章的思维导图，并在章后提供了一些综合性的复习思考题。同时为授课教师准备了相应课件，供备课时参考。

本书作为高等院校植物生理学课程的教材，可供综合性大学、师范院校、农林院校的师生使用，也可供从事相关研究的科研人员使用和参考。

图书在版编目（CIP）数据

植物生理学/王永飞，马三梅，李宏业主编. —北京：科学出版社，2019.6
 ISBN 978-7-03-061493-3

Ⅰ.①植… Ⅱ.①王… ②马… ③李… Ⅲ.①植物生理学–高等学校–教材 Ⅳ.①Q945

中国版本图书馆 CIP 数据核字（2019）第 110061 号

责任编辑：席 慧 刘 晶/责任校对：严 娜
责任印制：张 伟/封面设计：迷底书装

科 学 出 版 社 出版
北京东黄城根北街 16 号
邮政编码：100717
http://www.sciencep.com

北京建宏印刷有限公司 印刷
科学出版社发行 各地新华书店经销
*

2019 年 6 月第 一 版 开本：787×1092 1/16
2020 年 7 月第二次印刷 印张：18 1/4
字数：467 000
定价：59.00 元

（如有印装质量问题，我社负责调换）

《植物生理学》编写委员会

主　　编　王永飞　马三梅　李宏业

副 主 编　孙小武　屈红霞　王少奎　刘林川

编写人员（按姓氏笔画排序）

马三梅（暨南大学）

王　翔（暨南大学）

王少奎（华南农业大学）

王永飞（暨南大学）

毛　娟（华南农业大学）

刘林川（华南农业大学）

孙小武（湖南农业大学）

李万昌（河南师范大学）

李宏业（暨南大学）

何晓明（广东省农业科学院）

张卓欣（华南农业大学）

张荣京（华南农业大学）

屈红霞（中国科学院华南植物园）

胡建广（广东省农业科学院）

前　言

　　植物生理学是生命科学的基础学科之一，是研究植物生命活动规律及其与环境的相互关系、揭示植物生命现象本质的科学。植物生理学课程更是我国高等院校生物工程、生物技术、生物科学、植物生产类、动物生产类等专业的核心课程之一。

　　我学习植物生理学和从事植物生理学教学工作的大致历程如下：大学期间（1990～1994年）学习了植物生理学课程，该课程是园艺专业的必修课程，所用的教材是农业出版社出版、江苏农学院主编的《植物生理学》（江苏农学院主编. 1985. 植物生理学. 北京：农业出版社）。硕士期间（1994～1997年）学习了高等植物生理学课程，该课程是园艺系蔬菜遗传育种专业的学位课程，由基础课部的多位老师授课，各位老师以专题讲座的形式教授了植物生理学某方面（如植物的水分生理、植物的抗逆生理等）的一些新进展，指定的参考教材为科学出版社出版、宋叔文主编的《植物生理与分子生物学》（宋叔文. 1992. 植物生理与分子生物学. 北京：科学出版社）。博士毕业后到暨南大学工作，按当时的人才培养方案，植物生理学为暨南大学的双语课程，该课程也是广东省高校较早开设的双语课程之一。该门课程的主讲教师是留学归国的武宝玕教授。武宝玕教授于 1987 年获美国俄克拉荷马州立大学植物学博士学位。他讲课参照的主要教材是 Salisbury 和 Ross 主编的《植物生理学》（第 4 版)[Salisbury F B, Ross C W. 1992. Plant Physiology （4th edition). Wadsworth Publishing Company, Belmont, California, USA]，并以此教材为蓝本编写了《植物生理学》双语讲义。我旁听了武宝玕教授 2 年的双语课程之后，2005 年开始接任和主讲该课程。我讲课参照的主要教材是 Taiz 和 Zeiger 主编的《植物生理学》（第 3 版）[Taiz L, Zeiger E. 2002. Plant Physiology （3rd edition）. Sinauer Associates Inc. Sunderland, Massachusetts, USA]，并以此教材为蓝本编写了《植物生理学》双语讲义。之后又承担了生物技术、生物科学等专业的植物生理学课程的教学工作。至今讲授植物生理学课程已 15 年。

　　在教学过程中我们深深体会和领悟到教材在提高教学质量及教学改革中具有极其重要的地位和作用，因为教材直接关系到教学内容、教学思想和教学方法等一系列问题，也是决定教学改革能否成功的重要因素。此外，教材是传授知识的重要载体，教材的出版与人才培养的质量息息相关。我国自 1978 年恢复高考以来，在植物生理学教材建设方面取得了一系列成绩，出版了许多植物生理学方面的教材，为植物生理学的人才培养做出了重要贡献。但随着生命科学的飞速发展，新兴学科的不断涌现，学生所需要学习和掌握的知识与技术越来越多。目前，顺应高等教育体制改革和市场经济、社会发展的需求，增加专业课的门数，压缩每门专业课的理论课时是今后的发展趋势。如何在较少的课时内系统地完成课程的教学目标，提高教学质量和教学效率，培养具有探索精神和主动学习能力的人才是教师和学生必须面对与解决的问题。此外，"大规模开放在线课程"（Massive Open Online Course，MOOC）的兴起是新形势下教育界出现的新情况。MOOC 对教材建设也提出了新的要求。

因此，我们在多年从事植物生理学教学和研究的基础上，综合近年来国内外新的研究成果，编写出版了本书，相信本书的出版对国内植物生理学的教学和科研能有一定的贡献。

本书依据植物生理学的自身学科性质，在力求较全面地阐述基本概念、基础知识和基本理论的基础上，参考国际上近年来较通行的植物生理学教材内容，并尽可能在内容上反映国际最新研究成果，以期使本书内容达到基础性、通用性、先进性、参考性等方面的统一。同时，本书注意介绍相关实验技术等，将研究思路、方法与理论内容有机结合；还注重理论与生产实际相结合，强调植物生理学的实践应用，达到学以致用、理论联系实际的目的，有利于学生系统地掌握植物生理学的理论体系和基本原理，并能结合生产实际，提高学生分析问题、解决问题的能力，培养具有创新思维和创新能力的人才。

需要重点说明和指出的是，本书在内容归并和章节顺序编排上进行了大胆的尝试及调整。我们按照"植物的生命活动大致可分为生长发育和形态建成、物质和能量转化、信息传递和信号转导等方面"的理念，并参考国内外最近几年较通行的植物生理学教材的章节框架，把植物生理学的内容也分为生长发育和形态建成、物质和能量转化、信息传递和信号转导 3 篇。其中，生长发育和形态建成篇主要包括植物的生长生理与形态建成、生殖生理、成熟和衰老生理等内容；物质和能量转化篇主要包括植物的生长物质、水分生理、矿质营养、光合作用、同化物的运输与分配、呼吸作用、次生代谢产物等内容；植物的信息传递和信号转导篇主要包括植物的细胞信号转导和植物的逆境生理等内容。

此外，为便于学生自学和复习，本书每章一开始就列出了本章的思维导图，并在章后提供了一些复习思考题。同时为授课教师提供参考课件。

本书绪论由王永飞编写，第一章由张荣京和刘林川编写，第二章由张卓欣编写，第三章由王少奎编写，第四章由何晓明编写，第五章由胡建广编写，第六章由刘林川和毛娟编写，第七章由马三梅编写，第八章由孙小武和屈红霞编写，第九章和第十章由李宏业、李万昌和王翔编写，第十一章和第十二章由马三梅编写。马三梅负责全书图片和思维导图的绘制。王永飞和马三梅负责全书的统稿、修改、审稿和定稿。一本好书的出版也离不开作者与编辑团队之间的合作沟通及紧密配合。在此书的编辑过程中，科学出版社的席慧女士不断与我们沟通和交流，认真、负责、敬业地把关和修改文稿，使本书增色不少。暨南大学 2018 级研究生刘畅同学协助绘制了一些图片。感谢各位对本书的真诚付出，没有大家的努力，这一本还算有特色、有内容的书籍就不能及时出版。

本书的出版得到国务院侨务办公室立项、彭磷基外招生人才培养改革基金、暨南大学教材项目及国家西甜瓜产业技术体系的资助。在此一并表示感谢！

编者对本书中所引用的国内外教材、专著及科技期刊等资料已尽可能列于书后参考文献中，如有遗漏，敬请见谅。

教材建设是一项长期的工作，一本教材可以影响几代学子。但由于编者水平有限，书中错误和编排不当之处在所难免，敬请有关专家、同行不吝赐教，提出宝贵意见，以便修订。

王永飞

2019 年 1 月

目　录

第三篇　植物的信息传递和信号转导

《植物生理学》教学课件索取方式

　　凡使用本书作为教材的主讲教师，可获赠教学课件一份。欢迎通过以下两种方式之一与我们联系。本活动解释权在科学出版社。

1. 关注微信公众号"科学 EDU"索取教学课件

　　关注 →"教学服务"→"课件申请"

2. 填写教学课件索取单拍照发送至联系人邮箱

姓名：		职称：		职务：	
电话：		QQ：		电邮：	
学校：		院系：		本门课程 学生数：	
地址：		邮编：			
您所代的其他课程及使用教材名称：					
书名：			出版社：		
您对本书的评价及修改意见：					

联系人：席慧 编辑　　　咨询电话：010-64000815　　　电子邮箱：xihui@mail.sciencep.com

绪　　论

开宗明义，在本书的绪论部分首先要阐明植物生理学的定义、内涵，及其学习内容和学习方法。

一、植物生理学的定义和内涵

什么是植物生理学（plant physiology）？我们先来看看中、英文教材及网站上的定义。

1. 中文教材中的定义　　国内大部分中文《植物生理学》教材对"植物生理学"的一般定义为：植物生理学是研究植物生命活动规律及其与环境相互关系、揭示植物生命现象本质的科学；并进一步解释为：植物的生命活动是十分复杂的，植物生理学的内容大致可分为生长发育与形态建成、物质与能量转化、信息传递和信号转导等方面。

生长发育（growth and development）是植物生命活动的外在表现，它主要包括了生长和发育两个方面：生长是由于细胞数目的增加和细胞体积的扩大而导致的植物体积和质量的增加；发育是由于细胞的不断分化（differentiation），形成新的组织和器官，新组织和新器官的不断出现带来一系列肉眼可见的形态变化，包括从种子萌发，根、茎、叶的生长，直到开花、结实、衰老、死亡的全过程。

形态建成（morphogenesis）是指植物体在生长和发育过程中，由于不同细胞逐渐向不同方向分化，从而形成了具有各种特殊构造和机能的细胞、组织和器官的过程。多细胞的植物既有时间上的分化，又有空间上的分化。在个体细胞数目大量增加的同时，分化程度越来越复杂，细胞间的差异也越来越大，而且同一个体的细胞由于所处位置不同而在细胞间出现功能分工，不同空间的细胞表现出明显的差别。因此，胚胎发育（embryonic development）不仅需要将分裂产生的细胞分化成具有不同功能的特异细胞类型，而且要将一些细胞组成功能和形态不同的组织与器官，最后形成一个具有表型特征的个体。

在植物形态变化的背后，是肉眼难以观察到的物质和能量转化过程，而物质转化与能量转化又紧密联系，构成统一的整体，统称为代谢（metabolism）。植物的代谢活动包括：水分的吸收、运输与散失；矿质元素的吸收、同化与利用；光合作用；呼吸作用；同化物的转化、运输与分配等方面。

信息传递（message transportation）和信号转导（signal transduction）是植物生命活动的另一个重要方面。植物虽不像动物那样具有发达的神经系统，但它生活在复杂多变的环境中，必须对环境的变化作出响应，或顺应环境有规律地变化而形成植物固有的生命周期，或对严酷的环境条件进行适应与抵抗以保持物种的繁衍。这些反应都是从"感知"环境条件的物理或化学信号开始的。在许多情况下，感知信息的部位与发生反应的部位往往不是同一器官，这就需要感受器官将它所感受到的信息传递到反应器官，并使后者发生反应。

除了感受环境条件信号外，植物内部各器官、细胞之间，甚至细胞内部也频繁地进行着信息的传递。例如，高等植物的根分化成特殊的吸收器官，必须依赖地上部分（冠）供给碳水化合物才能生存；反之，冠部也必须依赖根系提供水分、矿质元素和某些微量活性物质。这种根和冠之间频繁的物质与信息交流，也成为植物生理学的重要研究内容之一。

一般说来，信息传递主要是指物理或化学信号在器官间或细胞间的传输，而信号转导则主要是指细胞内外的信号，通过细胞的信号转导系统转变为植物生理反应的过程。

除此之外，植物体内还有一种非常重要的信息传递，那就是遗传信息通过遗传物质的载体——DNA 在世代间的传递。关于遗传信息传递的研究属于遗传学的领域，已超出了植物生理学的范畴。不过，在信号转导的过程中，也包含着遗传信息如何实现表达的问题，在这一层次上，植物生理学与现代分子遗传学又融为一体了。

2. 英文教材中的定义　　大部分的英文《植物生理学》教材对"植物生理学"的一般定义为：Plant physiology is a branch of plant sciences that aims to understand how plants live and function. Its ultimate objective is to explain all life processes of plants by a minimal number of comprehensive principles founded in chemistry, physics, and mathematics.

Plant physiology seeks to understand all the aspects and manifestations of plant life. In agreement with the major characteristics of organisms, it is usually divided into three major parts: ①the physiology of nutrition and metabolism, which deals with the uptake, transformations, and release of materials, and also their movement within and between the cells and organs of the plant; ②the physiology of growth, development, and reproduction, which is concerned with these aspects of plant function; and ③environmental physiology, which seeks to understand the manifold responses of plants to the environment. The part of environmental physiology which deals with effects of and adaptations to adverse conditions—and which is receiving increasing attention—is called stress physiology.

Plant physiological research is carried out at various levels of organization and by using various methods. The main organizational levels are the molecular or sub-cellular, the cellular, the organismal or whole-plant, and the population level. Work at the molecular level is aimed at understanding metabolic processes and their regulation, and also the localization of molecules in particular structures of the cell but with little if any consideration of other processes and other structures of the same cell. Work at the cellular level often deals with the same processes but is concerned with their integration in the cell as a whole. Research at the organismal level is concerned with the function of the plant as a whole and its different organs, and with the relationships between the latter.

Research at the population level, which merges with experimental ecology, deals with physiological phenomena in plant associations which may consist either of one dominant species （like a field of corn） or of numerous diverse species （like a forest）. Work at the organismal and to some extent the population level is carried out in facilities permitting maintenance of controlled environmental conditions （light, temperature, water and nutrient supply, and so on）.

3. 百度百科上的定义　　"百度百科"对植物生理学的定义为：植物生理学其目的在于认识植物的物质代谢、能量转化和生长发育等的规律与机制、调节与控制，以及植物体内外环境条件对其生命活动的影响。具体包括光合作用、植物代谢、植物呼吸、植物水分生理、植物矿质营养、植物体内运输、生长与发育、抗逆性和植物运动等研究内容。

4. 英文维基百科上的定义　　我们再来看一看英文"维基百科"（Wikipedia）对植物生理学的定义：Plant physiology is a subdiscipline of botany concerned with the functioning, or physiology, of plants. Closely related fields include plant morphology （structure of plants）, plant ecology （interactions with the environment）, phytochemistry （biochemistry of plants）, cell biology, genetics, biophysics and molecular biology.

Fundamental processes such as photosynthesis, respiration, plant nutrition, plant hormone functions, tropisms, nastic movements, photoperiodism, photomorphogenesis, circadian rhythms, environmental stress physiology, seed germination, dormancy and stomata function and transpiration, both parts of plant water relations, are studied by plant physiologists.

归纳上面的各种定义我们可以看出，植物生理学是研究发生在植物体内的重要过程及其功能，甚至可以简单地说，植物生理学是研究植物如何工作的。本质上，植物生理学是研究生命的"植物方式"。

Plant physiology is the study of the functions and processes occurring in plants, the vital processes occurring in plants, how plants work（图 0-1）.

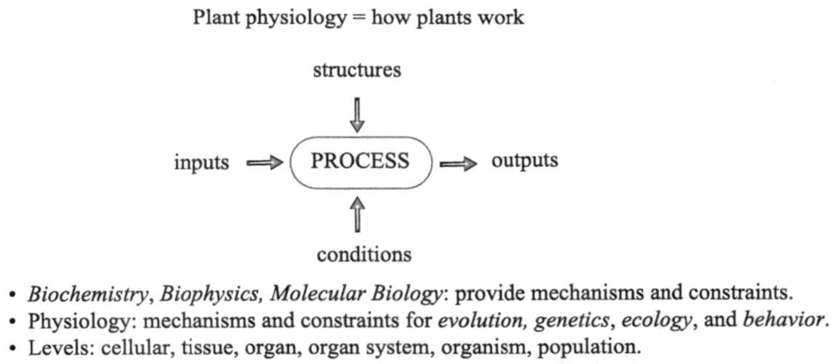

Plant physiology = how plants work

structures

inputs ⟹ PROCESS ⟹ outputs

conditions

- *Biochemistry, Biophysics, Molecular Biology*: provide mechanisms and constraints.
- Physiology: mechanisms and constraints for *evolution, genetics, ecology*, and *behavior*.
- Levels: cellular, tissue, organ, organ system, organism, population.

图 0-1　植物生理学的定义及与其他学科的相关性

In essence, plant physiology is a study of the plant way of life, which include various aspects of the plant lifestyle and survival including: metabolism, water relations, mineral nutrition, development, movement, irritability （response to the environment）, and organization, growth, and transport processes.

从上面的论述中也可以看出，植物生理学既是一门理论学科，也是一门实验性和实践性很强的学科。植物生理学的基础理论研究是探索植物生命活动的本质。人类文明发展史表明，基础理论问题一旦突破，往往产生超出预期的效果，从而给生产带来革命性的变化。例如，细胞培养、组织培养的研究成功，为遗传育种、植物繁殖提供了新技术。植物生理学的理论来源于生产实践，同时又服务于生产实践。例如，化肥广泛应用来源于植物矿物营养学说的创立；植物激素的发现使植物生长调节剂和除草剂广泛应用于作物生产中，并极大地提高了作物的产量；植物组织和器官呼吸作用调控机制的研究使现代化果蔬储藏保鲜技术得到广泛应用。光合、水分、矿质、抗性、呼吸、生长发育和有机物质运输等都与提高作物产量、改善产品品质有直接关系。植物生理学的研究成果对以植物生产为对象的产业有普遍性和指导性的作用。

二、植物生理学课程的学习内容

在绪论的第一部分，对中、英文教材及中、英文网站上的植物生理学的定义和内涵进行了介绍和归纳。那么植物生理学作为高等院校生物科学、生物技术、生物工程、植物生产类、动物生产类等专业的核心课程之一，主要讲授和学习哪些内容呢？下面我们以中、英文的经典教材目录来简要说明植物生理学课程的学习内容。

1. 中文经典教材目录　　潘瑞炽先生主编的《植物生理学》（第 7 版）（高等教育出版社，2012 年）是目前国内中文版次最多的教材，我们一般把它作为国内中文的经典教材。该教材共 3 篇、12 章，具体的目录如下：

第一篇　水分和矿质营养
第一章　植物的水分生理
第二章　植物的矿质营养
第二篇　物质代谢和能量转换
第三章　植物的光合作用
第四章　植物的呼吸作用
第五章　植物同化物的运输
第六章　植物的次级代谢产物
第三篇　植物的生长和发育
第七章　细胞信号转导
第八章　植物生长物质
第九章　植物的生长生理
第十章　植物的生殖生理
第十一章　植物的成熟和衰老生理
第十二章　植物的抗性生理

2. 英文经典教材目录　　由 Lincoln Taiz 和 Eduardo Zeiger 等著、Sinauer Associates 公司出版的 *Plant Physiology* 是当今国际上植物生理学领域的重要教科书，该书目前已出版到第 6 版[*Plant Physiology and Development*（6th Edition）. Lincoln Taiz, Eduardo Zeiger, Ian M. Møller, Angus Murphy. Sinauer Associates. 2014]。我国将该教材作为国外经典教材译丛之一，已翻译和出版其第 4 版和第 5 版（宋纯鹏等，2009；2015）。该书在多次再版过程中不断更新，并把植物生理学的最新进展纳入进来，使该书成为国际上权威、全面、综合和被广泛应用的植物生理学教材，并且在第 6 版中对植物生长和发育部分进行了重新组织和增容，展示了植物从种子萌发到衰老的完整生命周期，因此第 6 版将书名也改为了《**植物生理学和发育**》（***Plant Physiology and Development***）。全书围绕植物对水分和矿质营养的吸收和转运，光合作用、呼吸作用等植物体内的生化和代谢过程，以及植物生长发育及其调控 3 个单元精心组织内容，共计 24 章，并提供相应的网络资源（http://6e.plantphys.net/）。在其网络资源上包括主题（topics）、评论（essays）、学习习题（study questions）、建议阅读材料（suggested readings）等内容，十分便于"教"和"学"。该书一如既往的目标是为下一代植物生理学家提供最好的教育基础。该书各单元和各章的目录如下：

Chapter 1　　Plant and Cell Architecture　植物和细胞的结构

Chapter 2　　Genome Structure and Gene Expression　基因组结构与基因表达

UNIT Ⅰ　　Transport and Translocation of Water and Solutes　水和溶质的运输与转运

Chapter 3　　Water and Plant Cells　水和植物细胞

Chapter 4　　Water Balance of Plants　植物的水分平衡

Chapter 5　　Mineral Nutrition　矿质营养

Chapter 6　　Solute Transport　溶质的运输

UNIT Ⅱ　　Biochemistry and Metabolism　生物化学和新陈代谢

Chapter 7　　Photosynthesis: The Light Reactions　光合作用：光反应

Chapter 8　　Photosynthesis: The Carbon Reactions　光合作用：碳反应

Chapter 9　　Photosynthesis: Physiological and Ecological Considerations　光合作用：生理学与生态学的考虑

Chapter 10　　Stomatal Biology　气孔生物学

Chapter 11　　Translocation in the Phloem　韧皮部的转运

Chapter 12　　Respiration and Lipid Metabolism　呼吸与脂类代谢

Chapter 13　　Assimilation of Inorganic　无机物的同化

UNIT Ⅲ　　Growth and Development　生长和发育

Chapter 14　　Cell Walls: Structure, Formation, and Expansion　细胞壁：结构、形成与扩展

Chapter 15　　Signals and Signal Transduction　信号与信号转导

Chapter 16　　Signals from Sunlight　来自阳光的信号

Chapter 17　　Embryogenesis　胚胎发生

Chapter 18　　Seed Dormancy, Germination, and Seedling Establishment　种子的休眠、萌发与幼苗形成

Chapter 19　　Vegetative Growth and Organogenesis　营养生长与器官的发生和形成

Chapter 20　　The Control of Flowering and Floral Development　开花控制和花的发育

Chapter 21　　Gametophytes, Pollination, Seeds, and Fruits　配子体、授粉、种子和果实

Chapter 22　　Plant Senescence and Cell Death　植物的衰老与细胞的死亡

Chapter 23　　Biotic Interactions　生物的相互作用

Chapter 24　　Abiotic Stress　非生物胁迫

3. 本书的编写理念和内容　　我们在多年从事植物生理学教学和研究的基础上，综合近年来国内外最新的研究成果，编写了本书。本书依据植物生理学的自身学科性质，在力求较全面地阐述基本概念、基础知识和基本理论的基础上，参考国际上最近几年较通行的植物生理学教材，并尽可能在内容上反映国际上本学科的最新研究成果，以期使本书内容达到基础性、通用性、先进性、参考性等方面的统一。本书同时注重介绍相关实验技术等，将研究思路、方法与理论内容有机结合，并注重理论与生产实际相结合。本书还强调了植物生理学的实践应用，达到学以致用、理论联系实际的目的，有利于学生系统地掌握植物生理学的理论体系和基本原理，并能结合生产实际，提高学生分析问题、解决问题的能力，培养具有创新思维和创新能力的人才。

需要重点说明和指出的是，本书在内容归并和章节顺序编排上进行了大胆的尝试和调

整。我们按照"植物的生命活动大致可分为生长发育与形态建成、物质与能量转化、信息传递和信号转导等方面"的理念，并参考国内外最近几年较通行的植物生理学教材的章节框架，把植物生理学的内容分为"生长发育和形态建成""物质和能量转化""信息传递和信号转导" 3 篇。其中，生长发育与形态建成篇主要包括植物的生长生理与形态建成、生殖生理、成熟和衰老生理等内容；物质和能量转化篇主要包括植物的生长物质、植物的水分生理、矿质营养、光合作用、同化物的运输和分配、呼吸作用、次生代谢产物等内容；信息传递和信号转导篇主要包括植物的信号转导和抗逆生理等内容。

各篇中章的编写顺序为：在**植物生长发育和形态建成篇**，先写"植物的生长生理与形态建成"，再写"植物的生殖生理"，之后写"植物的成熟和衰老生理"；在**物质和能量转化篇**，先写"植物的生长物质"，再写"植物的水分生理"和"植物的矿质营养"，之后写"植物的光合作用"和"植物同化物的运输与分配"，最后写"植物的呼吸作用"和"植物的次生代谢产物"；在**植物的信息传递和信号转导篇**，先写"植物的信号转导"，之后再写"植物的抗逆生理"。

全书的思维导图如下：

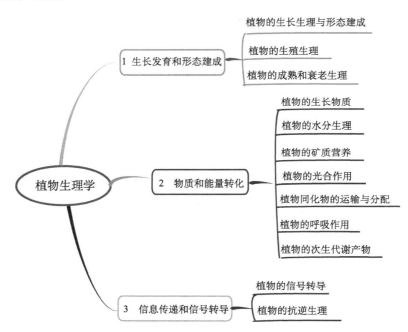

这样的调整是否妥当和适宜，希望能够得到同行和同学的批评、指正。更希望我们所做的这些努力能够有利于老师的"教"和学生的"学"，并能经受住"教"和"学"的考验。

三、植物生理学的学习方法

作为初学者，首先必须认真阅读教材，掌握本学科的基本概念、基本理论知识及科学实验方法。但科学知识是不断发展和更新的，因此要学会查阅国内外科技文献，注意了解学科发展的新成果和新动向，要在学习前人总结的理论知识基础上，提出问题、分析问题，独立思考，并进行自己的探索。

其次要坚持理论联系实际，在学习理论知识的同时一定要学习相关研究的实验设计思路、方案、方法及实验结果和实验分析，掌握科学实验方法。植物生理学的理论诞生于生产实践，同时又服务于生产实践。因此要重视植物生理学理念知识在实践上的应用；到生产实践中去发现问题，进行调查、观察、分析和综合，并从科学实验、生产实践中提高和发展植物生理学的理论知识。

为帮助学生更好地理解和掌握植物生理学的知识，美国植物生物学家协会（American Society of Plant Biologists）提出了 12 条植物生理学原理。

（1）Plants contain the same biological processes and biochemistry as microbes and animals. However, plants are unique in that they have the ability to use energy from sunlight along with other chemical elements for growth. This process of photosynthesis provides the world's supply of food and energy.

（2）Plants require certain inorganic elements for growth and play an essential role in the circulation of these nutrients within the biosphere.

（3）Land plants evolved from ocean-dwelling, algae-like ancestors, and plants have played a role in the evolution of life, including the addition of oxygen and ozone to the atmosphere.

（4）Reproduction in flowering plants takes place sexually, resulting in the production of a seed. Reproduction can also occur via asexual propagation.

（5）Plants, like animals and many microbes, respire and utilize energy to grow and reproduce.

（6）Cell walls provide structural support for the plant and also provide fibers and building materials for humans, insects, birds and many other organisms.

（7）Plants exhibit diversity in size and shape ranging from single cells to gigantic trees.

（8）Plants are a primary source of fiber, medicines, and countless other important products in everyday use.

（9）Plants, like animals, are subject to injury and death due to infectious diseases caused by microorganisms. Plants have unique ways to defend themselves against pest and diseases.

（10）Water is the major molecule present in plant cells and organs. In addition to an essential role in plant structure, development, and growth, water can be important for the internal circulation of organic molecules and salts.

（11）Plant growth and development are under the control of hormones and can be affected by external signals such as light, gravity, touch, or environmental stresses.

（12）Plants live and adapt to a wide variety of environments. Plants provide diverse habitats for birds, beneficial insects, and other wildlife in ecosystems.

希望同学们通过掌握这 12 条原理来加深对植物生理学的理论体系的学习和理解。

复习思考题

1. 假如你作为主编要编写《植物生理学》或《植物生理学实验指导》，请论述你的编写理念和想要达到的目的和效果，并详细说明你所编写教材的特色、优势，以及具体的篇、章、节的目录。

2. 请查阅相关的资料，写一篇简短的植物生理学简史，重点论述清楚植物生理学是如何诞生和发展的？发展简史中渗透哪些科研思维和科研方法？从中可以得到哪些启示？对你有何启发？你能总结出哪些科研创新方法？

3. 请列举出一篇你看过的与植物生理学有关的中文或外文文章，并对该文章进行简要介绍。

4. 请列举出你看过的或知道的与植物生理学相关的中外文图书和期刊，并对这些图书和期刊进行简单介绍。

5. 认真思考和总结一下植物生理学是一门什么样的学科和课程，假如你是该课程的主讲教师，请问你将要给学生主要讲哪些内容？为什么要讲这些内容？

第一篇　植物的生长发育和形态建成

　　植物的生长发育是一个极其复杂的过程，是在各种物质代谢和能量转化的基础上，表现为种子萌发、发芽、生根、长叶、植物体长大成熟、开花、结果，最后衰老、死亡。植物的一生始于受精卵的形成，受精卵形成就意味着新一代生命的开始。通常认为，生长是由于细胞数目的增加和细胞体积的扩大而导致的植物体积与质量的增加，主要是通过细胞分裂和伸长来完成的；发育是由于细胞的不断分化，形成新的组织和器官，新组织和新器官的不断出现带来一系列肉眼可见的形态变化。

　　植物生长发育的特点是：由种子萌发到形成幼苗，在其生活史的各个阶段总在不断地形成新的器官，是一个开放系统；植物生长到一定阶段，光、温度等条件调控植物由营养生长转向生殖发育；在一定外界条件刺激下，植物细胞表现高度的全能性；固着在土壤中的植物必须对复杂的环境变化作出多种反应。

　　形态建成是指植物体在生长和发育过程中，由于不同细胞逐渐向不同方向分化，从而形成了具有各种特殊构造和机能的细胞、组织与器官的过程。多细胞的植物既有时间上的分化，又有空间上的分化。

　　本篇主要包括植物的生长生理与形态建成、植物的生殖生理、植物的成熟和衰老生理等内容。

第一章　植物的生长生理与形态建成

生物个体要有序地经历发生、发展和死亡等时期，这种生物体从发生到死亡所经历的过程称为生命周期（life cycle）。在生命周期中，植物体经历生长（growth）、分化（differentiation）和发育（development）等过程。其中，生物的细胞、组织和器官的数目、体积或干重的不可逆增加过程即称为生长。植物的生长包括营养器官的生长和生殖器官的生长。营养器官的生长非常重要。在农业生产中，若以营养器官为收获物，营养器官的生长就直接影响产量；若以生殖器官为收获物，由于生殖器官的形成和发育所需的养料主要由营养器官供给，所以营养器官的生长对生殖器官的生长同样影响极大。因此，在实际生产中，掌握植物的生长生理（growth physiology）至关重要。

本章的思维导图如下：

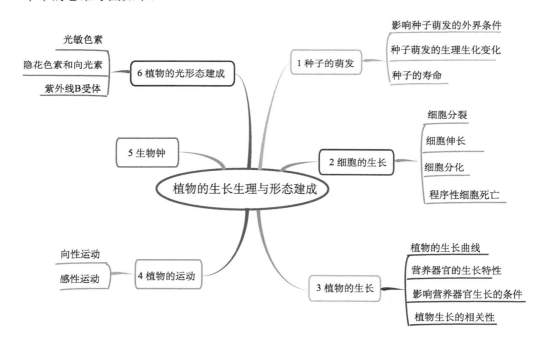

第一节　种子的萌发

种子是由受精卵发育来的，是种子植物所特有的繁殖器官。一般由种皮、胚和胚乳 3 部分组成。人们也习惯于把种子萌发看成是植物进入营养生长阶段的第一步。农业生产中，种子的萌发关系到最后的产量。

一、影响种子萌发的外界条件

具有萌发能力的种子，在适宜的条件下，胚由休眠状态转入活动状态，开始萌发生长，形成幼苗，这个过程即为种子萌发（seed germination）。种子萌发必须具备：充足的水分、足够的氧气和适宜的温度（图 1-1）。此外，有些种子萌发还受光的影响。

图 1-1　种子萌发的条件

1. 水分　　水分是控制种子萌发最重要的因素。吸水是种子萌发的第一步。种子吸水后，种皮膨胀软化，氧气容易透过种皮，增加胚的呼吸。同时，水分可使凝胶状态的细胞质转变为溶胶状态，使代谢加强，在一系列酶的作用下，胚乳的贮藏物质逐渐转化为可溶性物质供给胚。当然，如果土壤中的水分过多，则易造成缺氧，使种子闷死。

2. 氧气　　种子萌发时，呼吸作用增强，需要吸收大量氧气，把细胞内贮藏的营养物质如葡萄糖氧化分解为二氧化碳和水，并释放能量供给各种生理活动。因此，在农业生产中，播种过深或土壤积水，都易造成种子缺氧，影响种子的正常萌发。

3. 温度　　种子的萌发是在一系列酶的参与下进行的，而酶的催化作用与温度密切相关。不同植物的种子萌发，对温度范围的要求不同。一般原产于热带的植物，种子萌发时所需的温度较高；原产于温带的植物，种子萌发时所需要的温度相对较低。

4. 光　　一般植物种子的萌发对光没有明显要求，但有些植物的种子萌发需要光，这类种子称为需光种子（light seed），如烟草、莴苣、拟南芥等（图 1-2）。有些种子萌发不需要光，称为需暗种子（dark seed），如瓜类、洋葱、苋菜、小麦、玉米等。

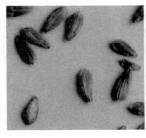

烟草　　　　　　　　莴苣　　　　　　　　拟南芥　　　　　　（彩图）

图 1-2　需光种子

二、种子萌发的生理生化变化

种子萌发是指种子从吸水开始的一系列有序的生理生化过程及形态发生过程，基本上包括吸水、贮存组织内物质水解和运输到生长部位合成细胞组分、细胞分裂和增大、胚突破种皮、胚根和胚芽出现、长成幼苗等步骤。种子萌发过程主要的生理生化变化如下。

1. 吸水　　吸水表现为三个阶段：急剧吸水、滞缓吸水、胚根长出后的重新迅速吸水。第一阶段是由种子内亲水胶体的吸胀作用引起的物理过程。第二阶段由细胞的代谢作用引起。第三阶段是由胚的迅速长大和细胞体积的加大，重新大量吸水。

2. 呼吸作用和酶活性的变化　　种子吸水前的呼吸速率很低，几乎测不出 CO_2 的释放和 O_2 的吸收。在种子吸水的第二阶段，呼吸作用产生的 CO_2 大大超过 O_2 的消耗。因此，初期的呼吸以无氧呼吸为主；当胚根长出、鲜重增大时，O_2 的消耗速率就高于 CO_2 的释放速率，此时以有氧呼吸为主。在种子吸水的第二阶段，种子中各种酶也在形成。酶的形成有两种来源：一种是从已存在的束缚态酶释放或活化而来；另一种是在核酸诱导下合成的蛋白质形成新的酶。

3. 有机物质的转变　　种子中贮藏有大量的淀粉、蛋白质和脂肪等有机物质。不同的植物种子，三者的含量也不同。种子萌发时，在酶的作用下，这些有机物质被分解为简单的物质，并运送到正在生长的幼胚中去，作为幼胚生长的营养物质。种子萌发过程中，淀粉、脂肪和蛋白质转化的情况可以简单地图解为图 1-3。

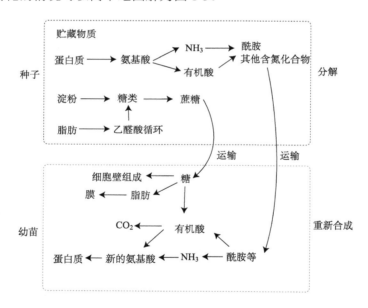

图 1-3　种子萌发过程中淀粉、脂肪和蛋白质的转化情况

1）淀粉　　种子萌发过程中，淀粉会被淀粉酶、脱支酶和麦芽糖酶水解成葡萄糖。

此外，淀粉还可以被磷酸解（phosphorolysis）作用分解。淀粉的磷酸解是指在磷酸的参与下，淀粉磷酸化酶将淀粉分解成 1-磷酸葡萄糖。如用"（葡萄糖）$_n$"表示淀粉的话，则淀粉的磷酸解反应式如下（图 1-4）：

$$\text{（葡萄糖）}_n + \text{磷酸} \xrightarrow{\text{淀粉磷酸化酶}} \text{（葡萄糖）}_{n-1} + \text{1-磷酸葡萄糖}$$

图 1-4　淀粉的磷酸解

2）脂肪　脂肪在脂肪酶的作用下，分解为甘油和脂肪酸。油料种子萌发时，贮存在圆球体的三酰甘油的分解和转化，需要在圆球体、乙醛酸循环体和线粒体三种细胞器及细胞质基质的配合下完成（图1-5）。

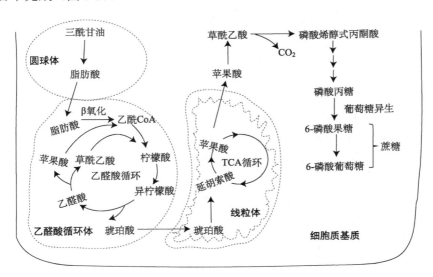

图1-5　油料种子中三酰甘油的分解和转化

TCA 为三羧酸（tricarboxylic acid）的缩写

3）蛋白质　分解蛋白质的酶类主要有蛋白酶（protease）和肽酶（peptase）。蛋白质在蛋白酶的作用下分解为小肽（small peptide），然后小肽在肽酶的作用下分解为氨基酸。由蛋白质分解生成的氨基酸，重新构成新的蛋白质或供其他用途。

种子萌发过程也经历从异养到自养的转化。开始萌发时，只能动用种子内贮藏的物质，还不能制造足够的养分，进行异养生活；当幼苗叶片进行较旺盛的光合作用，制造充分有机养料后，即进入自养过程。

三、种子的寿命

种子寿命（seed longevity）是指种子在一定条件下保持生活力的最长期限，超过这个期限，种子就会失去生活力，从而失去萌发的能力。种子的寿命长短主要取决于植物的遗传特性。例如，柳树的种子寿命极短，成熟后只有12h；莲的种子寿命可达120年以上。

种子寿命的长短与贮藏条件也有关。干燥和低温是种子最适宜的贮藏环境，在这种环境下，种子的呼吸作用最弱，消耗的营养物质最少，可以度过较长的休眠期。但完全干燥的种子会使生命活动完全停止。

第二节　细胞的生长

植物的生长都是以细胞的生长为基础的。细胞的生长包括细胞分裂和细胞伸长。细胞分裂可以增加细胞数目，细胞伸长可以增大细胞的体积。种子萌发后，由于细胞的生长，幼苗迅速长大；同时，由于细胞分化，各种器官不断形成。

一、细胞分裂

1. 细胞周期　　具有分裂能力的细胞一般细胞质浓厚，合成代谢旺盛，能够把无机盐和有机物质同化为细胞质。当细胞质增加到一定量时，细胞就开始分裂，一分为二成为两个新细胞，新细胞长大后再分裂为两个新细胞，依此类推，一直分裂下去。细胞分裂成两个新细胞所需的时间，即为细胞周期（cell cycle）或细胞分裂周期（cell division cycle）。

细胞周期包括分裂间期（interphase）和分裂期（mitotic stage，简称 M 期）。分裂期是指有丝分裂过程，包括前期、中期、后期和末期。分裂间期则是分裂期后的静止时期，是 DNA 合成期，可分为 DNA 合成前期（简称 G_1 期）（G 为 gap 简称）、DNA 合成期（简称 S 期）（S 为 synthesis 简称）和 DNA 合成后期（简称 G_2 期）（图 1-6A）。

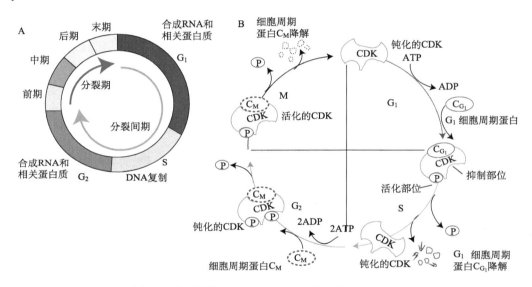

图 1-6　细胞周期（A）和 CDK 调控细胞周期（B）

2. 细胞周期的调控　　细胞的分裂依赖于 DNA、RNA 和蛋白质等细胞构成物质的定量合成。温度、营养、蛋白质或核酸合成抑制剂、植物激素等都能影响细胞分裂。

根据研究得知，调控细胞周期的关键酶是细胞周期蛋白依赖的蛋白激酶（cyclin-dependent protein kinases, CDK）。CDK 活性的调节途径主要有两个：一是细胞周期蛋白（cyclin）的合成和破坏；二是 CDK 内关键氨基酸残基的磷酸化和去磷酸化。细胞周期蛋白有 G_1 期和中期之分。G_1 期和中期的细胞周期蛋白分别写成 C_{G_1} 和 C_M。CDK 与 cyclin 结合后才能活化。CDK-cyclin 复合物有被磷酸活化部位和抑制部位，当两个部位被磷酸化后，若复合物仍不活化，则需要把抑制部位的磷酸除去，复合物才活化（图 1-6B）。

植物激素在细胞分裂过程中也起着重要作用。在烟草细胞培养中，生长素和细胞分裂素刺激 G_1 期细胞周期蛋白（C_{G_1}）的积累，从而促进细胞进入新的细胞周期（图 1-7）。细胞分裂素通过活化磷酸酶，削弱 CDK 酪氨酸磷酸化的抑制作用，从而促使细胞进入 M 期。

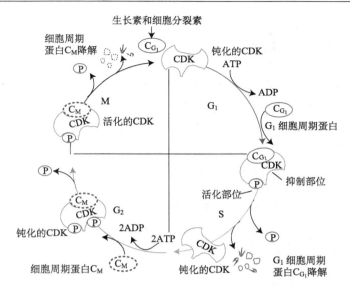

图 1-7　生长素和细胞分裂素调节细胞周期

在干旱状态下，根部脱落酸浓度增加，CDK 抑制剂（inhibitor of cyclin-dependent kinase, ICK）表达，ICK 与 CDK-cylin 复合物结合，阻止活化部位的磷酸化，从而阻止细胞进入 S 期（图 1-8）。

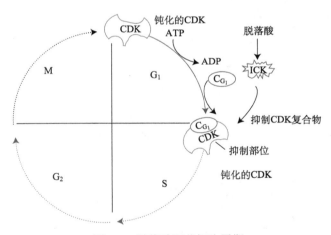

图 1-8　脱落酸调节细胞周期

二、细胞伸长

根尖和茎尖的分生区中的一部分分生组织细胞永远保持分裂能力。根尖和茎尖的伸长区细胞逐渐进行伸长生长。伸长期细胞的最大特点是体积迅速增大，细胞大量吸水，纵向伸长。如果水分不足，细胞伸长生长就会减慢。

细胞伸长生长时，呼吸速率增加 2～6 倍，细胞中的蛋白质含量也随之增加。呼吸作用的增强和蛋白质的积累是细胞伸长的基础。

植物激素对细胞伸长有重要的调节作用。生长素如吲哚 3-乙酸（indole-3-acetic acid, IAA）

可以促进细胞伸长，其机制可用细胞壁酸化理论去解释。生长素与受体结合，进一步通过信号转导，促进 H^+-ATP 酶基因的表达。质子泵活化，把质子（H^+）排到细胞壁（图 1-9）。当细胞壁酸化后，就可以活化膨胀素（expansin）。膨胀素也称为扩张素或扩张蛋白，是一种引起植物细胞壁松弛的蛋白质，在植物细胞伸长中起着关键作用。活化的膨胀素可破坏细胞壁多糖之间的氢键，使多糖分子之间的连接松弛，细胞壁可塑性增加。由于生长素和酸性溶液都可促进细胞伸长，生长素促使 H^+ 分泌速率和细胞伸长速率一致，因此，把生长素诱导细胞壁酸化并使其可塑性增大而导致细胞伸长的理论，称为酸-生长假说（acid-growth hypothesis）。

赤霉素（gibberelin, GA）可增加细胞壁伸展性，这与它提高木葡聚糖内糖基转移酶（xyloglucan endotransglycosylase, XET）活性有关，XET 有利于伸展素（extensin）穿入细胞壁，伸展素和 XET 是 GA 促进细胞伸长所必需的。

IAA 可使细胞壁酸化而松弛，而 GA 没有这种作用，GA 刺激伸长的滞后期比 IAA 长。

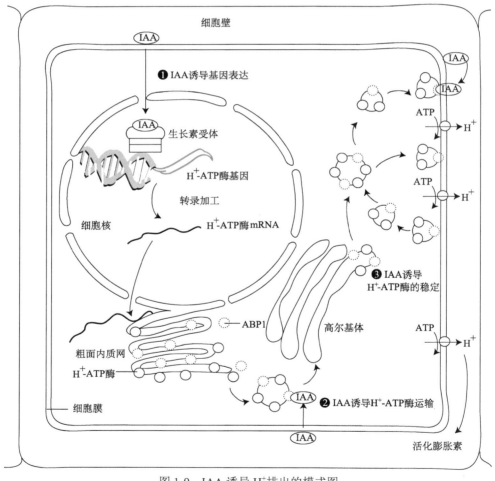

图 1-9　IAA 诱导 H^+ 排出的模式图

① IAA 诱导基因表达：生长素与受体结合，通过信号转导启动 H^+-ATP 酶基因的表达，转录形成 mRNA 并运输到细胞质，mRNA 在内质网上合成生长素结合蛋白（auxin-binding protein, ABP1）和 H^+-ATP 酶，由内质网形成的囊泡包裹着 ABP1 和 H^+-ATP 酶离开内质网并转运到细胞质基质中；②IAA 诱导 H^+-ATP 酶运输：IAA 与囊泡中的 ABP1 结合，将 H^+-ATP 酶运输到高尔基体中进一步修饰加工；③IAA 诱导 H^+-ATP 酶的稳定：高尔基体将包裹着 H^+-ATP 酶的囊泡转运到质膜

三、细胞分化

细胞分化（cell differentiation）是指分生组织的细胞发育成具有各种不同形态结构和生理功能的成熟细胞的过程。细胞分化的本质是基因组在时间和空间上的选择性表达，通过不同基因表达的开启或关闭，最终产生标志性蛋白。

高等植物从受精卵开始就不断分化，并形成各种细胞、组织和器官，直至形成植物体。植物大约有 40 种不同的细胞类型，这些细胞经过生长、分化，最终形成一定形态的细胞，这一过程被称为细胞的形态建成（morphogenesis）。

一般情况下，细胞分化过程是不可逆的。但在某些条件下，分化了的细胞的基因表达模式也可以发生可逆性变化，再回到其未分化状态，即去分化（dedifferentiation）。

1. 细胞全能性与细胞分化　　细胞全能性（totipotency）是指植物体的任何一个具有细胞核的活细胞都携带着一套完整的基因组，并具有发育成完整植株的潜在能力。德国植物学家 Haberlandt 于 1902 年提出细胞全能性的概念。细胞全能性是细胞分化的理论基础，细胞分化则是细胞全能性的具体表现。

2. 组织培养与细胞分化　　植物的组织培养（tissue culture）是指在无菌条件下，在培养基中培养离体植物组织（器官或细胞），最后形成完整植株的技术，也称为离体（*in vitro*）培养。用于离体培养的各种植物材料就是外植体（explant）。组织培养的理论依据就是细胞的全能性。

3. 极性与细胞分化　　极性（polarity）是指植物器官、组织、细胞在不同的轴向上存在某种形态结构和生理生化上的梯度差异。由于极性存在，细胞发生不均等分裂。例如，合子（zygote）在第一次分裂时形成基细胞和顶端细胞就是极性现象（图 1-10）。禾本科植物气孔形成时，叶原表皮细胞发生不均等分裂，大的为表皮细胞，

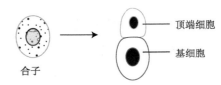

图 1-10　合子的不均等分裂

小的为气孔保卫母细胞，气孔保卫母细胞进行均等分裂而成两个保卫细胞。因此，极性是细胞不均等分裂的基础，而不均等分裂又是植物组织结构分化产生的基础。极性一旦建立，即难以逆转。

4. 植物激素对细胞分化的影响　　植物激素能诱导细胞的分化。烟草组织培养的实验证明，烟草茎愈伤组织的分化取决于生长素和激动素浓度的比值。适量 IAA 可促进根的分化，适量激动素可促进芽的分化。当两者浓度均高时，则只长愈伤组织。

四、程序性细胞死亡

植物在生长过程中，有些细胞会自主、有序地死亡，这种细胞自然死亡的现象称为程序性细胞死亡（programmed cell death, PCD），是细胞分化的最后阶段。程序性细胞死亡不是一个被动的过程，而是主动过程，涉及一系列基因的激活、表达及调控作用等。

程序性细胞死亡的发生，一种是植物体发育过程中必不可少的现象，如花粉管生长时在花柱中形成的通道、导管分化过程中细胞内容物自溶等；另一种是植物体对外界环境的反应，如植物因水涝和供氧不足而在根和茎基部的部分皮层薄壁细胞死亡以形成通气组织等。DNA 酶、酸性磷酸酶、ATP 酶等都参与了程序性细胞死亡过程。

第三节　　植物的生长

　　植物的生长实际上就是各个器官细胞数目的增多和体积的增大。植物生长过程中常遵循一定的规律，表现出特有的周期性、相关性和独立性等特点，是一个体积或质量不可逆增加的过程。

一、植物的生长曲线

　　在植物体的整个生长过程中，生长速率表现出"慢—快—慢"的规律，即开始时生长缓慢，后逐渐加快并达到最高点，之后又减慢至停止。人们把植物生长的这三个阶段合起来叫做生长大周期（grand period of growth）。如果以植物（或器官）生长量对时间作图，可以得到植物的生长曲线（growth curve），其生长曲线呈"S"形，如玉米的株高变化曲线（图 1-11）。"S"形曲线可以分为以下 4 个时期。

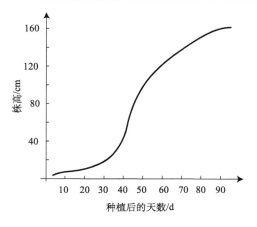

图 1-11　玉米的株高变化曲线

　　（1）停滞期（lag phase）：细胞处于分裂时期和原生质积累期，生长比较缓慢。

　　（2）对数生长期（logarithmic growth phase）：细胞数随着时间呈对数增长，因为细胞合成的物质可以再合成更多的物质，细胞越多，生长越快。

　　（3）直线生长期（linear growth phase）：生长继续以恒定的速率（通常是最高速率）进行。

　　（4）衰老期（senescence phase）：细胞成熟和衰老，生长速率下降。

　　如果以生长速率作图，则生长曲线为一条抛物线。由图 1-12 可以看出，50 天左右，玉米生长速率最快。

二、营养器官的生长特性

　　营养器官分为根、茎、叶，它们的生长特性各不相同。

　　1. 根的生长特性　　植物的根有顶端优势。根尖含有某种抑制侧根形成的物质，很多实验表明细胞分裂素在根尖合成后向上运输，抑制侧根形成。脱落酸和黄质醛（xanthoxin）也能抑制侧根的形成，乙烯能促进番茄侧根的形成。

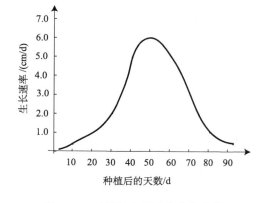

图 1-12　玉米的生长速率变化曲线

　　2. 茎的生长特性　　植物的茎的生长非常复杂。双子叶木本植物的生长依靠茎尖和维管形成层；单子叶植物的生长依靠居间分生组织和茎尖。居间分生组织在整个植物生活史中均保持分生能力。例如，水稻和小麦等农作物倒伏时茎向上弯曲生长、顶端分生组织形成花序后茎的快速生长，都是居间分生组织活动的结果。

3. 叶的生长特性　　　幼叶发育完成后由小变大的生长过程即为叶的生长。通常情况下，双子叶植物的叶可以均匀生长，单子叶植物的叶基部保持生长能力。

三、影响营养器官生长的条件

1. 温度　　　植物只有在一定的温度下才能生长。不同种类的植物生长所要求的温度范围也不同。北极或高山植物的最适温度往往在10℃以下，温带至热带分布的植物最适温度一般为25～35℃。最适温度是指植物生长最快的温度，但此时植物的营养等物质也消耗太快，植物生长并不健壮，所以在生产实践中，培育健壮植株时往往要求在比生长的最适温度（生理最适温度）略低的温度，即"协调的最适温度"下进行。

2. 水分　　　植物对水分供应最敏感。细胞的伸长生长比细胞分裂更受水分亏缺的影响。在农业生产上，控制第一节、第二节间伸长期水分供应，防止基部节间过度伸长，是增强水稻、小麦抗倒伏的基本措施。

如果土壤水分过少，根就生长缓慢，同时根木栓化，吸水能力降低；土壤水分过多，则通气状况差，根短且侧根数增多；同时，土壤水分过多，会形成缺氧条件，根尖的细胞分裂明显受到抑制。有些植物的根在通气状况不良的情形下，会形成通气组织以适应环境，如玉米和小麦等。通常情况下，增加土壤水分供应，促进地上部分生长，使根冠比变小；减少土壤水分供应，抑制地上部分生长，促进地下部分生长，使根冠比变大。

3. 光　　　光对植物的生长有两种作用：光合作用和植物形态建成的作用。幼苗发育受光的控制。例如，禾本科的作物种子播种后，芽鞘和中胚轴在土中不断伸长，直到见光为止。光可以抑制多种作物根的生长，光强度与抑制根生长呈正相关，原因是光促进根内形成脱落酸。光对茎的伸长也有抑制作用。在光照下生长的玉米幼苗，其生长速率比黑暗处理的降低30%左右，自由IAA含量降低40%左右，结合态IAA含量却显著增加。

在弱光条件下，很多植物的叶片大而薄，叶面积增大似乎可补偿单位叶面积光合速率下降；在强光条件下生长的叶片则小而厚。这种现象在热带雨林中体现得非常明显，雨林下层光线很弱，生长的植物叶片普遍大而薄。例如，天南星科的很多种类叶片不但超大，而且呈膜质，而雨林上层植物的叶片普遍小而厚；很多藤本植物，其分布在雨林下层部分的叶片大而薄，但同一株上分布在雨林上层部分的叶片就变得小而厚。

4. 矿质营养　　　氮肥和磷肥可以影响植物的生长。氮肥也称为叶肥，能使出叶期提早、叶片增大和叶片寿命相对延长，对茎也有显著促进生长作用；但施用过量会导致叶大而薄，易干枯，寿命反而缩短，茎徒长倒伏。磷在碳水化合物的运输中能促进叶内光合产物向根系运输，利于根系生长，使根冠比增大。在农业生产上，对于甘薯、甜菜等以根部为收获物的作物，调整根冠比对产量形成至关重要。

5. 植物激素　　　植物激素对植物影响也很大。例如，水稻赤霉素含量在分蘖期和抽穗期分别有一个高峰。因此可在这两个时期喷施赤霉素来促进水稻的分蘖和抽穗，从而增加产量。

四、植物生长的相关性

植物体各个器官之间的生长相互制约与协调，这种现象称为相关性（correlation）。例如，顶芽优先生长，侧芽生长受抑制，这种现象称为顶端优势（apical dominance）。顶端优势现象与生长素的分布有关，去顶后侧芽就开始生长。顶端优势在生产上应用很广，如果树修剪、棉花整枝、烟草去顶等。实验证明，植物生长调节剂三碘苯甲酸（triiodobenzoic acid, TIBA）可以消除大豆顶端优势，增加分枝，提高结实率。

1. 根和地上器官的相关性　　常用根冠比（root-top ratio）（根重与茎、叶重的比值）来表示植株地下部分和地上部分的比例。通常所说的"根深叶茂""树大根深""育秧先育根"等都形象地说明了地上植株和地下器官的密切关系。根吸收水分和无机盐向上运输，供给地上部分需要；根是全株所需的细胞分裂素合成中心。此外，根系还能合成生物碱等含氮化合物，烟草叶中的烟碱也是在根中合成的。

植株地上部分对根也有促进作用。例如，根所需要的糖、某些维生素、生长素等就是由地上部分的叶片合成的。叶片也会合成一些化学物质传送到根系，调节地下部分的生长和生理活动。

在某些不良的环境条件下，植株地下部分和地上部分也会存在相互抑制的现象。例如，当水分、养料供给不足时，地下器官和地上器官互相竞争。当土壤水分含量降低时，会增加根的相对重量，减少地上部分的相对重量，根冠比会增高；反之，根冠比降低。水稻栽培实践中的"旱长根，水长苗"和玉米种植中的"蹲苗"经验，均与根冠比有关。

2. 营养生长与生殖生长的相关性　　营养器官与生殖器官的生长也密切相关。生殖器官生长所需的养料等，大部分由营养器官所供应，营养器官生长不好，生殖器官也无法很好地生长。而营养器官如果生长过旺，消耗养分过多，也会影响到生殖器官的生长；反过来亦如此。例如，番茄开花结实时，如果让其自然成熟，营养器官就日渐衰弱，直至死亡；如果及时摘除花、果，营养器官则可以继续繁茂生长。

第四节　植物的运动

高等植物的某些器官在一定的空间内产生位置移动的现象称为植物的运动（movement）。植物运动分为向性运动（tropic movement）和感性运动（nastic movement）。向性运动是由光、重力等外界刺激而产生的定向运动。感性运动是由外界刺激（如光暗转变、触摸等）或内部时间机制而引起的，外界刺激方向不能决定它的运动方向。

一、向性运动

向性运动包括三个基本步骤：感受（perception）、转导（transduction）和向性反应。植物体中的感受器首先接收环境中单方向的刺激，感受器把环境刺激转化成物理的或化学的信号，生长器官接收信号后，发生不均等生长，表现出向性运动。

向性运动的作用机制主要是单向刺激引起植物体内的生长素（如 IAA）和生长抑制剂（如 ABA）分配不均匀而造成的。运动方向与刺激的方向有关。凡运动方向朝向刺激方的为正向性；运动方向背向刺激方的为负向性。向性运动多发生在有辐射对称的器官内，如根和茎。向性运动实质上是生长运动，是由于生长器官不均等生长所引起的。因此，向性运动是不可逆运动。

根据刺激因素的种类，可将向性运动分为向光性（phototropism）、向重力性（gravitropism）、向化性（chemotropism）和向触性（thigmotropism）等。

（一）向光性

植物体随光照方向而发生弯曲的反应，称为向光性。向光性是植物为捕获更多光能而建立起来的对不良光照条件的适应机制之一。向光性分为正向光性（器官生长方向朝向射来的光）、负向光性（器官生长方向背向射来的光）和横向光性（器官生长方向与射来的光垂直）。

植物感受光的位置主要有根尖、茎尖、胚芽鞘尖端、生长中的茎或叶片。一般来说，地上部分器官具有正向光性，根部则为负向光性。由于叶片具有向光性，所以叶片总是尽量处于最适宜利用光能的位置。例如，向日葵、棉花等的叶片，对阳光方向改变的反应很快，可以随着太阳的运动而转动，即"太阳追踪"（solar tracking）。禾本科植物，如燕麦、小麦、玉米等的黄化苗，以及豌豆、向日葵等的上、下胚轴也常作为向光性的研究材料。

20 世纪 20 年代提出的 Cholody-Went 模型认为，向光性运动发生的机制是因为生长素的不均匀分布引起的。生长素在向光和背光两侧分布不均匀，在向光的一侧分布少，背光的一侧分布多，从而出现向光性生长。用玉米胚芽鞘进行琼脂块/胚芽鞘弯曲测定生长素的含量实验得知，其胚芽鞘尖端 1～2 mm 处是产生生长素的地方，而尖端 5 mm 处是对光敏感和侧向运输的地方。在单侧光照下，IAA 较多分布在背光一侧，胚芽鞘则向光弯曲，单侧光不会破坏向光一侧的生长素，而且会引起玉米胚芽鞘生长素侧向再分配（图 1-13）。

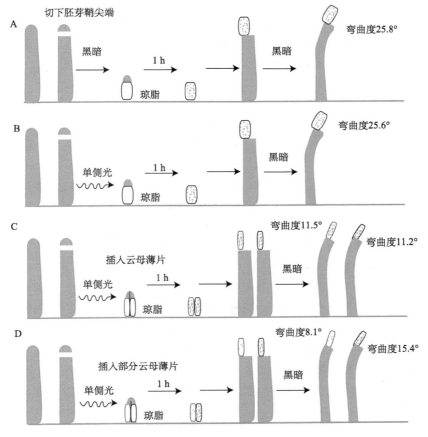

（彩图）

图 1-13　单侧光引起玉米胚芽鞘生长素发生侧向再分配

在图 1-13 中，琼脂块中生长素的含量以琼脂块引起燕麦胚芽鞘的弯曲度表示。具体实验步骤如下：将玉米的胚芽鞘尖端切下，置于琼脂块上。在黑暗中放置 1 h，再把这些琼脂块移到去掉尖端的燕麦胚芽鞘的上面，并置于黑暗中一段时间，发现弯曲度是 25.8°（图 1-13A）。这说明离体玉米胚芽鞘尖端中的生长素扩散进入了琼脂块，琼脂块中的生长素引起了燕麦胚芽鞘的弯曲。

在单侧光照射下，琼脂块中引起的燕麦胚芽鞘的弯曲度为 25.6°，与黑暗中基本相同，说明单侧光不会破坏向光一侧的生长素（图 1-13B）。

在单侧光照射下，在琼脂和胚芽鞘之间插入云母薄片，胚芽鞘和琼脂块被从中间完全隔开，两块琼脂块引起燕麦胚芽鞘的弯曲度基本相同，分别是 11.5° 和 11.2°。这说明由玉米胚芽鞘尖端扩散进入琼脂块的生长素量相等，云母薄片能够阻止生长素的移动，没有发生生长素侧向再分配（图 1-13C）。

将玉米的胚芽鞘切下，置于琼脂块上，然后在琼脂和胚芽鞘之间插入部分云母薄片。云母薄片能够部分阻止生长素的移动。单侧光照射 1 h，将两个琼脂块分别移到切下胚芽鞘的玉米茎端的一边，在黑暗中一段时间，发现茎的弯曲度分别是 8.1° 和 15.4°（图 1-13D）。这说明当胚芽鞘被部分隔开时，两块琼脂块引起燕麦胚芽鞘的弯曲度不同，由背光侧琼脂块引起的燕麦胚芽鞘的弯曲度更大，可见单侧光引起玉米胚芽鞘生长素发生侧向再分配，生长素移向背光的一侧。

近年来通过测定向光性的作用光谱，发现对向光性起主要作用的光是 420～480 nm 的蓝光区和 360～380 nm 的紫外光区。高等植物对蓝光信号转导的光受体是向光素（phototropin），位于植物表皮细胞、叶肉细胞和保卫细胞的质膜上（参见本章第六节）。

（二）向重力性

植物在重力影响下，保持一定方向生长的特性，称为向重力性。根顺着重力方向向下生长，称为正向重力性（positive gravitropism）；茎背离重力方向向上生长，称为负向重力性（negative gravitropism）；地下茎沿着水平方向生长，称为横向重力性（diagravitropism）。

人们将植物放在不断旋转的回转器上进行生长实验时，发现引起根总是向下生长、茎总是往上生长的因素是重力加速度。关于向重力性产生的机制，现在认为是由于细胞内有感受重力的细胞器，即平衡石（statolith）。平衡石在甲壳类动物器官中是一种管理平衡的砂粒，在植物中的平衡石为淀粉体（amyloplast）。一个植物细胞内往往有 4～12 个淀粉体，里面有 1～8 个淀粉粒，每个淀粉体外有一层膜。

植物根部的平衡石在根冠中，茎部的平衡石在维管束周围的 1～2 层细胞中。由于受重力的影响，平衡石下沉在细胞底部，刺激内质网释放出 Ca^{2+}。Ca^{2+} 在向重力性反应中起着重要的作用。实验证明，根冠中的钙调蛋白（calmodulin）的浓度是伸长区的 4 倍，通过外施钙调蛋白抑制剂于根冠，根就丧失向重力性反应。根冠中有抑制根向重力性发生的物质，这种抑制物就是 IAA。当根冠正常时，根正常生长（图 1-14A）。切除一半根冠，根向有根冠的方向生长（图 1-14B）。当根一侧的 IAA 运输被阻断时，根就向 IAA 运输没有被阻断的一侧生长（图 1-14C）。

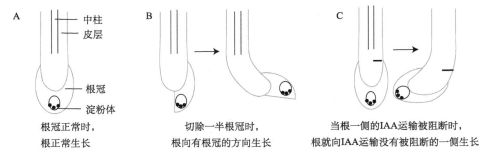

图 1-14　根冠分泌抑制物 IAA 对根生长方向的影响

将根水平放置，根就弯曲向下生长。根弯曲向下生长的原因是：根的上侧 IAA 浓度低，促进了上侧根的生长；根的下侧 IAA 浓度高，抑制了下侧根的生长（图 1-15）。

细胞感受重力后引起根的不均匀生长的原因是：当根垂直时，根冠细胞中的 IAA 均匀分布在根两侧，使得根垂直伸长；但当根水平生长时，根冠淀粉体（即平衡石）沉降到细胞底部，内质网释放的 Ca^{2+} 也主要分布在细胞底部。Ca^{2+} 可能吸引 IAA 到根的下侧；Ca^{2+}

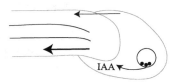

图 1-15　根向重力性生长时的 IAA 再分配

箭头粗细表示 IAA 浓度的高低

也可能使组织对 IAA 更加敏感，并增加细胞对 IAA 的反应强度。因此，使根冠底部的 IAA 较多或生理反应加强，导致根下侧的 IAA 多于根的上侧，过多的 IAA 抑制了下侧根细胞的延长，使根向下弯曲生长。

因此，有人综合现有的实验结果提出了植物向重力性的机制：当根水平放置时，根冠的淀粉体（即平衡石）受到重力向下运动到内质网上，产生压力，诱发内质网释放大量的 Ca^{2+} 到细胞基质内，Ca^{2+} 与钙调蛋白（calmodulin）结合，激活钙调蛋白；钙调蛋白激活质膜上的钙泵和生长素泵；钙泵将 Ca^{2+} 运到细胞壁，生长素泵将生长素运到细胞壁。生长素主要分布在根的下侧，浓度超过最适浓度，抑制根的伸长生长。根的上侧生长素浓度较少，生长正常。上侧生长快，下侧生长慢，因此根向重力方向生长（图 1-16）。

（三）向化性

植物周围某些化学物质的分布不均匀引起植物的定向生长就是向化性（chemotropism）。例如，根的生长方向总是朝着肥料较多的土壤生长，以吸收更多的养分，农作物深层施肥就是为了促使根向深处生长。种植香蕉时，常采用以肥引芽的方法，把肥料施在人们希望它长苗的地方，以调整香蕉植株分布的均匀性。高等植物花粉管的生长也是向化性运动，花粉粒落在柱头上经过亲和性识别后进行萌发，形成花粉管，花粉管就顺着 Ca^{2+} 浓度梯度方向进入胚珠，以达到受精的目的。

此外，植物还有向水性（hydrotropism），根总是朝向潮湿的地方生长。向水性也是一种向化性。

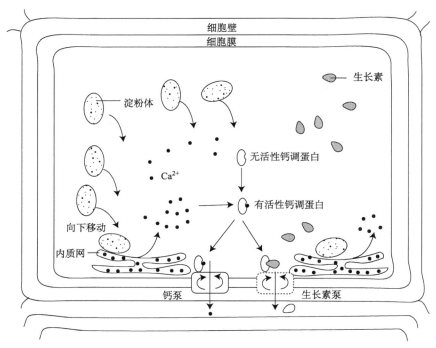

图 1-16　根的向重力性机制

（四）向触性

向触性是指接触刺激所引起的植物的弯曲生长运动。例如，植物的卷须会因被接触而发生螺旋状卷曲。研究表明，豌豆的卷须在受到接触刺激时，该部分便发生收缩，随着弯曲，ATP 的含量明显减少。另外，用吲哚乙酸处理瓜类卷须顶端 2～3 mm 处，或用二氧化碳处理整个卷须，即使不受接触刺激，整个卷须也会呈盘旋状。接触刺激并不是由于引起生长素的不等分布，而可能是刺激的一侧与另一侧对生长素的灵敏度不同而引起的。

二、感性运动

感性运动（nastic movement）是指植物体受到无定向的外界刺激而引起的局部运动。这与具有方向性生长的向性运动不同。感性运动是由细胞膨压变化所致，多属于膨压运动（turgor movement）。感性运动主要有感夜性（nyctinasty）、感温性（thermonasty）、感震性（seismonasy），以及偏上性（epinasty）和偏下性（hyponasty）。

（一）感夜性

感夜性运动主要是由昼夜光暗变化引起的。例如，豆科植物花生、大豆、含羞草、合欢和酢浆草科植物酢浆草等，白天叶片张开，晚上叶片合拢或下垂。这种植物体局部，尤其是叶和花，在接受光刺激时作出一定反应的现象，称为感夜性。

此外，烟草、紫茉莉等的花则在晚上开放、白天闭合。这种由于光暗变化引起的运动，也属于感夜运动。

感夜运动产生的机制可能是：叶片在白天合成许多生长素，并运送到叶柄下半侧，K^+和Cl^-也运输到生长素浓度高的地方，水分就进入叶枕，导致细胞膨胀，叶片高挺；夜间，生长素运输量减少，水分流出叶枕细胞，导致细胞收缩，叶片下垂。植物对光暗的反应取决于光周期，而且这种内在节律变化是由生物钟（biological clock）控制的（有关"生物钟"的内容参见本章的第五节）。

（二）感温性

由温度变化引起反应的植物生长或感性运动，称为感温性，或称感热性（thermonasty）。例如，番红花和郁金香的花在温度升高时开放，温度降低时闭合。这种感温性运动往往是永久性的生长运动，主要是因为花瓣上、下组织生长速率不同所致。花的感温性运动可以使植物在适宜的温度下进行授粉，同时也保护花的内部免受不良因素的影响。

（三）感震性

由于机械刺激而引起的植物运动，就是感震性。含羞草在 0.1 s 内就能对刺激作出反应，并在几秒钟内完成。外界刺激引起含羞草复叶叶柄基部的叶枕和小叶基部的膨压变化，使得叶柄下垂，小叶闭合。含羞草的刺激部位多在小叶，发生动作的部位却在叶枕，两者相隔一段叶柄，刺激信号仍可以沿着维管束传递。含羞草小叶接受刺激后，感受刺激的细胞膜透性和膜内外离子浓度会发生瞬间改变，从而引起膜电位的变化，并能引起邻近细胞膜电位的变化，于是引起动作电位（action potential）的传递，当其传至动作部位后，使动作部位细胞膜的透性和离子浓度发生改变，即造成膨压变化，发生感震运动。此外，有学者已从含羞草、合欢等植物中提取出膨压素（turgorins），该物质为含有 β-糖苷的没食子酸（没食子酸的化学名为 3, 4, 5-三羟基苯甲酸）。膨压素可随着蒸腾流传到叶枕，迅速改变叶枕细胞的膨压，导致叶枕细胞的失水，小叶合拢。从感震性反应的速度来看，动作电位应该更能作为刺激感受的传递信号。

图 1-17　捕蝇草

食虫植物如捕蝇草（图1-17）等的触毛对机械刺激产生的捕食运动也是一种反应速度更快的感震性运动。

（四）偏上性和偏下性

偏上性是指在形态上或生理上具有正、反面的植物器官（如叶片、花瓣和侧枝等）的向上生长（向轴侧）快于向下（背轴侧）生长，从而显示出向上凸出的弯曲现象；与此相反的现象称为偏下性生长。这是因背、腹的生长素移动量不同而引起的一种向性运动。

用生长素和乙烯可以引起番茄叶片偏上性生长，用赤霉素处理则可以引起番茄叶片偏下性生长。

第五节　生　物　钟

植物很多生理活动（如代谢、睡眠、光合作用等）具有周期性或节律性，存在昼夜或季节的周期性变化，这就是生物钟（biological clock）现象。生物钟又称生理钟（physiological clock），它是生物体内的一种无形的"时钟"，是由生物体内的时间结构序所决定的。气孔开闭、蒸腾速率、细胞分裂等现象都存在近似昼夜节律。

早在 1729 年，法国天文学家即观察到含羞草植株叶片一天的变化规律，即使在没有阳光的黑暗房间中，植株继续在白天展开叶片，在夜间闭合。20 世纪 30 年代，德国的 Bunning 和 Sterrn 记录了菜豆叶片的昼夜运动现象，并将其有规律的变化称为生物钟。但在之后的观察中发现，在黑暗或连续弱光下，叶片开合的时间是 20～28 h，所以又称为近似昼夜节律（circadian rhythm）运动（图 1-18）。

黑暗（叶片向下垂直）　　光下（叶片横向展开）

图 1-18　菜豆叶的近似昼夜节律运动

引起生物钟节律必须有一个信号，一旦节律开始，在环境稳恒条件下（如无光），昼夜节律仍然能够持续运转。这一特性使生物体能在各种条件下维持与外部环境的同步性。例如，在菜豆叶片的运动中，引起生物节律的信号就是暗期跟随着一个光期。

生物钟是可以改变的，昼夜节律受光照和光周期长度的调节，这允许生物对季节变化和对变化的日长作出调整。但昼夜节律的周期并不随环境温度的频繁变化而变化，这使得生物钟能够精确地计时。关于生物钟的机制，现在似乎还不是很清楚。但有证据证明，膜的透性有近似昼夜的节律变化。

第六节　植物的光形态建成

形态建成（morphogenesis）是指植物体在生长和发育过程中，由于不同细胞逐渐向不同方向分化，从而形成了具有各种特殊构造和机能的细胞、组织和器官的过程。多细胞的植物既有时间上的分化，又有空间上的分化。

外界环境影响植物的生长发育，其中以光影响最大。光对植物的影响主要有两个方面：①光是绿色植物光合作用必需的；②光调节植物整个生长发育，以便更好地适应外界环境。这种依赖光系统控制细胞的分化、结构和功能的改变，最终汇集成组织和器官的建成，就称为光形态建成（photomorphogenesis），即光控制植物生长和发育的过程。相反，暗中生长的植物茎细而长，叶片小而呈黄白色，这就是暗形态建成（skotomorphogenesis），也称为黄化（etiolation）。

光合作用是将光能转变为化学能；而在光形态建成过程中，光只作为一个信号去激发受体，推动细胞内一系列反应，最终表现为形态结构的变化。一些光形态建成反应所需红闪光的能量和一般光合作用补偿点的能量相差 10 个数量级，甚为微弱。

植物在长期的进化过程中，形成了完善的光受体系统，可以感受不同的波长、光强和方向的光，以便更好地适应环境。目前在植物体内发现的光受体主要有光敏色素（phytochrome）、隐花色素（cryptochrome）和向光素（phototropin）、紫外线 B 受体（ultraviolet B receptor，简称 UV-B 受体）。光敏色素能够感受红光和远红光区域的光；隐花色素和向光素感受蓝光和近紫外光区域的光；UV-B 受体感受紫外线 B 区域的光。

一、光敏色素

（一）光敏色素的发现

光敏色素是在研究红光对莴苣种子萌发的影响时发现的。黑暗中，莴苣种子的萌发率很低；在种子吸水后用红光照射可以使其萌发率提高到接近100%；但在红光照射后再用远红光照射，种子的萌发率也与黑暗的情况差不多，这就说明红光的效应可以被接下来的远红光照射所逆转。后来，提取出了光敏色素，发现它是一个分子质量为 125 kDa 的蓝色色素蛋白，由两个亚基组成，每个亚基有两个组成部分：生色团（chromophore）和脱辅基蛋白（apoprotein），两者合称为全蛋白（holoprotein）（图 1-19）。生色团为一个链状的 4 个吡咯环，脱辅基蛋白为一个多肽链。多肽链上的半胱氨酸通过硫醚键与生色团相连。在拟南芥幼苗中已发现了 5 种不同的光敏色素基因，分别被命名为 *PHYA*、*PHYB*、*PHYC*、*PHYD*、*PHYE*，它们所编码的产物与生色团结合形成 phyA、phyB、phyC、phyD、phyE 5 种光敏色素。

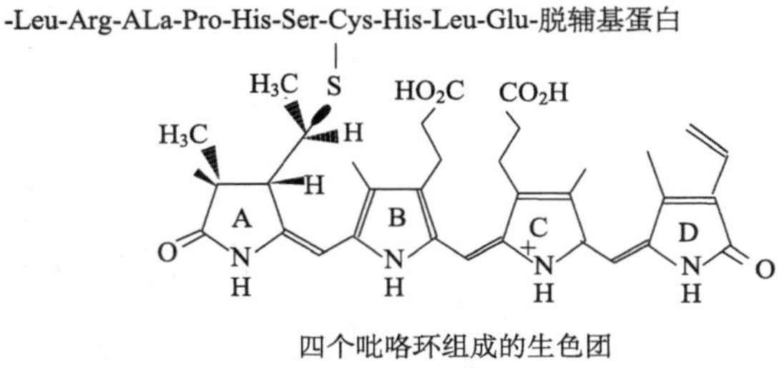

图 1-19　光敏色素及其构成

光敏色素有两种类型：红光吸收型（red light-absorbing form, Pr）和远红光吸收型（far-red light-absorbing form, Pfr）。Pr 的吸收高峰在 660 nm，Pfr 的吸收高峰在 730 nm。Pr 和 Pfr 可以互相转变（图 1-20）。Pfr 具有生理活性，Pr 没有生理活性。Pr 与 Pfr 之间的转化只有在含水的条件下才能发生，这就解释了为什么干种子没有光敏色素反应，而用水浸泡后的种子才有光敏色素反应。

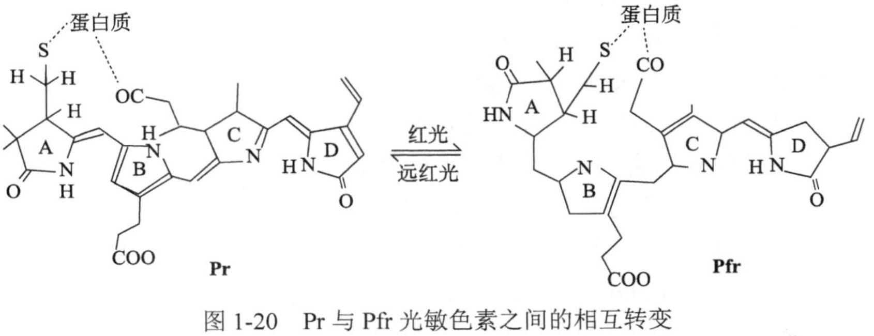

图 1-20　Pr 与 Pfr 光敏色素之间的相互转变

光敏色素的生成比较复杂。生色团吡咯环的合成是在质体中完成，运输到细胞质基质中。脱辅基蛋白在内质网上合成后，与生色团结合，装配成光敏色素全蛋白（图 1-21）。

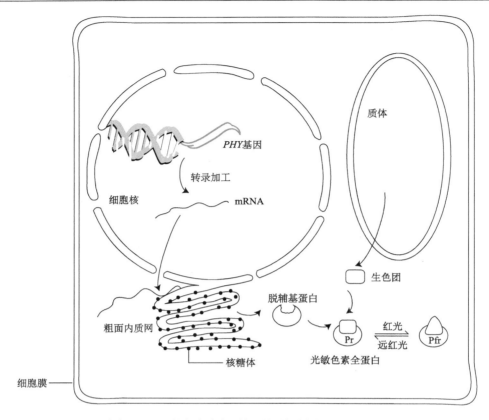

图 1-21　光敏色素生色团与脱辅基蛋白的合成与装配

图中的 PHY（phytochrome）代表光敏色素

（二）光敏色素的分布和作用机制

光敏色素分布在植物各个器官，但分生组织含量较多。黑暗条件下，光敏色素存在于细胞质基质中，一旦照光，Pr 转变成 Pfr，Pfr 进入细胞核，调控基因的表达。例如，核酮糖-1,5-二磷酸羧化酶/加氧酶（ribulose bisphosphate carboxylase / oxygenase, Rubisco）是光合作用中决定碳同化速率的关键酶（有关 Rubisco 和碳同化内容可参见第七章）。高等植物的 Rubisco 分子质量约为 53 kDa，由 8 个大亚基（large subunit, LSU）和 8 个小亚基（small subunit, SSU）构成，其催化活性要依靠大、小亚基的共同存在才能实现。Rubisco 大亚基由叶绿体 DNA 编码，并在叶绿体的核糖体上合成；而小亚基则由核 DNA 编码，在细胞质核糖体上合成。Rubisco 全酶由细胞质中合成的小亚基前体和叶绿体中合成的大亚基前体经修饰后组装而成。Rubisco 小亚基的基因（rbcS）和捕光复合物 II（light -harvesting complex II，LHC II）的叶绿素 a/b 结合蛋白（chlorophyll a/b binding protein，cab）基因表达的光调节研究得较为深入。实验表明，rbcS 和 cab 基因的表达受红光和远红光的调控，红光可以诱导 rbcS 和 cab 基因 mRNA 水平的提高。其机制为：经红光照射后，Pr 转变成 Pfr，Pfr 促使基因表达产物 SSU 和 cab 蛋白的生成。新生成的 SSU 进入叶绿体，与在叶绿体中合成的 LSU 结合，组装成 Rubisco 全酶。而 cab 进入叶绿体后参与类囊体膜上 PS II 复合体中 LHC II 的组成（图 1-22）。

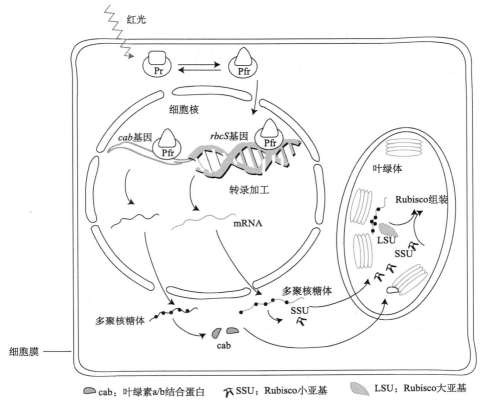

图 1-22　光敏色素调节 *rbcS* 和 *cab* 基因表达的调控

　　光敏色素具有激酶性质，为苏氨酸/丝氨酸激酶，在红光照射下，通过 N 端肽链丝氨酸的磷酸化而具有激酶活性，然后将信号传递给下游的 X 组分。X 组分有很多类型，是信号传递过程中的物质（图 1-23）。

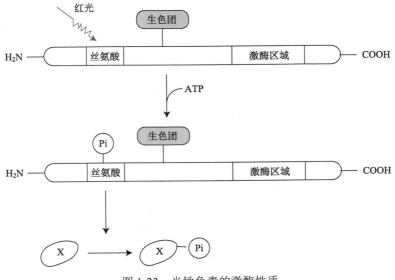

图 1-23　光敏色素的激酶性质

例如，转板藻经红光照射后 0.5 h，光敏色素可以调节细胞膜上离子通道和质子泵来影响钙离子的流动。细胞内钙离子浓度增加 2～10 倍。继续照射远红光，光敏色素失活，细胞内钙离子浓度恢复到正常。转板藻受红光照射到生理反应要经过的信号转导途径如下：红光→Pfr增多→跨膜流动→细胞质中增多→钙调蛋白活化→……→叶绿体转运。

因此，光敏色素在植物体内的相互转化及其作用机制可简单地图示为图 1-24。

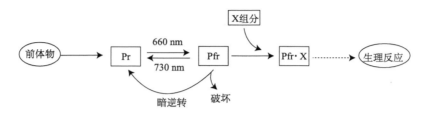

图 1-24　光敏色素在植物体内的相互转化及其作用机制

（三）光敏色素的生理作用

在植物的整个生命周期中，种子的萌发、幼苗的生长和发育、根和茎的生长、叶的运动、叶绿体的发育等过程中都离不开光敏色素。光敏色素还与激素的代谢有关。例如，黄化的大麦经红光照射后，赤霉素含量上升，细胞内游离生长素的浓度则下降。

二、隐花色素和向光素

隐花色素又称为蓝光受体（blue light receptor）或蓝光/紫外光受体，它主要吸收蓝光（400～500 nm）和近紫外光（320～400 nm）区域的光。隐花色素的生色团是黄素腺嘌呤二核苷酸（flavin adenine dinucleotide, FAD）和蝶呤（pterin），编码蛋白的基因是多基因家族。

隐花色素在隐花植物（cryptogamous plants），如藻类、菌类、蕨类等植物的光形态建成中起重要作用。隐花色素在高等植物中，与植物的向光性、气孔的开放、花青苷色素的合成有关。蓝紫光可以抑制幼苗伸长生长，阻止黄化。育秧的时候，用浅蓝色乙烯薄膜覆盖，能够让秧苗健壮。

向光素（phototropin）是一种与质膜相关的蛋白激酶。蓝光刺激向光素的活性，吸收蓝光后发生自磷酸化。向光素参与植物向光性反应和叶绿体运动，其发色团为黄素单核苷酸（flavin mononucleotide，FMN），具蓝光诱导的蛋白激酶（protein kinase）活性。目前发现，拟南芥中至少有两个基因 PHOT1 和 PHOT2 编码该蛋白。

三、紫外线 B 受体

紫外线 B 受体是一类未知的光受体。它吸收光谱为 280～320 nm 的紫外光，吸收高峰是 290 nm。紫外线对植物的生长有抑制作用。在紫外线 B 的照射下，植株矮化，生长停止。紫外线 B 还可以引起类黄酮、花色素苷的合成增加，抵抗紫外光对植物的伤害。

复习思考题

1. 根据查阅"Web of Science"、"PubMed"及"中国知网 CNKI"的结果，请说明近 3～5 年来植物的生长生理和形态建成研究有哪些研究热点和研究进展？同时根据自己的兴趣和所掌握的知识，撰写一篇相关的研究进展小综述。

2. 高山上的树木为什么比平地上的树木生长得矮小？

3. 就植物生长而言，光起什么作用？参与光合作用的光与参与光形态建成的光有何区别？光敏色素与叶绿素有何异同？光敏色素的基因表达有何特点？

4. 如何用实验来证明植物的某一生理过程与光敏色素有关？

5. 为什么植物有顶端优势？如何利用顶端优势指导生产实践？

6. 为什么植物具有向光性和向重力性生长？

7. 以根尖为例，说明处在细胞分裂、细胞伸长阶段的细胞，以及已分化的细胞在形态结构和生理生化方面有何不同？细胞的分化受哪些因素调控？

8. 用你所学的知识解释"根深叶茂""本固枝荣""旱长根、水长苗"谚语中所蕴含的道理。

9. 植物地上部与地下部相关性表现在哪些方面？在生产上如何应用？

10. 如何通过实验的方法来证明光质对种子萌发的影响？

第二章　植物的生殖生理

高等植物的生命周期可分为营养生长（vegetation growth）和生殖生长（reproductive growth）两大阶段。花芽分化（differentiation of flower bud）是植物从营养生长转向生殖生长的标志，是指由叶芽的生理和组织状态转变为花芽的生理和组织状态的过程。在合适的环境条件下，植物细胞内部发生的成花所必需的一系列的生理变化过程称为成花诱导（floral induction）。

成花诱导的发生至少与5个方面的因素有关：植物的花熟状态、春化作用、光周期现象、营养条件、植物激素。成花诱导完成后，就开始花原基的形成。茎端分生组织转变为花分生组织，最终分别形成萼片、花瓣、雄蕊和雌蕊等花器官的各个部分。

本章的思维导图如下：

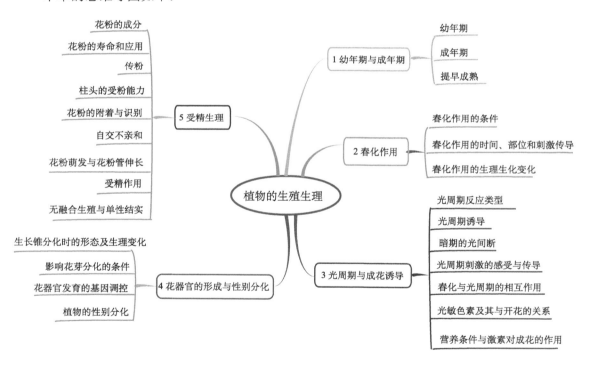

第一节　幼年期与成年期

植物在成花之前都要达到一定的年龄或是处于一定的生理状态，才能感受所要求的外界条件而开花，叫做花熟状态（ripeness to flower）。如果植物尚未达到"性成熟"阶段，即使具备了开花所必需的外界条件，也不能开花。植物花熟状态之前的时期，称为幼年期（juvenile phase）。在此期间，使用常用的开花处理方法处理都不能开花。

一、幼年期

　　幼年期和成年期的区别，除了能否开花以外，它们的形态和生理特征也不同。幼年期生长快，呼吸强，核酸代谢和蛋白质合成快。

　　有的植物幼年期和成年期的形态也不同。例如，常春藤的幼年期具有开裂的掌状叶片，并有攀援的生长习性；但成年期的植株为直立生长，并且叶片变成卵状全缘（图 2-1）。

图 2-1　常春藤幼年期和成年期的叶片

　　不同植物幼年期的长短有很大差异：大部分木本植物为几年甚至 30～40 年；草本植物的幼年期比较短，只需要几天或几个星期；有的植物根本没有幼年期，因为种子中已具有花原基，如日本牵牛、红藜等，发芽后 2～3 d，只要得到适当长度的日照，就可接受开花诱导而成花。

二、成年期

　　随着植物逐渐长大，植物转入成年期。成年期的植物组织成熟，代谢和生理活动较慢，光合速率和呼吸速率都下降。

　　植株从幼年期转变为成年期是由植物的基部向顶端转变，故植株不同部位的成熟度不一样。树木的基部通常是幼年期，顶端是成年期，中部则是中间型（图 2-2）。幼年期茎的切段易发根，而成年期的切段不易发根，这可能与幼年期的植物细胞内含较多生长素等因素有关。以基部或顶端为接穗嫁接，前者一两年后仍不开花，而后者一两年则开花。

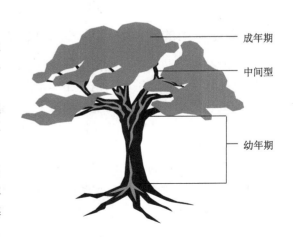

图 2-2　树木幼年期和成年期的部位

三、提早成熟

　　幼年期的植株不能开花。如果能够让植物迅速通过幼年期，就可以提早开花结果。有研究将桦树在连续长日照下生长，可使不开花期由 5～10 年缩短为 1 年之内，这可能是长日照促进植物生长的缘故。将幼年期苹果的芽嫁接到成熟的、矮化的砧木上，可提前开花。在果树嫁接的时候，如果接穗直径达到一定大小则可开花，说明植物茎的直径需要达到一定大小才可以通过幼年期。

　　内源赤霉素（gibberellin）可以延迟幼年期。例如，常春藤、甘薯、柑橘、李等，外施赤霉素可延长幼年期；但是，外施赤霉素于杉科、柏科和松科中的一些植物，反而提早开花。研究发现，靠近地面的根对维持幼年期很重要。例如，常春藤幼年期节上的气生不定根含有高浓度的赤霉素，如果将气生根除去，则茎顶端的赤霉素含量下降，幼年期就向成年期转变。

第二节　春化作用

一、春化作用的条件

　　在自然条件下，冬小麦在头一年秋季萌发，以营养体过冬，第二年夏初开花和结实。对这类植物来说，秋末冬初的低温就成为花诱导所必需的条件。冬小麦经低温处理后，即使在春季播种也能在夏初抽穗开花。

　　低温诱导植物开花的过程，称为春化作用（vernalization）。一些二年生植物（如芹菜、胡萝卜、萝卜、葱、蒜、白菜、荠菜、百合、鸢尾、郁金香、风信子、甜菜、天仙子和兰花等）和一些一年生植物（如冬小麦、冬黑麦等）需要经过春化作用才能够开花。

　　春化的有效温度为 0～10℃，最适温度是 1～7℃，春化时间由几天到二三十天。具体有效温度和低温持续时间随植物种类的不同而不同。如果温度低于 0℃以下，代谢即被抑制，不能完成春化过程。在春化过程结束之前，如遇高温，低温效果会削弱甚至消除，这种现象称为脱春化作用（devernalization）。

二、春化作用的时间、部位和刺激传导

　　一般在种子萌发或在植株生长的任何时期都可进行春化。例如，冬小麦、冬黑麦等的春化既可在种子萌发时进行，也可在幼苗期进行，其中以三叶期为最快。

　　少数植物如甘蓝、月见草、胡萝卜等，则不能在种子萌发状态进行春化，只有在绿色幼苗长到一定大小，才能通过春化。这与一定量的营养体（最低数量的叶片）可积累一些对春化敏感的物质有关。

　　将芹菜种植在高温的温室中，不能开花结实。如果用橡皮管把芹菜茎的顶端缠绕起来，管内不断通过冰冷的水流，使茎的生长点获得低温，就能开花结实；反过来，如把芹菜放在冰冷的室内，让茎生长点处于高温下，也不能开花结实。这说明植物接受低温影响的部位是茎尖的生长点。

　　将春化的二年生天仙子叶片嫁接到没有春化的同种植物的砧木上，可诱导没有春化的植株开花。这说明在春化过程中形成一种刺激物质，这种物质曾被称为春化素（vernalin），但

这种物质至今还没有从植物体中分离出来。

三、春化作用的生理生化变化

春化作用后，质膜透性增强，淀粉水解酶等与呼吸作用有关的酶活性增强，呼吸作用加强。同时，植物的蒸腾作用增强，细胞持水力下降，水分代谢加快，根系吸收阳离子的能力增强，叶绿素含量增多，光合作用增强，积累干物质的速率也随之提高，核酸和蛋白质的合成量增加。总之，春化作用后的植株，其代谢活性加强，茎尖生长点或其他分生组织的细胞内发生一系列变化。但是春化作用后，植株的抗寒性则明显下降。

低温处理的冬小麦幼苗中，可溶性 RNA 及核糖体 RNA 含量提高。常温下萌发的麦苗，则主要合成 9～20S 的 mRNA；而经过 60 d 低温诱导的麦苗，主要合成大于 20S 的 mRNA。这种在低温下合成的大分子质量的 mRNA 对冬小麦进一步发育可能有重要的作用，说明在春化过程中，体内的核酸（特别是 RNA）含量增加，代谢加速。

低温处理的冬小麦种子中可溶性蛋白及游离氨基酸含量增加，其中脯氨酸增加较多。冬小麦种子经过低温处理，幼芽中合成 17 kDa、22 kDa、27 kDa、38 kDa 和 52 kDa 的多肽，而未经春化的冬小麦则不能翻译出上述多肽，说明这些特异蛋白质是生长点分化成穗的前提条件之一。种康等利用反义基因技术观察到，经部分春化处理的反义基因植株与对照相比，开花显著地被抑制。研究表明，*Verc 203* 很可能是控制春化过程进行的关键基因之一。

低温可改变基因表达，导致 DNA 去甲基化（demethylation），植株开花。例如，以 DNA 去甲基化剂 5-氮胞苷（5-azacytidine）处理拟南芥晚花型突变体和冬小麦，总 DNA 甲基化水平降低，开花提早；而拟南芥早花型突变体和春小麦对 5-氮胞苷不敏感开花时间没有改变，推测拟南芥晚花型突变体之所以开花延迟，是由于它的基因被 DNA 甲基化，表达被阻止，由此提出春化基因去甲基化假说。

小麦、油菜、燕麦等多种作物经过春化处理后，细胞内赤霉素含量增多。未经低温处理的胡萝卜，如每天用 10 μg 赤霉素连续处理 4 周，也能抽薹开花，这表明赤霉素可以某种方式代替低温的作用。天仙子、白菜、甜菜、胡萝卜未经低温处理，如施用赤霉素也能开花。

在拟南芥突变体发现开花位点 C（flowering locus C，FLC）基因可能是春化反应的关键基因。在非春化植株的顶端分生组织中，FLC 强烈表达，但低温处理后 FLC 表达水平就减弱。低温处理时间越长，FLC 表达越弱。低温抑制 FLC 表达，最终使植物转向生殖生长。现已成功地得到了与春化相关的 cDNA 克隆 *Verc* 17 和 *Verc* 203，它们与冬小麦春化控制的成花启动和表达有密切关系。

可见，春化过程是一个基因启动、表达与调节的复杂过程，某些特定基因被诱导活化，促进了特异 mRNA 和新蛋白质的合成，进而导致一系列生理生化的变化，促进花芽分化。

第三节　光周期与成花诱导

在自然界中，昼夜总是交替地进行，同时昼夜长度（即光暗长度）随着季节而呈现规律性的变化。一天之中，白昼与黑夜的相对长度叫做光周期（photoperiod）。这种昼夜长短的光暗交替，对植物开花结实的影响称为光周期现象（photoperiodism）。1920 年，Garner 和 Allard 发现某些品种的烟草在温室中越冬可以开花的现象，因此提出光周期学说，阐明了日照长度

长日照条件下的烟草　　　短日照条件下的烟草

图 2-3　长日照和短日照条件下的烟草

对植物开花的作用（图 2-3）。

　　一般来说，需要低温春化的植物，在春化作用后，还需要接受一定时间的长日照，才能完成花芽的分化。有些植物虽然对低温没有特殊要求，但仍需要一定时间的适宜日照诱导才能分化出花芽。

一、光周期反应类型

　　一些植物，日照长度必须长于临界日长才能开花，如果延长光照可以提早开花；相反，如缩短光照则延迟开花或不能开花，这些植物称为长日植物（long-day plant，LDP）（图 2-4A）。属于长日植物的有：小麦、大麦、燕麦、洋葱、菠菜、甘蓝、油菜、萝卜、甘蓝、豌豆、天仙子等。

　　另外一些植物，日照长度必须短于临界日长才能开花或开花较多，如果适当地缩短光照，可提早开花；如果延长日照，则延迟开花或不能开花，这些植物称为短日植物（short-day plant，SDP）（图 2-4B）。属于短日植物的有：烟草的某些品种（如美洲烟草）、水稻、玉米、棉花、大豆、芝麻、黄麻、红麻、菊花、苍耳和日本牵牛等。

　　还有一些植物的成花对光周期反应不敏感，只要其他条件适合，可在相当宽的光周期范围内，即在长日照或短日照条件下均可开花，这些植物称为日中性植物（day-neutral plant）（图 2-4C）。常见的日中性植物有番茄、茄子、黄瓜、辣椒和菜豆等。

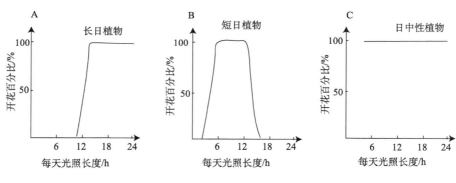

图 2-4　光周期反应类型

　　除上述三类植物外，还有要求双重日照条件的植物。例如，风铃草（*Campanula medium*）在前期的成花诱导需要短日照条件，而在后期花器官的形成却需要长日照条件，这类植物称为短-长日植物（short-long-day plant，SLDP）；相反，大叶落地生根（*Bryophyllum daigremontianum*）则在前期要求长日照以完成花器官诱导，而在后期花器官的形成却要求短日照，这类植物称为长-短日植物（long-short-day plant，LSDP）。

　　各种植物对光周期反应的不同与其原产地生长季节的自然日照长度有很大关系。原产寒带、温带的植物往往属于长日植物，而原产热带、亚热带的植物多属于短日植物。

　　植物开花的光周期反应不是一种固定不变的性状。温度、光强和大气组成等因素的变化都能改变植物的光周期反应类型。例如，短日植物草莓、牵牛属、紫苏属和秋海棠属等，只在 20～25℃的温度范围内需要短日；在 15℃或更低的温度时，在长日甚至连续日照下最终也能成花。植物是长日植物或短日植物，只有在给定的条件下才有效，在另一组条件下可能完全改变。

二、光周期诱导

光周期反应敏感的植物，只要在一定时期接受一定天数的光周期刺激，以后即使处于非诱导光周期下，仍可以进行花芽分化，这种能够发生光周期效应的处理称为光周期诱导（photoperiodic induction）。诱导植物成花所需要的适宜的光周期数（即天数），称为光周期诱导周期数。不同植物的光周期诱导周期数不同，只需一次诱导周期的短日植物有苍耳、日本牵牛、藜属的一种（*Chenopodium polyspermum*）、浮萍属的一种（*Lemna paucicostata*）等；只需一次诱导周期的长日植物有白芥、毒麦、油菜、浮萍属的一种（*Lemna gibba*）等。

对光周期敏感的植物开花都需要一定的临界日长。所谓临界日长（critical day length），是指植物成花所需要的极限日照长度，即长日植物能开花所需的最小日照长度或短日植物能开花所需的最大日照长度。一些植物的临界日长见表 2-1。

表 2-1　一些植物的临界日长

短日植物	临界日长/h	长日植物	临界日长/h
落地生根	12	木槿	12
黄花波斯菊	14	天仙子（28.5℃）	11.5
二色金光菊	10	天仙子（15.5℃）	8.5
高凉菜	12	景天属	13
一品红	12.5	倒挂金钟	12
苍耳	14	莳萝	11
红三叶草	12	蝎子掌	13
裂叶牵牛（成年植株）	15～16	小麦	12
裂叶牵牛（幼苗）	14～15	菠菜	13
裂叶牵牛（末端芽）	13		
草莓	10		
大豆	14		

相对地，也存在临界夜长。临界夜长（critical night length）是指在光周期中，短日植物能开花所需的最小暗期长度或长日植物能开花所需的最大暗期长度。暗期间断处理实验证明，暗期长度对植物成花诱导具有决定性作用（图 2-5）。由此可见，临界夜长比临界日长对开花更为重要。短日植物实际上是长夜植物（long-night plant），长日植物实际上是短夜植物（short-night plant）。例如，大豆（品种 'Biloxi'）的临界夜长是 10.25 h，苍耳为 8.5 h，日本牵牛（*Pharbitis nil*）为 9～10 h，浮萍（*Lemna perpusilla*）为 12 h，当暗期短于临界夜长时，开花过程受到抑制。长日植物（或短夜植物）如天仙子的临界日长约为 12 h，金光菊属为 10 h，菠菜为 13 h，白芥为 14 h。具有明显的临界日长（或临界夜长）的植物，称为绝对的（或质的）长日植物 [absolute（or qualitative）long-day plant] 或绝对的（或质的）短日植物 [absolute（or qualitative）short-day plant]。也有不少的长日植物与短日植物在不适宜的日

照条件下，经过较长时间后也能成花，它们可称为相对的（或量的）长日植物[relative（or quantitative）long-day plant]或相对的（或量的）短日植物[relative（or quantitative）short-day plant]，它们没有临界日长（或临界夜长）。

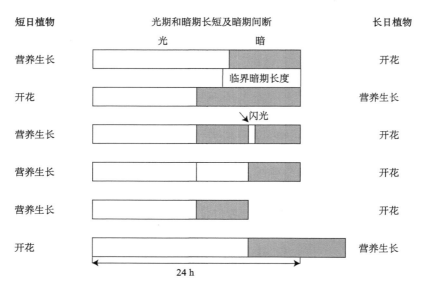

图 2-5　暗期长短及暗期间断对短日植物和长日植物开花影响

日中性植物没有临界日长。绝对的长日植物与短日植物具有临界日长或临界夜长，但相对的长日植物与短日植物却没有。对于不具临界日长（或临界夜长）的长日植物，开花强度将随日照延长而加速；而对于短日植物，则随日照缩短而加速。对长日植物，日照越长，开花越迅速；但对于短日植物，当日长缩短到一定限度时，也抑制开花，这是因为光合作用时间太短，造成营养不足的结果。

三、暗期的光间断

短日植物必须在长于临界夜长的条件下才能开花。如果在诱导暗期中间给予一个短时间的较低强度光照处理，就会使短日植物不开花，处于营养生长状态。这一处理称为暗期的光间断，或称夜间断（night-break）。

诱导短日植物开花要求足够长的、连续的暗期。例如，苍耳只要暗期超过 9 h，不管光期多长，都能开花；可是，9 h 暗期中只要给予几分钟短暂光就不能诱导开花。

如果在光期中插入一个短暂暗期，无论对长日植物或短日植物，都不能改变原来的光周期反应。

用非 24 h 光周期诱导时，当短日配合短夜时，可使长日植物开花，因为夜长已足够短；而当长日配合长夜时，可引起短日植物开花，因为夜长已足够长。可见，对植物的成花诱导来说，暗期在光周期反应中比光期更为重要，但光期仍是不可缺少的。

起到夜间断作用的短暂光需要几分钟到几小时。对大豆、苍耳和紫苏等光周期敏感的短日植物来说，只要在暗期中有几分钟的照光即可阻止开花。菊花需要较长的照光时间，且因品种而异。长日植物（如大麦、天仙子、毒麦等）也对相当短时间的夜间断发生反应，当暗期被 30 min 或更短时间的照光间断，也能开花。

夜间断最有效的时间是在暗期中间给予，这一短暂光正好将诱导暗期分割成两个短于临界夜长的暗期，因而成花过程受到抑制。夜间断所需要的光强度因植物种类及照光延续期而异。若短时间照光，需用强光；若长时间照光，甚至很弱的光，如全月光 $[1.098×10^{-4} \mu mol/(m^2 \cdot s)]$ 的 3～10 倍即可起作用。

不论是长日植物或短日植物，夜间断均以光谱中的红光最为有效。在暗期中照射远红光，则后者可以抵消或减弱前者的作用，即远红光可以逆转红光的作用，而红光也可逆转远红光的作用。这是因为存在红光-远红光可逆色素系统，即光敏色素在起作用。

四、光周期刺激的感受和传导

1937 年，前苏联学者柴拉轩（Chailakhyan）将短日植物菊花进行如图 2-6 所示的 4 种处理：若将全株置于长日照条件下，则不开花而保持营养生长（图 2-6A）；若将全株置于短日照条件下，则可开花（图 2-6B）；叶片处于短日照条件而茎的顶端给予长日照处理，也可以开花（图 2-6C）；但叶片处于长日照条件而茎的顶端给予短日照处理，却不能开花（图 2-6D）。这个实验充分说明，植物感受光周期诱导的部位是叶片。叶片感受到适宜的光周期刺激后，将其影响传导到生长点去，引起成花反应。

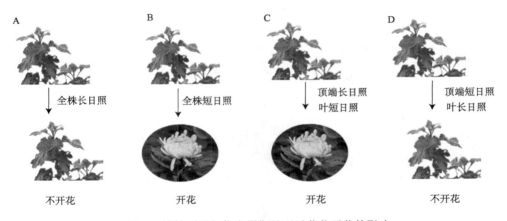

图 2-6　植株不同部位光周期处理对菊花开花的影响

植物感受光诱导刺激的部位是叶片，而花原基的形成是在顶端分生组织内进行，这说明叶片感受光周期诱导以后，能形成一种成花刺激物或成花促进物，而这种物质又可以在植物体内从叶片转移至芽的分生组织内。20 世纪 30 年代，柴拉轩用嫁接实验证明了这种想法。他把 5 株短日植物苍耳植株互相嫁接在一起，只要把其中的一株上的一张叶片放在适宜的光周期（短日照）下进行诱导，即使其他植株都处于不适宜的光周期（长日照）下，结果所有的植株都能开花。在短日植物紫苏中也有与苍耳类似的报道。这就说明，经适宜光周期诱导的叶片能向未经诱导的植株运输某种成化物质。更有趣的发现是，经过短日照处理的短日植物可以通过嫁接引起未经长日诱导的长日植物开花；经过长日照处理的长日植物也可以通过嫁接引起未经短日诱导的短日植物开花。例如，通过嫁接，短日植物高凉菜（*Kalanchoe blossfeldiana*）可以诱导长日植物八宝景天（*Sedum spectabile*）在短日条件下开花；长日植物大叶落地生根（*Kalanchoe daigremontiana*）可以诱导短日植物高凉菜在长日条件下开花。这些现象都说明了两种不同光周期反应类型的植物所产生的开花刺激物可能具有相同的性质。柴拉轩把这种能够刺激植物开花的物质称为开花素（florigen）。环割可阻止成花刺激物的运输，表明运输是在韧皮部进行。用蒸汽、冷冻或麻醉剂处理叶柄或茎，均可阻止成花刺激物的运输，因而也抑制成花。但有关开花素的存在及其化学本质到目前为止一直没有确切的定论，感兴趣的同学可以查阅最新的一些研究进展。

　　通常植物生长到一定程度后，才有可能接受光周期的诱导。叶片对光周期刺激的敏感性与其年龄有关，一般幼嫩叶片和衰老叶片敏感性差，刚刚充分展开的叶片对光周期最敏感。不同植物开始对光周期表现敏感的年龄不同，大豆是在子叶伸展时期，水稻在七叶期前后，红麻在六叶期。

　　不同植物通过光周期诱导所需的光周期处理天数也不同。例如，短日植物苍耳的临界日长是 15.5 h，只要经过一个光诱导周期（photoinductive cycle），即一个循环的 15 h 照光和 9 h 的黑暗处理（用"15L-9D"表示）就可诱导开花。这可以通过非光诱导周期（non-photoinductive cycle），即 16 h 照光和 8 h 的黑暗（用"16L-8D"表示）处理的实验证明（图 2-7）。

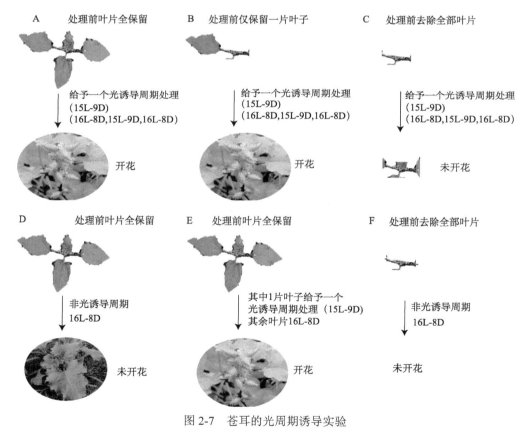

图 2-7　苍耳的光周期诱导实验

苍耳的临界日长是 15.5 h；L 代表光照，D 代表黑暗

　　在苍耳具有 4～5 片叶片时，植株 A、B、C 在处理前均生长在非光诱导周期（16L-8D）条件下，然后给予一个光诱导周期（15L-9D）处理后，再放回到非光诱导周期（16L-8D）条

件下，植株 A 在处理前后叶片全部保留，植株 C 在处理前叶片全部除去，植株 B 仅留一片叶。结果植株 A 和 B 开花，植株 C 未开花。

植株 D、E、F 用非光诱导周期（16L-8D）处理，植株 D 叶片全部保留；植物 F 叶片全部除去；植株 E 叶片全部保留，其中一片叶给予一个光诱导周期（15L-9D）处理。结果植株 D 和 F 都未开花，植株 E 开花。

以上实验证明苍耳只要经过一个适宜的光诱导周期就可以开花，并且一片叶子就足以完成诱导作用。

其他的短日植物，如大豆需要 2～3 d、大麻需要 4 d、红叶紫苏和菊花需要 12 d 的光周期处理才能通过光周期诱导。长日植物毒麦、油菜、菠菜、白芥菜等需要 1 d 的光周期；天仙子需要 2～3 d，拟南芥需要 4 d，一年生甜菜需要 13～15 d，胡萝卜需要 15～20 d 的光周期处理才能通过光周期诱导。短于其诱导周期需要的最低天数时就不能诱导植物开花，而增加由周期诱导的天数则可加速花原基的发育，花的数量也增加。

五、春化作用与光周期的相互关系

春化作用和光周期是植物成花诱导的两个重要条件。单个光周期的昼夜长度、光诱导的周期数和间歇照光的光质是光周期诱导成花的三个重要影响因素。春化作用和光周期在植物成花的不同阶段分别起作用，并且两者相互联系。春化与光周期存在相互作用。大多数要求低温的植物往往也要求长日照。

在自然状态下，植物经过冬季（低温）后，在暮春或初夏的长日照中开花，而在春化时却处于短日照中。在某些例子中，短日照可部分地或完全地代替低温，因此这类型植物被称为短长日植物（short-long-day plant，SLDP）。低温或短日照处理必须在长日照之前，如顺序逆转则无效。风铃草在短日照之后所需的长日照往往少于在低温之后，而且植株对短日照的敏感期又较对低温的敏感期早一个月，可见短日照与低温是通过不同机制而达到同一结果的。

六、光敏色素及其与开花的关系

用不同波长的光来间断暗期的研究发现，抑制短日植物成花或促进长日植物成花最有效的是 600～660 nm 的红光（red light，用 R 表示），蓝光效果很差，绿光无效。而且红光的效应能被远红光（far-red light，用 FR 表示）消除，即在红光照射之后立即再照远红光，就不能发生暗间断作用。这种红光与远红光的互相逆转作用可反复多次，开花反应取决于最后照射的是红光还是远红光（图 2-8）。红光和远红光的这种逆转作用与光敏色素的可逆效应有关。

光敏色素又称光敏素（phytochrome），是一种可溶于水的蓝色或蓝绿色的色素，它由色素基团和蛋白质结合而成。各类植物均含有光敏素。光敏素存在于高等植物中的各个部分，但含量极低，多集中在细胞的膜表面，在黄化幼苗中光敏素含量较高，其浓度为 10^{-7}～10^{-6} mol/L。

光敏素不只存在两种形式，除 Pr（稳定型）与 Pfr（活跃型）外，还有若干中间型。光敏素的 Pfr 可以在远红光下迅速地转换为 Pr，或者在黑暗中缓慢地转换为 Pr，后者的速度常受温度影响。Pr 转换为 Pfr 或 Pfr 转换为 Pr 的过程十分复杂，这种相互变化使得植物体内 Pfr/Pr 的比值发生变化。这个比值是诱导长日植物或短日植物成花的重要条件。

长日植物要求较高的 Pfr / Pr 比值，而短日植物要求较低的 Pfr / Pr 比值。若用红光中断暗期，Pfr 浓度增高，Pfr / Pr 比值提高，短日植物的开花刺激物形成受阻，抑制短日植物开

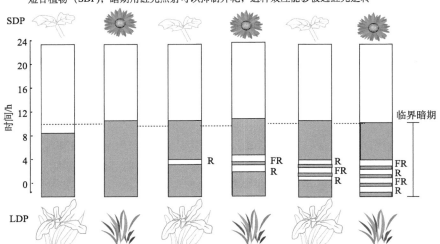

短日植物（SDP），暗期用红光照射可以抑制开花，这种效应能够被远红光逆转

长日植物（LDP），暗期用红光照射可以促进开花，这种效应能够被远红光逆转

图 2-8　红光和远红光对短日植物和长日植物开花的影响

图中 SDP 代表短日植物（short-day plant），LDP 代表长日植物（long-day plant），R 代表红光（red light），

FR 代表远红光（far-red light）

花，但有利于诱发长日植物开花刺激物的形成，促进长日植物开花。暗期间断以在黑夜的中断效果最好。对长日植物来说，如果黑暗过长，则 Pfr 转变为 Pr 或 Pfr 被破坏，Pfr / Pr 比值下降，开花刺激物就不能形成，长日植物不能开花。

七、营养条件与植物激素对成花的作用

植物成花过程，不仅需要环境因素的诱导和一系列相应的生理、生化变化，如体内一些酶和激素的产生，同时还需要一些营养物质如糖类、蛋白质，以供应花器官形成时对养分的需要。

美国的 Kraus 在 1918 年曾提出开花的碳氮比（C/N）理论。他认为，决定开花的因素不是某些类型物质的绝对量，而是其相对比例。当糖类多于含氮化合物时，植株开花；糖类少于含氮化合物时，就不开花。此后，有人以苹果和番茄为材料，运用了遮光、摘叶、修剪和施氮等处理措施，验证碳氮比理论的正确性。结果表明，当 C/N 值较大时，则开花；反之，C/N 值较小，则延迟开花或不开花。

碳氮比理论确实能解释一些高糖低氮促进开花的现象，此学说对大多数长日照植物或中性植物较为适用，但对短日照植物则表现出矛盾的一面。碳水化合物的积累是花芽分化所必需的，但较高浓度的碳水化合物并未导致成花，所以 C/N 值也不是成花的唯一决定因子。

还有一些研究表明，植物经过春化作用后，某些蛋白质（如钙调蛋白）及一些激素类物质在植物体内和花芽分化部位的浓度有着明显的变化，表明这些蛋白质和激素可能与低温促使花芽分化有关。

此外，大量研究证明，赤霉素可以代替低温促进某些植物开花。赤霉素的生理作用主要是促进植物茎的伸长，但在不少植物中也能促进开花。长日照植物或二年生需要春化的植物

在成花诱导过程中体内赤霉素含量都有所增加。研究发现，赤霉素合成途径中的关键酶也是受低温诱导的，它在春化过程中起着重要的作用。

对于许多需春化的植物，春化的需求可以部分或全部地被施用赤霉素所取代。但是也有研究结果表明，赤霉素可能并没有直接作用于春化过程中，而是启动了另外的促花途径，因为在某些植物中赤霉素并不能代替春化作用单独诱导花芽的分化，赤霉素与春化的相关性因不同的物种而有所差异。

第四节　花器官的形成与性别分化

植物达到花熟状态，感受光周期诱导（有的植物还需要低温春化），就能够产生花原基。花原基分化以后，形成花器官的各个部分。

一、生长锥分化时的形态及生理变化

植物经过成花诱导之后，发生成花反应。成花反应的标志是茎端分生组织在形态上发生变化，从营养生长锥（vegetative growth cone）变成生殖生长锥（reproductive growth cone），花器官的分化即从生殖生长锥开始（图2-9）。苹果、棉花等双子叶植物的花器官分化是从生长锥的伸长开始的；而胡萝卜的花器官分化，生长锥不是伸长而是呈扁平头状。但无论哪种情况，花器开始分化时，生长锥的表面积都变大。由于生长锥表面细胞分裂快而中部细胞分裂慢，两者速率不均匀，从而使生长锥的表面出现皱褶。在原来分化形成叶原基的地方开始形成花原基，再由花原基逐步分化产生花器官的各部分原基，进而形成花或花序。

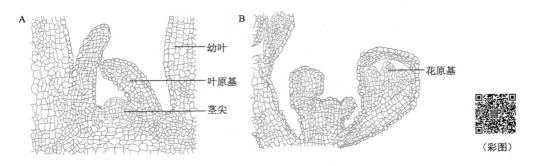

图2-9　拟南芥的营养生长锥（A）和生殖生长锥（B）

生长锥开始分化花芽后，内部的可溶性糖呈现增加的趋势，氨基酸的含量增加，氨基酸种类也增多，蛋白质和核酸的合成量也增多。所有这些变化均为生长锥的分化提供物质和能量基础。

二、影响花芽分化的条件

在花的形成过程中，体内有机养分充足与否，决定着花器官形成的好坏。气象、栽培和生理条件都可以影响花芽的分化。

1. 气象条件　　光对花的形成影响很大。植物完成光周期诱导后，花器官开始分化。自然光照时间越长，光照强度越大，形成的有机物质越多，对开花越有利，成花数量越多，品质越高。栽种在荫蔽地段的月季根本就不开花。不同植物对开花要求的最低光照强度不同。例如，阴生植物比阳生植物开花的最低光照强度要低一些。但是多数栽培植物属于阳生植物，这些植物在稍高于最低光照强度时，花的数量很少，以后随光照强度的增大而花芽增多。在光照强度较高时，光就不成为开花的限制因素。

温度对花器官的形成也有影响。不同植物花器官发育对温度的要求不同。例如，短日植物矮牵牛在得到一次 15 h 的暗期后，需培养在 28℃温度下经过 10 h，顶端分生组织转向成花的过程就完成了；而番茄在日温 15℃和夜温 10℃时，花序着花数较多；水稻在高温下，稻穗分化过程明显缩短，而遇低温则发育延缓甚至中途停止。在减数分裂期，如遇低温（17～20℃以下），则花粉母细胞进行异常分裂，花粉发育不正常。

某些植物的早熟类型，花的发育对温度和光照的要求就不如上述植物那样严格。在控制植物开花期或是在进行植物引种驯化栽培时，选用早花型或早熟型品种较为适宜。

2. 栽培条件　　水分对花的形成过程是十分必要的。雌、雄蕊分化期和花粉母细胞及胚囊母细胞减数分裂期，对水分特别敏感，如果土壤水分不足，花器官的发育会延缓，成花量减少；如果土壤水分过多，枝叶生长就会过于旺盛，花芽分化量相对减少。但是某些植物，如荔枝、苹果等果树在花器官发生前或发生初期，适量地控制水分，造成短期的干旱，有助于花芽的发生和发育。

肥料对花芽分化的影响以氮肥最重要。当土壤中氮肥供应不足时，花分化缓慢，并且成花数减少；而氮肥过多时，又会引起枝叶徒长，使花器官发育受到限制。因此，在成花过程中，要求土壤中氮肥适量，并配合施用磷、钾肥，可使花芽分化较快，并增加花数。如能适量追施微量元素（如 Mo 和 Mn 等），则效果更好。

在一般范围内，栽植密度越大，退化的花就越多。因为密度越大，光照越不足，形成的糖分少，分配到花器官的糖分就少，花器官发育受影响。

3. 生理条件　　上述气象条件和栽培条件各个因素，都与养分有直接或间接的关系。在营养生长和生殖生长之间有养分分配的问题，在同一花序的小花之间也有这个问题。在一个花序中，不同部位的花分化先后不同，一般上部的花分化早，生长势强，称为强势花；下部的花分化迟，生长势弱，称为弱势花。

花分化时，需要大量养分，由于养分供应和体内养分分配的限制，强势花优先得到养分，正常分化，开花时形成壮花，花大色艳，寿命长，生活力强，坐果率高；弱势花则因养分缺乏而引起发育不完全，甚至退化，开花后花质差，寿命短，坐果率低。在一般情况下，果树顶花芽好于侧（腋）花芽，壮枝顶花芽优于弱枝顶花芽，外围及优势部位的顶花芽优于内膛及劣势部位的顶花芽。同一花序内，中心花先开，品质最好，边花次之，都是这个道理，这些是"疏花留优"的技术依据。

三、花器官发育的基因调控

花器官的形成依赖于基因在时间顺序和空间位置的正确表达。有时花的某一重要器官位置发生突变，被另一类器官替代，如花瓣部位被雄蕊替代，这种遗传变异现象称为花发育的同源异形突变（homeotic mutation）。控制同源异形化的基因称为同源异形基因（homeotic gene）。

Coen 等提出了花形态建成遗传控制的经典"ABC 模型"（图 2-10）。该假说认为典型的花器官具有 4 轮基本结构，从外到内依次为花萼、花瓣、雄蕊和雌蕊。每轮花器官的决定是

3 类器官特征基因 A、B 和 C 不同组合表达的结果。基因 A 单独表达形成萼片；基因 A 和 B 都表达形成花瓣；基因 B 和 C 都表达形成雄蕊；基因 C 单独表达形成雌蕊。可以看出，这三类基因突变都会影响花形态建成，其中控制雄蕊和雌蕊形成的那些同源异形基因是最基本的性别决定基因。ABC 模型的建立曾极大地促进了花器官发育遗传学的发展，之后又产生了 ABCDE 模型（图 2-11）。

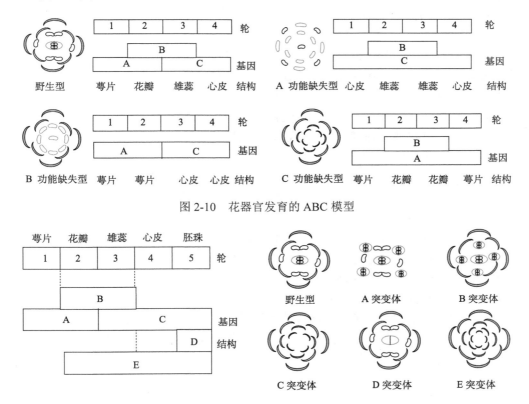

图 2-10　花器官发育的 ABC 模型

图 2-11　花器官发育的 ABCDE 模型

四、植物的性别分化

　　在花芽的分化过程中，进行着性别分化（sex differentiation）。植物的性别有多种类型。大多数植物是雌、雄同株同花，即在同一植株中只开一种类型的花，在同一花内形成雌蕊和雄蕊，如水稻、小麦、大豆和棉花等。有的植物是雌、雄同株异花，即同一植株中有雌花和雄花，如玉米、蓖麻、南瓜和黄瓜等。还有一些是雌、雄异株异花植物，如大麻、银杏、番木瓜、油茶和油桐等。很多具单性花的植物在花的分生组织开始都有雌蕊、雄蕊的花原基，后来由于某一部分受到抑制而停止发育，出现单性花。

　　在雌、雄同株异花的植物中，花朵性别的出现是按一定的先后顺序的。通常发育早期出现的是雄花，随后是雄花和两性花都有，最后只出现雌花。

　　在多年生木本植物中，在各级分枝上，随着分枝级数增高，雌花的比例也随之增加。这些情况表明，雌花在生理年龄较老的枝条上出现，而雄花则多在较幼嫩的下层枝条上出现。

低温促进多种植物（如南瓜、菠菜、大麻和葫芦等）的雌花分化。光周期对雌花、雄花的分化影响较大，一般是短日照促使短日植物多开雌花、长日照促使长日植物多开雄花。光周期诱导开花的强度还能调控发育中花的性别，如苍耳若给予最少的短日光周期诱导，只能产生雄花；反之，若给予多次短日光周期诱导，则产生两性花，性别常与诱导开花过程强度相联系。

对某些植物，高氮水平促进雄花分化（如黄瓜），而对另一些植物（如秋海棠）却促进雌花分化。

植物激素对花的性别分化也有影响。赤霉素（gibberellin，GA）可促进黄瓜雄花的分化，生长素、乙烯可促进黄瓜雌花的分化，这在生产上已有应用。

在雌、雄同株植物中，雄花与雌花在植株上分布有其特点，如南瓜植株在早期只能产生雄花，其后出现两性花、雌花。也有相反的，最初产生的是雌花，随着年龄增长出现雄花。此外，伤害也可使雄株转变为雌株。例如，黄瓜茎折断后，长出的新枝全开雌花，这可能是植株损伤后产生乙烯的缘故。

第五节　受精生理

植物的雄蕊包括花药和花丝，管状的花丝将雄蕊和花托连接在一起，具有运输水和营养物质的功能。花粉在雄蕊的花药中发育成熟。花粉外面一般有孢粉素（sporonpollenin）包裹，孢粉素主要由脂肪酸及碳水化合物构成，耐高温、抗酸、抗微生物分解，对花粉起保护作用。孢粉素有很强的吸水性，有利于花粉吸水萌发。

植物成熟的花粉是由小孢子发育而成的雄配子体。被子植物的花粉可分为两类：一类是由一个营养细胞和一个生殖细胞组成的二核花粉，如棉花、百合等的花粉；另一类是由一个营养细胞和两个精子组成的三核花粉，如小麦、白菜等的花粉。

一、花粉的成分

花粉的含水量一般为 15%～30%，干燥后仅为 6.5%，低的渗透势有利于花粉吸水萌发和抗逆性的提高。

花粉中含有大量的碳水化合物，主要为淀粉、葡萄糖、果糖和蔗糖。淀粉含量的多少，可作为判断花粉发育是否正常的指标。正常的小麦花粉含有葡萄糖、果糖和蔗糖，而不育花粉中缺乏蔗糖。研究指出，在正常花粉中脯氨酸的含量很高，一般占花粉干重的 0.2%～2%；而不育花粉中几乎没有脯氨酸，但其天冬酰胺的含量却很高。在伸长的花粉管中，脯氨酸集中分布在花粉管的顶端，表明它与花粉管的生长有关。

花粉中的色素主要有类胡萝卜素和花青素苷等。色素分布于花粉外壁上，主要功能是吸引昆虫传粉和防止紫外线对花粉的破坏。

花粉中含有 80 多种酶，主要有氧化还原酶、水解酶、异构酶等，除了与光合作用有关的酶以外，其他有关代谢的酶也基本上都有。在授粉后，有些酶可催化花粉与雌蕊中的物质转化，促进花粉的萌发及花粉管的生长。

花粉中含有生长素、赤霉素、细胞分裂素、乙烯、芸薹素及抑制物质等。花粉内还含有维生素 E、维生素 C、维生素 B_1 和维生素 B_2 等。激素和维生素对于传粉、受精和结实起着重要的调节作用。

二、花粉的寿命和应用

在自然条件下，各种植物花粉的生活力有很大差别：有的寿命很短，如水稻花粉的寿命只有几分钟，小麦花粉的寿命约几小时，玉米的 1～3 d，荞麦的 9～10 d；有的寿命较长，如苹果花粉的寿命可保持 70～120 d，向日葵的花粉可保持一年。

花粉的生活力与环境条件有关，主要受温度和水分的影响。在高温、极度干旱或过度潮湿的条件下，花粉都容易丧失生活力。低氧浓度和遮阴或黑暗一般有利于花粉生活力的保持。

三、传粉

成熟花粉从花粉囊中散出，借助外力（地心引力、风、动物传播等）落到柱头上的过程，称为传粉（pollination）。传粉有自花传粉和异花传粉两种方式。

自花传粉（self-pollination）是指成熟花粉粒落到同一朵花的雌蕊柱头上的过程。但在农业生产上，自花传粉可扩大至同株异花间的传粉，果树栽培上还可扩展至同品种异株间的传粉，如小麦、水稻、棉花、大豆和番茄等都是自花传粉。最典型的自花传粉是闭花受精（cleistogamy），如豌豆、花生的花尚未开放，雄蕊的花粉粒在花粉囊中即已萌发，花粉管穿出花粉囊壁，趋向柱头生长，进入子房，将精子送入胚囊，完成受精。闭花受精可避免花粉粒被昆虫所吞食，或被雨水淋湿而遭破坏，是对环境条件不适于开花传粉时的一种适应现象。

异花传粉（cross-pollination）是指一朵花的花粉落到同株或异株的另一朵花的柱头上的过程，如玉米、向日葵、油菜、苹果和瓜类等。异花传粉的媒介主要是风和昆虫，少数以水、鸟、蜗牛及蝙蝠等为媒介。由于长期的演化，不同植物对传粉媒介往往产生一些相适应的结构。

风媒花的花被小或退化，不具鲜艳的颜色，无蜜腺和香气，其花丝细长或具柔荑花序，花粉粒多、小而轻，并有光滑干燥的外壁，雌蕊的柱头呈羽毛状。常见的风媒花有水稻、小麦、玉米、杨、柳和桦木等。据估计，一株玉米可产生 1500 万～3000 万个花粉粒，可借风传到 200～250 m 的距离。所以，在进行玉米杂交试验和制种时，必须有数百米的隔离区，以防混杂。

虫媒花由昆虫，如蜂、蝶、蛾、蚁等传粉，其花冠大，具鲜艳的色彩，有气味或蜜腺，花粉粒较大，而且外壁粗糙，有花纹和黏性。常见的虫媒花有向日葵、黄瓜和油菜等。

四、柱头的受粉能力

雌蕊柱头的生活力与其受粉能力有关。一般来说，柱头的生活力比花粉的强。在一般情况下，开花后的柱头就具有受粉能力，以后加强，达到高峰后下降。例如，水稻柱头的生活力可维持 6～7 d，但其受粉能力日渐下降，因此，开花当天受粉能力最强，花粉萌发率高。小麦柱头在麦穗抽出 2/3 时，就具有受粉能力，但当麦穗完全抽出后第 3 天，受粉能力最强，此时授粉结实率最高，第 6 天后结实能力下降，柱头生活力可保持 9 d。玉米花柱长达穗长一半时，柱头就有受粉能力，花柱抽齐后 1～5 d 时受粉能力最强，6～7 d 后开始下降。

五、花粉的附着与识别

雌蕊成熟后，柱头表面形成许多小突起，是由于其表皮细胞变为乳状突起或毛状所致，这有利于花粉的附着。同时，柱头还分泌油状液粘住花粉。这种油状黏液的主要成分是十五烷酸、2,2-二羟基硬脂酸、亚麻酸、蔗糖、果糖、葡萄糖和硼等。用蛋白酶或蛋白质合成抑制剂处理柱头，会使黏附能力下降，这表明柱头蛋白的持续合成是花粉黏附所必需的。

落在柱头上的花粉能否萌发而导致受精，取决于花粉与柱头之间的亲和性（compatibility）。许多植物既有杂交不亲和性，也有自交不亲和性，就是雌蕊柱头只允许同种植物的花粉萌发，或者只允许同种植物的异株花粉萌发。花粉与柱头相互识别是亲和性的基础。识别（recognition）是指两类细胞结合中，要进行特殊的反应，各从对方获得信息并以物理或化学的信号来表达的过程。

识别与花粉所含特殊色素和柱头所含特殊酶类有关。例如，连翘具有两种类型的两性花，一种是雌蕊长、雄蕊短的长柱花，另一种是雌蕊短、雄蕊长的短柱花，并且每一植株上只能形成一种类型的花。因此，连翘不仅自花不育，而且异株同类型的花也不育。这是因为两种类型花的花粉中含有不同的花青素苷，即短柱花的花粉中含有芸香苷，长柱花的花粉中含有槲皮苷，这两种色素都能抑制其本身花粉的萌发。但在不同类型花的柱头上，具有分解不同类型花粉中色素的酶，即短柱花的柱头上含有破坏槲皮苷的酶（不能破坏芸香苷），而在长柱花的柱头上含有破坏芸香苷的酶（不能破坏槲皮苷），这就保证了长柱花的花粉只能在短柱花的柱头上萌发，而短柱花的花粉也只能在长柱花的柱头上萌发，从而实现不同类型的异花粉受精。

植物受精过程中，花粉与雌蕊间具有亲和性或不亲和性，取决于双方某种蛋白质（花粉外壁糖蛋白和柱头外膜蛋白）分子能否相互识别。只有相互识别，才能导致受精成功，否则即发生相互排斥，不能受精。这些相互识别的蛋白质称为识别蛋白（recognition protein）。例如，用杨树的杂交试验表明，三角杨只能和三角杨花粉受精结实，白杨（雄）和三角杨（雌）杂交是不亲和的，不能受精结实；但用三角杨死花粉与白杨花粉混合，再与三角杨（雌）杂交，则能克服种间不亲和性。这是由于三角杨死花粉中存在有识别蛋白的缘故。

六、自交不亲和

有些植物的花粉落在同花的雌蕊柱头上不能成功地受精，表现为自交不亲和性（self-incompatibility）。除了位置、形态和时间上的障碍外，亲和性的分子基础是花粉和柱头以 S 等位基因产生的特异蛋白的识别作用，S 基因的表达产物多为糖蛋白，在开花前后的特定时间表达。当花粉与雌蕊中表达的 S 等位基因相同时，就发生自交不亲和性反应。

自交不亲和性可分为孢子型和配子型两类。孢子型自交不亲和性的识别一般在柱头表面进行，即通过花粉外壁蛋白与柱头表膜蛋白的交流信息而识别。S 基因在柱头乳突细胞表达糖蛋白，表现在花粉管不能穿透柱头乳突细胞的角质层（图 2-12）。通常十字花科、菊科等三核花粉和干型柱头的植物属于这一类。

配子型自交不亲和性，一般产生双核花粉和湿润型柱头的植物，如茄科、蔷薇科、百合科植物及三核花粉中的禾本科植物属于这一类，其 S 基因表达的糖蛋白在花柱中，花粉萌发和生长进入花柱，在花柱组织内被抑制生长。一些植物的配子体 S 基因的糖蛋白有核酸酶活性，称为 S-RNase，能降解花粉管中的 RNA，从而抑制自体花粉的生长。因此，自交不亲和系统在柱头细胞中或在花粉管中产生胼胝质，阻碍花粉管进入花柱或继续生长，不能到达胚囊完成受精。

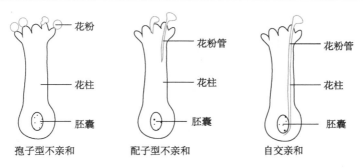

图 2-12　自交不亲和及自交亲和的花粉管生长情况

可采取适当的办法来克服植物的不亲和性。通过增加染色体倍性，如人工将自交不亲和的二倍体诱导得到四倍体，常可表现自交亲和。常采用的蕾期授粉是利用雌蕊未成熟或衰老时，它们的不育基因尚未定型或不亲和成分减弱来克服不亲和障碍。高温或射线处理，以及用生长物质也可部分克服自交不亲和性反应。目前较多采用离体培养、细胞杂交或原生质体融合等技术得到种间或属间杂交种。

七、花粉萌发与花粉管伸长

具有生活力的花粉粒落到雌蕊的柱头上，被柱头表皮细胞吸附，并吸收表皮细胞分泌物中的水分，花粉识别蛋白与柱头表面的特异蛋白质薄膜相互识别。如果两者是亲和的，则花粉粒可得到柱头的滋养，并耗用花粉粒本身的贮藏物质，代谢活动加强，体积增大，花粉内壁及营养细胞的质膜在萌发孔处外突，形成花粉管的乳状顶端，此过程称花粉粒的萌发。

花粉粒萌发后，花粉管在角质酶的作用下侵入柱头乳突，进入花柱的引导组织而到达子房。到达子房后，花粉管尖端弯向珠孔方向，并穿过珠孔，进入胚囊。花粉管的生长局限于顶端区。顶端区代谢十分旺盛，内含与细胞壁形成密切相关的细胞器，如线粒体、内质网、高尔基体等。

如果是三核期花粉粒，则包括一个营养核和两个精细胞、细胞质和细胞器；如果是二核期花粉粒，生殖细胞在花粉管中再分裂一次，形成两个精细胞（图 2-13）。花粉管到达子房后，通常从珠孔进入胚囊，称为珠孔受精（porogamy）；少数植物的花粉管从合点部位进入胚囊，称为合点受精（chalazogamy）；或从胚珠中部进入胚囊，称为中部受精（mesogamy）。

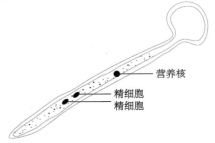

图 2-13　花粉萌发后形成的花粉管

花粉萌发和花粉管伸长需要的条件如下。

（1）糖。向培养基中加入蔗糖，可促进花粉萌发和花粉管伸长。蔗糖的作用主要是维持培养基一定的渗透势，避免花粉破裂，另外还可作为花粉萌发时的营养物质。通常蔗糖浓度为 10%～20%。

（2）硼。硼能促进花粉萌发和花粉管伸长。硼的作用一是与糖形成复合物，促进糖的吸收与代谢；二是参与果胶物质的合成，有利于花粉管壁的形成。

（3）胡萝卜素和维生素。胡萝卜素可促进花粉萌发和花粉管伸长。维生素 B_1、维生素

B_2 和维生素 C 只对花粉管的伸长有利。

（4）pH。大多数植物的花粉在相当大的 pH 范围内可萌发。但少数植物，如芸香属花粉只有在 pH6.5 时才能萌发。

（5）温度和湿度。一般花粉萌发的最适温度与开花温度差不多，如苹果为 10～25℃、葡萄为 27～30℃、水稻为 30～35℃。如果雨水太多、湿度过大，花粉易破裂；但是太干旱（空气相对湿度低于 30%），花粉萌发也会受影响。水稻花粉萌发的最适相对湿度为 70%～80%。

（6）集体效应。花粉的密度越大，萌发的比例越高，花粉管生长越快，这种现象称为集体效应（group effect）。

八、受精作用

植物的雄性生殖细胞（精子）与雌性生殖细胞（卵细胞）相互融合的过程，叫做受精作用（fertilization）。被子植物的成熟胚囊包含一个卵细胞、两个助细胞、三个反足细胞和一个含两个极核的中央细胞。花粉管进入珠孔后，通常在一个助细胞中释放一对精子。精子到达卵细胞与中央细胞之间的位置。其中的一个精子与卵细胞结合，发育成胚；另一个精子与极核结合，发育成胚乳，称为双受精（double fertilization）。通过受精，雌雄性细胞融合形成的合子，以及由合子发育成的胚具有双亲的遗传性，因此具有很强的生活力与适应力。通常，只有一个花粉管进入胚囊完成受精作用。但有时会有几个花粉管的多个精子进入胚囊。

双受精过程中，首先，精卵融合，形成二倍体的合子，恢复了各种植物体原有的染色体倍数，保持了物种的相对稳定性；其次，由于精卵融合，将父、母本具有差异的遗传物质重新组合，形成具有双重遗传性的合子，从而极大地丰富了后代的遗传性和变异性，为生物进化提供了选择的可能性和必然性；另外，精子与极核融合，形成三倍体的初生胚乳核，同样具有父、母本双亲的遗传性，生理活性更强，形成胚乳后以营养物质供胚吸收，可使子代生活力更强，适应性更广，特别是在抗病性上有很大提高。

多数植物从受粉到受精的间隔时间一般只有几天或几周，但兰科植物和裸子植物受精需要几个月。水稻受粉后 30 min 花粉管从珠孔进入胚囊，进行受精；棉花在受粉后 36 h 左右、烟草在受粉后 40 h 左右开始受精。

在受精过程中，特别是在受精以后，胚珠及整个子房在生理生化上发生剧烈的变化。

（1）雌蕊的呼吸强度增加。据测定，棉花受精时雌蕊的呼吸强度比开花当天增加 2 倍；百合花受精时子房立刻出现呼吸高峰，呼吸商也发生很大变化，受精前为 1.10～1.15，而受精时上升到 1.30，受精后又上升到 1.43。

（2）生长素含量增加。受精后，雌蕊的生长素含量明显上升。据分析，花粉内壁蛋白含有生长素合成酶，花粉具有酶要求的碱性条件，但缺乏色氨酸（IAA 合成前体），而雌蕊组织内含有色氨酸，但其 pH 低，酶不能发挥作用。当花粉管伸长时，花粉管尖端放出 IAA 合成酶，并使雌蕊组织呈碱性，可合成 IAA。随着花粉管的伸长，雌蕊组织生长素的含量依次增加。其增加的顺序与花粉管尖端到达雌蕊组织不同部位的顺序一致。这表明生长素的增加主要是由于花粉管与花柱作用的结果。受精后，子房、胚和胚乳继续合成生长素。除生长素外，在受精后 3 周的苹果及香蕉幼果中还发现有细胞分裂素类物质。

（3）物质的运输与转化加强。由于生长素的迅速增加，使子房成为竞争力很强的代谢库，促使大量营养物质运向子房，以合成果实和种子生长发育所需的各种物质。因此，植株开花结实后，营养生长受到抑制。受精后细胞中各种细胞器数量增加并进行重新分布，如造粉体与线粒体围绕细胞核排列，核糖体、高尔基体、内质网的数量增多。因此，受精后各种代谢活动明显增强。

九、无融合生殖与单性结实

被子植物的胚一般是由受精卵发育而成的。但有些植物的卵，不经过受精就可直接发育成胚，或者由胚珠内的反足细胞、助细胞等发育成胚，形成种子，产生有籽果实。这种不经受精而产生有籽果实的现象，称为无融合生殖（apomixis）。

根据胚的来源，无融合生殖可分为以下几种类型。

（1）在减数的胚囊中形成单倍体的胚。其中，由卵细胞形成胚称为孤雌生殖（parthenogenesis），在天麻属、蒲公英属的一些植物中存在；由助细胞或反足细胞形成胚称为无配子生殖（apogamy），在葱属、百合属、兰科等植物中存在，它们都是单倍体。

（2）在未减数的胚囊中形成二倍体胚。这种胚囊是由造孢细胞（sporogenous cell）或珠心细胞不经减数分裂形成的，它们都是二倍体。

（3）产生不定胚。由珠心或珠被细胞直接发育为胚的现象，称为不定胚生殖（adventitious embryony）。例如，柑橘存在的多个胚中，只有一个是通过受精作用形成的，其余的都是由珠心细胞进入胚囊而发育成的不定胚。这种不定胚也是二倍体。

植物不经受精作用而形成果实的现象称为单性结实（parthenocarpy）。单性结实的果实里不含种子，称为无籽果实（seedless fruit）。

单性结实有以下三种情况。

（1）天然单性结实。特点是子房不经过传粉、受精或其他任何刺激而形成无籽果实，如香蕉、柑橘、柿、瓜类、葡萄和柠檬的某些品种。

（2）刺激性单性结实。特点是子房必须经过一定刺激才能形成无籽果实，如利用马铃薯的花粉刺激番茄花的柱头，或用某些苹果品种的花粉刺激梨的柱头均可得到无籽果实。

低温和高光强度可以诱导番茄产生无籽果实，短光周期和较低的夜温可导致瓜类出现单性结实，农业上利用生长素处理某些植物的雌花也能得到无籽果实。例如，近年来用一定浓度的 2, 4-D、IAA 或 NAA 等生长素水溶液喷洒西瓜、番茄或葡萄等的花蕾，都能获得无籽果实。

（3）假单性结实（pseudoparthenocarpy）。有些植物传粉受精后，由于各种原因使胚停止发育，但其子房或花托等部分继续发育，也形成无籽果实。这种现象称为假单性结实或伪单性结实（parthenocarpy），如无核白葡萄、无核柿子等。

单性结实在生产上有重要意义：当传粉条件受限制时仍能结实，可以缩短成熟期，增加果实含糖量，提高果实品质。例如，北方地区温室栽培番茄，由于日照短，花粉发育往往不正常，若在花期用 2, 4-D 处理，则可达到正常结实的目的。

复习思考题

1. 根据查阅 "Web of Science"、"PubMed" 及 "中国知网 CNKI" 的结果，请说明近 3～5 年来植物的生殖生理研究有哪些研究热点和研究进展？同时根据自己的兴趣和所掌握的知识，撰写一篇相关的研究进展小综述。

2. 春化和光周期理论在农业生产中有哪些应用？

3. 如何使菊花提前开花或延迟开花？

4. 如何用实验证明暗期和光期在成花诱导中的作用？

5. 如何用实验证实植物感受光周期的部位，以及光周期刺激可能是以某种化学物质传导的？

6. 为什么说暗期长度对短日植物成花比日照长度更为重要？

7. 什么是春化作用？如何证实植物感受低温的部位是茎尖？

8. 烟熏植物（如黄瓜）和机械损伤为什么能增加雌花？

9. 用实验证明植物感受春化、光周期的部位及开花刺激物的传导。

第三章 | 植物的成熟和衰老生理

被子植物经过双受精形成的受精卵发育成胚，胚珠发育成种子，子房壁发育成果皮，子房发育形成果实。种子和果实形成过程中，其形态及生理生化指标均会发生一系列的变化。果实及种子的生长及成熟质量直接决定作物和蔬果的产量与品质，与我们的生活密切相关；果实及种子作为重要的繁殖器官，还影响到植物下一代的生长发育。多数植物的种子和某些植物的营养繁殖器官，在成熟后不能立即发芽，而是进入休眠，待外界条件适宜时才发芽，这是植物对环境的一种适应现象。生产上，可人为地破除休眠或延长休眠来满足不同的需求。植物在生长过程中，随着年龄增长，生命力逐渐下降，会发生衰老及器官脱落现象。

本章的思维导图如下：

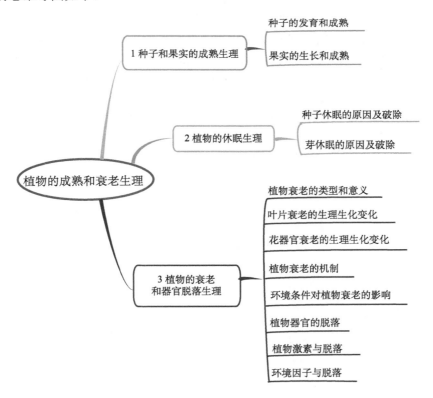

第一节　种子和果实的成熟生理

一、种子的发育和成熟

种子的成熟主要包括两个过程：胚的发育和营养物质的积累。早期的胚发育伴随着细胞分裂，涉及合子激活、极性建立、形态建成和器官发生等过程；胚发育后期主要是贮藏物质的积累。伴随着营养物质的转化和积累，可溶性蔗糖等低分子化合物逐渐转化为不溶性高分子化合物，如淀粉、蛋白质、脂肪等，并且贮藏起来。种子逐渐充实、脱水，原生质由溶胶状态转变为凝胶状态，种子进入生理上不活跃的休眠状态，为种子耐受长时间的干燥贮藏做准备。

（一）胚的发育

种子的发育始于受精。精子与卵细胞通过受精作用结合为合子（zygote）。合子表现出明显的极性。拟南芥的合子在珠孔端为液泡所充满，而在合点端则是细胞质和核。合子经过短期的休眠后进行不均等分裂，产生一个较大的基细胞（basal cell）和一个较小的顶端细胞（apical cell）。

顶端细胞较小，最终形成胚体的主要部分；基细胞细长，含有较大的液泡，分裂形成胚柄（suspensor）。胚柄仅由几个细胞组成，起机械支撑作用，将发育中的原胚推到胚囊的中央，保证胚在足够大的空间中吸取营养物质和生长。

顶端细胞经若干次分裂后形成原胚，再依次经过球形胚期、心形胚期、鱼雷形胚期和成熟期最终成为成熟胚（图 3-1）。球形胚期形成的原皮层将来会成为成熟胚的表皮组织。从球形胚到心形胚期间，靠近胚柄一侧形成胚根原基，而远离胚柄的一侧则形成子叶原基。在鱼雷形胚期，胚柄开始退化，胚的表皮细胞特化，形成具有吸收功能的组织。种胚发育到子叶期后，胚中的 RNA 和蛋白质合成作用加强。合成的 mRNA 中一部分用于当时的蛋白质合成，一部分要贮存到种子萌发时才翻译成蛋白质，即所谓的贮备 mRNA。在胚成熟后期，RNA 和蛋白质合成结束，种子失水，ABA 含量增加，胚进入休眠状态。

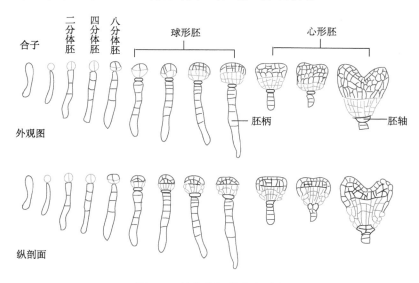

图 3-1　拟南芥胚的发育过程

（二）胚乳的发育

胚乳（endosperm）由受精极核发育而来，主要积累贮藏物质，为发育或萌发中的胚提供营养。此外，胚乳也为发育的胚提供调控信号。胚乳发育异常是植物远缘杂交败育的重要原因之一。

初生胚乳核一般是三倍体的，它不经休眠或经很短暂的休眠就开始分裂，因此胚乳发育早于胚的发育。胚的发育依赖于胚乳细胞解体所提供的激素和营养物质。随着胚的生长，胚周围的胚乳细胞会不断解体和消亡。在种子发育过程中，如果胚乳的生长量大于胚的生长量，将来形成的种子就成为有胚乳种子；反之，胚乳的生长量小或在胚发育中停止生长，胚乳贮藏的养分不足以供应在种子形成期间胚的生长，就形成无胚乳种子。此种情况下，种子的大部分会被子叶所占据。

在部分植物的种子发育过程中，珠心发育成营养组织，功能与胚乳相似。由珠心发育而来的组织称为外胚乳（perisperm），如苋科、藜科和蓼科的一些植物。根据胚乳的有无，可将被子植物的种子分为4种类型：有内胚乳，有外胚乳，兼有内、外胚乳，无胚乳。禾谷类作物小麦、水稻等的种子具有内胚乳；甜菜等同时具有胚乳和外胚乳；豆类种子的胚乳组织在胚发育过程中被吸收，胚成熟时无胚乳。

胚乳发育的类型有核型、细胞型和沼生目型，其中核型最为普遍。水稻、小麦、玉米等谷类作物的胚乳发育均属核型。核型胚乳（nuclear endosperm）发育是指在胚乳形成过程中，多次的核分裂都不伴有细胞壁的形成，导致众多的游离核分散在细胞质中，随着胚囊内中央液泡的扩大，细胞质连同游离核被挤向胚囊的周缘，形成胚乳囊。

游离核的增殖与细胞壁的形成通常都是从珠孔端向合点进行，因而近胚处的游离核首先形成壁。细胞分裂一般是由内向外进行，即胚乳组织的增生是依靠外层细胞的不断分裂和生长。

当胚乳细胞充满整个胚囊时，分裂停止。在外层胚乳细胞分裂的同时，处于内部的胚乳细胞便相继开始积累淀粉与蛋白质（表3-1），这些贮藏物质的积累是由内向外推进，而由母体运来的灌浆物质却是由外向内输送。由于灌浆物质中并非都是合成淀粉和蛋白质的原料，其中的一些矿物质、脂类等物质就积累在胚乳外层细胞中，胚乳外层细胞因被积聚矿物质、脂类及蛋白质等物质而转化成糊粉层细胞。

表 3-1　谷类作物胚乳细胞分裂、分化时期

不同时期	开花后的天数			
	水稻	小麦	大麦	玉米
游离核期	0~2	0~3	0~3	0~2
游离核期转变为细胞期	2~3	4	3~4	3
细胞分裂终止期	9~12	16~18	15~17	18~20
淀粉积累始期	4	7	7	9
蛋白质积累始期	5	9	8	13
糊粉层出现始期	5	10	8	9

细胞型胚乳（cellular endosperm）从初生胚乳核分裂开始，随即产生细胞壁，形成胚乳细胞，即细胞型胚乳不存在游离核时期，初生胚乳核及其后继的细胞分裂，有规则地形成细

胞壁。番茄、烟草等双子叶合瓣花植物胚乳为细胞型胚乳。

沼生目型胚乳（helobial endosperm）是初生胚乳核首次分裂将胚囊腔分隔为二，形成一大一小两个细胞，大细胞位于珠孔端，小细胞位于合点端。大细胞进行多次核分裂，最后形成细胞。小细胞不分裂或极少分裂，呈合胞体（syncytium）状态。合胞体是指由一层细胞膜包裹的多个核的一团细胞质状态。慈姑、虎耳草属于沼生目型胚乳。

（三）种子发育过程中有机物质的变化

种子发育过程中积累的有机物质主要包括淀粉、蛋白质和脂类，它们分别贮藏在不同组织的细胞器中（表 3-2）。禾本科植物的胚乳主要贮藏淀粉与蛋白质，胚中盾片主要贮藏脂类与蛋白质。子叶的贮藏物质因植物而不同，如大豆、花生的子叶以蛋白质和脂肪为主，而豌豆、蚕豆的子叶则以淀粉为主。

表 3-2　种子中主要贮藏物质及其贮藏组织

贮藏物质	主要贮藏组织	细胞器或颗粒名称
淀粉（直链淀粉、支链淀粉）	胚乳或子叶	淀粉体
蛋白质（谷蛋白、球蛋白等）	子叶、盾片、胚乳	蛋白体
脂类（主要为甘油三酯）	子叶、盾片、糊粉层	圆球体
矿质（主要为植酸盐）	糊粉层、子叶、盾片	糊粉粒

1. 淀粉的变化　　以贮藏淀粉为主的种子称为淀粉种子。小麦、水稻、玉米等禾谷类种子，以及豌豆、蚕豆等豆类种子均为淀粉种子。淀粉种子在成熟时，碳水化合物的变化主要有两个特点：一是催化淀粉合成的酶类活性增强，如淀粉磷酸化酶、腺苷（或尿苷）二磷酸淀粉转葡萄糖激酶；二是可溶性的小分子化合物含量逐渐降低，转化为不溶性的高分子化合物，如淀粉、纤维素。水稻在开花后的最初几天，颖果的可溶性糖和淀粉的含量都增加。十余天后，可溶性糖含量开始下降，而淀粉的含量依然增加（图 3-2）。禾谷类种子在成熟过程中，要经过乳熟期（milk-ripe stage）、黄熟期（yellow ripeness stage）、完熟期（complete ripeness stage）、枯熟期（dead-ripe stage）4 个阶段，淀粉的积累以乳熟期与黄熟期最快，因此干重迅速增加，至完熟期以后就不再增重。

2. 蛋白质的变化　　豆科植物种子富含蛋白质，被称为蛋白质种子。种子中贮藏蛋白质合成的原料来自营养器官输入的氨基酸和酰胺，贮藏蛋白被积累在蛋白体中。蛋白体（protein body）是由富含蛋白质的高尔基体小泡或内质网分泌的囊泡相互融合而成的。在种子发育初期，蛋白体通常呈球状，悬浮在种子贮藏细胞的细胞质中，但到了种子成熟后期，蛋白体因其他细胞器的挤压及脱水而变形。在种子成熟期，胚乳细胞中的蛋白体往往被充实的淀粉体挤压，只能存在于淀粉体之间的空隙中。

根据蛋白质在不同溶剂中的溶解性，将种子中的蛋白质分为水溶清蛋白（albumin）、盐溶球蛋白（globulin）、碱溶谷蛋白（glutelin）和醇溶谷蛋白（prolamin）。水稻颖果中的贮藏蛋白主要为碱溶谷蛋白，碱溶谷蛋白、水溶清蛋白和盐溶球蛋白从开花后第 5 天起开始积累，而醇溶谷蛋白从开花后第 10 天才开始积累（图 3-3）。

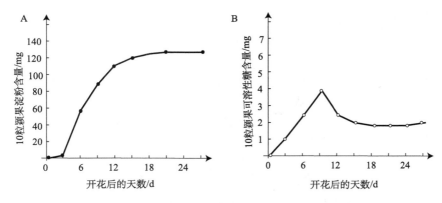

图 3-2 水稻（品种'IR28'）成熟过程中颖果内淀粉（A）和可溶性糖（B）含量的变化曲线

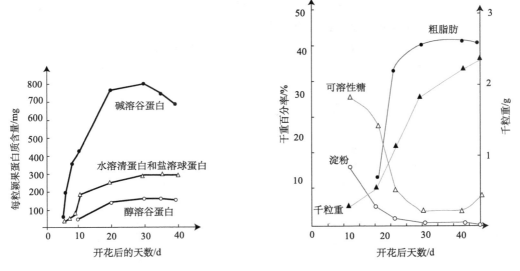

图 3-3 水稻颖果中不同种类蛋白质在种子发育过程 图 3-4 油菜种子成熟过程中可溶性糖、淀粉、粗脂
中的含量变化曲线　　　　　　　　　　肪及千粒重的变化曲线

3. 脂肪的变化　花生、油菜、大豆、向日葵等的种子中脂肪含量很高，被称为脂肪种子或油料种子。种子中脂肪合成的部位是内质网，内质网由于积累了脂肪和蛋白质而局部膨大，随后收缩成小泡脱离内质网。这些小泡相互融合，逐渐扩大成为圆球体，脂肪便积聚在其中。油料种子在成熟过程中，脂肪是由碳水化合物转化而来的。伴随着油料种子重量的不断增加，脂肪含量不断提高，碳水化合物含量相应降低。图 3-4 是油菜种子成熟过程中可溶性糖、淀粉、粗脂肪及千粒重的变化情况，也反映出了在种子成熟过程中，脂肪含量不断提高，碳水化合物含量相应降低的趋势。

油料种子在成熟初期形成大量的游离脂肪酸，使种子的酸价（acid value）逐渐降低，以后随着种子成熟，游离脂肪酸用于脂肪的合成。油料种子在成熟过程中，碘价（iodine value）升高，表明组成油脂的脂肪酸不饱和程度与数量提高。也就是说，在种子成熟初期先合成饱和脂肪酸，以后在去饱和酶的作用下，再由饱和脂肪酸转化为不饱和脂肪酸。种子要达到充分成熟，才能完成这些转化过程。如果油料种子在未完全成熟时便收获，不但种子的含油量低，而且油质差。

4. 非丁的变化　　淀粉种子成熟脱水时，钙、镁和磷离子同肌醇形成非丁（phyrin，也称肌醇六磷酸钙镁盐或植酸钙镁盐）。水稻成熟时有80%的磷离子以植酸的形式贮于糊粉层。当种子萌发时，非丁分解释放出磷、钙、镁，供生长之用。有人认为，非丁是禾谷类等淀粉种子中磷酸的贮存库与供应源，是植物对磷酸含量的一种自动调控方式。

5. 呼吸的变化　　种子成熟过程是有机物质合成与积累的过程，需要呼吸作用提供大量能量。所以，干物质积累迅速时，呼吸速率也增高。种子接近成熟时，呼吸速率逐渐降低。在水稻谷粒成熟过程中，谷粒呼吸速率变化显著，呈单峰曲线，在乳熟期最强，以后逐渐下降。

6. 激素的变化　　在种子成熟过程中，内源激素在不断发生变化。不同内源激素的交替变化调节种子发育过程中细胞的分裂、生长，以及有机物质的合成、运输、积累，耐脱水性形成及进入休眠等。例如，小麦从抽穗到成熟期间，籽粒内源激素含量发生明显变化，受精后5 d左右玉米素含量迅速增加，15 d左右达到高峰，然后逐渐下降。接着是赤霉素（GA）含量迅速提高，受精后第3周达到高峰，然后减少。在赤霉素含量下降之际，生长素（IAA）含量急剧上升。当籽粒鲜重最大时其含量最高，籽粒成熟时几乎测不出其活性（图3-5）。脱落酸在籽粒成熟期含量大大增加。

（彩图）

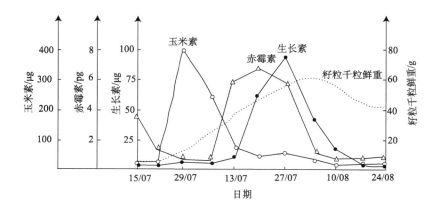

图3-5　小麦籽粒发育期间玉米素、赤霉素、生长素含量的变化曲线

以1000粒鲜籽粒来测量，图中的虚线表示籽粒千粒鲜重的变化

7. 含水量的变化　　种子中的含水量与有机物质的积累呈相反的趋势，含水量随着种子的成熟逐渐减少。成熟种子中的幼胚具有浓厚的细胞质而无液泡，自由水含量极低。水稻籽粒发育到一定时期后，籽粒鲜重减低、含水量减少，但干物质的积累却持续增加直至完熟（图3-6）。

（四）外界条件对种子成分及成熟过程的影响

不同种或品种的植物种子受遗传特性的影响，化学成分和成熟过程各不相同；同一品种中，也会由于外界条件的变化导致化学成分和成熟过程的差异。影响种子化学成分和成熟过程的外界条件主要有光照、温度、水、肥等。

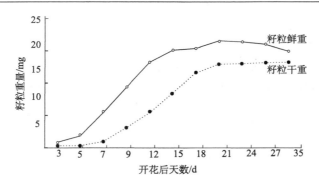

图3-6　籼稻（品种'华粳籼74'）籽粒发育过程中鲜重和干物质量的变化曲线

光照强度直接影响种子内有机物质的积累。例如，小麦籽粒的 2/3 干物质来源于抽穗后的叶片光合产物，此时光照强，同化物多，产量高。水稻灌浆期如果遇到阴雨天气，会延迟种子成熟。抽穗结实期的光照也影响作物籽粒的蛋白质含量和含油量。

温度、水分条件对种子的化学成分有显著的影响。温度主要影响有机物质的运输和转化。温度过高时，呼吸消耗大，籽粒不饱满；温度过低不利于物质转化与运输，种子瘦小，成熟期推迟；温度适宜时利于物质的积累，促进成熟。

温度高低直接影响着油料种子的含油量和油分性质，成熟期适当低温有利于油脂的积累，而低温、昼夜温差大有利于不饱和脂肪酸的形成，相反情形下则利于饱和脂肪酸的形成。

通常，小麦在温暖、潮湿条件下淀粉含量较高，低温、干旱条件下蛋白质含量则较高。小麦种子灌浆期间若遇高温，特别是夜温偏高，则不利于干物质积累，从而影响籽粒的饱满度。在我国北方出现的干热风常会造成小麦籽粒灌浆不足。这是因为土壤干旱和空气湿度低时叶片发生萎蔫，同化物不能顺利流向正在灌浆的籽粒，妨碍了贮藏物质的积累。种子灌浆较困难，通常淀粉含量少，而蛋白质含量高。我国北方降水量及土壤含水量比南方少，所以北方栽种的小麦比南方栽种的小麦蛋白质含量高。用同一品种试验，杭州、济南、北京和黑龙江的小麦蛋白质含量分别为 11.7%、12.9%、16.1% 和 19.0%。

植物营养条件对种子的化学成分也有显著影响。氮是蛋白质组分之一，适当施氮肥能提高淀粉性种子的蛋白质含量，但在种子灌浆、成熟期过多施用氮肥会使大量光合产物流向茎、叶，引起植株贪青迟熟而导致减产，油料种子则降低含油量。合理施用磷肥对脂肪的形成有良好作用。钾肥能促进糖类向块根、块茎运输，促进膨大，增加籽粒或其他贮存器官的淀粉含量，提高产量。

二、果实的生长和成熟

果实是由子房或连同花的其他部分发育而成的。单纯由子房发育而成的果实称为真果（true fruit），如桃、番茄、柑橘等；除子房外，还包含花托、花萼、花冠等花的其他部分共同发育而形成的果实称为假果（pseudocarp），如苹果、梨、瓜类等。果实的发育应从雌蕊形成开始，包括雌蕊的生长、受精后子房等部分的膨大、果实形成和成熟等过程。果实成熟（maturation）是果实充分成长以后到衰老之间的一个发育阶段。果实的完熟（ripening）则是指成熟的果实经过一系列的质变，达到最佳的食用阶段。通常所说的成熟也往往包含了完熟过程。

（一）果实的生长

果实的生长也具有生长大周期（grand period of growth），但不同植物果实的生长特点不尽相同，主要有两种模式：单 S 形生长曲线（single sigmoid growth curve）和双 S 形生长曲线（double sigmoid growth curve）（图 3-7）。

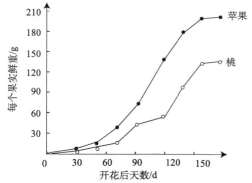

图 3-7 果实的生长曲线模式

苹果为单 S 形生长曲线，桃为双 S 形生长曲线

苹果、梨、香蕉、板栗、核桃、石榴、柑橘、枇杷、菠萝、草莓、番茄、无籽葡萄等的果实只有一个迅速生长期，生长曲线呈单 S 形。这类果实在开始生长时速度较慢，以后逐渐加快，直至急速生长，达到高峰后又渐变慢，最后停止生长。这种"慢—快—慢"生长节奏的表现是与果实中细胞分裂、膨大及成熟的节奏相一致的。

属于双 S 形生长模式的果实有桃、李、杏、梅、樱桃、有籽葡萄、柿、山楂和无花果等。这一类型的果实在生长中期出现一个缓慢生长期，表现出"慢—快—慢—快—慢"的生长节奏。这个缓慢生长期是果肉暂时停止生长，而内果皮木质化、果核变硬和胚迅速发育的时期。果实第二次迅速增长的时期，主要是中果皮细胞的膨大和营养物质的大量积累。

（二）果实的成熟

果实成熟过程中，从外观到内部发生了一系列变化，如呼吸速率的变化、乙烯的生成、贮藏物质的转化、色泽和风味的变化等，表现出特有的色、香、味，使果实达到最适于食用的状态。

随着果实的发育，呼吸速率发生规律性的变化：在细胞分裂迅速的幼果期，呼吸效率很高；当细胞分裂停止，果实体积增大时，呼吸效率逐渐降低；到成熟末期呼吸速率又急剧升高，然后又下降。果实在成熟过程中发生的呼吸速率突然升高的现象称为果实的呼吸跃变（respiratory climacteric）或呼吸峰（图 3-8）。正常情况下，果实完熟一般发生在跃变高峰或是稍后的一段时间里。呼吸跃变可以作为果实成熟过程与衰老的不可逆变化之间的分界线。

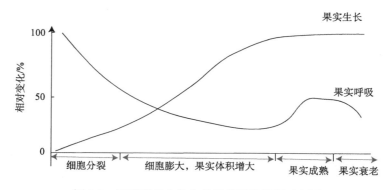

图 3-8 跃变型果实的生长及其呼吸进程示意图

　　并非所有果实在完熟期都有呼吸跃变现象。根据完熟时期的呼吸模式，果实分为跃变型和非跃变型两类。跃变型果实在成熟过程中有呼吸跃变现象，如梨、桃、苹果、芒果、番茄、西瓜、白兰瓜、哈密瓜等。不同果实的呼吸跃变差异很大，苹果呼吸高峰值是初始速率的 2 倍，香蕉几乎是 10 倍，而桃却只上升约 30%。多数果实的跃变可发生在母体上，但鳄梨和芒果的一些品种连体时不完熟，离体后才出现呼吸跃变和完熟变化；非跃变型果实以呼吸效率的低水平，以及在完熟期间呈继续下降趋势、不出现高峰为主要特征，如草莓、葡萄、柑橘、荔枝、可可、菠萝、橄榄、腰果、黄瓜等。

　　跃变型果实在成熟过程中，呼吸酶类和水解酶类的活性急剧增高；非跃变型果实的呼吸酶类和水解酶类活性变化不大或逐渐降低。

　　乙烯能诱发和促进呼吸。跃变型果实和非跃变型果实的内源乙烯水平，以及对外源乙烯的响应方式都有显著差异。跃变型果实在成熟期产生大量乙烯，其乙烯产生高峰出现在呼吸跃变之前或呼吸跃变时，图 3-9 是香蕉成熟过程中呼吸速率与乙烯含量的变化曲线，从图中可以看出，在香蕉成熟过程中，乙烯含量的高峰出现在呼吸跃变之前，而非跃变型果实在成熟期间乙烯含量变化不大。

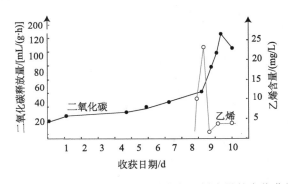

图 3-9　香蕉成熟过程中呼吸速率与乙烯含量的变化曲线

　　跃变型果实中乙烯生成有两个调节系统。系统 I 负责呼吸跃变前果实中低速率的基础乙烯生成；系统 II 负责呼吸跃变时成熟过程中乙烯自我催化大量生成，有些品种系统 II 在短时间内产生的乙烯可比系统 I 产生的多几个数量级。非跃变型果实的乙烯生成速率相对较低，变化平稳，整个成熟过程中只有系统 I 活动，缺乏系统 II。

　　虽然非跃变型果实成熟时没有出现呼吸高峰，但是外源乙烯处理也能促进诸如叶绿素破坏、组织软化、多糖水解等变化。不过这两类果实对乙烯反应的不同之处是：对于跃变型果实，外源乙烯只在跃变前起作用，它能诱导呼吸速率上升，同时促进内源乙烯的大量增加，即启动系统 II，形成了乙烯自我催化作用，且与所用的乙烯浓度关系不大，是不可逆作用。

　　非跃变型果实成熟过程中，内部乙烯浓度和乙烯释放量都无明显增加，外源乙烯在整个成熟过程期间都能起作用，提高呼吸速率，其反应大小与所用乙烯浓度有关，而且其效应是可逆的，当去掉外源乙烯后，呼吸速率下降到原来的水平。同时，外源乙烯不能促进内源乙烯的增加。由此可见，跃变型与非跃变型果实的主要差别在于对乙烯作用的反应不同，跃变型果实中乙烯能诱导自我催化，不断产生大量乙烯，从而促进成熟。

　　许多果实呼吸跃变的出现，标志着果实成熟达到了可食的程度。在实践上，可调节呼吸跃变的来临，以推迟或提早果实的成熟。适当降低温度和氧的浓度（提高 CO_2 浓度或充氮气），都可以延迟呼吸跃变的出现，使果实成熟延缓；反之，提高温度和氧的浓度，或施以乙烯，都可以刺激呼吸跃变的发生，加速果实的成熟。

（三）果实成熟时有机物质的转化及其影响因素

果实在生长过程中，不断积累有机物质。这些有机物质大部分是从营养器官运送来的，但也有一部分是果实本身制造的。随着果实成熟，果实内部的有机物质发生复杂的转化，使果实的颜色及风味发生很大的变化。

1. 糖含量增加　　未成熟的果实中贮存了很多淀粉，没有甜味；果实在成熟过程中，淀粉等贮藏物质水解成蔗糖、葡萄糖和果糖等并积累在细胞液中，使实变甜。各种果实的糖转化速率和程度不尽相同。

香蕉的淀粉水解很快，几乎是突发性的，香蕉由青变黄时，淀粉含量从占鲜重的 20%～30% 下降到 1% 以下，而同时可溶性糖的含量则从 1% 上升到 15%～20%；柑橘中糖转化很慢，有时要几个月；苹果则界于这两者之间（图 3-10）。葡萄是果实中糖分积累最高的，可达到鲜重的 25% 或干重的 80% 左右，但如在成熟前就采摘下来，则果实不能变甜。杏、桃、李、无花果、樱桃、猕猴桃等也是这样。

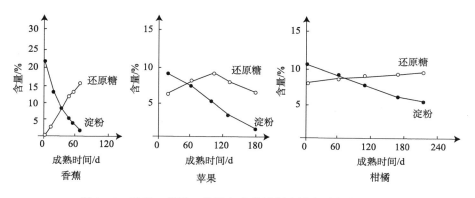

图 3-10　香蕉、苹果、柑橘在成熟过程中糖含量的变化曲线

甜度与糖的种类有关。以蔗糖甜度为 1，则果糖为 1.03～1.50，葡萄糖为 0.49，其中以果糖最甜，但葡萄糖口感较好。不同果实所含可溶性糖的种类不同，如苹果、梨含果糖多，桃含蔗糖多，葡萄含葡萄糖和果糖多而不含蔗糖。通常，成熟期日照充足、昼夜温差大、降水量少，则果实中含糖量高，这也是新疆吐鲁番的哈密瓜和葡萄特别甜的原因。

氮素过多时，要有较多的糖参与氮素代谢，这就会使果实含糖量减少。通过疏花疏果，减少果实数量，常可增加果实的含糖量。果实套袋可显著改善综合品质，但在一定程度上会降低成熟果实中还原糖的含量。

2. 有机酸减少　　未成熟果实的果肉细胞液中积累大量有机酸，所以有酸味。一般苹果含酸 0.2%～0.6%，杏 1%～2%，柠檬 7%，这些有机酸主要贮存在液泡中。柑橘、菠萝含柠檬酸多，仁果类（如苹果、梨）和核果类（如桃、李、杏、梅）含苹果酸多，葡萄中含有大量酒石酸，番茄中含柠檬酸和苹果酸较多。

　　有机酸可来自于碳代谢途径、三羧酸循环、氨基酸的脱氨等。未成熟的果实中含酸量高，随着果实的成熟含酸量下降。有机酸减少的原因主要有：合成被抑制；部分酸转变成糖；部分酸被用于呼吸消耗；部分酸与 K^+、Ca^{2+} 等阳离子结合生成盐。

　　与营养价值有关的维生素 C 含量的变化在不同的果实中亦不同。苹果中维生素 C 含量的变化有利于提高果实营养价值，幼果期含量较低，花后 165 d 达到最高，为鲜重的 0.0378%；而甜樱桃及枣的某些品种的果实，幼果中的维生素 C 含量很高，以后却逐渐下降。

　　糖酸比是决定果实品质的一个重要因素，糖酸比越高，果实越甜。但一定的酸味往往体现了一种果实的特色。

　　3. 单宁减少　　未成熟的柿子、李子等果实的液泡中含有单宁等物质。单宁（tannin）是一种酚类物质，可以保护果实免于脱水及病虫侵染。单宁与人口腔黏膜上的蛋白质作用，使人产生强烈的麻木感和苦涩感。通常，随着果实的成熟，单宁可被过氧化物酶氧化成无涩味的过氧化物，或凝结成不溶性的单宁盐，还有一部分可以水解转化成葡萄糖，此时果实的涩味消失。

　　4. 香味产生　　成熟果实具有特殊的香气，这是由于果实内部存在着微量的挥发性物质。它们的化学成分相当复杂，有 200 多种，主要是酯、醇、酸、醛和萜烯类等一些低分子质量的化合物。苹果中含有乙酸丁酯、乙酸己酯、辛醇等挥发性物质；香蕉的特色香味是乙酸戊酯；橘子的香味主要来自柠檬醛。

　　成熟度与挥发性物质的产生有关，未成熟的果实中没有或很少有这些香气挥发物，所以收获过早，香味就差。低温影响挥发性物质的形成，如香蕉采收后长期放在 10℃ 的气温下，就会显著抑制挥发性物质的产生。乙烯可促进果实正常成熟的代谢过程，因而也促进香味的产生。

　　5. 果实由硬变软　　果实成熟期间多种与细胞壁有关的水解酶活性上升，导致细胞壁物质的降解，这是引起果实软化的主要原因。未成熟的果实因其初生细胞壁中沉积不溶于水的原果胶，尤其是苹果、梨中的原果胶含量很高，果实很硬。

　　随着果实的成熟，果胶酶和原果胶酶活性增强，把原果胶水解为可溶性果胶、果胶酸和半乳糖醛酸，果肉细胞彼此分离，于是果肉变软。此外，果肉细胞中的淀粉转变为可溶性糖，也是使果实变软的部分原因。

　　6. 色泽变艳　　果实在未成熟前，果皮中含有大量叶绿素，大多为绿色；随着果实的成熟，多数果色由绿色渐变为黄色、橙色、红色、紫色或褐色。与果实色泽有关的色素有叶绿素、类胡萝卜素、花色素和类黄酮素等。

　　叶绿素一般存在于果皮中，有些果实如苹果果肉中也有。在香蕉和梨等果实中，叶绿素的消失与叶绿体的解体相联系；而在番茄和柑橘等果实中，则主要由于叶绿体转变成有色体，使其中的叶绿素失去了光合能力。

　　氮素、GA、CTK 和生长素均能延缓果实褪绿，而乙烯对多数果实都有加快褪绿的作用。果实中的类胡萝卜素种类很多，一般存在于叶绿体中，褪绿时便显现出来。番茄中以番茄红素和 β-胡萝卜素为主。

　　香蕉成熟过程中果皮所含有的叶绿素几乎全部消失，但叶黄素和胡萝卜素则维持不变。桃、番茄、红辣椒、柑橘等则经叶绿体转变为有色体而合成新的类胡萝卜素。类胡萝卜素的形成受环境的影响，如黑暗能阻遏柑橘中类胡萝卜素的生成。

花色素苷是花色素和糖形成的 β-糖苷。已知结构的花色素苷约 250 种。花色素能溶于水，一般存在于液泡中，到成熟期大量积累。花色素苷的生物合成与碳水化合物的积累密切相关，如玫瑰露葡萄的含糖量要达到 14%时才能着色。

高温往往不利于着色，苹果一般在日平均气温为 12～13℃时着色良好，而在 27℃时着色不良或根本不着色，中国南方苹果着色很差的原因主要就在于此。花色素苷的形成需要光，黑色和红色的葡萄只有在阳光照射下果粒才能着色。有些苹果要在直射光下才能着色，所以树冠外围果色泽鲜红，而内膛果是绿色的。此外，乙烯、2,4-D、多效唑、茉莉酸和茉莉酸甲酯等都对果实着色有利。

花色素分子中含有酚的结构部分，此外植物体内还存在着多种酚类化合物，如黄酮素、酪氨酸、苯多酚、儿茶素及单宁等。一定条件下，有些酚被氧化生成黑褐色的醌类物质，这种过程常称为褐变。例如，荔枝、龙眼、栗子等成熟时果皮变成褐色；而苹果、梨、香蕉、桃、杏、李等在遭受冷害、药害、机械创伤或病虫侵扰后也会出现褐变现象。

7. 蛋白质和 RNA 含量增加　　在苹果、梨和番茄等果实成熟时，RNA 含量显著增加。用 RNA 合成抑制剂——放线菌素 D 处理正在成熟的梨果实，RNA 含量减少，果实成熟受阻。果实成熟与蛋白质合成有关。苹果和梨等成熟时，蛋白质含量上升，如用蛋白质合成抑制剂亚胺环己酮处理成熟中的果实，则 ^{14}C-苯丙氨酸结合到蛋白质上的速率减低，果实成熟延迟。

8. 激素含量变化　　在果实成熟过程中，生长素、赤霉素、细胞分裂素、脱落酸和乙烯五类植物激素，都是有规律地参加到代谢反应中。其中影响最大的是乙烯，因为乙烯可提高质膜透性和呼吸速率，刺激水解酶类合成，促进不溶性物质水解为可溶性物质。例如，苹果的果实在开花与幼果生长期，生长素、赤霉素和细胞分裂素的含量增高，在成熟时乙烯含量达最高峰（图 3-11）；但在柑橘、葡萄等果实成熟时，却是脱落酸含量最高。

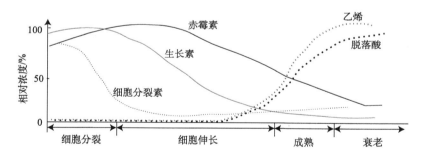

图 3-11　苹果果实不同发育时期的激素水平

第二节　植物的休眠生理

多数种子成熟后，如果外界条件适宜便可发芽，但有的种子则不能发芽，这种成熟种子在合适的萌发条件下仍不萌发的现象称为休眠（dormancy）。休眠的定义非常复杂。有人定义，休眠是种子在合适的环境下，暂时无法完成发芽；也有人定义，种子休眠是指在适宜萌发的条件下，有生活力的种子暂时不萌发的一种特性，但是这个定义也是有矛盾的，因为合适的环境，就是可以让种子发芽的环境。因此，休眠可以说是种子发芽环境需求范围宽窄的指标。

能发芽的环境范围越宽广，休眠越弱；能发芽的环境范围越窄，休眠越强。在任何环境下，一粒种子仍然无法发芽，就是完全的休眠；在适合发芽的条件下，发生吸胀作用，呼吸、核酸和蛋白质合成，但胚根无法突破种皮，这种状态才称为种子的休眠。

休眠是植物的整体或某一部分（延存器官）生长暂时停滞的现象，是植物抵御不良自然环境的一种自身保护性的生物学特性。

野生植物的种子常常具有休眠的特性，在合适的环境下仍然不会全部发芽。这种休眠可以保护幼苗免于因故而全部死亡，从而延续种族生命。农作物种子的休眠会降低发芽率，不利于农业生产。

植物的休眠有多种类型，温带地区的植物进行冬季休眠，而有些夏季高温干旱地区的植物可进行夏季休眠（如橡胶草）。通常把由于不利于生长的环境条件而引起的植物休眠称为强迫休眠（epistotic dormancy）；而把在适宜的环境条件下，植物本身内部的原因造成的休眠称为生理休眠（physiological dormancy）。自然界中，植物的休眠存在多种形式，一、二年生植物大多以种子为休眠器官；多年生落叶树以休眠芽越冬；而多种二年生或多年生草本植物则以休眠的根系、鳞茎、球茎、块根、块茎等度过不良环境。

一、种子休眠的原因及破除

1. 种皮限制　豆科、锦葵科、藜科、樟科、百合科等植物种子，有坚厚的种皮、果皮，或种皮上附有致密的蜡质和角质，被称为硬实种子（hard seed）或石种子。这类种子或因种皮透水或透气性差，胚的生长受到抑制不能萌发；或者即使种皮透水、透气，但因种皮太坚硬，胚不能突破种皮，也难以萌发。

在自然情况下，种皮的机械阻力和不透性受到多种因素及作用影响，包括：氧气的氧化；细菌、真菌及虫类的分解和破坏；温度；水浸和冰冻等。以上因素破除休眠较为缓慢，需要几周甚至几个月。在生产上，要求这个过程在短时间内完成。现在一般采用物理、化学方法来破坏或去除种皮，使种皮透水透气。例如，紫云英种子用细沙和石子擦种子，能有效促使萌发；用氨水（1∶50）处理松树种子或用 98%浓硫酸处理皂荚种子辅以温水浸泡等，都可以破除休眠，提高发芽率。

2. 种子未完成后熟　有些植物种子的胚在形态上似已发育完全，但生理上还未成熟，必须要通过后熟作用（after-ripening）才能萌发。所谓后熟作用，是指成熟种子离开母体后，需要经过一系列的生理生化变化后才能完成生理成熟而具备发芽的能力。一般认为，在后熟过程中，种子内的淀粉、蛋白质、脂肪等有机物质的合成作用加强，呼吸作用减弱，酸度降低。经过后熟作用后，种皮透性增加，呼吸作用增强，有机物质开始水解。

后熟期长短因植物而异，莎草种子的后熟期长达 7 年以上，某些大麦品种后熟期只有 14 d。油菜的后熟期较短，在田间已完成后熟作用。粳稻、玉米、高粱的后熟期也较短，籼稻基本上无后熟期。小麦后熟期稍长些，少则 5 d（白皮），多则 35～55 d（红皮）。晒种可加快它们的后熟过程。未通过后熟作用的种子不宜播种使用，否则成苗率低；未通过后熟期的小麦磨成的面粉烘烤品质差；未通过后熟期的大麦发芽不整齐，不适于酿造啤酒。种子在后熟期间对恶劣环境的抵抗力强，此时进行高温处理或化学药剂熏蒸处理，对种子影响较小。

3. 胚未完全发育　有些植物，如欧洲白蜡树和银杏等的果实或种子虽完全成熟并已脱离母体，但胚的发育尚未完成。银杏种子成熟后从树上掉下时还未受精，等到外果皮腐烂、吸水、氧气进入后，种子里的生殖细胞分裂，释放出精子后才受精。

兰花、人参、冬青、当归、白蜡树等的种胚体积都很小，结构不完善，必须要经过一段时间的继续发育，才能达到可萌发状态。珙桐的果核要经过层积处理，即在湿沙中低温堆积1～2年才能形成成熟的胚。激素可以促进胚的发育。例如，药用植物黄连的种子需要在低温下90 d才能完成胚分化过程，如果用5℃低温和10～100 μl/L GA溶液同时处理，只需经48 h便可打破休眠而发芽。

4. 抑制物质的存在 有些植物的果实或种子，存在抑制种子萌发的物质。这类抑制物多数是一些低分子质量的有机物质，如具挥发性的氢氰酸（HCN）、氨（NH_3）、乙烯，以及某些醛类化合物、生物碱、不饱和内酯类等。这些物质存在于果肉（如梨、苹果、番茄、柑橘、甜瓜等）中，也可能存在于种皮（如苍耳、甘蓝）内，亦会存在于胚乳（如鸢尾）或子叶（如菜豆）中。

生长抑制剂香豆素，可以抑制莴苣种子的萌发。洋白蜡树种子休眠是因种子和果皮内都有脱落酸，当种子脱落酸含量降低时，种子就可萌发。

生长抑制剂抑制种子萌发有重要的生物学意义。例如，生长在沙漠的藜属植物，它的种子含有阻止萌发的生长抑制剂，只有在一定雨量下冲洗掉这种抑制剂，种子才萌发，如果雨量不足，不能完全冲掉抑制剂，种子就不发芽。这种植物就是依靠种子中的抑制剂，巧妙地适应极度干旱的沙漠条件。在农业生产上，可以把种子从果实中取出，并借水流洗去抑制剂，促使种子萌发，番茄的种子就需要这样处理。

在生产实践中，有时也有需要延长休眠、防止发芽的问题。小麦、水稻、玉米等休眠期较短的农作物在成熟时，如果遇到连续的阴雨天气，就会直接在穗上萌发，严重影响品质和产量。除了培育选用抗穗发芽的品种，还可通过合理安排播种期尽量避开收获时的雨季、成熟前喷洒生长延缓剂、及时抢收等来避免穗发芽造成的损失。

二、芽休眠的原因和破除

芽休眠（bud dormancy）是指植物生活史中芽生长的暂时停顿现象。芽是很多植物的休眠器官，多数温带木本植物，包括松柏科植物和双子叶植物，在生长周期中出现明显的芽休眠现象。芽休眠不仅发生于植株的顶芽、侧芽，也发生于根茎、球茎、鳞茎、块茎，以及水生植物的休眠冬芽中。芽休眠是一种生物学特性，能使植物在恶劣的条件下生存下来。

1. 日照长度 日照长度是诱发和控制芽休眠最重要的因素。对多年生植物而言，通常长日照促进生长，短日照引起伸长生长的停止及休眠芽的形成。在有些植物中，日照诱发芽休眠有一个临界日照长度。日照长度短于临界日长时就能引起休眠，长于临界日长则不发生休眠。例如，刺槐、桦树、落叶松幼苗在短日照下经10～14 d即停止生长，进入休眠。此外，短日照和高温可以诱发水生植物，如水车前、水鳖属和狸藻属的休眠芽的形成。短日照也促进大花捕虫堇的芽休眠。而铃兰、洋葱则相反，长日照诱发其休眠。

2. 休眠促进物 促进休眠的物质中最主要是脱落酸，其次是氢氰酸、氨、乙烯、芥子油、多种有机酸等。短日照之所以能诱导芽休眠，是因为短日照促进了脱落酸含量的增加。短日照条件下桦树中的提取物能抑制在14.5 h日照下桦树幼苗的生长，延长处理时间可以形成具有冬季休眠芽全部特征的芽。在休眠芽恢复生长时，提取物内细胞分裂素含量增加。

芽休眠可以通过低温处理、施加植物生长调剂等方法来破除。许多木本植物休眠芽需经历 10 d 以上的 0～5℃的低温才能解除休眠,将解除芽休眠的植株转移到温暖环境下便能发芽生长。有些休眠植株未经低温处理而给予长日照或连续光照也可解除休眠。

北温带大部分木本植物,一旦芽休眠被短日照充分诱发,再转移到长日照下也不能恢复生长,通常只有靠低温来解除休眠。GA 打破芽休眠的效果较显著。用 1000～4000 μl/L GA 溶液喷施桃树幼苗和葡萄枝条,或用 100～200 μl/L 激动素喷施桃树幼苗,都可以打破芽的休眠。用 0.5～1.0 μl/L GA 溶液浸马铃薯切块 10～15 min,出芽快而整齐。此外,晒种法也可破除马铃薯的芽休眠,即收获后晾干 2～3 d,使薯块水分减少,然后在阳光下晒种,经常翻动,使薯块各部分受热均匀,2 周左右,芽眼有明显突起,即可切块播种。还可使用硫脲（NH_2CSNH_2）来破除马铃薯块茎的休眠,用 0.5%硫脲溶液浸泡薯块 8～12 h,发芽率可达90%以上。

在农业生产上,有时需要适当延长贮藏器官的休眠期,使之耐贮藏,避免丧失市场价值。例如,马铃薯在贮藏过程中易出芽,同时还产生有毒物质龙葵素（solanine）。可在收获前 2～3 周,在田间喷施 2000～3000 μl/L 青鲜素,或用 1%萘乙酸钠盐溶液或萘乙酸甲酯的黏土粉剂均匀撒布在块茎上,可以防止在贮藏期中发芽。将马铃薯块茎在架上摊成薄层,保持通风,也可安全贮藏半年左右。对洋葱、大蒜等鳞茎类蔬菜也可用类似的方法处理。

第三节　植物的衰老和器官脱落生理

植物的衰老（senescence）是指细胞、器官或整个植株生理功能衰退,最终自然死亡的过程。衰老总是先于一个器官或整株的死亡,是植物发育的正常过程。衰老可以发生在分子、细胞、组织、器官及整体水平上。衰老是受植物遗传控制的、主动和有序的发育过程。环境因素可以诱导衰老。例如,落叶乔木的叶片在秋天呈现出由黄色到红色的斑斓色彩,而后落叶飘零。秋季的短日和低温就是触发叶片衰老的环境因素。

一、植物衰老的类型和意义

植物按生长习性以不同方式衰老,一般将植物衰老分为以下四种类型。

1. 整株衰老　单稔植物（monocarpic plant）一旦出现开花结实便会整株衰老死亡。大多数单稔植物为一年生草本植物,也有少数多年生草本植物和木本植物。世纪树（*Agave americana*）是多年生单稔植物的最好例证,营养生长 8～10 年甚至可达一个世纪,因此将其称为"世纪树"。但只要出现开花,籽粒成熟时整株便会死亡。大田作物水稻、小麦等通常在开花结实后出现衰老,收获季节大面积同时死亡。

2. 地上部分衰老　一生中能多次开花的植物,如多年生草本植物,生活周期中营养生长和生殖生长交替进行,整个地上部分随着生长季节的结束而死亡,而根继续生存。多年生落叶木本植物的茎和根能存活多年,但叶片每年衰老和脱落。

3. 渐近衰老　多年生木本植物较老的器官和组织随时间的推移逐渐衰老脱落,并被新的器官所取代。水稻一生中至少有十几片叶片长出,但随着新叶片的长出,下部叶片衰老,最终逐渐死亡,至成熟时一般只有 6～8 片叶片。

4. 器官衰老　在植株成熟过程中,如木质部导管和管胞等器官不断衰老和死亡,不断新旧更替,而整株植物仍处于旺盛的生长状态;各种器官各有特殊的衰老形式,如雄花一般花粉散出后不久就衰老脱落，果实成熟后再衰老离开母体。

衰老是植物生长发育和应对不同环境条件过程中必要的、主动的、程序化的过程，该过程受到内、外因子直接或间接的影响。衰老除了代表组织、器官甚至植株生命周期的终结外，还能使植物适应不良环境条件，对物种进化起重要作用，在发育生物学和进化生物学上具有重要意义。

一年生植物成熟和衰老过程中，营养器官中的物质降解、转运并再分配到种子、块茎和球茎等新生器官中去。例如，果实成熟和衰老使得种子充实，有利于繁衍后代。

对于多年生植物来说，秋天叶片衰老、脱落，能主动适应不良的环境条件，有利于生存。衰老也有不利的一面，如农作物在受到某些不良因素影响下，适应能力降低，引起营养体生长不良，造成过早地衰老，籽粒不饱满，使粮食减产，应予以克服和提高植物的抗衰老能力。

植物衰老不管属于哪一种类型，总是在细胞衰老的基础上表现出器官衰老，然后逐渐引起植株衰老。植物具有无限生长的特性，器官的衰老过程发生在植物生活周期的各个时期。目前关于根系的衰老研究较少，根系实际上是边生长边衰老，尤其是根毛，寿命很短；多年生植物的根系可存活多年但也在不断衰老更新。关于植物衰老研究最多的是叶片和花器官的衰老。

二、叶片衰老的生理生化变化

叶片衰老最显著的变化就是叶片颜色的变化。在叶片衰老过程中，会发生一系列生理生化反应。

1. 蛋白质的变化　　蛋白质水解是植物衰老的第一步，离体衰老叶片中蛋白质的降解发生在叶绿素分解之前。在蛋白质水解的同时，伴随着游离氨基酸的积累，可溶性氮会暂时增加。衰老过程中可溶性蛋白和膜结合蛋白同时降解。未离体的叶片衰老时，氨基酸可以酰胺形式转移至茎或其他器官被再度利用。通过对 ^{14}C 亮氨酸掺入蛋白质的测定证明，衰老叶片中氨基酸掺入蛋白质的能力下降。

因此，在衰老过程中，蛋白质含量的下降是由于蛋白质代谢失去平衡，分解速率超过合成速率所致。在衰老过程中也有某些蛋白质的合成，主要是水解酶，如核糖核酸酶、蛋白酶、酯酶、纤维素酶的含量或活性增加。

2. 核酸的变化　　叶片衰老时，RNA 总量下降，尤其是 rRNA 的减少最为明显。其中，以叶绿体和线粒体的 rRNA 对衰老最为敏感，而细胞质的 tRNA 衰退最晚。叶片衰老时 DNA 含量也下降，但下降速率较 RNA 为小。例如，在烟草叶片衰老处理 3 d 内，RNA 含量下降 16%，但 DNA 只减少 3%。虽然 RNA 总量下降，但某些酶（如蛋白酶、核酸酶、酸性磷酸酶、纤维素酶、多聚半乳糖醛酸酶等）的 mRNA 的合成仍在继续。

3. 光合速率下降　　衰老时，叶片中叶绿素含量迅速下降，导致叶片失绿，叶色由绿色变为黄色；色素的降解也引发了光合速率下降；此外，Rubisco 分解、光合电子传递与光合磷酸化受阻也会导致光合速率的下降。

4. 呼吸速率下降　　在叶片衰老过程中，线粒体的结构较叶绿体稳定，能保持到衰老后期。因此，呼吸速率下降较光合速率慢。有些植物在衰老开始时呼吸速率仍保持平稳，后期出现呼吸跃变，之后则迅速下降。衰老时，氧化磷酸化解偶联，产生 ATP 的数量减少，使衰老加剧。

5. 植物激素的变化　　　植物衰老过程中，内源激素水平变化显著。一般情况下，促进生长的植物激素，如细胞分裂素、生长素、赤霉素的含量减少，而诱导成熟和衰老的激素，如乙烯、脱落酸的含量增加。

6. 叶片衰老时细胞结构的变化　　　叶片衰老时的结构变化最早表现在叶绿体的解体上，叶绿体的外层被膜消失，类囊体膜逐渐解体。衰老起始阶段，叶肉细胞叶绿体变小，基粒数目减少，核糖体急剧减少，液泡开始增大。

在衰老中期，叶绿体中的间质类囊体消失，大多数核糖体消失，内质网变得平滑而肿胀，线粒体变小，嵴粒减少。在衰老后期，叶绿素完全被破坏（图3-12）。基粒类囊体、内质网与高尔基体等膜结构被破坏；膜结构的破坏引起细胞透性增大，选择透性功能丧失，使细胞液中的水解酶分散到整个细胞中，产生自溶作用，进而使细胞解体和死亡。

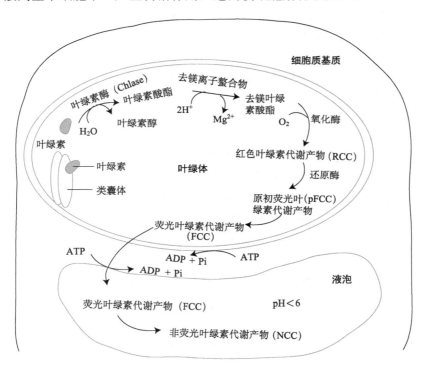

图 3-12　叶片衰老过程中叶绿素的降解过程

叶绿素酶（chlorophyllase, Chlase）；红色叶绿素代谢产物（red chlorophyll catabolite, RCC）；原初荧光叶绿素代谢产物（'primary' fluorescent chlorophyll catabolite, pFCC）；荧光叶绿素代谢产物（fluorescent chlorophyll catabolite, FCC）；非荧光叶绿素代谢产物（non-fluorescent chlorophyll catabolite, NCC）

三、花器官衰老的生理生化变化

花器官的衰老与死亡随植物种类的不同差异很大：单稔植物（monocarpic plant）一生只开一次花，花开后立即凋萎、脱落；多稔植物（polycarpic plant）一生中能多次开花，开花后仅限于花的一部分如花冠等凋萎脱落。花冠衰老的方式有两种：一种是凋萎，即花瓣组成渐次变化，膨压丧失，最后凋萎，如香石竹和矮牵牛等；另一种是脱落，即花瓣尚处于膨胀状态，没有任何可见的凋萎迹象而脱落，如香豌豆和金鱼草等。授粉与受精能加速花冠的衰老，可能与花粉管萌发生长和子房生长从花的其他部位吸取营养有关。许多植物的花冠凋萎和脱落之后绿色花萼依然存在，能继续进行光合作用。

1. 呼吸速率增强　花器官衰老时呼吸效率增强，且出现两个高峰：第一个高峰出现在花刚开放时，接着呼吸速率下降，经过一短暂时间后，呼吸速率又急剧上升，出现第二个高峰，似乎与许多果实成熟时的呼吸跃变相似。呼吸速率增强使具有高氧化潜力的过氧化物和自由基形成，导致衰老和组织解体。

2. 有机物质水解　细胞里的淀粉、蛋白质、核酸的含量降低，各种水解酶活性提高。同时，磷脂酶活性也提高，使构成膜的磷脂含量下降，膜的流动性下降，细胞渗漏，促进花瓣凋萎死亡。

3. 花的颜色变化和消失　花冠衰老过程中色素的变化与植物的种类有关，有些花色素保持不变；有些花色素明显降低甚至消失；还有些花冠衰老时花色素急剧合成，花色加深。

花的颜色还与 pH 变化有关。例如，天竺、玫瑰、矮牵牛和香石竹的花随着衰老，其颜色由红色变为蓝色，原因在于蛋白质水解释放游离 NH_3，使 pH 升高；还有一类花如倒挂金钟、牵牛花等随着衰老花瓣由蓝色、紫色变成红色，是由于天冬氨酸、苹果酸、酒石酸含量增加，使 pH 降低而引起。大多数花的颜色深浅、红蓝互变的关键是花色素苷和其他无色类黄酮色素之间的复合物形成。

4. 花瓣衰老过程中细胞结构变化　在花瓣中缺少质体的日本矮牵牛花中发现，花瓣衰老时细胞膜内陷，形成许多包含细胞质的囊泡，出现液泡自体吞噬（autophagy）现象，导致细胞分室破坏，细胞解体死亡。玫瑰、黄瓜、万寿菊等的黄色花含有色体，衰老时质体被膜内陷，细胞中核糖体减少，造成蛋白质合成减缓，细胞死亡。

对衰老中的含笑花被片的显微观察发现，表皮细胞出现了细胞塌陷、细胞器解体、细胞壁弯曲变形等现象；在该过程中，薄壁细胞内的淀粉复合物的体积与数目也呈动态变化，最终转变为香气物质散发，体积变小、数目变少甚至消失。

四、植物衰老的机制

植株或器官衰老的原因相当复杂。在自身遗传基因调控的基础上，光照强度、光照时间、温度、水分及矿质营养等因素对衰老的发生都有重要影响。其中，营养物质的竞争性分配尽管影响了衰老的进程，但却不是衰老的诱因。解释植物衰老机制的假说很多，但均难以完整而系统地解释衰老发生的机制，衰老可能是多因素共同作用的结果。目前主要假说包括：自由基损伤学说、DNA 损伤学说、植物激素调节学说和程序性细胞死亡等。

1. 自由基损伤学说　自由基（free radical）和活性氧（active oxygen）可由植物体自身代谢产生，二者化学性质活泼，氧化能力强。自由基主要产生于质膜，正常代谢的氧化还原反应、共价键断裂均会导致自由基的产生，可分为无机氧自由基和有机氧自由基两大类。逆境如高温、干旱、重金属或生物胁迫等，会加剧自由基的产生。

活性氧是化学性质活泼、氧化能力很强的含氧物质的总称，包括氧自由基和含氧非自由基。活性氧不等于自由基，但自由基属于活性氧范畴。

植物中具有活性氧清除系统，包括相关的酶类和抗氧化物质，使自由基浓度维持在较低的水平，其中酶类以超氧化物歧化酶（superoxide dismutase，SOD）为主。已有研究表明，植物处于生长旺盛时期，SOD 活性则是随着生长的加速保持比较稳定的水平或有所上升，而叶片中 SOD 活性随着衰老而呈下降趋势，SOD 活性的下降与植物体的衰老呈正相关。当植物进入衰老阶段或遭受逆境胁迫时，体内自由基产生与消除的平衡被破坏，积累过量的自由基会造成核酸及蛋白质等大分子物质的损伤，通过破坏膜脂和膜蛋白，影响细胞膜的通透性及结构，进而引发衰老。

2. DNA 损伤学说　　该理论由 Orgel 等提出，认为植物衰老是蛋白质合成过程中引起错误积累所造成的，当产生的错误超过某一阈值时，导致机能失常，出现衰老、死亡。这种误差可能是由于理化因子作用下，DNA 的损伤和结构功能被破坏，进而引发编码蛋白的错误，产生无功能蛋白或是折叠错误的多肽链。

3. 植物激素调节学说　　植物的衰老过程与内源激素水平有关。该学说认为植物体内或器官内各种激素的相对水平不平衡是引起衰老的原因，抑制衰老的激素与促进衰老的激素之间可相互作用，协同调控衰老过程。

通常认为细胞分裂素（CTK）、生长素（IAA）、赤霉素（GA）和油菜素内酯等能够促进植物生长，抑制衰老；脱落酸（ABA）和乙烯可以促进衰老，被称为植物衰老激素；茉莉酸（jasmonic acid，JA）和茉莉酸甲酯（methyl jasmonate，MJ）与植物衰老、死亡密切相关，有死亡激素（death hormone）之称。茉莉酸能促进叶片中叶绿素降解，加速 Rubisco 分解，促进乙烯合成，提高蛋白酶与核酸酶等水解酶活性，从而加速衰老。研究发现，兰科植物的花粉中含有 IAA，授粉后可诱导乙烯合成，导致花瓣衰老；CTK 可以促进 ABA 迅速降解，ABA 对衰老的促进作用可被细胞分裂素所拮抗。例如，植物的嫩叶中，ABA 含量很高，但此时 CTK 含量也高，所以并不出现衰老。

多胺类可通过抑制乙烯合成和体内自由基的产生来延缓植物衰老。此外还发现油菜素内酯和赤霉素也有一定的延迟衰老的效应。植物衰老可能与体内多种激素的综合作用有关。

4. 程序性细胞死亡　　细胞的死亡几乎发生在所有植物的细胞和组织中，包括细胞坏死（necrosis）和程序性细胞死亡（programmed cell death）两种类型。细胞坏死是非正常的细胞死亡；程序性细胞死亡也叫细胞凋亡（apoptosis），是由基因控制的、主动的生理性细胞死亡。植物的胚胎发育、细胞分化、形态建成，以及对逆境的反应等过程中都伴随着程序性细胞死亡的发生。例如，通气组织的形成、导管的形成、叶片的衰老、大孢子形成、胚乳的发育、胚柄的退化过程中都有细胞的程序性死亡。在植物的程序性细胞死亡过程中，细胞核解体、基因组 DNA 断裂成一定长度的片段，最终形成许多由膜包被的凋亡小体，成为构建细胞次生壁的成分。

五、环境条件对植物衰老的影响

植物衰老是相当复杂的生理过程，不仅受到植物体自身的调节，还受到外界环境，包括光照、温度、水分和矿质营养等的影响。

1. 光照　　不同的光照强度、光照时间，以及不同的光质对植物的效应有所不同。适宜光照有利于延缓植物的衰老，长日照下促进 GA 合成，利于植物生长。强光和紫外光对植物有害，能促进自由基产生，诱发衰老；光照不足则会产生 ABA，引起脱落，加速衰老。红光可阻止叶绿素和蛋白质含量下降，延缓衰老；远红光则能消除红光的作用。蓝光也被发现可以显著地延缓绿豆叶片衰老。

2. 温度 过高和过低的温度均能诱发自由基的产生,导致生物膜相变,加速器官脱落,使植物衰老。

3. 气体 过高的 O_2 浓度能加速自由基的形成,超过自身的自由基清除能力时将引起衰老。低浓度的 CO_2 有促进乙烯形成的作用,而浓度较高的 CO_2（5%～10%）可抑制乙烯的生成,延缓衰老。在生产上,正是据此在低氧、低温的条件下保存种子和蔬果,达到延长贮藏期的目的。

4. 水分和矿质营养 水分是细胞的重要组成成分,是新陈代谢的必备原料,在物质的吸收和运输、细胞形态维持方面具有无可替代的重要作用。含水量的变化可能会影响细胞的渗透压和 pH,从而干扰原生质体中正常的生理生化反应。干旱和水涝都会造成叶片的脱落。

缺水干旱条件下,乙烯和 ABA 含量增多,细胞分裂素含量下降,植物衰老加快;水涝会造成根系缺氧坏死,最终引起地上部分衰老。矿质营养不足会促进衰老,氮、磷、钾、钙、镁等的缺乏对植物衰老影响很大。Ca^{2+} 处理果实可减少乙烯释放,延迟果实的成熟;适量增施氮肥可延缓叶片衰老,微量的 Ag^+、Ni^{2+} 等也能延缓水稻叶片的衰老,这是由于 Ag^+ 能清除植物体内的乙烯,Ni^{2+} 能抑制植物体内乙烯和 ABA 的合成。生产上,可通过水肥管理来延长作物叶片的功能期,以利于籽粒充实,获得较高的产量。

六、植物器官的脱落

脱落（abscission）是指植物细胞、组织或器官脱离母体的过程。脱落可分为三种:一是由于衰老或成熟引起的脱落,叫正常脱落,如叶片和花朵的衰老脱落、果实和种子的成熟脱落;二是因植物自身的生理活动而引起的生理脱落,如营养生长与生殖生长的竞争、源与库不协调等引起的脱落;三是因逆境条件（水涝、干旱、高温、低温、盐渍、病害、虫害、大气污染等）而引起的胁迫脱落。

生理脱落和胁迫脱落都属于异常脱落。在生产上,异常脱落普遍存在,常常给农业生产带来重大损失,如棉花蕾铃的脱落率可达 70%左右、大豆花荚脱落率高达 70%～80%。但脱落也有其特定的生物学意义,是植物对环境的一种适应。

在不适宜生长的条件下,叶片的脱落可以减少水分散失,合理分配养料,延缓营养体衰老进程;种子和果实的脱落,可以保存植物种子及繁殖后代。在正常条件下,脱落是植物自我调节的一种方式,适当的脱落可以淘汰一部分衰弱的营养器官和败育的花果,有益于留存下来器官的发育和成熟。

叶片、花、果实等器官离开母体发生脱落的区域称为离区（abscission zone）。一般来说,器官在脱落之前需要形成离区才能脱落。离区是叶柄、花柄、果柄及某些枝条基部的特化区域。离区中有几层细胞较周围的细胞小,且排列紧密、整齐,有浓稠的原生质和较多的淀粉粒,细胞内核大而突出,高尔基体和内质网丰富,这层细胞称为离层（abscission layer）。

例如,叶片的离层一般于叶片达最大面积之前形成;而在叶片行将脱落之前,离层细胞衰退、变得中空而脆弱,果胶酶与纤维素酶活性增强,细胞壁的中胶层分解,细胞彼此离开,叶柄只靠维管束与枝条相连,在重力与风力等的作用下,维管束折断,于是叶片脱落（图3-13）。当器官脱落后,暴露面木栓化所形成的一层组织叫保护层（protective layer）,免受干旱和微生物的伤害。

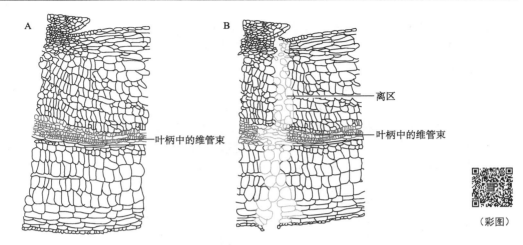

图 3-13　双子叶植物叶柄基部离区结构示意图

A.叶片脱落前；B.叶片将要脱落

　　多数植物器官在脱落之前已形成离层，只是处于潜伏状态，一旦离层活化，即引起脱落。有些植物不产生离层（如禾本科植物），叶片照样脱落；有些植物虽有离层，叶片却不脱落，花瓣脱落也没有离层形成。可见离层的形成并不是脱落的唯一原因，然而却是绝大多数植物脱落的一个基本条件。

　　器官脱落时离层的细胞壁和中胶层水解，使细胞分离，而细胞的分离又主要受酶的控制。与脱落有关的酶类较多，其中纤维素酶、果胶酶与脱落关系密切。

　　纤维素酶（cellulase）是与脱落直接有关的酶，菜豆、棉花和柑橘叶片脱落时，纤维素酶活性增加。从菜豆叶柄离区中分离出 pI9.5 和 pI4.5 两种纤维素酶（分别称为 9.5 或 4.5 纤维素酶），前者与细胞壁木质化有关，受 IAA 调控；后者与细胞壁降解有关，受乙烯调控。

　　测定柑橘小叶片离区的各个不同区段中的纤维素酶活性，发现酶活性最高的部位是在离区的近轴端（靠近茎的 0.22 mm 处），所以纤维素酶的活性不一定与离层细胞的分开直接有关，而可能与离层分离后的保护层发育关系更为直接。果胶是中胶层的主要成分，基本上是多聚半乳糖醛酸。

　　果胶酶（pectinase）是作用于果胶复合物的酶的总称，包括果胶甲酯酶（pectin methylesterase，PME）和多聚半乳糖醛酸酶（polygalacturonase，PG）。PME 水解果胶甲酯，去甲基后果胶酸易与 Ca^{2+} 结合成不溶性物质，从而抑制细胞的分离和器官脱落；而 PG 主要水解多聚半乳糖醛酸的糖苷键，使果胶解聚，进而促进脱落。

　　菜豆叶柄脱落前，PME 活性下降，PG 活性上升，而乙烯则能抑制 PME 活性，促进 PG 活性。此外，还发现过氧化物酶和呼吸酶系统也与脱落有一定关系。例如，菜豆叶柄随着老化时间延长，过氧化物酶活性增加，并在脱落前达最高值。乙烯和 ABA 诱导脱落时都增加了过氧化物酶活性。

七、植物激素与脱落

　　1. 生长素　　生长素既可以抑制脱落，也可以促进脱落，对器官脱落的效应与处理部位、浓度有关。一般认为，较低浓度 IAA 能促进器官脱落，而较高浓度 IAA 则能抑制器官脱落。

但用四季豆具有叶柄的茎段实验发现，如果把生长素施用于离层的近基端即距茎近的一侧，则加速脱落；施用于远基端即远茎的一端，则抑制脱落。这就说明器官脱落与离层两侧的生长素含量有关。

因此，20世纪50年代 F. T. Addicott 等提出脱落的生长素梯度学说（auxin gradient theory）来解释生长素与脱落的关系。该学说认为，决定脱落的不是器官内生长素的绝对浓度，而是相对浓度，即离层两侧生长素的浓度梯度起着调节脱落的作用。当远基端浓度高于近基端时，即生长素含量远轴端大于近轴端时，器官不脱落；当两侧浓度差异小或没有差异时，器官脱落；当远基端浓度低于近基端时，加速脱落（图3-14）。

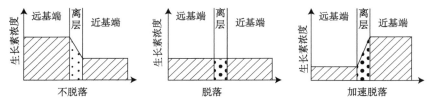

图 3-14 器官不脱落和脱落与离层远基端和近基端生长素相对浓度的关系

2. 乙烯 乙烯是与脱落有关的重要激素，内源乙烯水平与脱落率呈正相关。乙烯能诱发纤维素酶和果胶酶的合成，并能提高这两种酶的活性，使离层细胞壁溶解而引起器官的脱落。

有研究认为，双子叶植物的离层内存在着特殊的乙烯反应靶细胞，乙烯可刺激靶细胞分裂，并产生和分泌多聚糖水解酶，使细胞壁中胶层和基质结构疏松，导致脱落。可是禾本科植物的叶片不存在离层，乙烯对这类植物脱落不起作用。

还有人认为，叶片脱落前乙烯作用的最初部位不在离层，而在叶片中，乙烯可阻碍 IAA 向离层转移（极性运输），提高了离层细胞对乙烯的敏感性，即使在乙烯含量不再增加的情况下也可导致脱落。

用整株棉花幼苗为试验材料的研究证实叶片内 IAA 含量可控制叶片对乙烯的敏感性。乙烯处理会促进嫩叶脱落，但对完全展开的叶片无影响，化学分析表明，完全展开叶片内游离态 IAA 含量较嫩叶高 1 倍以上。此外，乙烯能提高 ABA 的含量。

3. 脱落酸 棉铃中 ABA 含量与其脱落曲线一致，且幼果易落品系含有较多的 ABA。正常生长的叶片中 ABA 含量极微，而衰老叶片中含有大量的 ABA。秋天短日照促进 ABA 的合成，因此导致季节性落叶。ABA 促进脱落的机制可能与其抑制叶柄内 IAA 的传导和促进分解细胞壁酶类的分泌有关，但 ABA 促进脱落的作用低于乙烯。

八、 环境因子与对脱落的影响

环境因子也影响植物器官的脱落，这些环境因子主要如下。

1. 温度 温度过高或过低对脱落均有促进作用。温度升高、生化反应加快可能是促进脱落的直接原因；此外，高温会引起水分缺失，间接造成叶片脱落。棉花在 30℃ 以上、四季豆在 25℃ 以上脱落加快。在大田，高温能引起土壤干旱，促进脱落。低温也会导致脱落，如霜冻引起棉株落叶，秋季低温是影响树木落叶的重要原因之一。

2. 光照 强光能抑制或延缓脱落，弱光则促进脱落。例如，作物密度过大时常使下部叶片过早脱落，原因是弱光下光合速率降低，糖类物质合成减少。长日照延迟脱落，短日照促进脱落，秋季日照缩短，落叶树种开始落叶，但路灯下的植株因光照时间延长不落叶或延迟落叶。不同光质对脱落也有不同影响，如远红光增加组织对乙烯的敏感性，促进脱落，而红光则延缓脱落。

3. 水分　　干旱引起植物叶、花、果的脱落，减少水分散失，使植物适应环境。干旱破坏植物体内各种内源激素的平衡，提高 IAA 氧化酶的活性，使 IAA 含量及 CTK 活性降低，促使离层的形成而导致脱落。淹水条件下，土壤中氧分压降低，产生乙烯，导致叶、花、果的脱落。

4. 氧气　　提高 O_2 浓度到 10% 以上，能促进乙烯合成，增加脱落，还能增加光呼吸，消耗过多的光合产物；低浓度的 O_2 抑制呼吸作用，降低根系对水分及矿质的吸收，造成发育不良，导致脱落。

5. 矿质营养　　缺乏 N、Zn 能影响 IAA 的合成；缺少 B 会使花粉败育，引起花而不实；Ca 是细胞壁中果胶酸钙的重要组分；所以缺乏 N、B、Zn、Ca 能导致脱落。

器官脱落受多种因素的综合影响，研究延迟或促进植物器官的脱落对农业生产具有重要意义。适当增加水肥供应、适当修剪等有利于花、果获取足够养分，减少脱落。施用植物生长调节剂也是减少脱落的有效措施。给叶片施用生长素类化合物可延缓果实脱落。例如，用 $10\sim25$ mg/L 2,4-D 溶液喷施，可防止番茄落花、落果；采用乙烯合成抑制剂，如氨基乙氧基乙烯基甘氨酸（aminoethoxyvinylglycine，AVG）能有效防止果实脱落。乙烯作用抑制剂硫代硫酸银（silver thiosulfate，STS）能抑制花脱落；在棉花结铃盛期施用 20 mg/L 赤霉素溶液，可防止和减少棉铃脱落。

生产上也常采用促进脱落的措施，常用的脱落剂有乙烯利、2,3-二氯异丁酸、氟代乙酸等。施用乙烯利能促使棉花落叶，便于棉铃吐絮和机械采收；也可用萘乙酸或萘乙酰胺使梨、苹果等疏花疏果，以避免坐果过多而影响果实的品质。

复习思考题

1. 根据查阅"Web of Science"、"PubMed"及"中国知网 CNKI"的结果，请说明近 $3\sim5$ 年来植物的成熟和衰老生理研究有哪些研究热点和研究进展？同时根据自己的兴趣和所掌握的知识，撰写一篇相关的研究进展小综述。

2. 为什么采收后的甜玉米其甜度越来越低？

3. 肉质果实成熟时由硬变软、由酸变甜、涩味消失、香味出现、果色变化的生理原因是什么？

4. 市售的苹果有的果皮上有"福"、"寿"等喜庆的字词，这种"长"字的苹果是如何培育出来的？

5. 为什么根系健壮能延缓植株衰老？

6. 研究植物的性别分化有何实际意义？影响植物性别分化的外界条件有哪些？

7. 在生产上，可以根据哪些生物学原理防止落花落果？

8. 如何用实验的方法来确定某一果实是呼吸跃变型果实，还是非呼吸跃变型果实？

9. 请用实例或实验来说明果实生长与种子发育的关系。

10. 根据所学的知识，概括植物生殖生长所需的条件。

11. 请用实验的方法证明钙在花粉管萌发和花粉管伸长中的作用。

第二篇 物质和能量转化

在植物生长发育与形态变化的背后，是物质和能量转化的过程，而物质转化与能量转化又紧密联系，构成统一的整体，统称为代谢（metabolism）。代谢从性质上可分为物质代谢和能量代谢；从方向上可分为同化作用（assimilation）和异化作用（dissimilation）。同化作用又叫做合成代谢，是指生物体把从外界环境中获取的营养物质转变成自身的组成物质，并且贮存能量的变化过程；异化作用又叫做分解代谢，是指生物体能够把自身的一部分组成物质加以分解，释放出其中的能量，并且把分解的终产物排出体外的变化过程。

植物是地球上重要的自养生物（autotroph），其代谢的特点是能把环境中的简单无机物合成复杂的有机物质。植物的代谢活动包括：水分的吸收、运输与散失，矿质营养的吸收、同化与利用，光合作用，呼吸作用，同化物的转化、运输与分配等方面。

本篇主要包括植物生长物质、水分生理、矿质营养、光合作用、同化物的运输与分配、呼吸作用、次生代谢产物等内容。

第四章 植物生长物质

植物生长物质（plant growth substance）是调节植物生长发育的物质。植物生长物质分为两类：植物激素（plant hormone 或 phytohormone）和植物生长调节剂（plant growth regulator）。激素是指在植物体内合成，并从产生之处运送到别处，对生长发育产生显著作用的微量（1 μmol/L 以下）有机物质；而植物生长调节剂是指根据植物激素的结构、功能和作用原理经人工提取、合成的能调节植物生长发育和生理功能的化学物质。目前已知的植物激素主要有生长素类、赤霉素类、细胞分裂素类、乙烯和脱落酸等。

本章的思维导图如下：

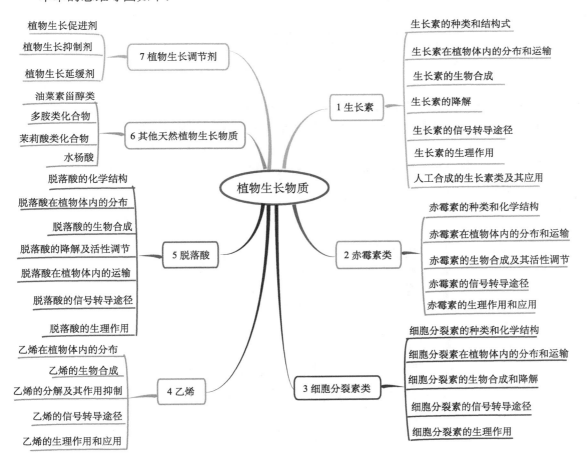

第一节　生　长　素

生长素（auxin）是英国的查尔斯·达尔文（Charles Darwin）于 1880 年用金丝雀虉草（*Phalaris canariensis*）的幼苗进行胚芽鞘的向光性实验时发现的。他利用单侧光照射植物，胚芽鞘向光弯曲；切去胚芽鞘的尖端或在尖端套一个锡箔小帽，单侧光照，胚芽鞘不会向光弯曲；单侧光只照射胚芽鞘尖端，而不照射胚芽鞘下部，胚芽鞘依然向光弯曲（图 4-1）。实验说明，向光弯曲是由于幼苗在单侧光照下，产生某种物质，从上部传到下部，造成背光面和向光面生长快慢不同造成的。

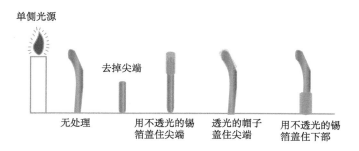

图 4-1　Darwin 的向光性实验

为了找到这种物质，荷兰的 F.W.Went 把燕麦胚芽鞘尖端切下，放到琼脂薄片上，1 h 后移去胚芽鞘尖端并将琼脂切成小块，再把这些小块琼脂放在燕麦去掉尖端的胚芽鞘上面的一侧，并置于黑暗中，一段时间后，燕麦向放琼脂的对侧弯曲；如果放的是纯琼脂块，则不弯曲（图 4-2）。实验证明这种物质从胚芽鞘的尖端传到琼脂，再传到去掉尖端的胚芽鞘，Went 称这种物质为生长素。

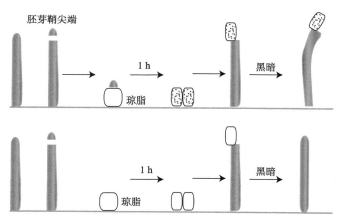

图 4-2　Went 的实验

一、生长素的种类和结构式

荷兰的 F. Kogl 等从玉米油、根霉、麦芽等植物中分离和纯化出刺激生长的物质，经鉴定是吲哚乙酸（indole acetic acid, IAA），其分子式为 $C_{10}H_9O_2N$，相对分子质量为 175.19。随后其他的生长素类物质也被发现，如苯乙酸（phenylacetic acid, PAA）、4-氯-3-吲哚乙酸（4-chloro-3-indole acetic acid，4-Cl-IAA）和吲哚-3-丁酸（indole-3-butyric acid，IBA），这些也是植物的内源生长素类物质（图 4-3）。IAA 是生长素类中最主要的一种植物激素。

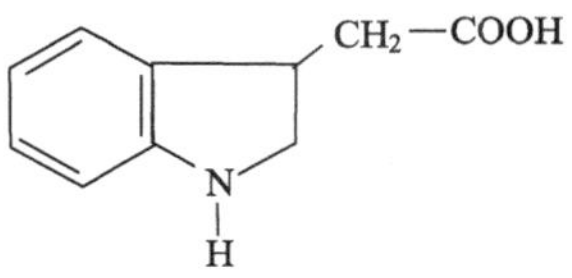

吲哚乙酸（IAA）

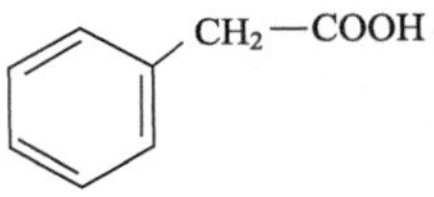

苯乙酸(PAA)

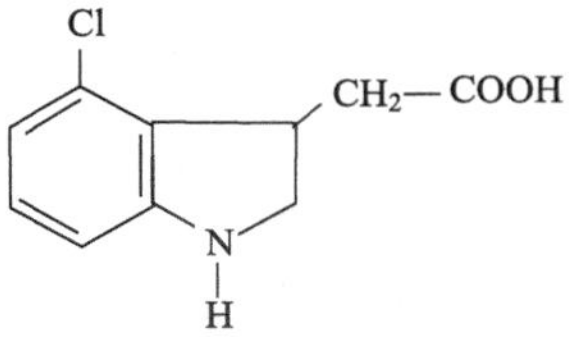

4-氯-3-吲哚乙酸(4-Cl-IAA)

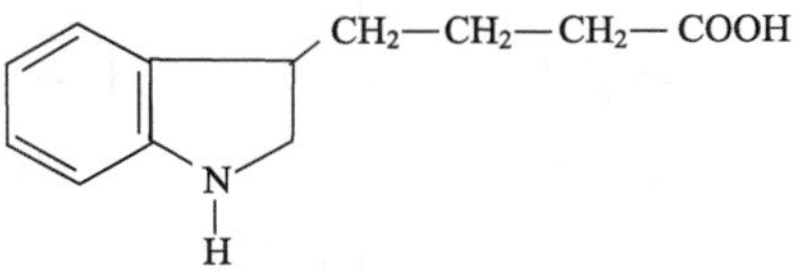

吲哚-3-丁酸(IBA)

图 4-3　几种内源生长素的结构式

二、生长素在植物体内的分布和运输

高等植物的根、茎、叶、花、果实、种子及胚芽鞘中都含有生长素。1 g 鲜重植物材料一般含 10～100 ng 生长素。生长素大多集中在生长旺盛的部分（如胚芽鞘、芽尖和根尖的分生组织、形成层、受精后的子房、幼嫩种子等）。生长素多分布于细胞的胞质溶胶中。例如，烟草细胞内约有 2/3 的生长素分布在胞质溶胶中，余下的分布在叶绿体中。

生长素在植物细胞内有两种化学状态：自由生长素和束缚生长素。易于利用各种溶剂提取出来的生长素称为自由生长素（free auxin）。需要通过酶解、水解或自溶作用（autolysis）才可以提取出来的生长素，是束缚生长素（bound auxin）。自由生长素具有活性，而束缚生长素没有活性。束缚生长素是生长素与其他化合物（葡萄糖、氨基酸、肌醇）结合而形成的（图 4-4）。自由生长素和束缚生长素可相互转变。

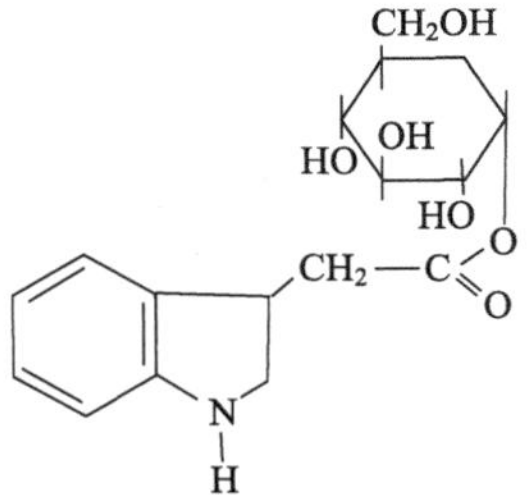

吲哚乙酰葡萄糖

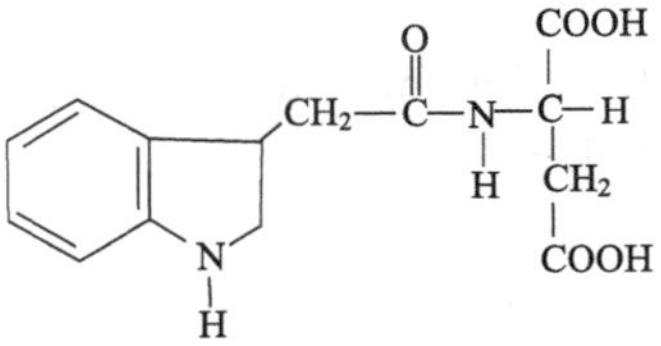

吲哚乙酰天冬氨酸

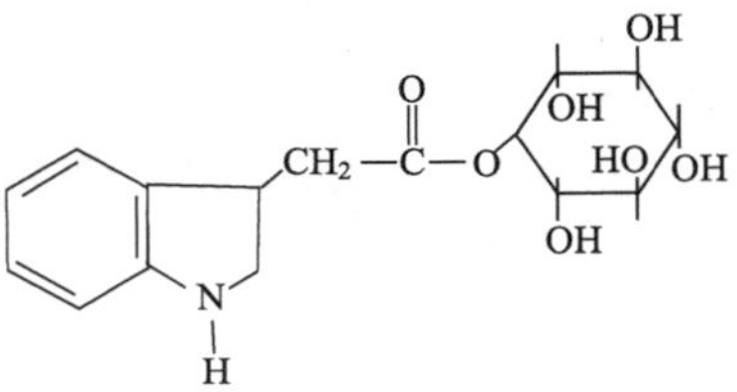

吲哚乙酰肌醇

图 4-4　几种束缚生长素的结构式

束缚生长素在植物体内可以起到贮藏、运输、解毒和调节自由生长素含量等作用。例如，种子和贮藏器官含有吲哚乙酸，与葡萄糖形成吲哚乙酰葡萄糖（indole acetyl glucose），在种子萌发时，分解释放出自由生长素。吲哚乙酸与肌醇形成吲哚乙酰肌醇（indole acetyl inositol），运输效率高于自由生长素。种子中就含有较多的吲哚乙酰肌醇。

细胞内自由生长素过多时，会影响细胞的 pH，对植物产生毒害。例如，吲哚乙酸和天冬氨酸结合成的吲哚乙酰天冬氨酸（indole acetyl aspartic acid），降低了吲哚乙酸的含量，从而降低过多自由生长素对植物的毒害作用。

根据植物体对自由生长素的需要程度，束缚生长素会与束缚物分离或结合，使植物体内自由生长素呈合适的状态，调节植物的生长和休眠。

在高等植物中，生长素运输方式有两种：一种是通过韧皮部运输，运输速度为 1～2.4 cm/h，运输方向取决于两端生长素的浓度差；另一种运输方式是仅发生在胚芽鞘、幼茎、幼根的薄壁细胞之间的短距离极性运输（polar transport），运输方向是从上向下，运输速度为 5～20 mm/h。

生长素极性运输是指生长素只能从植物体的形态学上端向下端运输。如果把含有生长素的琼脂小块放在一段切头去尾的燕麦胚芽鞘的形态学上端，把另一块不含生长素的琼脂小块接在下端，过些时间，下端琼脂中也含有生长素。但是，假如把这一段胚芽鞘颠倒过来，把形态学的下端向上，生长素就不向下运输（图 4-5）。

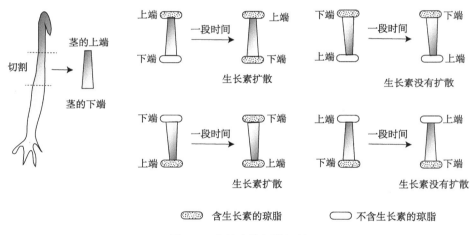

图 4-5　生长素的极性运输

生长素的极性运输是主动运输。缺氧会严重地阻碍生长素的运输；生长素可以逆浓度梯度运输。极性运输速度比物理扩散快约 10 倍。一些化合物如 α-萘氧乙酸（α-naphthoxyacetic acid，NOA）、2,3,5-三碘苯甲酸（2,3,5-triiodobenzoic acid，TIBA）和萘基邻氨甲酰苯甲酸（naphthylphthalamic acid，NPA）能抑制生长素的极性运输（图 4-6）。

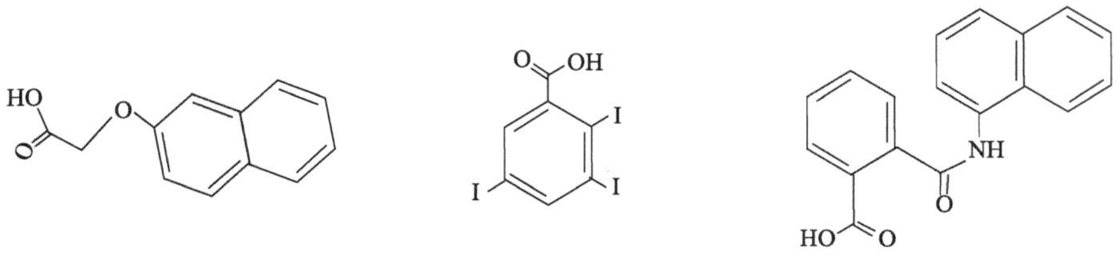

图 4-6　几种能抑制生长素极性运输的化合物的结构式

生长素为什么会极性运输？Goldsmith 提出化学渗透极性扩散假说（chemiosmotic polar diffusion hypothesis）来解释生长素的极性运输（图 4-7）。该学说认为，生长素以两种形成进入细胞。其一，质膜上的质子泵水解 ATP，提供能量，同时把 H^+ 从细胞质释放到细胞壁，所以，细胞壁空间的 pH 较低（pH 5）。生长素在细胞壁酸性的空间环境中羧基不易解离，主要呈非解离型（用"IAAH"表示），IAAH 疏水性强；而细胞内的 pH 高（pH 7），细胞内的大部分 IAA 呈阴离子型（用"IAA^-"表示），IAA^- 比 IAAH 较难透过质膜，生长素以"IAAH"的形式被动地扩散进入细胞。其二，质膜上有生长素输入载体（auxin influx carrier），该载体是 H^+/IAA^- 同向转运体（symporter），IAA^- 与 H^+ 协同转运进入细胞内。

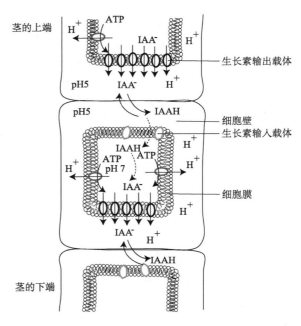

图 4-7 生长素的化学渗透极性扩散假说

细胞质膜上有专一的生长素输出载体（auxin efflux carrier），它们主要集中在细胞的基部，可促使 IAA^- 输出到细胞壁空间。因此，细胞壁空间的生长素通过扩散或在输入载体的协助下从细胞的顶端进入细胞内；细胞内的生长素在细胞质基部的输出载体协助下输出细胞。如此反复，就形成了生长素的极性运输。

三、生长素的生物合成

生长素合成的部位主要是植物茎尖的叶原基、嫩叶和发育中的种子。成熟叶片和根尖虽然也合成生长素，但合成数量很少。生长素生物合成的前体主要是色氨酸（tryptophan）。色氨酸经过转氨作用、脱羧作用和氧化等步骤合成生长素。生长素 IAA 的色氨酸生物合成途径主要有以下 4 条（图 4-8）。不同植物依照不同的途径合成生长素。

1. 色胺途径 色氨酸脱羧形成色胺（tryptamine），色胺氧化形成吲哚乙醛，最后形成吲哚乙酸。按照此途径合成生长素的植物种类不多，大麦、燕麦、烟草和番茄中可同时进行此途径和吲哚丙酮酸途径。

2. 吲哚丙酮酸途径（indole pyruvate pathway） 色氨酸通过转氨作用，形成吲哚丙酮酸（indole pyruvic acid），再脱羧形成吲哚乙醛，继续氧化变成吲哚乙酸。此途径在高等植物中占优势。

3. 吲哚乙腈途径 色氨酸经吲哚-3-乙醛肟（indole-3-acetaldoxime）、吲哚乙腈（indole acetonitrile），最后生成吲哚乙酸。十字花科、禾本科和芭蕉科的一些植物经此途径合成生长素。

4. 吲哚乙酰胺途径 色氨酸经吲哚乙酰胺（indole-3-acetamide）形成吲哚乙酸。一些病原菌，如假单胞杆菌和农杆菌存在这种途径（图 4-8）。

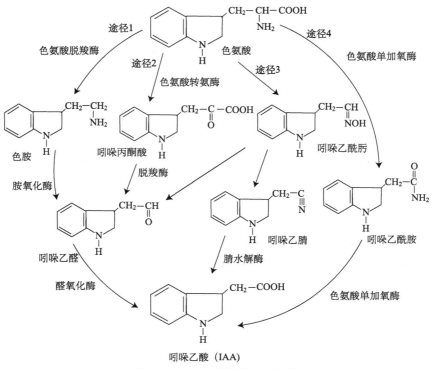

图 4-8 IAA 的色氨酸合成途径

途径 1 为色胺途径，途径 2 为吲哚丙酮酸途径，途径 3 为吲哚乙腈途径，途径 4 为吲哚乙酰胺途径

四、生长素的降解

生长素可以在酶的催化作用下降解，也可以通过光氧化而降解。

1. 酶促降解 生长素的酶促降解可分为脱羧降解（decarboxylated degradation）和不脱羧降解（non-decarboxylated degradation）（图 4-9）。脱羧降解的酶为吲哚乙酸氧化酶（IAA

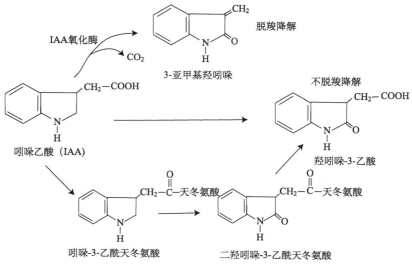

图 4-9 吲哚乙酸的酶促降解

oxidase），氧化产物有 CO_2 和 3-亚甲基羟吲哚（3-methylene oxindole）。吲哚乙酸氧化酶广泛存在于高等植物。

不脱羧降解的降解物为羟吲哚-3-乙酸（oxindole-3-acetic acid）。例如，玉米胚乳和茎可以直接将生长素降解成为羟吲哚-3-乙酸，或经过吲哚-3-乙酰天冬氨酸再降解为羟吲哚-3-乙酸（图4-9）。

2. 光氧化降解 体外的生长素在强光和核黄素等催化下可被光氧化，产物是吲哚醛（indole aldehyde）和 3-亚甲基羟吲哚（图4-10）。

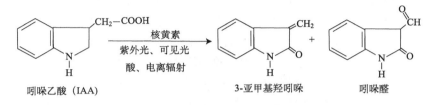

图 4-10 吲哚乙酸的光氧化降解

在植物细胞内，2/3 的生长素主要分布在细胞基质中，1/3 在叶绿体内。细胞基质中还有束缚生长素。因此，植物体内自由生长素的含量可以通过合成、降解、运输、结合和区域化等途径来调节，以适应生长发育和外界环境变化的需要。

五、生长素的信号转导途径

激素信号转导途径主要包括信号识别、信号转导和信号响应等。植物激素必须与激素受体结合，才能发挥其生理、生化作用。激素受体（hormone receptor）是指那些特异地识别激素，并能与激素结合形成复合体，并引起一系列生理、生化反应的物质。不同激素的受体也不相同。生长素受体主要包括生长素结合蛋白1（auxin-binding protein 1，ABP1）和运输抑制剂响应蛋白 1（transport inhibitor response protein 1，TIR1）；生长素响应基因主要包括 *AUX/IAA* 基因家族（auxin/indole acetic acid genes family）等。另外，还有一些关键的蛋白组分，如生长素/吲哚乙酸蛋白（auxin/indole acetic acid protein）、生长素转录因子（auxin transcription factor）、生长素响应因子（auxin response factor，ARF）和 SCF 复合体（SCF complex）等，在信号转导过程中也起重要的调控作用。

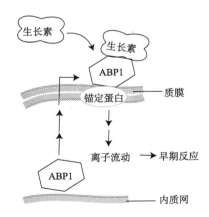

图 4-11 生长素受体 ABP1 及其介导的信号转导

（一）生长素受体

1. ABP1 受体 ABP1 受体是位于内质网和质膜外侧的糖蛋白。ABP1 与生长素结合后会引起质膜构象的改变，从而引起质膜上离子通道的变化，造成离子流动，引起早期的生长素反应（图4-11）。

2. TIR1 受体 TIR1 受体位于细胞内，具有 F-box 序列，是负责蛋白质降解 SCF 复合体的组分之一。F-box 是含有 50 个氨基酸残基的序列，它是蛋白质与蛋白质相互作用的位点。SCF 复合体是一种泛素 E3 连接酶复合体（ubiquitin E3 ligase complex）。"SCF" 是根据它的三个主要亚基 SKP1、cullin 和 F-box 蛋白来命名的。与其他的泛素连接酶复合体一样，SCF 复合体催化共价结合在泛素分子上的蛋白质发生依赖 ATP 的降解。而泛素（ubiquitin）是一种由 76 个氨基酸残基组成的非常保守的小蛋白，参与泛素依赖的蛋白质降解途径（ubiquitin-dependent proteolytic pathway）。F-box 蛋白在 SFC 复合体中的主要作用是结合蛋白质底物并使其发生泛素介导的降解。

TIR1 除含有促进蛋白质间互作需要的 Fox 基序外，还含有富含亮氨酸的重复序列（leucine-rich repeat sequences）。富含亮氨酸的重复序列也有利于蛋白质间的相互作用。TIR1 作为泛素 E3 连接酶复合体的一个亚基而发挥功能。当生长素与 SCF 复合体结合后，SCF 复合体被激活，导致 AUX/IAA 阻遏蛋白的泛素化（ubiquitination）和降解。

AUX/IAA 阻遏蛋白的泛素化和降解的大致步骤为：在 ATP 供能的情况下，泛素的 C 端与非特异性泛素激活酶 E1 的半胱氨酸残基共价结合，形成 E1-泛素复合体。E1-泛素复合体再将泛素转移给另一个泛素结合酶 E2。E2 则可以直接将泛素转移到 AUX/IAA 阻遏蛋白的赖氨酸残基上。当第一个泛素在 E3 的催化下连接到 AUX/IAA 阻遏蛋白上以后，另外一些泛素相继与前一个泛素分子的赖氨酸残基相连，逐渐形成一条多聚泛素链。然后，泛素化的 AUX/IAA 阻遏蛋白被 26S 蛋白酶体（proteasome）逐步降解（图 4-12）。

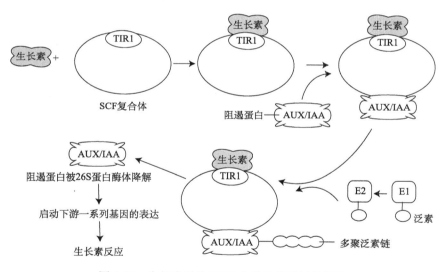

图 4-12　生长素受体 TIR1 介导的信号转导途径

生长素一旦与 TIR1 受体结合，导致 AUX/IAA 阻遏蛋白与 SCF 复合体结合，造成 AUX/IAA 阻遏蛋白的泛素化（ubiquitination）和降解，从而启动下游一系列生长素响应基因的表达，并激活了 ARF 引起了相应的生长素反应。

（二）信号转导途径

当生长素与其受体 TIR1/ABP1 结合后，通过与阻遏子和转录激活因子之间，以及阻遏子（repressor）和转录激活因子（activating transcription factor）之间的相互作用，来抑制、活化或增强生长素响应基因的转录，从而实现信号转导。生长素与其受体 TIR1/ABP1 结合后，调控生长素响应基因转录的模型见图 4-13。

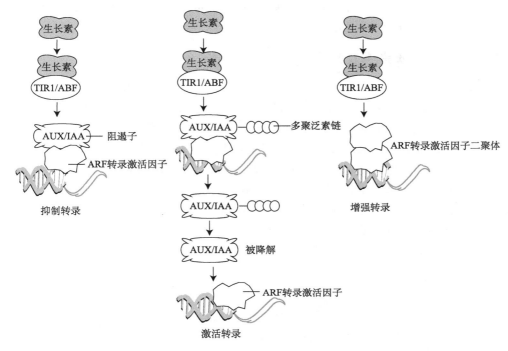

图 4-13 生长素与其受体 TIR1/ABP1 结合后调控生长素响应基因转录的模型

阻遏子也称为阻遏蛋白（repressor protein），是指能与 DNA 的特异位点结合，阻止 RNA 聚合酶对启动子的结合的蛋白。在原核生物细胞中，阻遏蛋白结合的 DNA 顺序称为操纵基因（operator gene）或操纵子（operator），即操纵子是阻遏蛋白的结合位点。转录激活因子是指与特定 DNA 序列结合以促进基因转录的因子。

抑制生长素响应基因转录的机制为：在没有生长素的条件下，*AUX/IAA* 阻遏子和转录激活因子结合抑制了生长素响应基因的转录；当生长素与其受体 TIR1/ABP1 结合后形成的复合物进一步促进 AUX/IAA 阻遏子和转录激活因子的相互作用，使它们之间的结合更加紧密，基因表达继续被抑制。

激活生长素响应基因转录的机制为：当生长素与其受体 TIR1/ABP1 结合后形成的复合物使泛素连接到 AUX/IAA 阻遏子上，导致 AUX/IAA 阻遏子泛素化后被 26S 蛋白酶降解；转录激活因子发挥作用，激活生长素响应基因转录。

在大多数受生长素诱导的基因中，2 个转录激活因子形成二聚体，增强生长素响应基因转录，基因表达大大增强。

六、生长素的生理作用

生长素能促进细胞伸长、根的伸长、不定根的产生等。同时，生长素还可以抑制花朵脱落、侧枝生长、块根形成、叶片衰老。生长素对细胞伸长的促进作用与生长素浓度、细胞年龄和植物器官种类有关。低浓度的生长素可促进生长，浓度较高则会抑制生长，如果浓度更高则会使植物受伤。另外，幼嫩细胞对生长素反应非常敏感，老细胞则比较迟钝。不同器官对生长素的反应敏感程度也不同。根的最适浓度是 10^{-10} mol/L 左右，茎的最适浓度是 10^{-4} mol/L 左右，芽的最适浓度是 10^{-8} mol/L 左右。

七、人工合成的生长素类及其应用

最早人工合成的生长素是吲哚丙酸（indole propionic acid，IPA）和吲哚丁酸（indole butyric acid，IBA）。它们具有吲哚环，但侧链比吲哚乙酸的侧链长。以后又发现具有萘环的化合物，如 α-萘乙酸（α-naphthalene acetic acid，NAA），以及具有苯环的化合物，如 2,4-二氯苯氧乙酸（2,4-dichlorophenoxy acetic acid，2,4-D）等，它们都有吲哚乙酸的生理活性。研究还发现与这些化合物有关的化合物，如 2,4,5-三氯苯氧乙酸（2,4,5-trichlorophenoxy acetic acid，2,4,5-T）、2-甲基-4-氯苯氧乙酸（2-methyl-4-chloro-phenoxyacetic acid，MCPA）等都有类似的生理效应（图 4-14）。人工合成的生长素，如 NAA、2,4-D 等，生产工艺简单，可以大量制造，且它们在体内不受吲哚乙酸氧化酶的破坏。人工合成的生长素类可促进插枝生根、阻止器官脱落、促进开花和坐果等，现已广泛应用在农业生产上。

吲哚丙酸（IPA）

吲哚丁酸（IBA）

α-萘乙酸(NAA)

2, 4-二氯苯氧乙酸(2, 4-D)

2, 4, 5-三氯苯氧乙酸(2, 4, 5-T)

2-甲基-4-氯苯氧乙酸(MCPA)

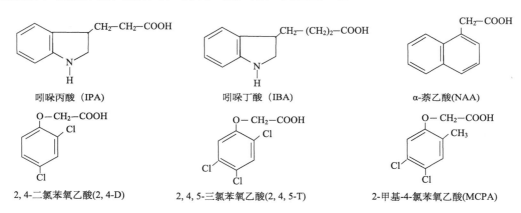

图 4-14　一些人工合成的生长素类化合物的结构式

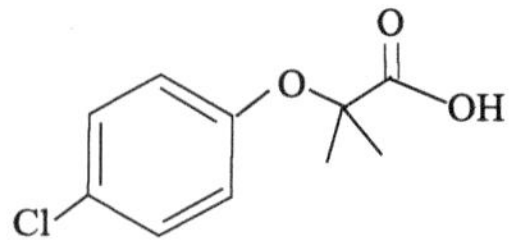

图 4-15　α-（对氯苯氧基）异丁酸（PCIB）的结构式

此外，还有一类人工合成的生长素衍生物，如 α-(对氯苯氧基）异丁酸[α-（p-chlorophenoxy）isobutyic acid，PCIB]（图 4-15），它本身不具或具很少生长素活性，但在植物体内能够与生长素竞争受体，对生长素有专一的抑制效应，故称为抗生长素（anti-auxin）。抗生长素可以抑制生长素的作用。

第二节　赤霉素类

赤霉菌（*Gibberella fujikuroi*）可以引起水稻的恶苗病（bakanae disease），患病的水稻徒长。赤霉素（gibberellin，GA）就是从赤霉菌中提取出来的物质。植物体内普遍存在赤霉素，它是可以调节植株高度的激素。

一、赤霉素的种类和结构式

赤霉素是一类化合物的总称，按照发现的次序分为 GA1、GA2、GA3 等。现已知发现 130 多种天然赤霉素。赤霉素是一种双萜，由 4 个异戊二烯单位组成。赤霉素的结构中 4 个环的核叫做赤霉核或赤霉烷（gibberellane）（图 4-16）。根据赤霉素分子中碳原子总数的不同，可分为 C19 和 C20 两类赤霉素。具有 20 个碳原子的称为 C20 GA，如 GA12；具有 19 个碳原子的称为 C19 GA，如 GA3。C19 GA 是 19 位上的羧基与 10 位碳形成一个内酯桥，从而少了一个碳。C19 GA 在数量上多于 C20 GA，且其活性一般比 C20 GA 的活性强。各类赤霉素都含有羧酸，所以赤霉素呈酸性。

根据赤霉素的结构，发现 3 位碳上具有 3β-羟基、7 位碳上具有羧基，具有 1，2 不饱和键的赤霉素具有活性，如 GA1 和 GA4（图 4-17）。2 位碳上具有 2β-羟基的赤霉素没有活性，如 GA8 和 GA29（图 4-18）。市售的赤霉素主要是赤霉素 GA3，分子式是 $C_{19}H_{22}O_6$，相对分子质量为 346。

赤霉核　赤霉素GA12　赤霉素GA3

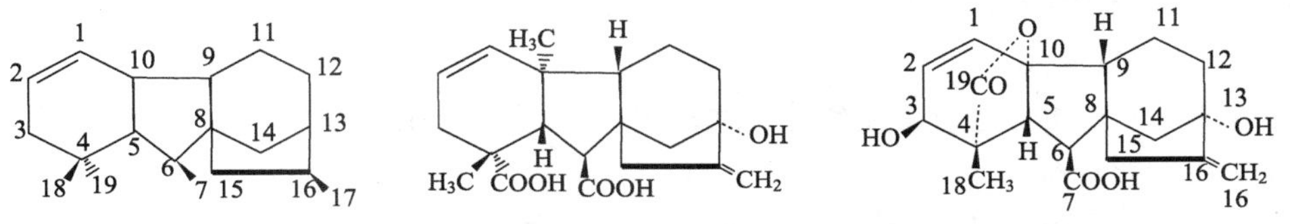

图 4-16　赤霉核、G12（C20 GA）和 GA3 （C19 GA）的结构式

赤霉素GA1　赤霉素GA4

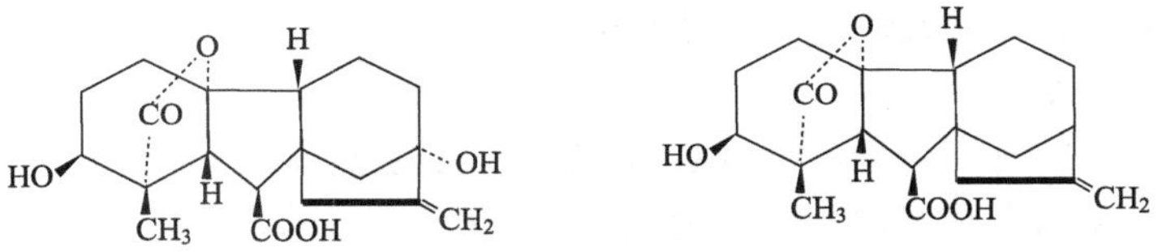

图 4-17　活性赤霉素 GA1 和 GA4 的结构式

赤霉素GA8　赤霉素GA29

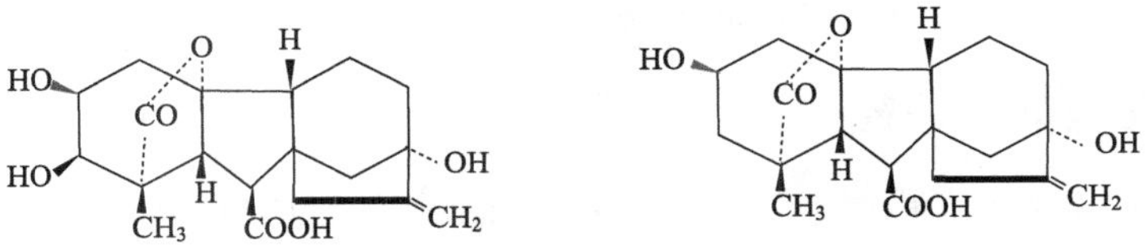

图 4-18　非活性赤霉素 GA8 和 GA29 的结构式

赤霉素可分为自由赤霉素（free gibberellin）和结合赤霉素（conjugated gibberellin）。自由赤霉素不与其他物质结合，易被有机溶剂提取出来。结合赤霉素是赤霉素和其他物质（如葡萄糖）结合，要通过酸水解或蛋白酶分解才能释放出赤霉素，且结合赤霉素无生理活性。例如，赤霉酸与葡萄糖结合形成的赤霉酸葡糖苷的结构式见图 4-19。

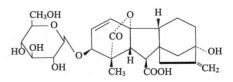

图 4-19　赤霉酸葡糖苷的结构式

二、赤霉素在植物体内的分布和运输

赤霉素广泛分布于各种植物中。赤霉素和生长素一样，较多存在于生长旺盛的部分，如植物茎端、嫩叶、根尖、果实和种子。每个器官或组织都含有两种以上的赤霉素。高等植物的赤霉素含量一般是 $1 \sim 1000$ ng/g 鲜重，果实和种子（尤其是未成熟种子）的赤霉素含量比营养器官的多两个数量级。赤霉素的种类、数量和状态（自由态或结合态）都因植物发育时期而异。

赤霉素在植物体内的运输没有极性。根尖合成的赤霉素沿导管向上运输，而嫩叶产生的赤霉素则沿筛管向下运输。不同植物运输赤霉素的速度也不同，如矮生豌豆是 5 cm/h，豌豆是 2.1 mm/h，马铃薯是 0.42 mm/h。

三、赤霉素的生物合成及其活性调节

赤霉素在细胞中的合成部位是质体、内质网和细胞质基质等。赤霉素的生物合成可分为以下三个步骤（图 4-20）。

（1）步骤一在质体进行，由牻牛儿牻牛儿焦磷酸（GGPP）通过一系列的反应转变为内根-7α-羟基贝壳杉烯酸。

（2）步骤二在内质网中进行。内根-7α-羟基贝壳杉烯酸转变为 GA12。

（3）步骤三在细胞质基质中进行。GA12 和 GA53 转变为其他各种 GA。

调节赤霉素生物合成的酶主要有两种：一是 GA20-氧化酶，它可以氧化 GA53 和 GA12 的 C-20，把 C-20 以 CO_2 形式除去；二是 GA3-氧化酶，它具有 3β-羟化酶的作用，把羟基加到 C-3 形成活化的 GA1。

调节赤霉素活性的酶有一种，即 GA2-氧化酶，它能够把羟基加到 C-2 上，使 GA 失去活性。植物体内的 GA 水平是通过合成、运输、与糖结合和分解、失活等环节而调节，以适应生长发育和环境变化的需要。

目前人工合成的赤霉素有 GA3、GA1、GA19 等，但成本较高。目前生产上使用的 GA3 等仍然主要是从赤霉菌的培养液中提取出来的，价格较低。

四、赤霉素的信号转导途径

赤霉素诱导谷类种子糊粉层 α-淀粉酶（α-amylase）的合成机制研究比较深入，下面我们通过介绍 α-淀粉酶的合成与分泌机制来说明该过程中的赤霉素的信号转导途径。

谷类种子由胚、胚乳和种皮三部分组成。胚乳由中央的淀粉胚乳和周围的糊粉层（aleurone layer）两类组织组成。中央的淀粉胚乳是由富含淀粉粒的薄壁细胞组成。糊粉层由富含蛋白质体（protein body）和油脂体（oleosome）的厚壁细胞组成。谷类种子的糊粉层是一种高度特化的分泌组织，它的重要功能就是在种子萌发过程中合成并分泌水解酶类，完成这些生理功能后，这部分的细胞和组织就开始衰老和死亡。

在谷类种子发芽过程中，胚乳中的贮存淀粉和蛋白质由淀粉酶和蛋白质水解酶分解成小分子物质供胚及幼苗生长需要。其中，水解淀粉的酶类主要有 α-淀粉酶和 β-淀粉酶。α-淀粉酶将淀粉水解为 α-1,4 糖苷键连接的寡聚糖，β-淀粉酶将寡聚糖水解为麦芽糖，麦芽糖在麦芽糖酶的作用下分解为葡萄糖。

步骤一

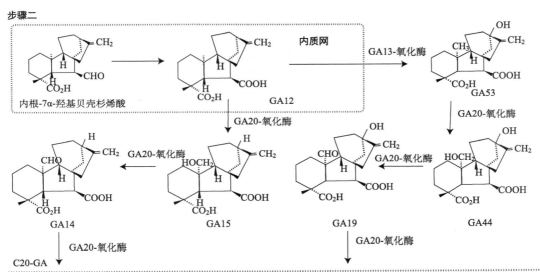

步骤二

步骤三

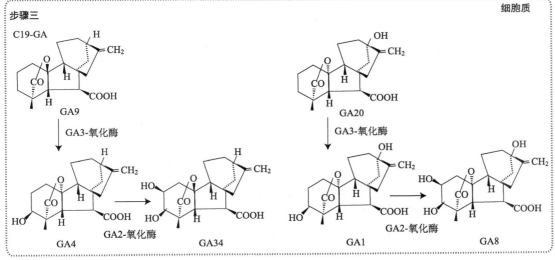

图 4-20　赤霉素的生物合成

　　早期的实验证明，糊粉层能够分泌淀粉酶是依赖于胚的存在。在经典的"半种子实验"（half-seed test）中，发现去除胚的种子不能分泌 α-淀粉酶，但如果把胚和去胚的种子放在一起培养，就有 α-淀粉酶的分泌和淀粉的水解现象。这就说明胚分泌了一种可以扩散的因子诱导糊粉层合成并分泌 α-淀粉酶。后来发现在"半种子实验"中，赤霉素可以取代胚来诱导糊粉层 α-淀粉酶的合成。进一步的研究确认了在种子萌发过程中，胚合成赤霉素分泌到糊粉层诱导 α-淀粉酶及其他水解酶类的合成（图 4-21）。如果将种子既除去胚又去除糊粉层，即使用赤霉素处理淀粉仍不能水解，证明了糊粉层细胞是赤霉素作用的靶细胞，也就是说，赤霉素的受体定位于糊粉层细胞的细胞膜上。

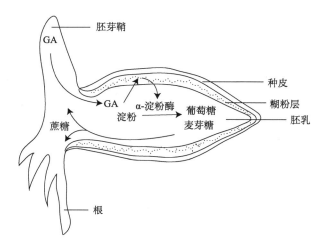

图 4-21　赤霉素诱导糊粉层 α-淀粉酶的合成和分泌

　　赤霉素诱导糊粉层细胞合成 α-淀粉酶的机制和过程如图 4-22 所示。种子萌发时，种子中贮藏的赤霉素释放出来，运输到糊粉层细胞，与受体结合，形成赤霉素受体复合物（图 4-22 中的步骤①）。受体复合物与由 α 亚基、β 亚基、γ 亚基组成的异源三聚体 G 蛋白（heterotrimeric G protein）结合（图 4-22 中的步骤②），诱发非 Ca^{2+} 依赖型信号转导途径（cGMP 途径）和 Ca^{2+} 依赖型信号转导途径（图 4-22 中的步骤③和⑫）。

　　cGMP（cyclic guanosine monophosphate, 环鸟苷酸）是细胞内的第二信使。用赤霉素处理糊粉层细胞约 1 h 后，细胞内的 cGMP 水平骤然升高。cGMP 活化赤霉素信号中间体，活化的信号中间体进入细胞核，与胞核内的 *GA-MYB* 基因阻遏物蛋白结合，阻遏蛋白失活（图 4-22 中的步骤④和⑤）。*GA-MYB* 基因开始转录、加工和翻译，合成 GA-MYB 蛋白（图 4-22 中的步骤⑥和⑦）。GA-MYB 蛋白进入细胞核，与 α-淀粉酶和其他水解酶的启动子基因结合，激活 α-淀粉酶和其他水解酶基因的转录加工及翻译，合成 α-淀粉酶 mRNA 和其他水解酶 mRNA（图 4-22 中的步骤⑧和⑨），运输到粗面内质网，合成 α-淀粉酶和其他水解酶，并通过高尔基体把 α-淀粉酶等分泌到胚乳中（图 4-22 中的步骤⑩和⑪）。

　　Ca^{2+} 也是植物细胞中的重要第二信使。赤霉素处理可使糊粉层细胞内的 Ca^{2+} 水平和钙调蛋白水平都显著增高，刺激 α-淀粉酶的分泌（图 4-22 中的步骤⑫）。

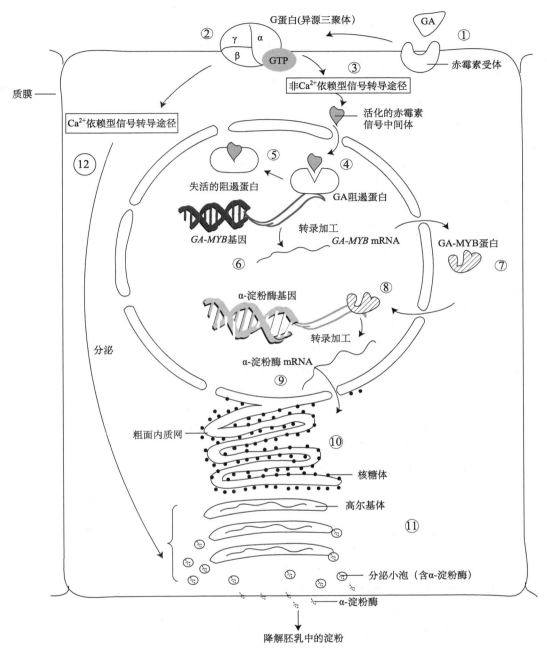

图 4-22　赤霉素诱导糊粉层 α-淀粉酶合成和分泌的模式图

在非 Ca^{2+} 依赖型信号转导途径（cGMP 途径）和 Ca^{2+} 依赖型信号转导途径两条途径中，参与赤霉素诱导初始反应基因 *GA-MYB* 表达的信号传递途径是 cGMP 依赖途径，而参与赤霉素诱导 α-淀粉酶分泌的信号传递途径是 Ca^{2+}-钙调蛋白依赖型信号传递途径。

图 4-22 中的 *MYB* 基因是指 *v-myb avian myeloblastosis viral oncogene homolog* 基因。其命名原因如下：1982 年 Klempnauer 等在禽成髓细胞瘤病毒（avian myeloblastosis virus）中鉴

定出一个能直接导致急性成髓细胞白血病（acute myeloblastic leukemia）的癌基因，称为 *v-MYB*，不久后发现在正常动物细胞中也存在相应的原癌基因（oncogene）*c-MYB*，且 v-MYB 蛋白和 c-MYB 蛋白的相关研究结果都表明，这两类蛋白的 DNA 结合功能区都含有 Myb 结构域，因此将含有 Myb 结构域的所有基因归类成一类新的转录因子家族。Paz-Ares 等 1987 年从单子叶植物玉米中克隆出来的 *ZmMY-BC1* 基因是植物中第一个被发现的 *MYB* 类基因，该基因与色素合成有关。此后大量的 MYB 转录因子基因相继在植物中得到分离和鉴定。目前在 NCBI（National Center for Biotechnology Information）中正式登录的 *MYB* 基因已有 2 万多条。*MYB* 基因参与调控植物生长发育、生理代谢、细胞的形态和模式建成等生理过程，在植物中普遍存在，同时也是植物中最大的转录家族之一，MYB 转录因子在植物的代谢和调控中发挥重要作用。大多数 MYB 蛋白在 N 端含有一段氨基酸残基组成的 Myb 结构域。

Myb 结构域的 N 端区域都是高度保守的，且该结构域由 1～3 个串联的且不完全重复的 R 结构（R1、R2 和 R3）组成。R 结构是由 50 个左右的氨基酸组成的折叠蛋白，包含一系列高度保守的氨基酸残基和间隔序列，其中氨基酸残基以螺旋-转角-螺旋的形式参与到与 DNA 的结合过程，间隔序列则由一个色氨酸残基组成，每隔 18 个氨基酸会间隔着一个色氨酸残基，这个色氨酸起着疏水核心的作用，对维持螺旋-转角-螺旋的构型具有重要意义。

在研究水稻矮化突变体时又发现了赤霉素的受体 GID1（gibberellin insensitive dwarf 1）。GID1 定位于细胞核中，GA 一旦与 GID1 结合，就会自动启动 GID1 与蛋白降解复合体 SCF 的相互作用而活化 SCF。活化后的 SCF 降解信号转导网络中的重要枢纽抑制因子 DELLA 蛋白，从而使 GA 能够完成促进茎伸长等反应。

DELLA 抑制因子 N 端含有 17 个氨基酸基序，其中前 5 个氨基酸的缩写为"DELLA"的蛋白质，被认为是转录因子，不同植物中 DELLA 蛋白的 C 端非常保守，但 N 端却是多样性的，这可能与它们的不同生物学效应有关。DELLA 蛋白位于细胞核，有阻遏植物生长发育的作用，当 DELLA 蛋白上的 GA 信号感知区接收到 GA 信号后，阻遏作用就被解除，植物正常生长发育。

受体 GID1 介导的信号转导过程见图 4-23。缺乏 GA 时，DELLA 抑制因子结合在 GA 早期响应基因启动子的激活蛋白上，转录被抑制，阻断了基因的表达（图 4-23A）。当细胞核内有 GA 时，GA 与受体 GIDI 结合，GA-GIDI 复合体与 DELLA 抑制因子结合，形成 GA-GIDI-DELLA 复合体，GA-GIDI-DELLA 复合体与 SCF E3 泛素连接酶复合体相互作用（图 4-23B），使 SCF E3 泛素连接酶复合体活化，活化后的 SCF E3 泛素连接酶复合体促使泛素与 DELLA 结合，导致 DELLA 的泛素化和降解。DELLA 降解后释放出转录激活蛋白，激活 GA 早期响应基因的转录和表达（图 4-23C），从而使植物正常生长和发育。

五、赤霉素的生理作用和应用

赤霉素可以促进种子萌发、茎叶生长、生殖生长、果实生长，以及一些植物坐果；同时可以抑制侧芽休眠、衰老和块茎形成。

赤霉素诱发 α-淀粉酶的形成这一发现，已被应用到啤酒生产中。过去啤酒的生产都是利用大麦发芽后产生的淀粉酶，使淀粉糖化和蛋白质分解。现在只要加上赤霉素，糊粉层就可以形成淀粉酶，完成糖化过程，不需要种子发芽。这种方法可以降低成本，并能缩短生产期 1～2 天，而不影响啤酒品质。

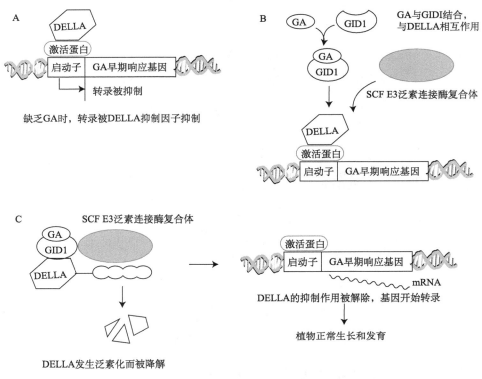

图 4-23　赤霉素受体 GID1 介导的信号转导模式图

图中的 A、B、C 表示信号传递途径中的反应步骤和顺序

第三节　细胞分裂素类

细胞分裂素类（cytokinin，CK）是一类调节细胞分裂的激素，最先发现的是 6-呋喃氨基嘌呤（6-furfurylaminopurine），它能促进细胞分裂，被命名为激动素（kinetin，KN），分子式为 $C_{10}H_9N_5$，相对分子质量为 215.2。在激动素被发现后，又发现了多种天然的和人工合成的具有激动素生理活性的化合物，这类化合物都称为细胞分裂素。

一、细胞分裂素的种类和结构式

细胞分裂素是腺嘌呤（adenine，即 6-aminopurine，6-氨基嘌呤）的衍生物。当第 6 位氨基、第 2 位碳原子和第 9 位氮原子上的氢原子被取代时，则形成各种不同的细胞分裂素（图 4-24）。细胞分裂素可分为天然的和人工合成的。天然的细胞分裂素又可分为游离细胞分裂素和在 tRNA 中的细胞分裂素。

1. 天然的细胞分裂素　游离细胞分裂素有 20 多种。玉米素（zeatin，Z）是从甜玉米未成熟种子中提取出来的天然细胞分裂素，相对分子质量为 219.2，其生理活性比激动素强得多。植物中存在着顺式玉米素（*cis*-zeatin，cZ）和反式玉米素（*trans*-zeatin，tZ），后者的生物活性比前者高得多。椰子胚乳中有玉米素核苷（zeatin riboside，[9R]Z），黄羽扇豆中有二氢玉米素（dihydrozeatin，[diH]Z），菠菜、豌豆和荸荠球茎中有异戊烯基腺苷（isopentenyl adenosine，[9R]iP）（图 4-24）等。

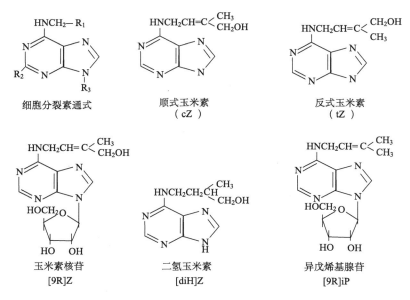

图 4-24　细胞分裂素的通式及几种天然细胞分裂素的结构式

　　细胞分裂素本身就是 tRNA 的组成部分。植物 tRNA 中的细胞分裂素主要有异戊烯基腺苷、玉米素核苷、甲硫基异戊烯基腺苷、甲硫基玉米素核苷等。

　　2. 人工合成的细胞分裂素　　根据激动素的结构，人们合成具促进细胞分裂能力的化合物，常用的有 6-呋喃氨基嘌呤，即激动素、6-苄基腺嘌呤（6-benzyladenine，6-BA）和四氢吡喃苄基腺嘌呤（tetrahydropyranyl benzyladenine，PBA）（图 4-25）。二苯脲（diphenyl urea）的结构很特殊，它不具腺嘌呤的结构，却有细胞分裂素的生理功能。

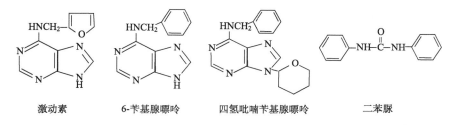

图 4-25　几种人工合成细胞分裂素的结构式

　　另外，还合成了细胞分裂素的拮抗剂 3-甲基-7-（3-甲基丁氨基）吡唑啉（4,3-D）嘧啶（图 4-26），它可以与细胞分裂素竞争受体，抑制细胞分裂素的作用。

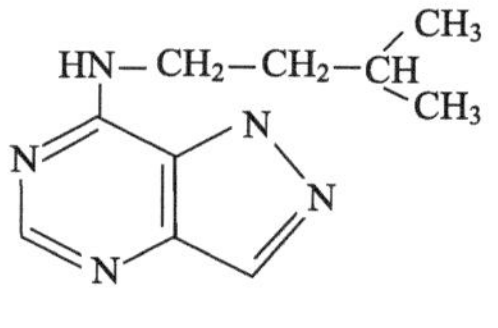

图 4-26　3-甲基-7-（3-甲基丁氨基）吡唑啉（4,3-D）嘧啶的结构式

细胞分裂素也分为自由细胞分裂素和结合细胞分裂素。自由细胞分裂素具有生理活性，主要有玉米素、二氢玉米素和异戊烯基腺苷等；结合细胞分裂素是指细胞分裂素与其他有机物质形成的结合体。

例如，玉米素与核糖、磷酸、丙氨酸和葡萄糖等结合后形成了玉米素核苷、玉米素核苷磷酸、丙氨酰玉米素、玉米素葡萄糖苷等（图4-27）。其中，玉米素葡萄糖苷在植物中最普遍，有贮存作用。结合细胞分裂素侧链上的有机物质，可以被葡糖苷酶（glucosidase）等酶分开，产生自由细胞分裂素。植物体就是通过细胞分裂素的生物合成、降解、结合态、自由态等的转化，维持体内的细胞分裂素水平，使植物适应不同的环境。

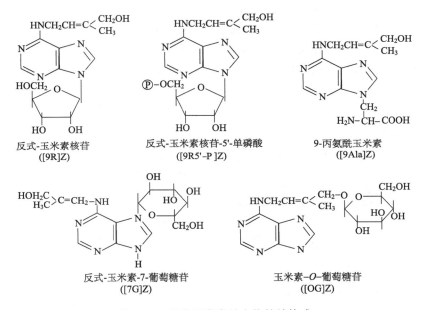

图4-27 几种玉米素结合物的结构式

二、细胞分裂素在植物体内的分布和运输

细胞分裂素分布于细菌、真菌、藻类和高等植物中。高等植物的细胞分裂素大多数是玉米素或玉米素核苷，主要分布在进行细胞分裂的部位，如茎尖、根尖、未成熟的种子、萌发的种子和生长中的果实等。一般来说，细胞分裂素的含量为1～1000 ng/g DW。

细胞分裂素在植物体内的运输，主要是从根部合成处通过木质部运输到地上部，少数在叶片合成的细胞分裂素也可能从韧皮部向下运输。

三、细胞分裂素的生物合成和降解

植物感染致癌农杆菌（*Agrobacterium tumefaciens*）而产生的冠瘿瘤（crown gall nodule）细胞会产生大量的生长素和细胞分裂素，这个过程已成为研究细胞分裂素合成代谢的经典实验系统。

实验证明，细胞分裂素生物合成是在细胞的质体中进行的。细胞分裂素的生物合成可分为 tRNA 途径和从头合成（*de novo* synthesis）途径。

　　tRNA 分解释放出来的顺式玉米素在顺反异构酶的催化下转化成高活性的反式玉米素。然而 tRNA 的代谢速率很低，对于形成植物体内大量的细胞分裂素是不够的，说明由 tRNA 分解产生细胞分裂素这条途径是次要的。从头合成是植物细胞分裂素生物合成的主要途径。

　　在从头合成途径中，关键的反应是在异戊烯基转移酶（isopentenyl transferase）的催化下，腺苷 -5'- 磷酸（adenosine-5'-monophosphate，AMP）和异戊烯基焦磷酸（isopentenyl pyrophosphate, iPP）缩合生成异戊烯基腺苷-5'-磷酸（isopentenyl adenosine-5'- monophosphate）。异戊烯基腺苷-5'-磷酸是各种天然细胞分裂素合成过程中的重要产物，它进一步去磷酸化，脱去核糖，形成异戊烯基腺嘌呤（isopentenyladenine），最后在细胞分裂素氧化酶（cytokinin oxidase）的作用下形成玉米素。此外，戊烯基腺苷-5'-磷酸也可以通过羟基化，形成玉米素核苷-5'-磷酸，再去磷酸化，脱去核糖，最后也形成玉米素（图 4-28）。所以，异戊烯基腺苷-5-磷酸是各种天然细胞分裂素的前体（precursor），经过不同的反应形成各种细胞分裂素。

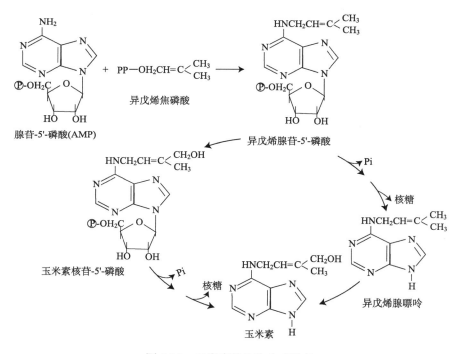

图 4-28　玉米素的生物合成途径

　　细胞分裂素的降解主要是由细胞分裂素氧化酶催化。催化玉米素、玉米素核苷、异戊烯基腺嘌呤及它们的 N-葡糖苷的 N6 上不饱和侧链的裂解，释放出腺嘌呤等，使细胞分裂素彻底失去活性。植物通过细胞分裂素氧化酶能够不可逆地降解细胞分裂素的特性来调节或限制细胞分裂素的作用。

　　例如，异戊烯腺嘌呤在细胞分裂素氧化酶的作用下降解为腺嘌呤和 3-甲基-2-丁烯醛（图 4-29）。

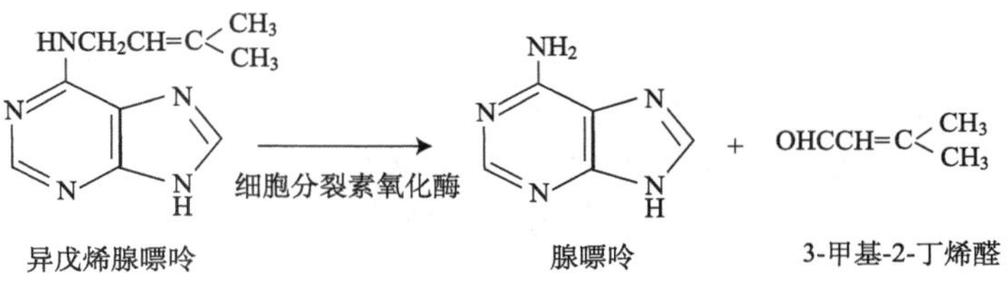

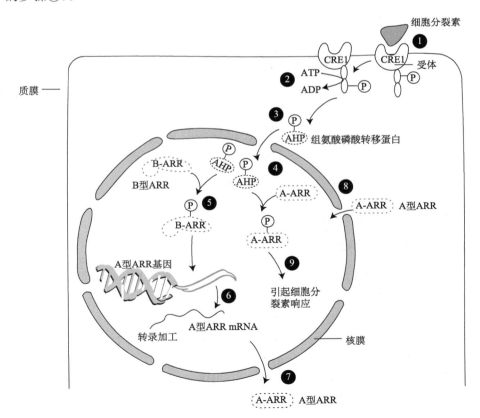

图 4-29 异戊烯腺嘌呤被细胞分裂素氧化酶不可逆地降解

四、细胞分裂素的信号转导途径

细胞分裂素受体（cytokinin receptor 1, CRE1）位于细胞膜上，氨基酸序列与细菌的组氨酸蛋白激酶（histidine protein kinase, HPK）序列相似。CRE1 包括细胞外结构域、组氨酸激酶域和接收域等部分。

近年来的研究勾画出了拟南芥细胞分裂时，细胞分裂素信号转导的大致模式如图 4-30 所示。

当细胞分裂素与受体 CRE1 结合之后（图 4-30 中的步骤①），激活了受体的组氨酸激酶活性，磷酸基团从受体组氨酸激酶域传递给受体接收域的天冬氨酸残基（图 4-30 中的步骤②）。接着，磷酸基团继续被转移到拟南芥组氨酸磷酸转移蛋白（*Arabidopsis* histidine phosphotransfer protein, AHP）（图 4-30 中的步骤③），随后，磷酸化的 AHP 进入细胞核（图 4-30 中的步骤④）。

图 4-30 拟南芥中细胞分裂素的信号转导途径模式图

在细胞核中，存在着拟南芥反应调节蛋白（*Arabidopsis* response regulator，ARR），ARR是多基因家族编码的，可分为 A 型 ARR（A-ARR）和 B 型 ARR（B-ARR）两种类型。A-ARR仅包含有天冬氨酸的接收域，而 B-ARR 是在 A-ARR 的羧基端又融合了一个输出域（转录因子）。因此，*B-ARR* 基因的表达产物除了信号接收域外，还有 DNA 结合域和转录激活域（即输出域）。

磷酸化的 AHP 将磷酸基团传递到 B-ARR 接收域的天冬氨酸残基上（图 4-30 中的步骤⑤）；B-ARR 的磷酸化激活了输出域，诱导 *A-ARR* 基因的转录（图 4-30 中的步骤⑥）。*A-ARR*基因的 mRNA 从细胞核进入细胞质中翻译出 A-ARR 蛋白（图 4-30 中的步骤⑦）。A-ARR 蛋白进入细胞核后被 AHP 磷酸化（图 4-30 中的步骤⑧）。磷酸化的 A-ARR 进一步传递刺激，引起细胞分裂素响应细胞进行分裂（图 4-30 中的步骤⑨）。

随着人们对这些组分之间相互作用的不断深入研究，相信不久这个模式图将会更加精细和完善。

五、细胞分裂素的生理作用

细胞分裂素能够促进细胞分裂、细胞的扩大、芽的分化与发育，还可以抑制不定根和侧根的形成，延缓植物叶片和花的衰老。

第四节　乙　烯

乙烯（ethylene）的分子式为 C_2H_4，相对分子质量为 28，是最简单的烯烃，在生理环境的温度和压力下是一种气体，比空气轻。乙烯易燃并且容易被氧化，它可被氧化成环氧乙烷。环氧乙烷能被水解为乙二醇（图 4-31）。

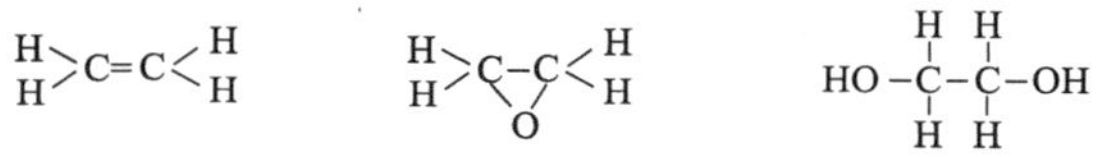

图 4-31　乙烯、环氧乙烷和乙二醇的结构式

实验证明，乙烯是一种气体激素。

一、乙烯在植物体内的分布

高等植物的器官都能产生乙烯。不同组织、器官和发育时期，乙烯的释放量是不同的。例如，成熟组织释放乙烯较少，一般为 0.01～10 nL/（g 鲜重·h），分生组织、种子萌发、花刚凋谢和果实成熟时产生乙烯最多。机械损伤和逆境胁迫时形成较多的乙烯。

乙烯很容易从植物组织中释放，以气态形式在细胞间隙和组织外部扩散。因为乙烯气体很容易从产生的组织中扩散，影响其他组织或器官，所以果实、蔬菜和花卉贮藏时要除去乙烯。高锰酸钾（$KMnO_4$）是有效的乙烯吸收剂，可将苹果存放库内的乙烯浓度从 250 μL/L降低到 10 μL/L，显著延长苹果的保鲜期。

二、乙烯的生物合成

甲硫氨酸（methionine）是合成乙烯的前体。甲硫氨酸经 *S*-腺苷甲硫氨酸（*S*-adenosyl methionine，SAM）、1-氨基环丙烷-1-羧酸（1-aminocyclopropane-1-carboxylic acid，ACC）形成乙烯。ACC 除了形成乙烯以外，也会转变为结合物 *N*-丙二酰-ACC（*N*-malonyl-ACC，MACC）。该转化是不可逆的反应，因此，MACC 是失活的最终产物，有调节乙烯合成的作用（图 4-32）。

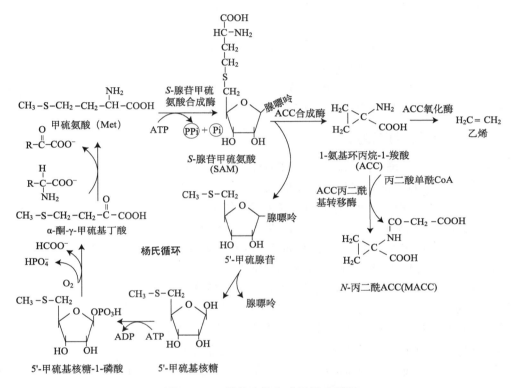

图 4-32　乙烯的生物合成及杨氏循环

甲硫氨酸经 *S*-腺苷甲硫氨酸还可以形成一个循环，重复生成甲硫氨酸。这个循环首先由美籍华人杨祥发（Shang Fa Yang）发现，因此也称为杨氏循环（Yang cycle）（图 4-32）。

在乙烯的合成过程中，ACC 合成酶、ACC 氧化酶、ACC 丙二酰基转移酶起催化作用。ACC 合成酶催化 SAM 转变为 ACC。ACC 氧化酶在 O_2 存在下，把 ACC 氧化为乙烯，ACC 丙二酰基转移酶（ACC *N*-malonyl transferase）的作用就是促使 ACC 发生丙二酰化反应（malonylation），形成 MACC。

三、乙烯的分解及其作用的抑制

乙烯是气体，在合成部位起作用，不被转运，但是乙烯的前体——ACC 在植物体内是能被运输的。植物体内的乙烯可以转变成 CO_2 和乙烯氧化物的形式被分解，也可以形成乙烯乙二醇（ethylene glycol）和乙烯葡糖苷等结合物使乙烯失活。在大多数植物组织中，乙烯可以

完全被氧化为 CO_2，反应式如图 4-33 所示。

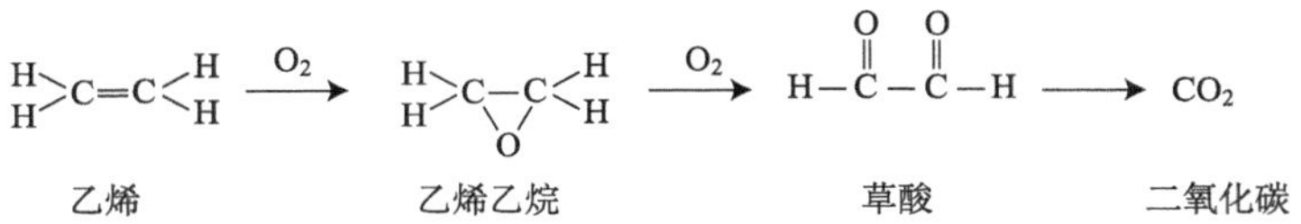

图 4-33　乙烯氧化的反应式

植物细胞内的乙烯通过合成、分解和形成结合物等方式，达到一个合适的水平以适应外界环境条件。

乙烯形成以后，还需要与 Cu^+ 金属蛋白（metalloprotein）结合，进一步通过代谢后才能起生理作用。Ag^+（$AgNO_3$ 或硫代硫酸银）可抑制乙烯的作用，可能是 Ag^+ 影响乙烯与受体结合。EDTA 是一种与金属结合的螯合物，所以 Fe-EDTA 也抑制乙烯的作用。二氧化碳和乙烯竞争同一作用部位，也抑制乙烯的作用。

四、乙烯的信号转导途径

在拟南芥中，最先确认的乙烯受体是 ETR1（ethylene resistant 1）。ETR1 一般以二聚体形式位于内质网上。ETR1 能自由越过质膜进入细胞内。ETR1 具有组氨酸激酶（HPK）的活性。乙烯之所以与 ETR1 受体结合，是通过一个 Cu^+ 金属蛋白的辅助作用。Cu^+ 金属蛋白与乙烯有高亲和力，Ag^+ 能取代 Cu^+ 产生高亲和力的结合。乙烯受体 ETR1 只有在铜离子的辅助下才能与乙烯结合。蛋白质 RAN1（response to antagonist 1）协助 Cu^+ 与乙烯受体 ETR1 结合。证明乙烯受体 ETR1 发挥作用需要 Cu^+ 的体内实验证据来自对拟南芥 RAN1 基因的研究。RAN1 基因突变导致不能形成有功能的乙烯受体 ETR1。进一步分离得到 RAN1 基因证实，其编码的蛋白质位于高尔基体上，作用于乙烯受体 ETR1 的上游，具有铜转运功能，其结构具有金属结合序列、磷酸激酶域、信号转导域、磷酸化作用域和 ATP 结合域等。

乙烯的信号转导简单模式如图 4-34 所示。在没有乙烯的情况下，乙烯受体 ETR1 激活 CTR1（constitutive triple response）激酶。CTR1 位于乙烯受体 ETR1 的下游，具有 Ser/Thr 激酶活性，且在 Mg^{2+} 和 Mn^{2+} 的条件下才具有催化活性；CTR1 的 N 端能够与乙烯受体 ETR1 的组氨酸激酶域发生相互作用。CTR1 激酶的激活抑制了乙烯的反应。

一旦乙烯与内质网上的受体 ETR1 二聚体结合之后，CTR1 失活，失活的 CTR1 激活 EIN2（ethylene insensitive 2）。EIN2 是一个跨膜蛋白，作为乙烯信号从内质网向细胞核传输路径中的一个关键枢纽，位于 CTR1 下游。EIN2 包含有 12 个跨膜区，与 Nramp（natural resistant-associated macrophage protein）家族的金属转运蛋白非常相似，表明 EIN2 有可能是作为一种通道蛋白发挥作用。EIN2 也位于内质网，能与 ETR1 的组氨酸激酶域发生特异性相互作用。

激活的 EIN2 活化了转录因子 EIN3（ethylene insensitive 2），EIN3 与乙烯响应因子（ethylene response factor，ERF1）的启动子结合并诱导 ERF1 的表达。该转录级联（cascade）的活化导致了大量基因表达发生改变，最终引起乙烯反应。

从上面的论述中可以看出，乙烯受体 ETR1 和 CTR1 是作为负调控因子（negative regulator）在信号转导途径中起作用。

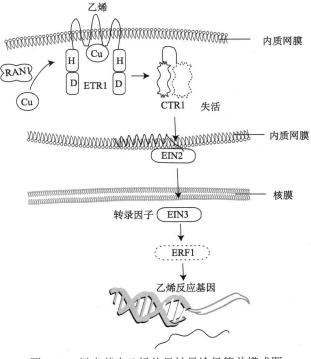

图 4-34　拟南芥中乙烯信号转导途径简单模式图

图中的 H 代表组氨酸，D 代表天冬氨酸

近年来，在拟南芥中又发现了乙烯的其他受体，如 ETR2（ethylene resistant 2）、ERS1（ethylene response sensor 1）、ERS2（ethylene response sensor 2）、EIN4（ethylene insensitive 4）等。对乙烯信号转导途径中各个组分的结构和功能已有一定的了解。相信通过继续挖掘每个信号组分的功能与作用机制，会进一步加深人们对乙烯信号转导途径的全面了解。

五、乙烯的生理作用和应用

早年研究发现黄化豌豆幼苗对乙烯的生长反应是"三重反应"（triple response），即抑制伸长生长（矮化）、促进横向生长（加粗）、地上部分失去负向重力性生长（偏上生长）。这种三重反应是植物对乙烯的特殊反应。

乙烯能够促进营养器官的生长，又能影响开花结实。乙烯具有解除休眠、促进叶片和果实脱落、茎增粗、萎蔫等作用。乙烯还可以抑制某些植物开花、生长素的转运、茎和根的伸长生长。

乙烯在生产应用上很不方便。现已发现 2-氯乙基膦酸（2-chloroethyl phosphonic acid）的液体化合物能释放乙烯，这为乙烯的实际应用提供了可能性。这种化合物的商品名称为乙烯利（ethrel），在 pH 高于 4.1 时进行分解（图 4-35）。植物体内的 pH 一般高于 4.1，乙烯利溶液进入细胞后就被分解，释放出乙烯。

在农业生产上，乙烯利能够促进橡胶树乳胶的排泌，增加漆树、松树和印度紫檀等重要木本经济植物的次生物质的产量。在水果保鲜上，乙烯利也可以促进果实成熟。

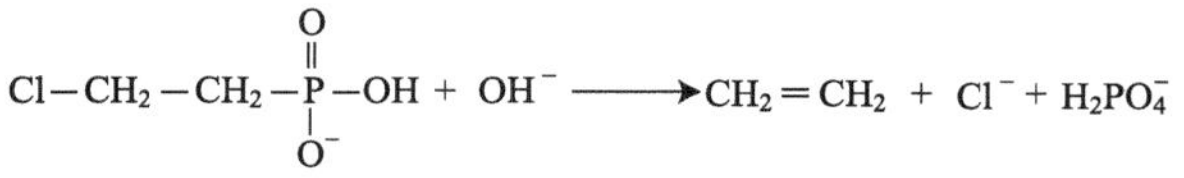

$$Cl-CH_2-CH_2-\overset{\overset{O}{\|}}{\underset{\underset{O^-}{\|}}{P}}-OH + OH^- \longrightarrow CH_2=CH_2 + Cl^- + H_2PO_4^-$$

2-氯乙基膦酸（乙烯利）　　　　　　　　乙烯

图 4-35　乙烯利的分解反应式

第五节　脱　落　酸

脱落酸是指能引起芽休眠、叶片脱落和抑制生长等生理作用的植物激素。它是人们在研究植物体内与休眠、脱落和种子萌发等生理过程有关的物质时发现的。在 20 世纪 60 年代，从棉铃里分离出一种能促进棉花果实脱落的结晶物质被称为脱落素 II（abscisin II）；从槭树叶片中分离出了可以促进芽休眠的休眠素（dormin）。后来脱落素 II 和休眠素被确认为同一物质。1967 年在加拿大渥太华召开的第六届国际植物生长物质会议上，这种物质正式被命名为脱落酸（abscisic acid, ABA），反映它参与了脱落的过程。

ABA 现被认为是一种重要的植物激素。它调节植物的生长和气孔开度的变化，尤其在植物受到环境胁迫时发挥作用。它的另外一个重要功能是调节种子的成熟和休眠。但具有讽刺意味的是，ABA 是否对脱落起作用仍然存在争议：在很多植物中，ABA 促进衰老（即先于脱落的事件），而不是脱落本身。因此，休眠素本应该是一个比较恰当的名字，但脱落酸这个名字已在文献中沿用下来，并被大家所接受。ABA 被认为是种子成熟和抗逆等的信号。

一、脱落酸的化学结构

脱落酸是以异戊二烯为基本单位组成的含 15 个碳的倍半萜羧酸，化学名称为 3-甲基-5-（1'-羟基-4'-氧-2',6',6'-三甲基-2'-环己烯-1'-羟基)-2, 4-戊二烯酸，分子式为 $C_{15}H_{20}O_4$。ABA 在 2-C 和 4-C 的方位及 2-C 上羧基的方向决定了其有顺式和反式异构体（*cis* and *trans* isomers），天然的 ABA 几乎均为顺式的。除此之外，ABA 在 1'位上为不对称碳原子，故有（+）和（−）两种旋光异构体（optical isomer）。

植物体内天然形式的 ABA 主要为右旋 ABA，即（+）-ABA，又以（S）-ABA 表示。（S）- ABA 和（R）-ABA 都有生物活性，但后者不能促进气孔关闭。商业上合成的脱落酸是（S）-ABA 和（R）-ABA 大致相等的外消旋混合物，以（±）-ABA 或（RS）-ABA 表示。ABA 顺、反异构体在植物体内可以相互转化，但（S）-ABA 和（R）-ABA 不能相互转化。ABA 顺、反异构体和旋光异构体结构式及其生物活性情况如图 4-36 所示。

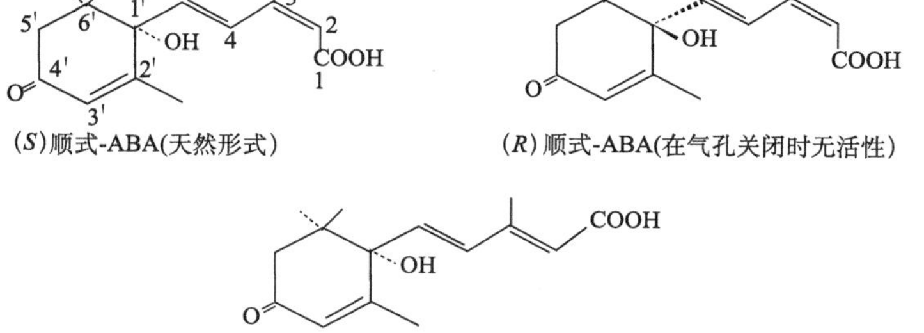

(S)顺式-ABA(天然形式)　　　　　　(R)顺式-ABA(在气孔关闭时无活性)

反式-ABA（无活性，但可与有活性的顺式结构相互转化）

图 4-36　ABA 顺、反异构体和旋光异构体的结构式及其生物活性情况

图中的数字代表碳原子编号

二、脱落酸在植物体内的分布

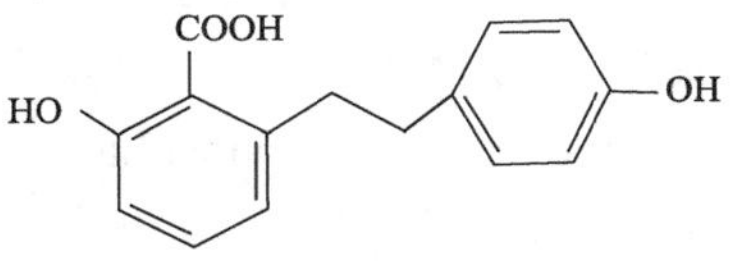

脱落酸存在于被子植物、裸子植物和蕨类植物中；在地钱中有一种称为半月苔酸（lunlaric acid）（图 4-37）的化合物，具有与 ABA 相似的生物活性。ABA 在将要脱落或进入休眠的器官和组织中含量较高。干旱、寒冷、高温、盐渍和水涝等逆境都能使植物体内 ABA 含量迅速增加。脱落酸的含量一般为 10～50 ng/g 鲜重。

图 4-37　半月苔酸的结构式

三、脱落酸的生物合成

植物合成 ABA 的部位主要是根冠和萎蔫的叶片，但在茎、花、果实和种子等器官中也能合成 ABA。ABA 生物合成在细胞中主要定位于叶绿体和质体中。ABA 是弱酸，而叶绿体基质的 pH 比细胞内的其他部分高，所以 ABA 以离子化状态大量积累在叶绿体中。

ABA 生物合成的过程是异戊烯焦磷酸（isopentenyl pyrophosphate, IPP）经法尼基焦磷酸（farnesyl pyrophosphate, FPP, C15）、玉米黄质（zeaxanthin, C40）、黄质醛（xanthoxin, C15）、脱落酸醛（ABA-aldehyde, C15）等最终形成 ABA（图 4-38）。

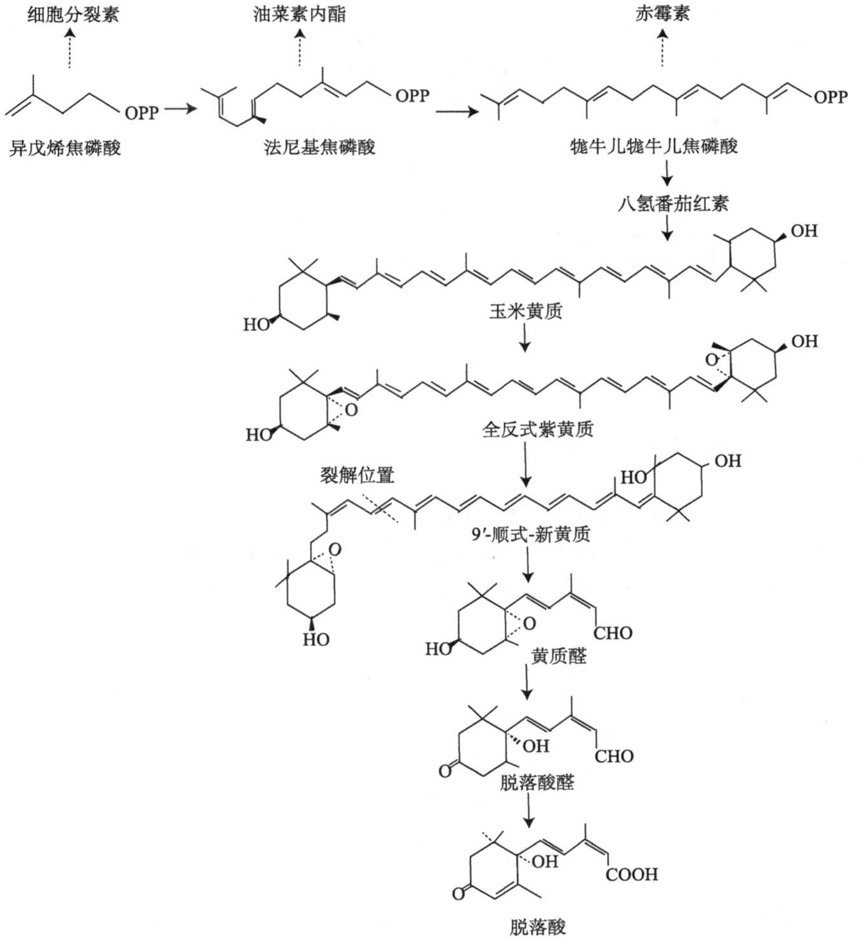

图 4-38　ABA 的生物合成途径

高等植物中，ABA 与细胞分裂素、油菜素内酯及赤霉素类都是通过甲羟戊酸途径合成的。

从赤霉素、细胞分裂素和脱落酸生物合成途径可以看出，甲羟戊酸途径（mevalonic acid pathway, MAP）在植物激素生物合成过程中起着重要作用，它的中间产物——异戊烯焦磷酸（isopentenyl pyrophosphate, IPP）分别可以转变为赤霉素、细胞分裂素、脱落酸及油菜素内酯，同时也形成类胡萝卜素（图 4-39）。甲羟戊酸即 3, 5-二羟-3-甲基戊酸，又叫甲瓦龙酸，化学式为 $C_6H_{12}O_4$。MAP 是以乙酰辅酶 A 为原料合成异戊二烯焦磷酸和二甲烯丙基焦磷酸的一条代谢途径。该途径的产物可以看成是活化的异戊二烯单位，是萜类等生物分子的合成前体（经 MAP 合成萜类的知识可查阅第十章第二节的相关内容）。

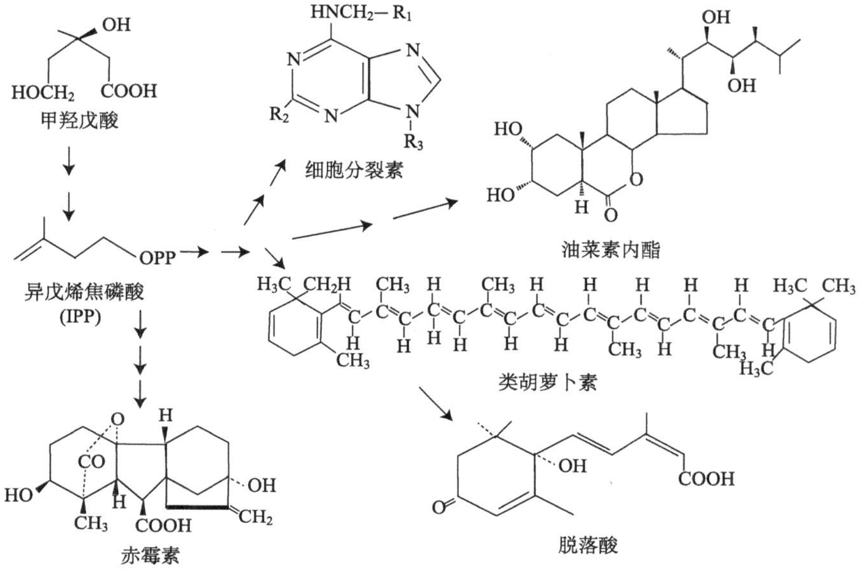

图 4-39 MAP 的中间产物——IPP 可转变为赤霉素、细胞分裂素、脱落酸、油菜素内酯和类胡萝卜素等

四、脱落酸的降解及活性调节

脱落酸通过氧化降解和形成结合态 ABA 而失去活性。

氧化降解是 ABA 在单加氧酶作用下，氧化成红花菜豆酸（phaseic acid, PA）、二氢红花菜豆酸（dihydrophaseic acid, DPA）（图 4-40）。红花菜豆酸的活性极低，而二氢红花菜豆酸无生理活性。

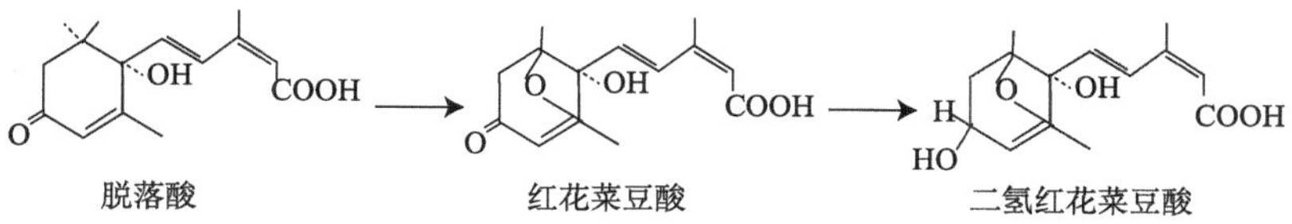

图 4-40 脱落酸的氧化降解

ABA 与糖或氨基酸等结合形成没有活性的结合态 ABA，其中主要是 ABA 葡糖酯（ABA glucose ester）和 ABA 葡糖苷（ABA glucose glucoside）。例如，ABA 与葡萄糖结合形成 ABA

葡糖酯的反应式如图 4-41 所示。游离态 ABA 和结合态 ABA 在植物体内可相互转变。在正常环境中，游离态 ABA 极少；环境胁迫时，大量结合态 ABA 转变为游离态 ABA，但胁迫解除后则恢复为结合态 ABA。

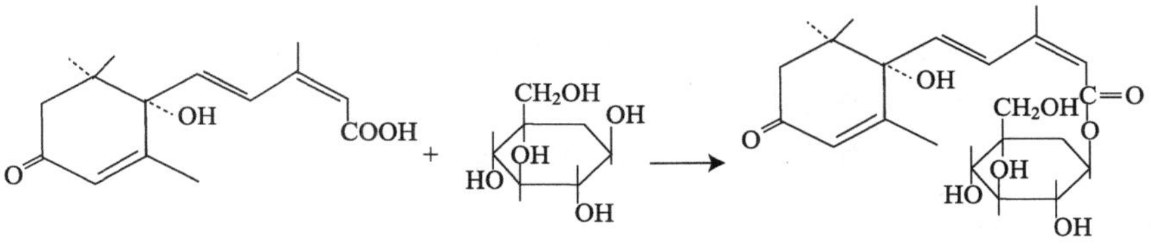

脱落酸　　　　　　　　　葡萄糖　　　　　　　　脱落酸-β-D-葡糖酯

图 4-41　ABA 与葡萄糖结合形成 ABA 葡糖酯和 ABA 葡糖苷的反应式

五、脱落酸在植物体内的运输

脱落酸既可在木质部运输，也可在韧皮部运输。叶片中合成的脱落酸可以向上和向下运输，在根部合成的 ABA 则通过木质部运输到枝条。脱落酸主要以游离的形式运输，也有部分以脱落酸糖苷形式运输。脱落酸运输不存在极性。在菜豆叶柄切段中，^{14}C-脱落酸向基部运输的速度是向顶运输速度的 2～3 倍。脱落酸在茎或叶柄中的运输速度大约是 20 mm/h。当土壤水分胁迫开始时，根部合成 ABA 并运送到叶片，使气孔关闭，减少蒸腾，从而改变它的水分状况。ABA 是一种根应对干旱的信号。

在水分胁迫早期，木质部汁液的 pH 从 6.3 升到 7.2，这种碱化有利于形成解离状态的 ABA，即为离子化状态 ABA^-。由于 ABA^- 不易跨过膜进入叶肉细胞，而更多地随蒸腾流到达保卫细胞，因此，木质部汁液 pH 升高也可作为促进气孔早期关闭的信号（图 4-42）。

六、脱落酸的信号转导途径

在植物体内，ABA 不仅存在多种抑制效应，还有多种促进效应。在各种实验系统中，抑制或促进效应的最适浓度可以相差 4 个数量级（0.1～200 μmol/L），对于不同的组织也可以产生完全相反的效应。例如，ABA 可以促进保卫细胞的 Ca^{2+} 浓度上升，却诱导糊粉层细胞的 Ca^{2+} 浓度下降。通常把这些差异归因为各种组织细胞中 ABA 受体性质和数量的不同。此外，

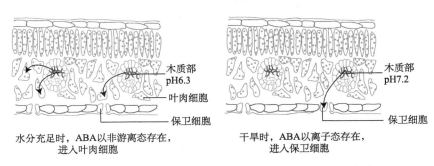

图 4-42　水分胁迫时木质部汁液碱化导致叶片 ABA 的再分布

图中的箭头表示 ABA 运动的方向

ABA 及其与受体结合形成的复合物一方面可以通过第二信使系统诱导某些基因的表达；另一方面也可以直接改变膜系统的性状，影响离子的跨膜移动。

（一）脱落酸的胞内和胞外受体

实验表明，ABA 同时具有胞内和胞外两类受体。例如，用同位素标记的 ABA 进行的实验发现，ABA 只与保卫细胞质膜的外表面结合；在 ABA 抑制赤霉素诱导的 α-淀粉酶合成的实验中，也发现直接注入细胞内的 ABA 不抑制赤霉素对 α-淀粉酶的诱导。上述实验结果表明，ABA 的受体存在于细胞质膜表面。

另有一些实验表明 ABA 受体存在于胞内，因为在上述 ABA 显微注射实验中，注入的 ABA 有可能被降解，或者因为注射造成的细胞伤害抑制了生理反应的产生，导致胞内 ABA 不能发挥激素作用。针对这些问题，有人设计了"笼化 ABA"（caged ABA），笼化 ABA 是 ABA 与一个苯环化合物的结合。笼化 ABA 没有生物活性，但可以被短暂的紫外光照射诱发光解，释放出活性 ABA。如果笼化 ABA 可以在紫外光下分解，就是光解性笼化 ABA；如果笼化 ABA 在紫外光下不分解，就是非光解性笼化 ABA（图 4-43）。

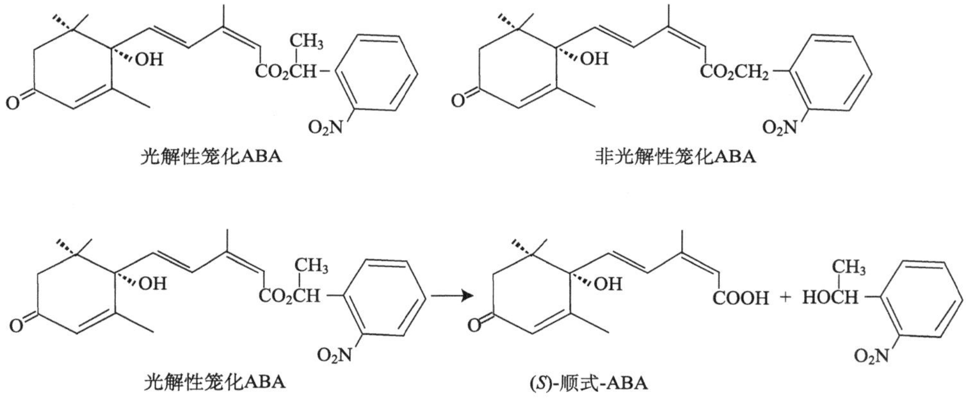

图 4-43　光解性和非光解性笼化 ABA 的结构及光解性笼化 ABA 的光解反应

借助这种笼化 ABA，可以人为地控制 ABA 在细胞内部的释放。作为对照，用非光解性笼化 ABA，将上述两种笼化 ABA 通过显微注射入鸭跖草的保卫细胞内，经过 30 min 的恢复后用紫外光照射 30 s，结果发现无处理和非光解性笼化 ABA 处理的对照没有气孔关闭现象，而光解性笼化 ABA 的处理发生了气孔关闭。这个实验结果表明胞内 ABA 可以诱导 ABA 响应的生理作用，因而可能存在着胞内的 ABA 受体。

利用 ABA 抗体亲和层析法可以分离出来一些 ABA 结合蛋白。利用此原理首先从大麦的 cDNA 表达文库中鉴定了一种与 ABA 特异结合的蛋白"ABAP1"，并证明 ABAP1 蛋白位于质膜上。后来又从拟南芥中发现了一种与 ABAP1 蛋白具有高度同源性的开花时间控制蛋白 A（flowering time control protein A, FCA）。但与 ABAP1 蛋白不同的是，FCA 是一种存在于细胞核内的 RNA 结合蛋白，FCA 通过抑制开花控制位点 C（flowering control locus C, FLC）来调控植物的开花。FLC 是一种开花抑制蛋白。实验证明，FCA 与 ABAP1 一样，具有与 ABA 特异性和高亲和力的结合能力。因此，FCA 可能是一种 ABA 的受体。FCA

的作用机制如图 4-44 所示，当 ABA 缺乏时，FCA 与开花位点 Y（flowering locus Y, FY）形成 FCA/FY 复合体，抑制开花抑制蛋白 FLC 的产生，从而促进开花。但当 ABA 存在的情况下，ABA 与 FCA 结合，阻碍了 FCY/FY 复合体的形成，不能抑制开花抑制蛋白 FLC 的形成，从而延迟开花。

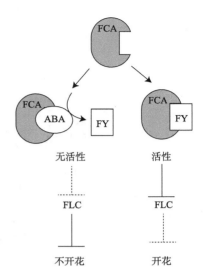

图 4-44　拟南芥中 FCA 的作用机制

图中的实心箭头表示正调节，实线
表示抑制，虚线表示解除抑制

脱落酸是广泛存在于植物体的多功能激素，通过与体内受体及随后的复杂信号网络互作进而调节植物生长发育、抵御环境胁迫。脱落酸受体的筛选和鉴定一直备受关注，并已取得一些突破，其信号转导机制也成为人们研究的热点。

近年来，利用拟南芥和其他植物的突变体又陆续发现并鉴定了一些 ABA 受体，如 Mg^{2+} 螯合酶 H 亚基（Mg^{2+}-chelatase H subunit, CHLH）和 PYR1 等。CHLH 是从蚕豆（*Vicia faba*）叶片中分离纯化的 ABA 特异性结合蛋白，后经证实是一种叶绿体膜蛋白。通过筛选抗人工合成了种子萌发抑制剂"pyrabactin"突变体，从拟南芥中分离到 pyrabactin resistance 1（PYR1）突变等位基因，命名为 *PYR1*，PYR1 蛋白具有结合 ABA 的活性中心。这些受体的界定对植物 ABA 信号转导通路分子机制的研究起到推动作用，对农业生产具有重要的实践意义。

此外，蔗糖非酵解型蛋白激酶 2（sucrose non-fermenting1- related protein kinase 2，SnRK2）、G 蛋白偶联受体（G protein-coupled receptor 2，GCR2）和蛋白磷酸酶 2C（protein phosphatases of type 2C，PP2C）也参与 ABA 信号转导。SnRK2 属于丝氨酸/苏氨酸蛋白激酶；GCR2 属于 G 蛋白偶联受体成员之一，是一种细胞质膜上的跨膜蛋白；PP2C 属于 Mg^{2+} 和 Mn^{2+} 依赖性丝氨酸-苏氨酸磷酸酶。

（二）脱落酸诱导气孔关闭的信号转导途径

ABA 的主要生理功能之一就是促进气孔的关闭。经过长期的研究，已经对 ABA 调控气孔关闭的信号转导途径有了深入的了解。脱落酸调节气孔运动的信号传递是多途径的，这个过程涉及细胞膜的去极化、细胞内 Ca^{2+} 浓度和 pH 的变化、蛋白质磷酸化和去磷酸化等。图 4-45 所示为气孔保卫细胞中 ABA 信号转导的简单模式。

ABA 调节气孔运动的信号传递是多途径的，如活性氧（reactive oxygen species, ROS）途径、环化 ADP 核糖（cyclic ADP Ribose, cADPR）途径、1, 4, 5-三磷酸肌醇 IP_3（inositol- 1, 4, 5-triphosphate, IP_3）途径等，涉及细胞膜的去极化、细胞内 Ca^{2+} 浓度和 pH 的变化、蛋白质磷酸化和去磷酸化等。

（1）ROS 途径和 Ca^{2+} 浓度的增加：ABA 通过两条途径诱导保卫细胞胞质内 Ca^{2+} 浓度增加：一是胞外 Ca^{2+} 通过质膜通道内流进入胞质，二是 Ca^{2+} 从细胞内区域如中央液泡释放到胞质中。Ca^{2+} 的内流是由 NADPH 氧化酶产生的 ROS，如过氧化氢和超氧化物导致的。因为活性氧作为第二信使激活了质膜 Ca^{2+} 通道，使 Ca^{2+} 流入细胞；各种第二信使可以诱导 Ca^{2+} 从细胞内钙库中释放出来，这些信使包括 IP_3 和 cADPR，以及 Ca^{2+} 诱导的自我放大释放的 Ca^{2+}。

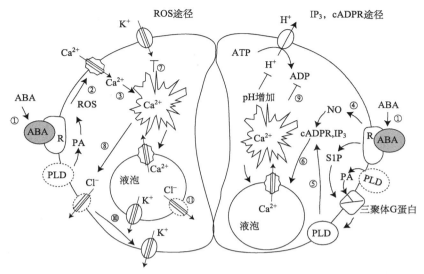

图 4-45　气孔保卫细胞中 ABA 信号转导的简单模式

本模式图仅显示出了胞外受体，省略了胞内受体。ROS 代表 reactive oxygen species（活性氧）；IP$_3$ 代表 inositol triphosphate（三磷酸肌醇）；cADPR 代表 cyclic adenosine diphosphate ribose（环腺苷二磷酸核糖）；R 代表 receptor（受体）；PLD 代表 phospholipase D（磷脂酶 D）；PA 代表 phosphatidic acid（磷脂酸）；S1P 代表 sphingosine 1-phosphate（鞘氨醇-1-磷酸）；NO 代表 nitric oxide（一氧化氮）。图中的数字表示信号传递途径中的不同反应。①ABA 与受体结合；②ABA 结合受体后诱导活性氧的产生，进而激活了质膜上 Ca^{2+} 的通道，ROS 是由磷脂酶 D 介导的磷脂酸产生的；③Ca^{2+} 的内流引起了胞内 Ca^{2+} 的瞬时变化，进一步促进了 Ca^{2+} 从液泡中释放；④ABA 刺激 NO 产生，NO 增加了 cADPR 的水平；⑤ABA 通过 S1P、异源三聚体 G 蛋白及 PLD 信号途径增加了的 IP$_3$ 水平；⑥cADPR 和 IP$_3$ 的升高激活了液泡膜上的其他 Ca^{2+} 通道，更多的 Ca^{2+} 从液泡中释放出来；⑦胞内的 Ca^{2+} 升高阻断了质膜上的 K$^+$ 内向通道；⑧胞内 Ca^{2+} 的升高促进了 Cl$^-$ 通道的打开，引起质膜去极化；⑨质膜上的质子泵受到 ABA 诱导的胞内 Ca^{2+} 增加和胞内 pH 升高的抑制，质膜进一步去极化；⑩质膜的去极化活化了质膜上的 K$^+$ 外向通道；⑪K$^+$ 和 Cl$^-$ 等阴离子从液泡释放到胞质中

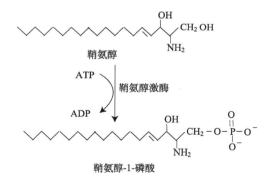

图 4-46　鞘氨醇激酶磷酸化鞘氨醇为鞘氨醇-1-磷酸的反应式

此外，ABA 在保卫细胞中通过硝酸还原酶刺激 NO 合成，NO 以 cADPR 依赖的方式诱导气孔关闭，表明 NO 在 cADPR 的上游起作用。胞外 Ca^{2+} 内流和 Ca^{2+} 从钙库释放，二者的共同作用使 Ca^{2+} 浓度从 50～350 nmol/L 升高到 1100 nmol/L，引起气孔关闭。

（2）cADPR 和 IP$_3$ 途径：ABA 与质膜上的受体结合之后，诱导细胞内 cADPR 和 IP$_3$ 水平升高，激活液泡膜上的 Ca^{2+} 通道，液泡释放 Ca^{2+}；质膜上的质子泵被抑制，活化了向外排出 K$^+$ 的 K$^+$ 通道，引起气孔关闭。

植物在应答 ABA 反应时能够产生另一类磷脂——鞘氨醇-1-磷酸（sphingosine 1-phosphate，S1P）。鞘氨醇-1-磷酸可以促进鸭跖草保卫细胞关闭气孔，并且抑制保卫细胞内 Ca^{2+} 浓度的增加。此外，鞘氨醇-1-磷酸信号抑制剂可以抑制植物中 ABA 诱导的气孔关闭。最近的证据表明，ABA 可以激活鞘氨醇激酶（sphingosine kinase）。鞘氨醇激酶可以磷酸化长链不饱和氨基醇——鞘氨醇，形成鞘氨醇-1-磷酸（图 4-46）。

另一种可能接受 ABA 反应的第二信使是磷脂酸（phosphatidic acid, PA），磷脂酸是通过磷脂酶 D（phospholipase D, PLD）由磷脂酰胆碱（phosphatidylcholine）产生。研究表明，PA 由 PLD 产生后可通过多种机制促进 ABA 诱导的气孔关闭、基因表达及其他胁迫反应。大多数 PLD 可以被 ABA 活化并与异源三聚体 G 蛋白的 α 亚基直接结合。GTP 激活异源三聚体 G 蛋白的 α 亚基，增加 PLD 的活性，PLD 使 G 蛋白失活。

PLD 的产物磷脂酸可以与各种靶酶包括蛋白磷酸酶、蛋白激酶及代谢酶结合。另外，磷脂酸可能刺激鞘氨醇-1-磷酸的产生，进而促进异源三聚体 G 蛋白介导的 ABA 信号转导。

PLD 和磷脂酸也介导了活性氧和磷酸肌醇的产生及细胞对它们的反应，因此，PLD 和 PA 参与了增强 ABA 信号转导的多重反馈调节循环的过程。

用蛋白质磷酸酶（protein phosphatase）抑制剂进行的研究表明，几种丝氨酸-苏氨酸磷酸酶和酪氨酸磷酸酶参与调节保卫细胞的信号转导。例如，PP2C 就属于 Mg^{2+} 和 Mn^{2+} 依赖性丝氨酸-苏氨酸磷酸酶。

（3） 质膜去极化和内向及外向离子通道的打开：专一地向内扩散离子的通道称为内向整合通道（inwardly rectifying channel），简称内向离子通道；相反，专一地向外扩散离子的通道称为外向整合通道（outwardly rectifying channel），简称外向离子通道。胞内的 Ca^{2+} 升高阻断了质膜上的 K^+ 内向通道、促进了 Cl^- 通道的打开，引起质膜去极化。膜两侧存在电势差时所保持的内负外正的状态称为膜的极化（polarization）。去极化（depolarization）就是电势差变小，膜外正电荷减少、膜内负电荷也减少的过程。质膜上的质子泵受到 ABA 诱导的胞内 Ca^{2+} 增加和胞内 pH 升高的抑制，质膜进一步去极化，质膜的去极化活化了质膜上的 K^+ 外向通道。

（三）脱落酸诱导基因及脱落酸对诱导基因表达的调控

ABA 主要有两种调节作用：其一，作为植物发育的重要调节物质，参与调控植物发育的诸多重要过程，如胚胎发育、种子的休眠与萌发、叶片的脱落等；其二，作为触发植物对逆境胁迫应答反应的传递物质，参与调控植物对逆境胁迫，如干旱、高盐、低温等产生的应答。

近年来由于分子生物学的渗透和各相关实验技术的发展，已经克隆、鉴定和分析了大量 ABA 诱导基因，对多种 ABA 诱导蛋白的性质和功能也做了深入研究，对 ABA 诱导基因的类型、结构、功能和表达调控方面有了初步认识，已经成功鉴定和分析了大量 ABA 诱导基因。

1. ABA 诱导基因

许多逆境条件，如干旱、寒冷、高温、盐渍和水涝等可以诱导植物体内 ABA 水平的升高，同时诱导与逆境相关的基因表达产物，即特异蛋白质的积累。ABA 是介导环境胁迫和植物抗逆反应的调节物质，因此，ABA 被称为应激激素或胁迫激素（stress hormone）。在正常条件下，外源 ABA 处理往往也能诱导植物组织产生逆境蛋白 mRNA 的积累。近年来，已从拟南芥、水稻、棉花、小麦、马铃薯、萝卜、番茄、烟草等植物中分离出几十种受 ABA 诱导而表达的基因，这些基因可以在种子、幼苗和成苗期等不同时期在叶、根和愈伤组织等不同部位表达。

在种子发育的中晚期，ABA 水平上升，同时伴随着一些 ABA 诱导基因的表达和积累。例如，与种子抗脱水能力相关的一些蛋白质，如胚胎晚期丰富（late embryogenesis abundance,

LEA）蛋白、脱水素（dehydrin）蛋白等的 mRNA 水平与内源 ABA 水平同步升高，外源 ABA 也可以提前诱导这些蛋白质的 mRNA 水平增加。在种子成熟的中晚期表达的一些基因，如植物凝集素（lectin）基因、贮存蛋白基因、酶抑制剂基因等也受 ABA 的诱导，外源 ABA 处理也可以使这些基因提前表达。

2. ABA 对诱导基因表达的调控

ABA 对基因表达的调控发生在基因表达的各个阶段，ABA 可以在转录水平、转录后水平及翻译水平上对 ABA 诱导基因的表达进行调控。ABA 诱导基因的启动子上也存在许多 ABA 响应元件（ABA-response element, ABARE），ABARE 就是所谓的 ABA 诱导基因的"顺式作用元件"（*cis*-acting element），而与这些顺式作用元件相结合的 DNA 结合蛋白也称为转录因子（transcription factor），起着促进或抑制转录作用，就是所谓的"反式作用元件"（*trans*-acting element）。

七、脱落酸的生理作用

脱落酸能够抑制核酸和蛋白质的生物合成，是植物体中最重要的生长抑制剂，抑制种子发芽和植株生长。

脱落酸可以促进气孔关闭、芽和块茎休眠，以及叶、花和果脱落，还可以促进种子和果实成熟，使果实产生乙烯，提高抗逆性。例如，ABA 可显著降低高温对叶绿体超微结构的破坏，增加叶绿体的热稳定性。

此外，脱落酸还可以影响植物的性别分化，如脱落酸能够逆转赤霉素可以使大麻的雌株形成雄花的效应，但脱落酸不能使雄株形成雌花。

当前已经实现了灰葡萄孢霉菌（*Botrytis cinerea*）工业发酵生产天然脱落酸，而且纯度和生物活性都较高，未来可大规模应用于农业生产。

第六节 其他天然的植物生长物质

除了上述五大类植物激素以外，近年陆续发现植物体内还存在其他天然生长物质，如油菜素甾醇类化合物、多胺类化合物、茉莉酸类化合物、水杨酸等。它们对植物的生长发育也具有促进或抑制作用。

一、油菜素甾醇类化合物

1970 年 Mitchell 等报道了从油菜的花粉中提取出来的一种新的生长物质，它对菜豆幼苗的生长具强烈的促进作用，并将这种生长物质命名为油菜素（brassin）。1979 年 Grove 等从 227 kg 油菜花粉中得到 10 mg 高活性结晶物，发现它是一种甾醇内酯化合物，故将其命名为油菜素内酯（brassinolide, BL）（图 4-47）。目前，已在多种植物中发现了与油菜素内酯结构相似的化合物，人们将这些以甾醇为基本结构的具有生物活性的天然物质统称为油菜素甾醇类化合物（brassinosteroid, BR）。1998 年在日本千叶召开的第 16 届国际植物生长物质会议上，BR 被正式确认为第 6 类植物激素。

裸子植物、被子植物和藻类植物中都存在 BR，高等植物的枝、叶、花等器官中也有，尤其花粉中含量最多。例如，油菜花粉中油菜素内酯的含量为 $10^2 \sim 10^3$ μg/kg。目前，人工合成了许多油菜素内酯，如表油菜素内酯（epi-brassinolide）和高油菜素内酯（homo-brassinolide）等（图 4-47）。

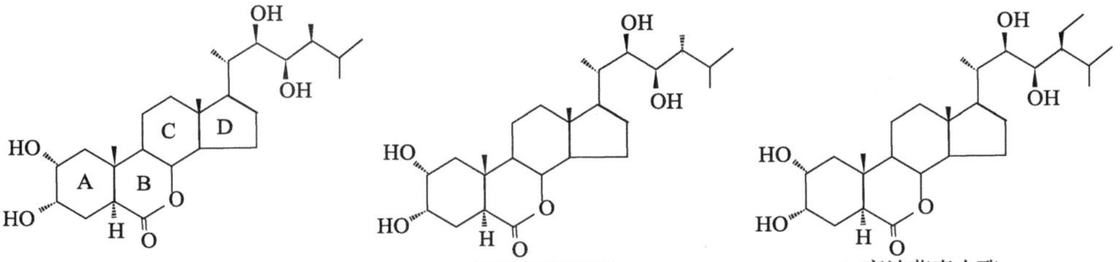

油菜素内酯　　表油菜素内酯　　高油菜素内酯

图 4-47　油菜素内酯、表油菜素内酯和高油菜素内酯的结构式

油菜素内酯的生理作用是促进细胞伸长和分裂，增加植物的抗冷性、抗旱性和抗盐性。油菜素内酯能促使细胞分裂和伸长，是因为油菜素内酯能够使 DNA 聚合酶和 RNA 聚合酶的活性增大，DNA 和 RNA 含量增多，蛋白质合成也增多。油菜素内酯又会刺激质膜上的 ATP 酶活性，使质膜分泌 H^+到细胞壁，使细胞伸长。油菜素内酯在玉米、小麦的花期施用，可提高产量。

二、多胺类化合物

多胺（polyamine）是一类脂肪族含氮碱。高等植物含有的多胺主要有腐胺（putrescine）、精胺（spermine）、亚精胺（spermidine）和鲱精胺（agmatine）等（图 4-48）。多胺广泛地分布在高等植物中。例如，单子叶植物中的小麦、大麦、水稻等，双子叶植物中的豌豆、苋菜、烟草等。不同器官中多胺的含量也不同，一般来说，细胞分裂旺盛的部位，多胺含量较多。

$H_2N-(CH_2)_4-NH_2$

腐胺

$H_2N-(CH_2)_3-NH-(CH_2)_4-NH_2$

亚精胺

$H_2N-(CH_2)_3-HN-(CH_2)_4-NH-(CH_2)_3-NH_2$

精胺

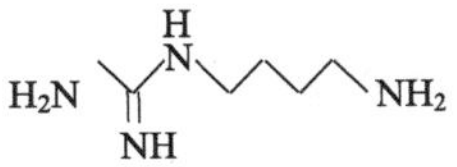

鲱精胺

图 4-48　腐胺、精胺、亚精胺和鲱精胺的结构式

植物体内多胺的生物合成途径见图 4-49。多胺的合成底物是精氨酸或亮氨酸。精氨酸经过鸟氨酸生成腐胺，腐胺继续转变成亚精胺和精胺。甲硫氨酸（methionine, Met）也可以转变成亚精胺和精胺。其中，亚精胺和精胺的合成与 *S*-腺苷甲硫氨酸（*S*-adenosylmethionine, SAM）有关，*S*-腺苷甲硫氨酸可以转变成乙烯，因此多胺和乙烯合成相互竞争 SAM。

多胺可以促进生长、延迟衰老，使植物适应逆境条件。例如，休眠菊芋块茎内的多胺含量很低，一般是不进行细胞分裂的，但如在培养基中加入 10～100 μmol/L 的多胺后，即使不加其他的生长物质，则从休眠块茎所取外植体（explant）就可以进行细胞分裂。多胺能够促进生长是因为多胺可以加快 DNA 的转录、RNA 聚合酶活性和氨基酸掺入蛋白质速度。多胺可延迟黑暗中的燕麦、豌豆和石竹等叶片及花的衰老，这是因为亚精胺和精胺与乙烯的前体都是 SAM，多胺与乙烯会竞争 SAM。所以多胺可抑制乙烯的生成，从而延缓衰老。

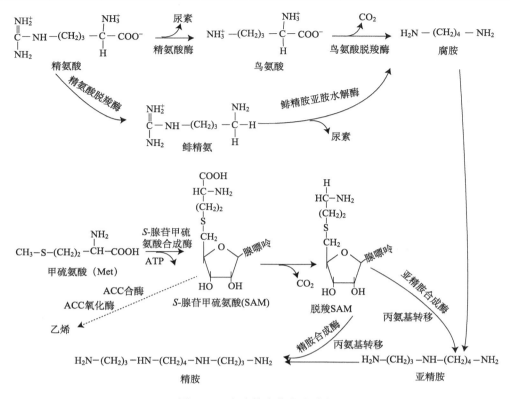

图 4-49　多胺的生物合成途径

在 NaCl、山梨糖醇、甘露醇等渗透胁迫条件下，豌豆等植物的精氨酸脱羧酶活性显著加强，腐胺含量增加，从而维持渗透平衡，保护质膜稳定和原生质体完整。因此，多胺可以使细胞适应逆境条件。外施 IAA、GA、CTK 等植物激素可促进多胺生物合成。多胺在农业生产上已得到一定的应用，如喷施多胺可以促进苹果花芽分化、受精、增加坐果率等。

三、茉莉酸类化合物

茉莉酸类化合物主要包括茉莉酸（jasmonic acid, JA）和茉莉酸甲酯（methyl jasmonate, MJ）。

JA 首先是从真菌培养液分离出来的；MJ 是茉莉花属（*Jasminum*）花香味的重要组成物质。MJ 具有强烈而持久的茉莉花香，广泛用于人工配制的茉莉精油中。JA 的化学名称是 3-氧-2-（2′-戊烯基）-环戊烯乙酸。环戊烷乙酸甲酯即为茉莉酸甲酯（图 4-50）。

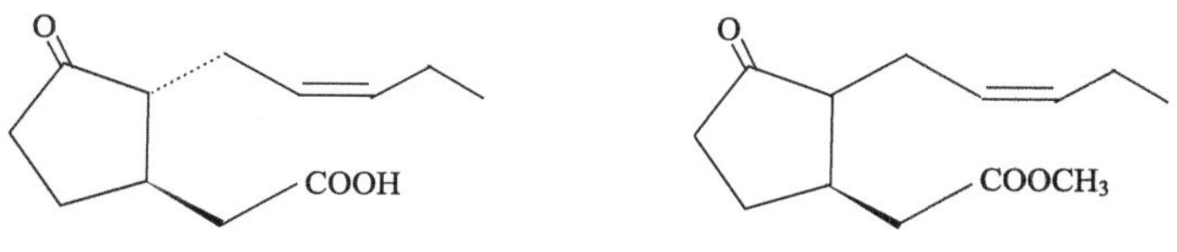

茉莉酸　　　　　　　　　　　　　茉莉酸甲酯

图 4-50　茉莉酸和茉莉酸甲酯的结构式

　　JA 或 MJ 的旋光异构体即对映异构体（optical isomer 或 enantiomers）都具有不同的生物活性，其中以（+）-JA 的活性最高。现已能人工合成（±）-MJ，并可通过水解产生（±）-JA。

　　JA 和 MJ 普遍存在于高等植物中。通常 JA 在植物茎尖、嫩叶、未成熟的果实、根尖等处含量较高，如在蚕豆果皮中可达 3000 μg/kg 鲜重，在茎、叶中的含量为 10～100 μg/kg 鲜重。JA 通常在植物韧皮部系统中运输，也可以在木质部及细胞间隙运输。

　　JA 的生物合成途径是利用亚麻酸（linolenic acid）（18：3）作为底物，经脂氧合酶、丙二烯氧化物合酶等的催化，三次 β 氧化，最后形成 JA。叶绿体和过氧化物酶体参与了 JA 的生物合成，在叶绿体中完成了亚麻酸来源的中间成分的转化，然后运输到过氧化物酶体，经 β 氧化等途径完成了到 JA 的转化（图 4-51）。

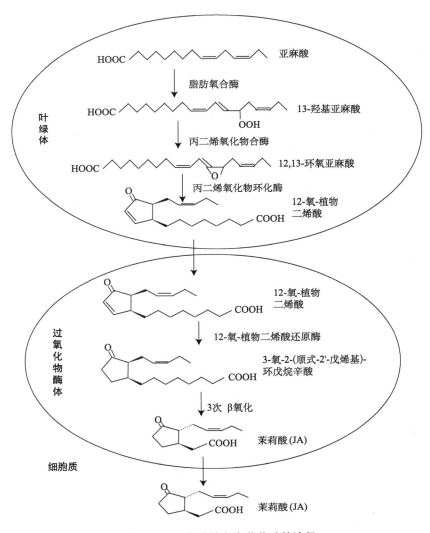

图 4-51　亚麻酸转变为茉莉酸的途径

　　茉莉酸类化合物的作用机制主要是通过诱导产生特异的 JA 诱导蛋白（jasmonic acid induced protein），从而表现出对真菌感染、虫害和干旱等逆境的抗性。据报道，JA 诱导产生的蛋白质有 10 多种，其中大多数蛋白质具有防御病虫害和真菌病害的功能。例如，JA 可诱导番茄和马铃薯叶片分别形成蛋白酶抑制物Ⅰ（proteinase inhibitors Ⅰ）和蛋白酶抑制物Ⅱ（proteinase inhibitors Ⅱ）。番茄和马铃薯叶片受机械损伤或病虫害后，会产生上述特殊蛋白质，分布于伤口附近或较远的部分，保护尚未受伤的组织，以免继续受害。还有少数蛋白质具有贮藏功能。例如，经 JA 和 MJ 处理，可诱导大豆叶片、茎维管束鞘产生营养贮藏蛋白（vegetative storage protein，VSP），在生殖器官发育时，VSP 降解，释放出氨基酸供应到花、果中去，因此，VSP 可能有调节氮利用的功能。近年来的研究表明，茉莉酸化合物是损伤诱导的内源信号分子，具有可挥发性，与其他信号化合物，如乙烯、水杨酸等共同诱导了植物对病虫害的防御反应。

茉莉酸类化合物的主要生理作用包括：可以促进乙烯合成、气孔的关闭、叶片脱落、呼吸作用、蛋白质合成和块茎形成等，提高植物的抗逆性，增强对病虫和机械损伤的防卫能力，还可以抑制种子萌发和花芽形成等。

四、水杨酸

人们很早就发现柳树树皮和树叶具有镇痛解热的功效，后来发现这是由于柳树中所含的水杨酸糖苷在起作用。之后经过许多药物学家和化学家的努力，医学上便有了阿司匹林（aspirin）药物的问世。阿司匹林即乙酰水杨酸（acetylsalicylic acid），其在生物体内很快就转化为水杨酸（salicylic acid，SA）（图 4-52）。SA 的化学名称为邻羟基苯甲酸。后来人们从许多植物中分离出了 SA，但 SA 的植物生理学研究直到 20 世纪 60 年代后，特别是发现它在抗氰呼吸途径中的作用后才逐渐增加起来，并被人们所认识和重视（有关抗氰呼吸途径可参阅第九章第三节的相关内容）。

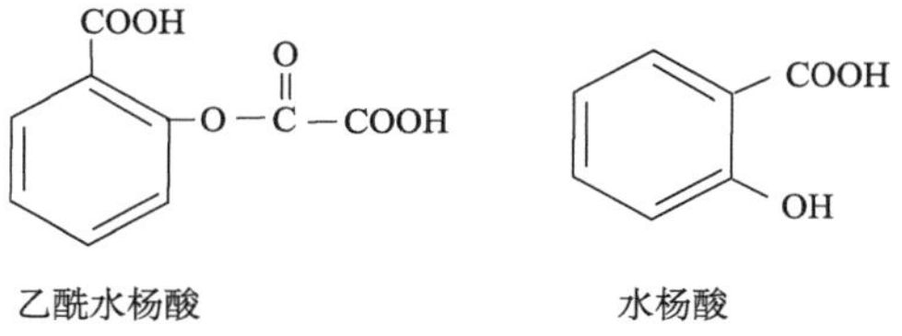

乙酰水杨酸　　　　　　水杨酸

图 4-52　乙酰水杨酸和水杨酸的结构式

SA 能溶于水，易溶于极性的有机溶剂（如乙醇）。植物体内的 SA 一般认为是由莽草酸（shikimic acid）经过苯丙氨酸（phenylalanine）后形成反式桂皮酸（*trans*-cinnamic acid）（桂皮酸，又名肉桂酸，是从肉桂皮或安息香分离出的有机酸，化学名为 β-苯丙烯酸、3-苯基-2-丙烯酸），反式桂皮酸可经邻香豆酸（2-羟基桂皮酸）（coumarinic acid）或苯甲酸（benzoic acid）转化成 SA。SA 可以被 UDP 葡萄糖：水杨酸葡萄糖基转移酶催化转变为葡萄糖苷水杨酸。该转化可以防止体内因 SA 含量过高而产生的不利影响。（有关酚类的莽草酸合成途径可参阅第十章第三节的相关内容。）

在植物组织中，SA 能在韧皮部中运输，SA 在植物体内的分布一般以产热植物的花序较多，如天南星科植物花序中的 SA 含量可达 3 μg/g 鲜重。

天南星科（Araceae）植物的花序生热现象很早就引起了人们的注意。例如，天南星科海芋属（*Arum*）等植物早春开花时，花序呼吸速率迅速提高，比一般植物呼吸速率快 100 倍以上，花序组织温度随之亦提高，高出环境温度 25℃左右，此种情况可维持 7 h 左右。温度升高有利于花序发育，并且当产热爆发时，有利于花序产生具臭味的胺类、吲哚类和萜类物质的蒸发，吸引昆虫传粉；可见，植物产热是对低温环境的一种适应。后来的研究证实，SA 是海芋起始放热的化学信号。SA 可以激活编码交替氧化酶的核基因，从而启动了抗氰呼吸。

　　SA 在植物的抗病过程中起着重要的作用，一些抗病植物受到病原微生物侵染后，会诱导 SA 的形成，进一步形成病程相关蛋白（pathogenesis related protein, PR）等，抵抗病原微生物，提高植物抗病性。PR 是植物受病原微生物侵染或不同因子的刺激后产生的一类水溶性蛋白。PR 可能的功能是攻击病原物、降解细胞壁大分子、降解病原物毒素、抑制病毒外壳蛋白与植物受体分子的结合等。

　　植物在受到病原物的入侵后产生使同类病原物不能继续入侵的能力，即植物具有系统获得抗性（systemic acquired resistance, SAR），是由初次感染后经过一段时间形成的。SAR 往往是广谱而且系统性的，相当于动物的后天获得免疫性。现已证实，SA 是 SAR 的重要诱导因子，也是植物受病原菌侵染后活化一系列防卫反应的信号转导途径中的重要组成成分。

　　实验证明，SA 的结合蛋白是植物过氧化氢酶（catalase）。水杨酸和过氧化氢酶结合，抑制过氧化氢酶的活性，使细胞内过氧化氢水平上升，进而诱导抗病基因表达，增强植物抗病性。水杨酸甲酯还可以作为抑制气体信号，释放到空气中，远距离诱导其他植物部位产生抗性（methyl salicylate），这是植物一种高效的免疫反应机制。

　　此外，SA 可以抑制大豆的顶端生长，促进侧枝生长，增加分枝数量、单株结荚数及单荚重；SA 可抑制黄瓜雌花分化；SA 可诱导长日植物浮萍开花，抑制 ACC 转变为乙烯。因此，SA 可以用于切花保鲜和水稻的抗寒等方面。

第七节　植物生长调节剂

　　植物体内天然合成的植物激素含量非常低，无法大规模应用于农业生产。随着科技的发展，人们根据植物激素的结构、功能和作用原理，经人工合成和提取了许多具有与天然合成的激素类似生理活性的化合物，这些化合物也能调节植物的生长发育和生理功能，被称为植物生长调节剂（plant growth regulator）。植物生长调节剂生产成本相对便宜，可大规模应用于农业生产。植物生长调节剂的合理使用现已成为现代化农业的一项重要措施。

　　根据生理功能的不同，植物生长调节剂可分为植物生长促进剂（plant growth promotor）、植物生长抑制剂（plant growth inhibitor）和植物生长延缓剂（plant growth retardant）。

一、植物生长促进剂

　　植物生长促进剂是指可以促进细胞分裂、分化和伸长生长，或促进植物营养器官生长和生殖器官发育的生长调节剂。生长促进剂可分为生长素类、赤霉素类、细胞分裂素类、乙烯、油菜素内酯类和多胺类等。相关的知识可参阅本章的第一节至第四节，以及第六节的内容。

二、植物生长抑制剂

植物生长抑制剂是指能够抑制植物顶端分生组织生长，使植物丧失顶端优势，导致植株形态发生变化的生长调节剂。常用的植物生长抑制剂有三碘苯甲酸和马来酰肼等。

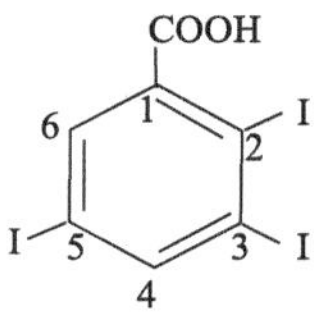

图 4-53 三碘苯甲酸的结构式

1. 三碘苯甲酸（2,3,5-triiodobenzoic acid，TIBA） TIBA 的分子式为 $C_7H_3O_2I_3$，结构式见图 4-53。TIBA 是一种阻碍生长素运输的物质。它能抑制顶端分生组织细胞分裂，使植株矮化，消除顶端优势，使分枝增加。生产上，TIBA 多用于大豆，在开花期喷施 200～400 mg/L 的 TIBA，可使植株变矮，分枝增加，提高结荚率，增加产量。

2. 马来酰肼（maleic hydrazide, MH） MH 的分子式为 $C_4H_4O_2N_3$，化学名称为顺丁烯二酰肼，结构式见图 4-54。MH 又称青鲜素。MH 的结构与 RNA 的组成部分——尿嘧啶（uracil）非常相似，MH 进入植物体内可代替尿嘧啶的位置，阻止正常代谢的进行，从而抑制生长。MH 主要用于防止马铃薯、洋葱、大蒜在贮藏时的发芽和抑制烟草腋芽生长。MH 还可控制树木或灌木（行道树和树篱）的过度生长。

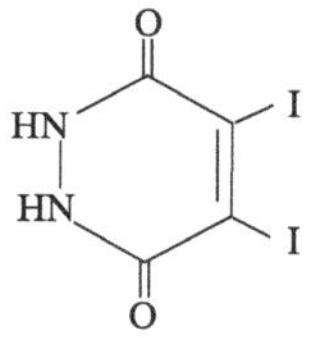

图 4-54 马来酰肼的结构式

三、植物生长延缓剂

植物生长延缓剂是指能够抑制茎部近顶端分生组织的细胞伸长，让节间缩短，但叶数和节数不变，株型紧凑、矮小，生殖器官不受影响或影响不大的植物生长调节剂。植物生长延缓剂能抑制赤霉素的生物合成，所以是抗赤霉素剂。外施赤霉素可以逆转植物生长延缓剂的延缓效应。常用植物生长延缓剂有 CCC、Pix、PP333、B_9 和 S-3307 等（图 4-55）。赤霉素的生物合成是由牻牛儿牻牛儿焦磷酸（geranylgeranyl pyrophosphate，GGPP），通过一系列的反应转变为内根-羟基贝壳杉烯酸，内根-羟基贝壳杉烯酸再转变为 GA12，之后 GA12 再转变为其他各种 GA。不同种类的植物生长延缓剂抑制赤霉素生物合成过程中的不同环节。例如，CCC 和 Pix 抑制赤霉素生物合成过程中 GGPP 至内根-贝壳杉烯的过程；PP333、B_9 和 S-3307 抑制内根-贝壳杉烯至内根-羟基贝壳杉烯酸的合成。

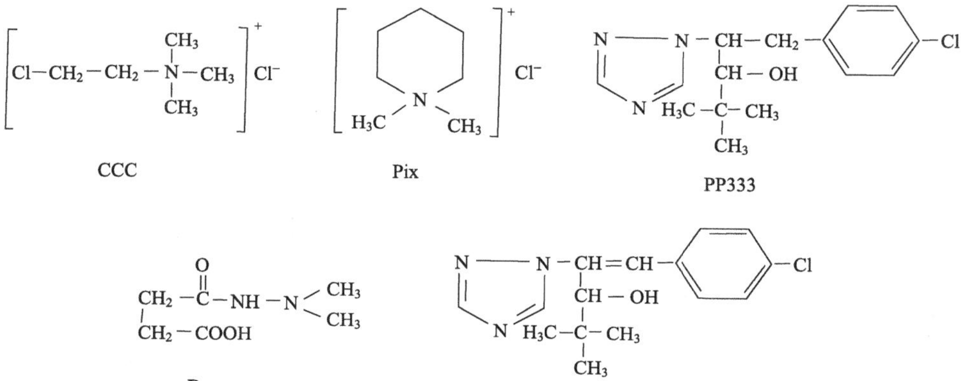

图 4-55 常用的几种植物生长延缓剂的结构式

一般来说，施用生长延缓剂后植株表现出如下症状：植株矮小，茎粗，节间短，叶面积小，叶厚，叶色深绿，农业生产上常用于培育壮苗、防倒伏等。

1. CCC　　CCC 是氯化氯胆碱（chlorocholine chloride，CCC）的简称。CCC 俗称矮壮素，分子式为 $C_5H_{13}Cl_2N$，化学名称是 2-氯乙基三甲基氯化铵。纯品为白色结晶，易溶于水。它是一种生产上常用的植物生长延缓剂，不易被土壤所固定或被土壤微生物分解，因此，一般通过土壤施用效果好。生产上常用于防止小麦、水稻和棉花的徒长、倒伏，培育壮苗。

2. Pix　　Pix 的分子式为 $C_7H_{18}ClN$，化学名称为 1,1-二甲基哌啶鎓氯化物（1,1-dimethy-piperidinium chroride），俗称缩节安、助壮素等。纯品为白色结晶，易溶于水，在土壤中容易分解。Pix 在生产上常用于控制棉花徒长，使植物矮化，促进成熟和增加产量。

3. PP333　　PP333（paclobutrazol）又名氯丁唑，俗称多效唑。它的分子式为 $C_{15}H_{20}N_3OCl$，化学名称为（2RS,3RS）-1-（4-氯苯基）-4,4-二甲基-2-（1,2,4-三唑-1-基）-3-戊醇。纯品为白色结晶，易溶于水。PP333 广泛应用于果树、花卉、蔬菜和大田作物上，具有延缓植物生长、抑制茎秆伸长、缩短节间、促进植物分蘖、增加植物抗逆性能、提高产量等效果，可以使植物根系发达、植株矮化、茎秆粗壮，并可促进分枝、增穗和增粒等。例如，PP333 应用于稻田，能改善株型，增加有效穗数，减少倒伏，有显著的增产效果；应用于果树能增加花芽，提高坐果率，改善品质；应用于花卉能矮化株型，增加花数。

4. B$_9$　　B$_9$ 的分子式为 $C_6H_{12}N_2O_3$，化学名称为二甲基氨基琥珀酰胺酸（dimethyl aminosuccinamic acid）。纯品为白色结晶。B$_9$ 能够抑制生长素运输和赤霉素的生物合成。它可以使植物矮化，促进花芽分化和提高坐果率，促进果实着色和延长贮藏期。B$_9$ 能抑制植物疯长，调节营养分配，使作物健壮高产，对作物有增加耐寒、耐旱能力，防止落花落果及促进结实增产等效果。用于花生、土豆、油菜等作物，能显著提高产量；用于果树、草莓等，能明显改善果实品质；用于菊花等多种花卉，可使植株矮化、花盘增大，明显延长花期，使花色艳丽，提高观赏性。

5. S-3307　　S-3307（uniconazol）在国内商品名为"烯效唑"或"优康唑"。它的分子式为 $C_{15}H_{18}ClN_3O$，化学名称为（E）-（RS）-1-（对氯苯基）-2-（1,2,4-三唑-1-基）-4,4-二甲基-1-戊烯-3-醇。纯品为白色结晶，可溶于丙酮、甲醇和氯仿等有机溶剂。烯效唑属广谱性、高效植物生长调节剂，兼有杀菌和除草作用。其具有控制营养生长、抑制细胞伸长、缩短节间、矮化植株、促进侧芽生长和花芽形成、增进抗逆性的作用。其用于水稻、小麦，可增加分蘖，控制株高，提高抗倒伏能力；用于果树，可控制营养生长的树形；用于观赏植物，可控制株形，促进花芽分化和开花等。

有关植物生长调节剂的使用方法和注意事项可查阅相关的资料，如《现代植物生长调节剂技术手册》等。

复习思考题

1. 根据查阅"Web of Science"、"PubMed"及"中国知网 CNKI"的结果，请说明近 3～5 年来植物的生长物质研究有哪些研究热点和研究进展？同时根据自己的兴趣和所掌握的知识，撰写一篇相关的研究进展小综述。

2. 为什么切去顶芽会刺激腋芽的发育？如何解释生长素抑制腋芽生长而不抑制产生生长素的顶芽的生长？

3. GA 水平随着种子成熟过程而降低,而同时 ABA 的水平却上升,这有什么生理意义?

4. 有什么证据说明 ABP1 是生长素的受体?

5. 吲哚乙酸是植物的天然生长素,但为什么在农业生产上一般不用吲哚乙酸而用其他人工合成的生长素类药剂代替?

6. 啤酒生产中可用什么方法使不发芽的大麦种子完成糖化过程? 为什么?

7. 生长素的生理效应如何? 合成生长素在农业生产上的应用如何? 应注意些什么?

8. 为什么很低浓度的激素就会对生理过程表现出如此显著的效应?

9. 为什么用生长素、赤霉素或细胞分裂素处理可获得无籽果实?

10. 一些种子会积累生长素结合物,这在生理上有何意义?

11. 证明细胞分裂素是在根尖合成的实验依据有哪些?

12. 植物生长调节剂在农业生产中应用在哪些方面? 应注意些什么?

13. 植物体内有哪些因素决定了特定组织中生长素的含量?

14. 装箱苹果中只有一只腐烂就会引起整箱苹果变质,甚至腐烂,为什么?

15. 请根据你所学的植物生长物质的知识,说明各种水果在贮藏、运输和上市过程中应注意哪些事项?

16. 请设计实验来证明不同器官对 NAA 的敏感性不同。

17. 请用实验来证明赤霉素可以诱导种子中淀粉酶的产生。

18. 请用实验来证明生长素的极性运输。

第五章　植物的水分生理

水是植物维持生存所必需的物质。植物的生长发育、新陈代谢和光合作用等一切生命过程都离不开水。没有了水，植物的生命活动就会停滞，植株则干枯和死亡。

植物水分生理（water relations of plant）是植物生理学的一个重要分支，主要研究和阐明水对植物生活的意义、植物对水的吸收、水在植物体内的运输和向大气的散失（蒸腾作用），以及植物对水分胁迫的响应与适应。

本章主要介绍植物对水分的需要、植物细胞对水分的吸收、植物根系对水分的吸收、蒸腾作用、植物体内水分的运输和合理灌溉的生理学基础等内容。有关植物对水分胁迫的响应与适应的内容在第十二章的第二节中介绍。

本章的思维导图如下：

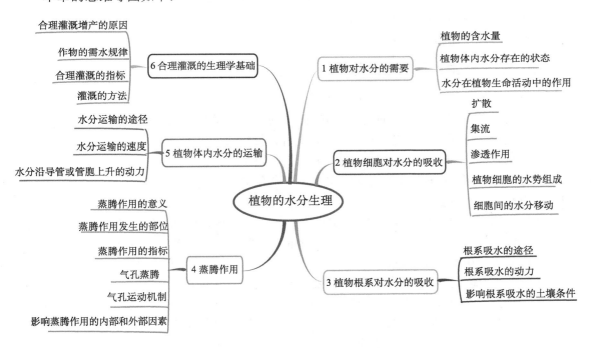

第一节　植物对水分的需要

一、植物的含水量

不同植物的含水量有很大的不同。水生植物的含水量可达鲜重的90%以上，在干旱环境中生长的低等植物（如地衣、藓类）则仅占6%左右；草本植物的含水量一般为70%～85%，木本植物的含水量稍低于草本植物。

同一种植物生长在不同环境中，含水量也有差异。生长在荫蔽、潮湿环境中的植物含水量比生长在向阳、干燥环境中的要高。

同一植株中，不同器官和不同组织的含水量的差异也甚大。例如，根尖、嫩梢、幼苗和绿叶的含水量一般为 60%～90%，树干为 40%～50%，休眠芽为 40%，风干种子为 10%～14%。

二、植物体内水分存在的状态

水分在植物细胞内通常呈束缚水和自由水两种状态。

细胞质主要是由蛋白质组成的，占总干重 60% 以上。蛋白质分子很大，其水溶液具有胶体的性质。细胞质可以说是一个胶体系统（colloidal system）。蛋白质分子的疏水基（如烷烃基、苯基等）在分子内部，而亲水基（如—NH_2、—COOH、—OH 等）则在分子的表面。这些亲水基对水有很大的亲和力，容易起水合作用（hydration）。细胞质胶体微粒的表面吸附着很多水分子，形成一层很厚的水层。水分子距离胶体微粒越近，吸附力越强；距离越远，吸附力越弱。

靠近胶体微粒而被胶粒吸附束缚不易自由流动的水分，称为束缚水（bound water）；距离胶体微粒较远而可以自由流动的水分，称为自由水（free water）。

自由水参与各种代谢作用。自由水占总含水量的百分比越大，则植物代谢越旺盛。束缚水一般不参与代谢作用，束缚水含量与植物抗性大小有密切关系。

三、水分在植物生命活动中的作用

水对植物的生理作用主要表现在以下几个方面。

（1）水分是细胞质的主要成分。细胞质的含水量一般在 70%～90%，使细胞质呈溶胶状态（sol state），保证了旺盛的代谢作用正常进行，如根尖、茎尖。如果含水量减少，细胞质变成凝胶状态（gel state），生命活动就大大减弱，如休眠种子。

（2）水分是代谢作用过程的反应物质。在光合作用、呼吸作用、有机物质合成和分解的过程中都有水分子参与。

（3）水分是植物对物质吸收和运输的溶剂。一般来说，植物不能直接吸收固态的无机物质和有机物质，这些物质只有溶解在水中才能被植物吸收。同样，各种物质在植物体内的运输，也要溶解在水中才能进行。

（4）水分能保持植物的固有姿态。由于细胞含有大量水分，维持细胞的紧张度（即膨胀），使植物枝叶挺立，便于充分接受光照和交换气体；同时，也使花朵张开，有利于传粉。

（5）细胞分裂和延伸生长都需要足够的水。细胞分裂和延伸需要一定的膨压，缺水可使膨压降低甚至消失，严重影响细胞分裂及延伸生长，进而使植物生长受到抑制，植株矮小。

水对植物的生态作用主要表现在以下几个方面。

（1）水是植物体温调节器。水分子具有很高的汽化热和比热，因此，在环境温度波动的情况下，植物体内大量的水分可维持体温相对稳定。在烈日曝晒下，通过蒸腾散失水分以降低体温，使植物不易受高温伤害。

（2）水对可见光具有通透性。对于水生植物，蓝光、绿光可透过水层，使分布于海水深处的含有藻红素的红藻也能进行光合作用。

（3）水对植物生存环境的调节。水分可以增加大气湿度、改善土壤及土壤表面大气的温度等。例如，早春寒潮来临时给秧田灌水可保温抗寒。

第二节　植物细胞对水分的吸收

植物细胞吸水方式主要有三种：扩散、集流和渗透作用。

一、扩散

扩散（diffusion）是一种自发过程，是由于分子的随机热运动所造成的物质从浓度高的区域向浓度低的区域移动。扩散是物质顺着浓度梯度（concentration gradient）进行的。

二、集流

集流（mass flow 或 bulk flow）是指液体中成群的原子或分子在压力梯度（pressure gradient）下共同移动，如水在水管中的流动、河水在河道中的流动等。植物体中也有水分集流。

植物体的水分集流是通过膜上的水孔蛋白（aquaporin）形成的水通道进行的（图 5-1）。植物的水孔蛋白有两种：一种是质膜上的质膜内在蛋白（plasma membrane intrinsic protein），另一种是液泡膜上的液泡膜内在蛋白（tonoplast intrinsic protein）。

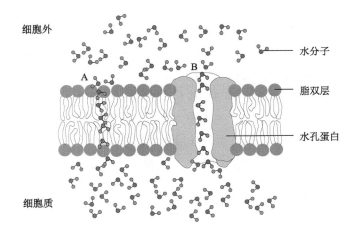

图 5-1　水分的跨膜运输

A 为单个水分子以扩散的方式通过膜脂双层；B 为水分子以集流的方式通过水孔蛋白形成的水通道

水孔蛋白的单体是中间狭窄的四聚体，呈"滴漏"模型，每个亚单位的内部形成狭窄的水通道。水孔蛋白的蛋白质相对微小，只有 $25\sim30$ kDa。水孔蛋白是一类具有选择性、高效转运水分的跨膜通道蛋白，它只允许水分通过，不允许离子和代谢物通过，因为水通道的半径大于 0.15 nm（水分子半径）但小于 0.2 nm（最小的溶质分子半径）。

水孔蛋白的活性是被磷酸化和水孔蛋白合成速率调节的。试验证明，依赖 Ca^{2+} 的蛋白激酶可使丝氨酸残基磷酸化，水孔蛋白的水通道加宽，水集流通过量剧增。如果把该残基的磷酸基团除去，则水通道变窄，水集流通过量减少。

水孔蛋白广泛分布于植物各个组织，其功能依存在部位而定。例如，拟南芥和烟草的水孔蛋白优先在维管束薄壁细胞中表达，可能参与水分长距离的运输；拟南芥的水孔蛋白表达于根尖的伸长区和分生区，说明它有利于细胞生长和分化；水孔蛋白分布于雄蕊和花药，表明它与生殖有关。

三、渗透作用

渗透作用（osmosis）是指溶剂分子通过半透性膜（semipermeable membrane）而移动的现象。水流通过膜的方向和速度不仅取决于水的浓度梯度或压力梯度，而且取决于这两种驱动力的和。渗透作用是水分依水势（water potential）梯度而移动，那么什么是水势呢？

水分移动需要能量做功。根据热力学原理，系统中物质的总能量可分为束缚能（bound energy）和自由能（free energy）两部分。束缚能是不能用于做功的能量，而自由能是指在温度恒定的条件下可用于做功的能量。

1 mol 物质的自由能就是该物质的化学势（chemical potential），可衡量物质反应或做功所用的能量。化学势是相对量，表示某物质在给定状态下与标准状态下的能量差。同样道理，衡量水分反应或做功能量的高低，可用水势表示。在植物生理学上，水势就是每偏摩尔体积水的化学势。就是说，水溶液的化学势（μ_w）与纯水的化学势（μ_w^0）之差（$\Delta\mu_w$），除以水的偏摩尔体积（$\bar{V}_w$）所得的商，称为水势。水势 Ψ（psi，希腊字母）可用下式表示：

$$\psi_w = \frac{\mu_w - \mu_w^0}{\bar{V}_w} = \frac{\Delta\mu_w}{\bar{V}_w}$$

式中，水的偏摩尔体积（partial molar volume）$\bar{V}_w$ 是指在一定温度和压力下 1 mol 水中加入 1 mol 某溶液后，该 1 mol 水所占的有效体积，$\bar{V}_w$ 的具体数值随不同含水体系而异，与纯水的摩尔体积 V_w 不同。在稀的水溶液中，$\bar{V}_w$ 和 V_w 相差很小，实际应用时，往往用 V_w 代替 $\bar{V}_w$。

化学势的单位为 J/mol（J ＝ N·m ＝ 牛顿·米），而偏摩尔体积的单位为 m^3/mol，两者相除得 N/m^2，成为压力单位 Pa（帕），这样就把以能量为单位的化学势转化为以压力为单位的水势。

$$水势 = \frac{水的化学势}{水的偏摩尔体积} = \frac{N \cdot m/mol}{m^3/mol} = N \cdot m^{-2} = Pa$$

由于纯水的化学势定义为零，所以纯水的水势即为零。其他溶液与纯水相比，由于溶液中的溶质颗粒降低了水的自由能，故溶液的水势要比纯水低，溶液的水势为负值。溶液越浓，水势越低。几种常见水溶液在 25℃ 下的水势如下：Hoagland 培养液为–0.05 MPa，海水为–2.50 MPa，1 mol/L 蔗糖为–2.69 MPa，1 mol/L KCl 为–4.50 MPa。

把种子的种皮紧缚在漏斗上，注入蔗糖溶液，然后把整个装置浸入盛有清水的烧杯中，（图 5-2）。由于种皮是半透膜，所以整个装置就成为一个渗透系统。在一个渗透系统中，水的移动方向取决于半透膜两边溶液的水势高低。水势高的溶液中的水流向水势低的溶液。

随着水分逐渐进入玻璃管内，液面逐渐上升，静水压（hydrostatic pressure）也逐渐增大，压迫水分从玻璃管内向烧杯移动速度加快，膜内外水分进出速度越来越接近。最后，液面不再上升，停滞不动，实质上是水分进出的速度相等，呈动态平衡。水分从水势高的系统通过半透膜向水势低的系统移动的现象，称为渗透作用。

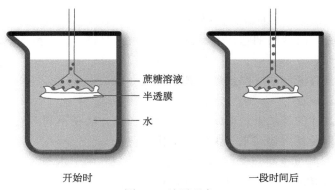

蔗糖溶液
半透膜
水

开始时　　　　　　　　　　　　　一段时间后

图 5-2　渗透现象

四、植物细胞的水势组成

一个成长植物细胞的细胞壁主要由纤维素分子组成，水和溶质都可以通过。质膜和液泡膜则不同，两者都是选择性透性膜（selectively permeable membrane），即半透膜。因此，我们可以把原生质体（包括质膜、细胞质和液泡膜）当作一个半透膜来看待。液泡里的细胞液含许多物质，具有一定的水势，这样，细胞液与环境中的溶液之间便会发生渗透作用。所以，一个具有液泡的植物细胞，与周围溶液一起，便构成了一个渗透系统。质壁分离（plasmolysis）和质壁分离复原（deplasmolysis）现象可证明植物细胞是一个渗透系统。

细胞吸水情况取决于细胞水势。一般认为，细胞水势（ψ_w）的组成为

$$\psi_w = \psi_s + \psi_p + \psi_g + \psi_m$$

式中，ψ_w 为细胞水势；ψ_s 为渗透势（osmotic potential）或溶质势（solute potential）；ψ_p 为压力势（pressure potential），ψ_g 为重力组分（gravity potential）；ψ_s 为衬质势（matrix potential）。

（1）渗透势。渗透势是由于溶质颗粒的存在，降低了水的自由能，因而其水势低于纯水的水势。溶液的渗透势取决于溶液中溶质颗粒（分子或离子）总数，并与溶质的解离系数相关。渗透势可以用公式：$\psi_s = -icRT$ 计算。式中，i 为解离系数；c 为溶质浓度（mol/L）；R 为气体常数[8.32 J/（mol·K）]；T 为绝对温度（开尔文或 K）。负号表示溶液中由于溶质颗粒的存在而降低了溶液的水势。

（2）压力势。细胞的原生质体吸水膨胀，对细胞壁产生一种作用力，与此同时，引起富有弹性的细胞壁产生一种限制原生质体膨胀的反作用力。也就是说，由于细胞吸水膨胀时原生质向外对细胞壁产生膨压（turgor），而细胞壁向内产生的反作用力——细胞壁压使细胞内的水分向外移动，即等于提高了细胞的水势。压力势就是由于细胞壁压力的存在而引起的细胞水势增加的值。压力势往往是正值。当细胞失水时，细胞膨压降低，原生质体收缩，压力势则为负值。刚发生质壁分离时，压力势为零。

（3）重力势。重力势是由于重力的影响而引起水势的升高值，以正值表示。除非有相等的反作用力抵消重力的作用，否则重力便会使水向低处流动。重力对水势的影响可以用公式：$\psi_g = \rho_w gh$ 计算。式中，ρ_w 为水的密度（kg/m³）；g 为重力加速度（m/s²）；h 为水分距离参照水面的高度（m）。其中，$\rho_w g$ 约等于 0.01 MPa/m，因此，水每升高 10 m，水势就会增加 1 MPa。当研究水分在细胞水平进行移动时，与渗透势和压力势相比，重力势的变化是微不足道的，所以通常可以省略不计。

（4）衬质势。衬质势是细胞胶体物质亲水性和毛细管对自由水的束缚而引起的水势降低值。对已形成中心大液泡的细胞，由于原生质仅为一薄膜，含水量很高，ψ_m 趋于零，在计算时也可以忽略不计。

综上所述，对具有液泡的成熟细胞，其水势主要取决于渗透势和压力势。因此，上述公式可简化为：$\psi_w = \psi_s + \psi_p$。

下面我们通过具体的计算来说明水势、渗透势和压力势在不同溶液中的变化情况，以及植物细胞的渗透作用及其水势和水势组成的变化情况。

首先，假定 25℃温度下有一个装满纯水的敞口烧杯。由于水与大气相通，故纯水的压力势为 0 MPa（$\psi_p = 0$ MPa）；另外，纯水中无溶质存在，故渗透势为 0 MPa（$\psi_s = 0$ MPa）。因此，纯水的水势为 0 MPa（$\psi_w = \psi_s + \psi_p = 0$ MPa + 0 MPa = 0 MPa）（图 5-3）。

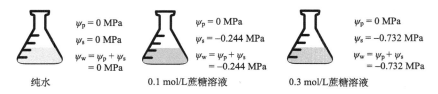

图 5-3　纯水、0.1 mol/L 蔗糖溶液和 0.3 mol/L 蔗糖溶液的水势及其组成

现在设想在水中溶解蔗糖，并使蔗糖浓度达到 0.1 mol/L。蔗糖分子的加入，降低了溶液的渗透势，根据公式 $\psi_s = -icRT$，我们能够计算出加入蔗糖后溶液的渗透势由原来的 0 MPa 降低到 -0.244 MPa。由于与大气相通，故压力势为 0 MPa（$\psi_p = 0$ MPa），因而 0.1 mol/L 蔗糖溶液的水势为 -0.244 MPa（图 5-3）。

当蔗糖浓度达到 0.3 mol/L 时，同理我们也可以计算出其水势为 -0.732 MPa（图 5-3）。

接下来考虑一个"萎蔫"（wilted）的植物细胞（无膨压的细胞），如假定其内部总溶液浓度为 0.3 mol/L，则可以产生 -0.732 MPa 的渗透压。由于细胞是松弛的，内部压力与环境气压相同，所以细胞内的压力势为 0 MPa。此时细胞的水势（图 5-4）为

$$\psi_w = \psi_s + \psi_p = -0.732 \text{ MPa} + 0 \text{ MPa} = -0.732 \text{ MPa}$$

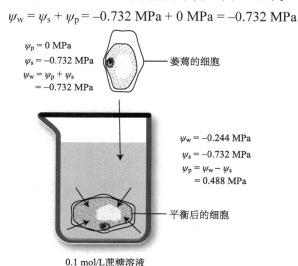

图 5-4　把一个萎蔫的细胞放入 0.1 mol/L 蔗糖溶液前后其水势及组成的变化情况

如果将该细胞放入盛有 0.1 mol/L 蔗糖溶液的烧杯中将会发生什么现象呢？由于烧杯中蔗糖溶液的水势比细胞的水势高，水分从水势高处流向水势低处，因此，水分将从蔗糖溶液进入细胞内。

植物细胞外包裹着相对刚性的细胞壁，细胞体积稍有增加就会导致细胞内膨压的剧增。随着水分进入细胞，原生质体膨胀，细胞壁被不断拉伸。拉伸的细胞壁通过对细胞产生压力来抵制这种拉伸。细胞的压力势或膨压增加，因此，细胞的水势也相应增加，细胞内外的水势差（$\Delta\psi_w$）逐渐减少。最终，细胞的 ψ_p 增加到使细胞的 ψ_w 与蔗糖溶液的 ψ_w 相等，达到平衡（$\Delta\psi_w = 0$ MPa），水分的净运动也随之停止。

由于烧杯的体积远远大于细胞的体积，细胞从烧杯中吸收的水分量很少，对烧杯中蔗糖溶液的密度影响可以忽略不计，也就是说，蔗糖溶液的 ψ_w、ψ_s、ψ_p 没有发生变化，因而在平衡状态下，蔗糖溶液的 ψ_w 和细胞的 ψ_w 均为–0.244 MPa，即在平衡状态下，$\psi_{w(cell)} = \psi_{w(solution)} = -0.244$ MPa。

要计算达到平衡状态时细胞的 ψ_s 和 ψ_p，就需要知道细胞体积的改变量。然而，如果我们假定细胞的细胞壁具有很强的刚性，那么吸水时细胞体积的增加量是很小的，这样我们就可以认为，在达到水分平衡的过程中，细胞的 ψ_s 没有变化。根据 $\psi_w = \psi_s + \psi_p$ 的公式，我们就可以计算出平衡状态时细胞的压力势为：$\psi_p = \psi_w - \psi_s = -0.244$ MPa $- (-0.732$ MPa$) = 0.488$ MPa（图 5-4）。

水分也可以通过渗透作用流出细胞。在上述的例子中，如果我们接着把植物细胞从 0.1 mol/L 的蔗糖溶液放入到 0.3 mol/L 的蔗糖溶液中，由于 0.3 mol/L 蔗糖溶液的水势（$\psi_w = -0.732$ MPa）比细胞水势（$\psi_w = -0.244$ MPa）小得多，故水分将从膨胀的细胞中流向 0.3 mol/L 蔗糖溶液。细胞失水后，细胞体积缩小，则 ψ_p 和 ψ_w 也随之减少，直到 $\psi_{w(cell)} = \psi_{w(solution)}$ 时达到平衡状态，细胞内外的水势差为零，即 $\Delta\psi_w = 0$ MPa。由于从细胞流到细胞外溶液的水量很少，可以忽略不计，可以认为，在平衡状态下，蔗糖溶液的 ψ_w 和细胞的 ψ_w 均为–0.732 MPa，即在平衡状态下，$\psi_{w(cell)} = \psi_{w(solution)} = -0.732$ MPa。水分运动达到平衡时，细胞的压力势变为 $\psi_p = 0$ MPa。根据 $\psi_w = \psi_s + \psi_p$ 的公式，我们就可以计算出平衡状态时细胞的渗透势为：$\psi_s = \psi_w - \psi_p = -0.732$ MPa $- 0$ MPa $= -0.732$ MPa（图 5-5）。

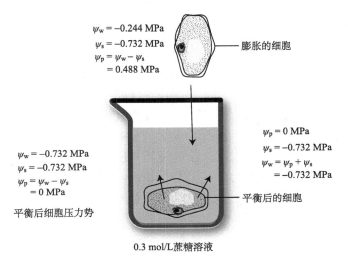

图 5-5　把一个细胞从 0.1 mol/L 蔗糖溶液放入 0.3 mol/L 蔗糖溶液前后的水势及其组成的变化情况

当我们用两块玻璃板缓慢挤压膨胀的细胞,可以有效地提高细胞的 ψ_p,增加细胞的水势,产生一个细胞内外的水势差 $\Delta\psi_w$,促进水分流出细胞。这就类似工业上的反渗透法,即利用外加的压力使水分透过半透膜,实现水分与溶质的分离。如果继续挤压,直到细胞中一半的水分被挤压出来,然后维持细胞处于这种状态,则细胞中的水分将会达到新的平衡。达到平衡状态时,细胞内外的水势差为零,即 $\Delta\psi_w = 0$ MPa。由于从细胞流到细胞外溶液的水量很少,可以忽略不计,可以认为蔗糖溶液的 ψ_w 和细胞的 ψ_w 均为−0.244 MPa,即在平衡状态下,$\psi_{w(cell)} = \psi_{w(solution)} = -0.244$ MPa。由于有一半的水分被挤出细胞,因而细胞溶液的浓度增大了 1 倍,导致细胞的 ψ_s 变为−1.464 MPa(−0.732 MPa × 2 = −1.464 MPa)。知道了 ψ_w 和 ψ_s,利用 $\psi_w = \psi_s + \psi_p$ 的公式,我们就可以计算出平衡状态时细胞的压力势为:$\psi_p = \psi_w - \psi_s = -0.244$ MPa − (−1.464 MPa) = 1.22 MPa(图 5-6)。

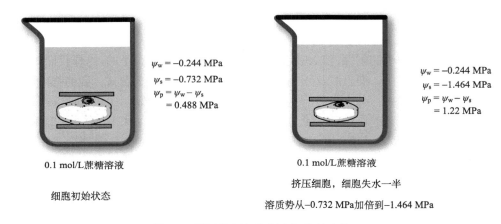

$$\psi_w = -0.244 \text{ MPa}$$
$$\psi_s = -0.732 \text{ MPa}$$
$$\psi_p = \psi_w - \psi_s = 0.488 \text{ MPa}$$

0.1 mol/L蔗糖溶液

细胞初始状态

$$\psi_w = -0.244 \text{ MPa}$$
$$\psi_s = -1.464 \text{ MPa}$$
$$\psi_p = \psi_w - \psi_s = 1.22 \text{ MPa}$$

0.1 mol/L蔗糖溶液

挤压细胞,细胞失水一半

溶质势从−0.732 MPa加倍到−1.464 MPa

图 5-6　通过挤压细胞提高细胞的水势

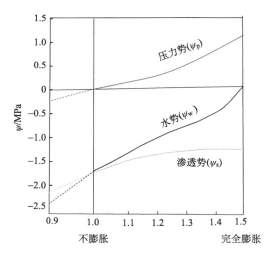

图 5-7　细胞水势(ψ_w)、渗透势(ψ_s)和压力势(ψ_p)与细胞相对体积变化之间的关系

从上面的论述和计算可以看出,细胞含水量不同,细胞体积会发生变化,渗透势和压力势也随着发生改变。现以图 5-7 说明细胞水势、渗透势和压力势随细胞相对体积变化的情况。

在细胞初始质壁分离时(相对体积=1.0),压力势力为零,细胞的水势等于渗透势,两者都呈最小值(约−2.0 MPa)。当细胞吸水、体积增大时,细胞液稀释,渗透势、压力势增大,水势也增大。当细胞吸水达到饱和时(相对体积 = 1.5),渗透势与压力势的绝对值相等(约 1.5 MPa),但符号相反,水势便为零,不再吸水。蒸腾剧烈时,细胞虽然失水,体积缩小,但并不产生质壁分离,压力势就变为负值,水势低于渗透势。

当细胞体积的减少在 5% 以内时,压力势急剧下降,然而渗透势变化很小。当细胞相对体积减少到 0.9 以下时，情况正好相反，水势的变化主要由渗透势下降引起，而压力势的变化很少。

五、细胞间的水分移动

细胞在纯水或溶液中的水分交换过程是从水势高处流向水势低处。那么，细胞之间的水分流动方向又取决于什么呢？相邻两细胞的水分移动方向，取决于两细胞间的水势差异，水势高的细胞中的水分向水势低的细胞流动。如图 5-8 所示，虽然细胞 X 的渗透势（–1.4 MPa）低于细胞 Y 的渗透势（–1.2 MPa），

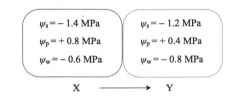

图 5-8 两个相邻细胞之间水分移动的图解

但两者的压力势不同，导致前者的水势（–0.6 MPa）高于后者的水势（–0.8 MPa），所以细胞 X 的水分流向细胞 Y。

当有多个细胞连在一起时，如果一端的细胞水势较高，另一端水势较低，顺次下降，就形成一个水势梯度（water potential gradient），水分便从水势高的一端流向水势低的一端。植物体内组织和器官之间的水分流动方向就是依据这个规律。

第三节 植物根系对水分的吸收

在根尖中，根毛区的吸水能力最强，根冠、分生区和伸长区吸水能力较弱。后三个部分吸水能力较弱，与其细胞质浓厚、输导组织不发达、对水分移动阻力大等因素有关。根毛区有许多根毛，增大了吸收面积；同时根毛细胞壁的外部由果胶质组成，黏性强，亲水性也强，有利于与土壤颗粒黏着和吸水；而且根毛区的输导组织发达，对水分移动的阻力小，所以根毛区吸水能力最强。测定南瓜根不同部位吸收水分的速率，结果见图 5-9。从图中可以看出，根尖吸收水分最快，根的吸水主要在根尖进行。

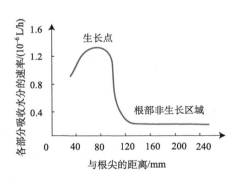

图 5-9 南瓜根不同位置吸收水的速率

一、根系吸水的途径

根系吸水的途径有三条（图 5-10），即质外体途径、跨膜途径和共质体途径。质外体途径（apoplast pathway）是指水分通过细胞壁、细胞间隙而没有通过细胞质移动，这种移动方式速度快。跨膜途径（transmembrane pathway）是指水分从一个细胞移动到另一个细胞，要两次通过质膜，还要通过液泡膜，故称跨膜途径。共质体途径（symplast pathway）是指水分从一个细胞的细胞质经过胞间连丝，移动到另一个细胞的细胞质，形成一个细胞质的连续体，移动速度较慢。共质体途径和跨膜途径统称为细胞途径（cellular pathway）。这三条途径共同作用，使根部吸收水分。

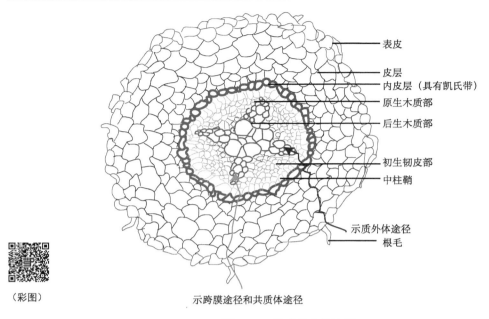

表皮
皮层
内皮层（具有凯氏带）
原生木质部
后生木质部
初生韧皮部
中柱鞘
示质外体途径
根毛

示跨膜途径和共质体途径

图 5-10　根系吸水的途径

水分可通过质外体途径、跨膜途径和共质体途径通过皮层。在共质体途径中，水分通过胞间连丝而不需要跨膜就可在细胞之间流动。在跨膜途径中，水分跨过质膜，从一个细胞移动到另一个细胞，并在细胞壁间隙短暂停留。在质外体途径，水分通过细胞壁、细胞间隙而没有通过细胞质。在内皮层，水分通过质外体途径的运输被凯氏带阻断。因此，凯氏带阻断了质外体途径的连续性，迫使水分和溶液通过共质体途径穿过内皮层

二、根系吸水的动力

根系吸水有两种动力：根压（root pressure）和蒸腾拉力（transpirrationnal pull），后者较为重要。

由于水势梯度引起水分进入中柱后产生的压力称为根压。从植物茎的基部把茎切断，由于根压作用，切口不久即流出液滴。从受伤或折断的植物组织溢出液体的现象，称为伤流（bleeding）；流出的汁液称为伤流液（bleeding sap）。

根压把根部的水分压到地上部，土壤中的水分便不断补充到根部，这就形成根系吸水过程。各种植物的根压大小不同，大多数植物的根压为 0.05～0.5 MPa。

从未受伤叶片尖端或边缘向外溢出液滴的现象，称为吐水（guttation）。吐水也是由根压所引起的。

叶片蒸腾时，气孔下腔附近的叶肉细胞因蒸腾失水而水势下降，所以从旁边细胞吸收水分。同理，旁边细胞又从另一个细胞吸收水分，如此下去，便从导管吸收水分，最后根部就从环境吸收水分，这种吸水的能力完全是由蒸腾拉力所引起的，是由枝叶形成的力量传到根部而引起的被动吸水。

根压和蒸腾拉力在根系吸水过程中所占的比重，因植株蒸腾速率而异。通常蒸腾强的植物，吸水主要是由蒸腾拉力引起的。只有春季叶片未展开时，蒸腾速率很低的植株，根压才成为主要吸水动力。

三、影响根系吸水的土壤条件

土壤中的水分对植物来说，并不是都能被利用的。土壤通气不良之所以会使根系吸水量减少，是因为土壤缺氧和二氧化碳浓度过高，短期内可使细胞呼吸减弱，继而阻碍吸水；时间较长，就形成无氧呼吸，产生和累积较多乙醇，根系中毒受伤，吸水更少。作物受涝，反而表现出缺水现象，也是因为土壤空气不足，影响吸水。在水淹的情况下，细胞膜上的水通道蛋白可以关闭，阻止水分进入细胞。

低温能降低根系的吸水速率，其原因是：低温时，水分本身的黏性增大，扩散速率降低；细胞质黏性增大，水分不易通过细胞质；呼吸作用减弱，影响吸水；根系生长缓慢，有碍吸水表面的增加。

土壤温度过高对根系吸水也不利。高温加速根的老化过程，使根的木质化部位几乎达到尖端，吸收面积减少，吸收速率也下降。同时，温度过高使酶钝化，也影响到根系主动吸水。

土壤溶液浓度可以影响植物根系对水分的吸收。如果土壤的水势高于细胞的水势，细胞可以吸水；如果土壤溶液浓度高，水势很低，作物吸水困难。所以施肥不能过量，以免造成植物根系吸水困难，产生"烧苗"现象。

第四节 蒸 腾 作 用

陆生植物吸收的水分一小部分（1%～5%）用于代谢，绝大部分散失到体外去。水分从植物体中散失到外界的方式有两种：以液体和气体状态散失到体外。以液体散失到体外的方式有吐水和伤流；以气体状态散失到体外就是蒸腾。蒸腾是主要的散失水分方式。蒸腾作用（transpiration）是指水分以气体状态，通过植物体的表面（主要是叶片），从体内散失到体外的现象。

一、蒸腾作用的生理意义

蒸腾作用是植物对水分吸收和运输的主要动力，特别是高大的植物，假如没有蒸腾作用，由蒸腾拉力引起的吸水过程便不能产生，植株较高部分也无法获得水分。矿物质和有机质要溶于水中才能被植物吸收并在体内运转，而蒸腾作用又是水分吸收和流动的动力。所以，蒸腾作用对矿物质和有机物质的吸收，以及这两类物质在植物体内的运输都是有帮助的。

蒸腾作用能够降低叶片的温度。太阳光照射到叶片上时，大部分光能转变为热能，如果叶片没有降温机制，叶温过高，叶片会被灼伤。而在蒸腾过程中，液态水变为水蒸气时需要吸收热量（1 g 水变成水蒸气需要吸收的能量，在 20℃时是 2444.9 J，30℃时是 2430.2 J），因此，蒸腾能够降低叶片的温度。

二、蒸腾作用发生的部位

水分是通过植物哪些部位蒸腾出去的呢？当植物幼小的时候，暴露在空气中的全部表面都能蒸腾。植物长大后，茎部的周皮形成木栓，这时茎上的皮孔可以蒸腾，这种通过皮孔的蒸腾称为皮孔蒸腾（lenticular transpiration）。但是皮孔蒸腾的量非常微小，约占全部蒸腾的0.1%。植物的蒸腾作用绝大部分是在叶片上进行的。

　　叶片的蒸腾作用有两种方式：通过角质层的蒸腾和通过气孔的蒸腾。通过角质层的蒸腾称为角质蒸腾（cuticular transpiration）；通过气孔的蒸腾就是气孔蒸腾（stomatal transpiration）。角质本身不易使水通过，但角质层中间夹杂有吸水能力大的果胶质；同时，角质层也有裂隙，可使水分通过。角质蒸腾在叶片蒸腾中所占的比重与角质层的厚薄有关，一般植物成熟叶片的角质蒸腾仅占总蒸腾量的 5%～10%。因此，气孔蒸腾是植物蒸腾作用的最主要形式。水分从木质部到达叶肉细胞的细胞壁，通过细胞壁蒸发到细胞间隙中。随后水汽通过叶片的空隙或气孔扩散到大气中。CO_2 沿着浓度梯度（内部低，外部高）的方向扩散进入叶片（图 5-11）。

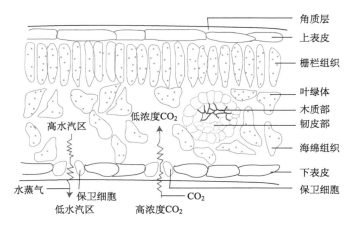

图 5-11　水分通过叶片的途径

三、蒸腾作用的指标

　　衡量蒸腾作用强弱的常用指标主要有蒸腾速率、蒸腾效率和蒸腾系数等。

　　蒸腾速率（transpiration rate）又称为蒸腾强度或蒸腾率，是指植物在一定时间内单位叶面积蒸腾的水量，一般用每小时每平方米叶面积蒸腾水量的克数表示[g/（m^2·h）]。通常白天的蒸腾速率是 15～250 g/（m^2·h），夜间是 1～20 g/（m^2·h）。由于叶面积测定有困难，也可用 100 g 鲜重叶每小时蒸腾失水的克数来表示。

　　蒸腾效率（transpiration efficiency）是植物在一定生长期内积累的干物质与蒸腾失水量的比值，一般用 g/kg 表示，即植物消耗 1 kg 水形成干物质的克数。这一比值越大，表明消耗一定量的水所制造积累的干物质越多，水的利用越经济。一般野生植物的蒸腾效率是 1～8 g/kg，大部分农作物蒸腾效率是 2～10 g/kg。

　　蒸腾系数（transpiration coefficient）或需水量（water requirement）是指植物制造累积 1 g 干物质蒸腾消耗水分的克数，是蒸腾效率的倒数。蒸腾系数越大，利用水分的效率越低。一般野生植物的蒸腾系数是 125～1000。木本植物的蒸腾系数比较低，白蜡树约 85，松树约 40，草本植物的蒸腾系数比较高，大部分栽培作物的蒸腾系数是 100～500。植物在不同生育期的蒸腾系数是不同的。在旺盛生长期，干重增加较快，所以蒸腾系数较小；生长较慢时，蒸腾系数就较大。

四、气孔蒸腾

气孔是蒸腾过程中水蒸气从体内排到体外的主要出口，也是光合作用和呼吸作用与外界气体交换的"大门"，影响着蒸腾、光合、呼吸等作用。双子叶植物的保卫细胞一般呈肾形；而单子叶植物尤其是禾本科植物的保卫细胞一般呈哑铃形。双子叶植物和单子叶植物打开的气孔及关闭的气孔如图 5-12 所示。

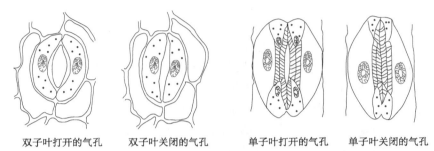

双子叶打开的气孔　　双子叶关闭的气孔　　单子叶打开的气孔　　单子叶关闭的气孔

图 5-12　双子叶植物和单子叶植物打开的气孔及关闭的气孔

气孔是会运动的。一般来说，气孔在白天开放，晚上关闭。气孔之所以能够运动，与保卫细胞的结构特点有关。保卫细胞的细胞壁厚度不同，加上纤维素微纤丝（cellulose microfibril）与细胞壁相连，所以会导致气孔运动。双子叶植物的肾形保卫细胞的内壁（靠气孔一侧）厚而外壁薄，微纤丝从气孔呈扇形辐射排列。当保卫细胞吸水膨胀时，较薄的外壁易于伸长，向外扩展，但微纤丝难以伸长，于是将力量作用于内壁，把内壁拉过来，气孔张开。禾本科植物的哑铃形保卫细胞中间部分的细胞壁厚，两头薄，微纤丝径向排列。当保卫细胞吸水膨胀时，微纤丝限制两端细胞壁纵向伸长，而改为横向膨大，这样就将两个保卫细胞的中部推开，于是气孔张开。微纤丝在肾形保卫细胞和哑铃形保卫细胞中的排列情况如图 5-13 所示。

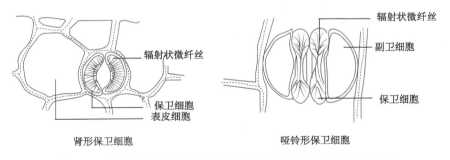

肾形保卫细胞　　　　　　　　　　　　　哑铃形保卫细胞

图 5-13　微纤丝在肾形保卫细胞和哑铃形保卫细胞中的排列情况

五、气孔运动机制

气孔运动是受保卫细胞的水势调控的。目前关于气孔运动（stomatal movement）的机制有三种：淀粉-糖互变（starch-sugar interconversion）、钾离子吸收（potassium ion uptake）和苹果酸生成（malate production）。三者的本质都是渗透调节保卫细胞的开关。

1. 淀粉-糖互变　　　淀粉-糖互变是 20 世纪初提出的观点。科学家认为保卫细胞在光照下进行光合作用，消耗 CO_2，细胞质内的 pH 增高（pH 6.1～7.3），促使淀粉磷酸化酶（starch phosphorylase）水解淀粉为可溶性糖，保卫细胞的水势下降，表皮细胞或副卫细胞的水分便进入保卫细胞，气孔张开。在黑暗中则相反，呼吸产生的 CO_2 使保卫细胞的 pH 下降（pH 2.9～6.1），淀粉磷酸化酶把可溶性糖转变为淀粉，水势升高，水分就从保卫细胞流向表皮细胞或副卫细胞，气孔便关闭。

2. 钾离子吸收　　　20 世纪 60 年代末，科学家发现气孔运动与保卫细胞中积累 K^+ 有着非常密切的关系。气孔张开时，其保卫细胞的 K^+ 浓度是 400～800 mmol/L；而气孔关闭时，则只有 100 mmol/L，相差几倍。为什么 K^+ 会进入保卫细胞呢？在保卫细胞质膜上有 ATP 质子泵（ATP proton pump），分解由氧化磷酸化或光合磷酸化产生的 ATP，将 H^+ 分泌到保卫细胞外，使得保卫细胞的 pH 升高，同时使保卫细胞的质膜超极化（hyperpolarization）。质膜内侧的电势变得更负，驱动 K^+ 从表皮细胞经过保卫细胞质膜上的 K^+ 通道进入保卫细胞，K^+ 再进入液泡。在 K^+ 进入细胞同时，还伴随着 Cl^- 的进入，以保持保卫细胞的电中性。保卫细胞中积累较多的 K^+ 和 Cl^-，水势降低，水分进入保卫细胞，气孔就张开。

3. 苹果酸生成　　　研究证明保卫细胞积累的 K^+，有 1/2 甚至 2/3 被苹果酸所平衡，以维持电中性。细胞质中的淀粉通过糖酵解作用产生的磷酸烯醇式丙酮酸（phosphoenolpyruvate 或 phosphoenolpyruvic acid，PEP），在 PEP 羧化酶作用下，与 HCO_3^- 作用，形成草酰乙酸，进一步还原为苹果酸进入液泡，降低液泡水势，水分进入保卫细胞使气孔张开。

归纳起来，糖、K^+、Cl^-、苹果酸等进入液泡，使保卫细胞液泡水势下降，吸水膨胀，气孔就开放（图 5-14）。

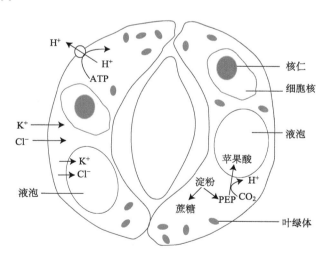

图 5-14　保卫细胞中蔗糖、K^+ 和苹果酸的渗透调节简图

光照是影响气孔运动的主要因素。光照能够促进糖、苹果酸的形成和 K^+、Cl^- 的积累。但是景天科植物等的气孔例外，这些植物气孔是白天关闭、晚上张开。蓝光也会刺激气孔打开。利用鸭跖草叶片为材料，首先用红光照射，使气孔开到近最大水平，然后增加蓝光照射，气孔就继续张开（图 5-15）。目前研究发现，蓝光受体是玉米黄素（zeaxanthin）。玉米黄素（3, 3-二羟基-β-胡萝卜素）亦称玉米黄质，属于异戊二烯类。玉米黄素接受蓝光信号，

激活保卫细胞的质膜上的 H$^+$-ATPase，跨膜泵出的质子所产生的电化学梯度为离子吸收提供动力，推动 K$^+$的吸收，降低保卫细胞内的渗透势，气孔继续张开。外施 3 mmol/L 二硫苏糖醇（dithiothreitol, DTT），可以抑制蓝光诱导的气孔张开，这是由于 DTT 能够阻断玉米黄素的合成。

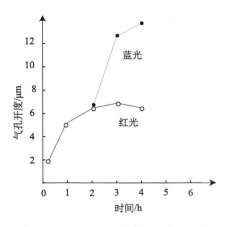

图 5-15　红光和蓝光对鸭跖草气孔开度的影响

温度也影响气孔运动，不过没有光照那么明显。气孔开度一般随温度的上升而增大，在 30℃左右达到最大，35℃以上的高温则会使气孔开度变小。低温（如 10℃）下即使经长时间光照，气孔仍不能很好张开。

二氧化碳对气孔运动的影响显著。低浓度二氧化碳促使气孔张开，高浓度二氧化碳促使气孔迅速关闭，无论光照或黑暗条件下均是如此。

ABA 促使气孔关闭，其原因是：ABA 会增加胞质 Ca^{2+}浓度和胞质溶胶 pH，一方面，抑制保卫细胞质膜上的内向 K$^+$通道蛋白活性，抑制外向 K$^+$通道蛋白活性，促使细胞内 K$^+$浓度降低；另一方面，ABA 活化外向 Cl$^-$通道蛋白，Cl$^-$外流，保卫细胞内 Cl$^-$浓度降低，保卫细胞膨压下降，气孔关闭。

六、影响蒸腾作用的因素

蒸腾作用基本上是一个蒸发过程。越靠近气孔下腔（substomatal cavity）的叶肉细胞，细胞壁就越湿润，细胞壁的水分变成水蒸气，因此，气孔下腔内基本上是由饱和水蒸气所充满，它经过气孔扩散到叶面的扩散层，再由扩散层扩散到空气中。这就是气孔蒸腾扩散的过程。

蒸腾速率取决于水蒸气向外的扩散力和扩散途径的阻力。叶内（即气孔下腔）和外界之间的蒸气压差（即蒸气压梯度，vapor pressure gradient）制约着蒸腾速率。蒸气压差大时，水蒸气向外扩散力量大，蒸腾速率快；反之就慢。气孔阻力包括气孔下腔和气孔的形状、体积，也包括气孔的开度，其中以气孔开度为主。

影响蒸腾作用的外界条件有光照、空气相对湿度、温度、风等。光照是影响蒸腾作用的最主要外界条件，它不仅可以提高大气的温度，而且也能提高叶温，一般叶温比气温高 2～10℃。

空气相对湿度和蒸腾速率有密切的关系。在靠近气孔下腔的叶肉细胞，细胞壁表面水分不断转变为水蒸气，所以气孔下腔的相对湿度高于空气湿度，保证了蒸腾作用顺利进行。

温度对蒸腾速率影响很大。当相对湿度相同时，温度越高，蒸腾速率越高。

风对蒸腾作用的影响比较复杂。微风促进蒸腾，因为风能将气孔外边的水蒸气吹走，补充一些相对湿度较低的空气，扩散层变薄或消失，外部扩散阻力减小，蒸腾就加快。

影响蒸腾作用的内部条件有气孔密度、叶面积大小等。气孔和气孔下腔都直接影响蒸腾速率。气孔频度（stomatal frequency）（每平方厘米叶片的气孔数）和气孔大小直接影响内部阻力。在一定范围内，气孔频度高且气孔大时，蒸腾较强；反之，则蒸腾较弱。

叶片内部面积大小也影响蒸腾速率。因为叶片内部面积增大，细胞壁的水分变成水蒸气的面积就增大，细胞间隙充满水蒸气，叶内外蒸气压差大，有利于蒸腾。

第五节　植物体内水分的运输

　　水分从被植物吸收至蒸腾到体外，大致需要经过下列途径：首先水分从土壤溶液进入根部，通过皮层薄壁细胞进入木质部的导管和管胞中；然后水分沿着木质部向上运输到茎或叶的木质部；接着，水分从叶片木质部末端细胞进入气孔下腔附近的叶肉细胞细胞壁的蒸发部位；最后，水蒸气通过气孔蒸发出去。

一、水分运输的途径

　　水分在茎、叶细胞内的运输可以经过死细胞，也可以经过活细胞。

　　1. 经过死细胞　　导管和管胞都是中空无原生质体的长形死细胞，细胞与细胞之间有孔，特别是导管细胞的横壁几乎消失殆尽，对水分运输的阻力很小，适于长距离的运输。裸子植物的水分运输途径是管胞，被子植物是导管和管胞。当导管和管胞中充满空气，形成气穴时，水分的运输会转变方向。导管和管胞构成的水分运输途径如图 5-16 所示。

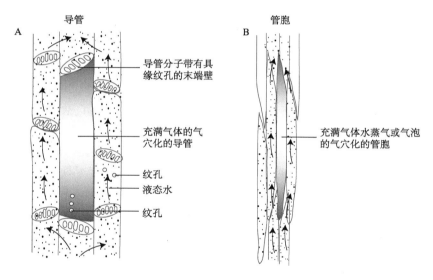

图 5-16　导管和管胞构成的水分运输途径

导管（A）和管胞（B）构成了一系列平行的、相互连接的水分运输途径。箭头表示水分的运输方向

　　气穴现象是指由于管道中充有气体（气栓）而阻断了水的移动。由于木质部导管通过在次生壁开孔（具缘纹孔）相互连接，水可以绕过被阻断的导管，通过相邻的导管分子运输。纹孔膜上的小孔有助于防止栓塞在木质部管道中扩散。因此，在图 5-16A 中有一个含有气体的气穴化的导管。在自然界中导管可以很长（长达数米），由许多导管分子组成。

　　2. 经过活细胞　　水分由叶脉木质部末端到达气孔下腔附近的叶肉细胞是经过活细胞。这部分在植物内的长度不过几毫米，距离很短，但因细胞内有原生质体，加上以渗透方式运输，所以阻力很大，不适于长距离运输。没有真正输导系统的植物（如苔藓和地衣）不能长得很高。在进化过程中出现了管胞（蕨类植物和裸子植物）和导管（被子植物），才有可能出现高达几米甚至几百米的植物。

二、水分运输的速度

活细胞原生质体对水流移动的阻力很大，因为原生质体是由许多亲水物质组成，都具水合膜，当水分流过时，原生质体把水分吸住，保持在水合膜上，水流便遇到阻力。实验表明，在 0.1 MPa 条件下，水流经过原生质体的速度只有 10^{-3} cm/h。

水分在木质部中运输的速度比在薄壁细胞中快得多，为 3～45 cm/h，具体速度根据植物输导组织隔膜大小而定。具环孔材的树木的导管较大且较长，水流速度为 20～40 cm/h，甚至更快；具散孔材的树木的导管较短，水流速度慢，只有 1～6 cm/h；而裸子植物只有管胞，没有导管，水流速度更慢，还不到 0.6 cm/h。

三、水分沿导管或管胞上升的动力

前面已经讲过，根压能使水分沿导管上升，但根压一般不超 0.2 MPa，而 0.2 MPa 也只能使水分上升 20.4 m。许多树木的高度远比这个数值大得多，同时蒸腾旺盛时根压很小，所以高大乔木水分上升的主要动力不是根压。

一般情况下，蒸腾拉力才是水分上升的主要动力。蒸腾拉力要使水分在茎内上升，导管的水分必须形成连续的水柱。如果水柱中断，蒸腾拉力便无法把下部的水分拉上去。那么，导管的水柱能否保证不断呢？

相同分子之间有相互吸引的力量，称为内聚力（cohesive force）。水分子的内聚力很大，据测定，植物细胞中水分子的内聚力竟达 20 MPa 以上。叶片蒸腾失水后，便从下部吸水，所以水柱一端总是受到拉力；与此同时，水柱本身的重量又使水柱下降，这样上拉下坠使水柱产生张力（tension）。木质部水柱张力为 0.5～3.0 MPa。具体来说，草本植物的水柱张力是 0.5～0.15 MPa，灌木是 0.7～0.8 MPa，高大树木是 2～3 MPa。水分子内聚力比水柱张力大，故可使水柱不断。

这种认为水分具有较大的内聚力且足以抵抗张力，从而保证由叶至根水柱不断，是水分上升原因的学说，称为内聚力学说（cohesion theory），亦称蒸腾-内聚力-张力学说（transpiration-cohesion-tension theory），它是由爱尔兰人 H. H. Dixon 提出的。对该学说近几十年来争论较多，争论焦点有两个方面：一方面是水分上升是不是也有活细胞参与？有人认为导管和管胞周围的活细胞对水分上升也起作用，但是更多的研究指出，茎部局部死亡（如用毒物杀死或烫死）后，水分照样能运到叶片；另一方面是木质部里有气泡，水柱不可能连续，为什么水分还能继续上升？

但是有更多的试验支持这个学说。支持者认为，水分子与水分子之间具有内聚力，水分子与细胞壁分子之间又具有强大的附着力（adhesion force），所以水柱中断的机会很小。而且，在张力的作用下，植物体内所产生的连续水柱，除了在导管腔（或管胞腔）之外，也存在于其他空隙（如细胞壁的微孔）里。

第六节　合理灌溉的生理学基础

我国人均水资源量约为世界人均水资源量的 1/4，而且时空分布不均匀，因此要合理灌溉，以提高农业产量。灌溉的基本任务是用最少量的水取得最高的产量。要实现合理灌溉，就要深入了解合理灌溉增产的原理、作物的需水规律、合理灌溉的指标及灌溉的方法等知识。

一、合理灌溉增产的原因

合理灌溉可改善作物各种生理作用，还能改变栽培环境（特别是土壤条件），间接地对作物产生影响，从而提高产量。例如，早稻秧田在寒潮来临前深灌，可起到保温防寒作用；在盐碱田地灌溉，还有洗盐和压制盐分上升的功能；旱田施肥后灌水，可起溶肥作用。

二、作物的需水规律

作物需水量因作物种类而异：大豆和水稻的需水量较多，小麦和甘蔗次之，高粱和玉米最少。以生产等量干物质而言，需水量小的作物比需水量大的作物所需水分少；或者在水分较少时，尚能制造较多的干物质，因而受干旱影响较小。就利用等量水分所产生的干物质而言，C4 植物比 C3 植物多 1～2 倍。

同一作物在不同生长发育时期对水分的需要量也有很大的差别。作物的蒸腾面积不断增大，个体不断长大，需要的水分相对增多，同时，作物本身生理特征不断改变，对水分的需要量也有所不同。

现以小麦为例，分析作物在不同生长发育时期对水分的需要情况。

第一个时期是从萌芽到分蘖前期。这个时期主要进行营养生长，根系发育得很快，叶面积比较小，植株耗水量不大。

第二个时期是从分蘖末期到抽穗期。这时茎、叶和穗开始迅速发育，小穗（spikelet）分化，叶面积增大，消耗水量最多。该时期植株代谢强烈，如果缺水，小穗分化不佳（特别是雄性生殖器官发育受阻）或畸形发育，茎的生长受阻，结果是植株矮小，产量减低。因此，这个时期是植物对水分不足特别敏感的时期，称为第一个水分临界期（critical period of water），也可以通俗地称之为关键时期。这个临界期，严格来说就是孕穗期（booting stage），也就是从四分体到花粉粒形成的过程。

第三个时期是从抽穗到开始灌浆。这时叶面积的增长基本结束，主要进行受精和种子胚胎生长。如水分不足，上部叶片因蒸腾强烈，开始从下部叶片和花器官抽取水分，引起结实数目减少，导致减产。

第四个时期是从开始灌浆到乳熟末期。这个时期营养物质从母体各处运到籽粒。物质运输与植株水分状况有关。这个时期如果缺水，有机物质液流运输变慢，造成灌浆困难，籽粒瘦小，产量降低；同时，也影响旗叶的光合速率和缩短旗叶的寿命，进一步减少有机物质的制造。所以，这个时期是第二个水分临界期。

第五个时期是从乳熟末期到完熟期。此时，种子失去大部分水分，植株逐渐枯萎，不需要供给水分。

三、合理灌溉的指标

作物栽培的过程中，要从作物外形来判断它的需水情况。作物的外部性状可称为灌溉形态指标。一般来说，缺水时，幼嫩的茎叶就会凋萎（水分供应不上）；叶、茎颜色暗绿（可能是细胞生长缓慢，细胞累积叶绿素）或变红（干旱时，糖类的分解大于合成，细胞中积累较多可溶性糖，就会形成较多花色素）；生长速率下降（代谢减慢，生长也慢）。

四、灌溉的方法

作物的灌溉方法通常采用的是沟渠排灌法。但近年来，人们又较广泛地应用了喷灌（sprinkling irrigation）和滴灌（drip irrigation）技术。喷灌技术是指利用喷灌设备将水喷到作物的上空成雾状，再降落到作物或土壤中。而滴灌技术是指在地下或土表装上管道网络，让水分定时、定量地流出到作物根系的附近。上述两种方法都可以更有效地节约和利用水分，同时使作物能及时地得到水分。

复习思考题

1. 根据查阅"Web of Science"、"PubMed"及"中国知网 CNKI"的结果，请说明近 3～5 年来植物水分生理研究有哪些研究热点和研究进展？同时根据自己的兴趣和所掌握的知识，撰写一篇相关的研究进展小综述。

2. 为什么干旱时不宜给植物施肥？

3. 合理灌溉在节水农业中意义如何？如何才能做到合理灌溉？

4. 土壤里的水从植物的哪部分进入植物，又从哪部分离开植物，其间的通道如何？动力如何？

5. 为什么夏季晴天中午不能用井水浇灌作物？

6. 为什么夏季土壤灌水最好在早晨或傍晚进行？

7. 为什么在植物移栽时，要剪掉一部分叶子，根部还要带土？

8. 夏季中午植物为什么经常出现萎蔫现象？

9. 在农业生产上对农作物进行合理灌溉的依据有哪些？

第六章　　　　　　　　　**植物的矿质营养**

研究植物对矿质吸收、转运和同化的科学称为矿质营养学（mineral nutrition）。
本章的思维导图如下：

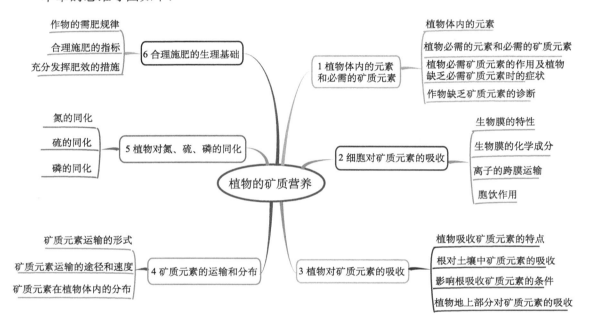

第一节　植物体内的元素和必需的矿质元素

植物体中含有各种元素，不同元素在植物体内起不同作用，有的元素是生命活动过程必需的。

一、植物体内的元素

把植物烘干、充分燃烧，在燃烧的过程中，植物体中的碳、氢、氧、氮等元素以二氧化碳、水、分子态氮和氮的氧化物等形式散到空气中，余下一些不能挥发的残烬，称为灰分（ash）。构成灰分的元素被称为灰分元素（ash element）。灰分元素直接或间接来自土壤矿质，故灰分元素亦称为矿质元素（mineral element）。矿质元素以氧化物形式存在于灰分中。

氮在燃烧过程中散失而不存在于灰分中，所以氮不是灰分元素。但是，氮和灰分元素一样，都是植物从土壤中吸收，而且氮通常是以硝酸盐（NO_3^-）和铵盐（NH_4^+）的形式被吸收，所以氮也属于矿质元素。

一般来说，植物体中含有 5%～90% 的干物质、10%～95% 的水分，而干物质中有机化合物超过 90%，无机化合物不足 10%。

二、植物必需的元素和必需的矿质元素

研究植物必需的元素时，可在人工配成的混合营养液中除去某种元素，观察植物的生长发育和生理性状变化。如果植物发育正常，就表示这种元素是植物不需要的；如果植物发育不正常，但补充该元素后又恢复正常状态，即可断定该元素是植物必需的。因此，植物的必需元素（essential element）被定义为：植物结构或新陈代谢中的基本组分，缺失时能引起严重的植物生长、发育或生殖异样。如果将这些必需元素、水和光能提供给植物，植物就能够合成它们正常生长所需的所有化合物。

研究植物必需的元素时，经常采用溶液培养法和砂基培养法。溶液培养法（solution culture method）亦称水培法（water culture method），是在含有全部或部分营养元素的溶液中栽培植物的方法。砂基培养法（砂培法）（sand culture method）是在洗净的石英砂或玻璃球等中，加入含有全部或部分营养元素的溶液来栽培植物的方法。

借助于溶液培养法或砂基培养法已经证明：植物对来自水或二氧化碳的碳、氧、氢 3 种元素，以及来自土壤的氮、钾、钙、镁、磷、硫、硅 7 种元素，需要量相对较大，这些元素称为大量元素（macroelement）或大量营养（macronutrient）；其余的氯、铁、硼、锰、钠、锌、铜、镍和钼共 9 种元素也来自土壤，但植物对它们的需要量极微，稍多即发生毒害，故称为微量元素（microelement）或微量营养（micronutrient）（表 6-1）。在上述元素中，除来自水和二氧化碳中的碳、氧、氢为非矿质元素外，其余的 16 种均为植物所必需的矿质元素。

表 6-1　陆生高等植物的必需元素

元素	符号	植物的利用形式	干重/%	含量/(μmol/g 干重)	元素	符号	植物的利用形式	干重/%	含量/(μmol/g 干重)
来自水分和二氧化碳					来自土壤的微量元素				
碳	C	CO_2	45	40 000	氯	Cl	Cl^-	0.01	3.0
氧	O	O_2、H_2O、CO_2	45	30 000	铁	Fe	Fe^{3+}、Fe^{2+}	0.01	2.0
氢	H	H_2O	6	60 000	锰	Mn	Mn^{2+}	0.005	1.0
来自土壤的大量元素					硼	B	H_3BO_3	0.002	2.0
氮	N	NO_3^-、NH_4^+	1.5	1 000	钠	Na	Na^+	0.001	0.4
钾	K	K^+	1.0	250	锌	Zn	Zn^{2+}	0.002	0.3
钙	Ca	Ca^{2+}	0.5	125	铜	Cu	Cu^{2+}	0.000 1	0.1
镁	Mg	Mg^{2+}	0.2	80	镍	Ni	Ni^{2+}	0.000 1	0.002
磷	P	$H_2PO_4^-$、HPO_4^{2-}	0.2	60	钼	Mo	MoO_4^{2-}	0.000 1	0.001
硫	S	SO_4^{2-}	0.1	30					
硅	Si	$Si(OH)_4$	0.1	30					

三、植物必需矿质元素的作用及植物缺乏必需矿质元素时的症状

根据生理生化功能，植物必需矿质元素可以分为下 4 组。各种元素的作用及缺乏时的症

状如下。

（一）第 1 组——组成碳化合物的元素

1. 氮　　　植物吸收的氮素主要是铵态氮和硝态氮，也可以吸收利用有机态氮，如尿素等。氮是氨基酸、酰胺、蛋白质、核酸、核苷酸、辅酶等的组成元素。除此以外，叶绿素、某些植物激素、维生素和生物碱等也含有氮。氮在植物生命活动中占有首要的地位，又称为生命元素。

当氮肥供应充分时，植物叶大而鲜绿，分枝（分蘖）多，营养体健壮，花多，产量高。生产上常施用氮肥加速植物生长。当氮肥过多，植物叶色深绿，营养体徒长，细胞质丰富而壁薄，易受病虫侵害，易倒伏，抗逆能力差，成熟期延迟。然而对叶菜类作物多施一些氮肥，可以提高产量。

缺氮时，植株矮小，叶小色淡（叶绿素含量少）或发红（氮少，用于形成氨基酸的糖类也少，余下较多的糖类形成较多花色素苷，故呈红色），分枝（分蘖）少，花少，籽实不饱满，产量低。

2. 硫　　　植物从土壤中吸收硫酸根离子（SO_4^{2-}）。SO_4^{2-}进入植物体后，一部分保持不变，大部分被还原成硫，进一步同化为半胱氨酸、胱氨酸和甲硫氨酸等。硫也是硫辛酸、辅酶 A、硫胺素焦磷酸、谷胱甘肽、生物素、腺苷酰硫酸和 3-磷酸腺苷等的组成元素。

缺硫的症状似缺氮，包括缺绿、矮化、积累花色素苷等。然而缺硫的缺绿是从成熟叶和嫩叶发起，而缺氮的缺绿则在老叶先出现，因为硫不易再移动到嫩叶，氮则可以。

（二）第 2 组——在能量贮存和结构完整性方面起重要作用的元素

1. 磷　　　磷通常以磷酸盐（HPO_4^{2-} 或 $H_2PO_4^-$）的形式被植物吸收。当磷进入植物体后，大部分成为有机物质，有一部分仍保持无机物形式。磷以磷酸根形式存在于磷酸、核酸、核苷酸、辅酶、磷脂、植酸等中。磷在 ATP 的反应中起关键作用，也在糖类代谢、蛋白质代谢和脂肪代谢中起重要作用。

施磷能促进各种代谢正常进行，植株生长发育良好，同时提高作物的抗寒性及抗旱性，提早成熟。由于磷与糖类、蛋白质和脂肪的代谢及三者相互转变都有关系，所以不论栽培粮食作物、豆类作物还是油料作物都需要磷肥。

缺磷时，蛋白质合成受阻，新的细胞质和细胞核形成较少，影响细胞分裂，生长缓慢，叶小，分枝或分蘖减少，植株矮小；叶色暗绿，可能是细胞生长慢，叶绿素含量相对升高；某些植物（如油菜）叶片有时呈红色或紫色，因为缺磷阻碍了糖分运输，叶片积累大量糖分，有利于花色素苷的形成。缺磷时，开花期和成熟期都延迟，产量降低，抗性减弱。

2. 硅　　　硅是以硅酸（H_4SiO_4）形式被植物体吸收和运输的。硅主要以非结晶水化合物形式（$SiO_2 \cdot nH_2O$）沉积在细胞壁和细胞间隙中，它也可以与多酚类物质形成复合物成为细胞壁加厚的物质，以增加细胞壁刚性和弹性。施用适量的硅可促进作物（如水稻）生长和受精，增加籽粒产量。缺硅时，蒸腾加快，生长受阻，植物易受真菌感染，易倒伏。

3. 硼　　　硼与甘露醇、甘露聚糖、多聚甘露糖醛酸和其他细胞壁成分组成复合体，参与细胞伸长、核酸代谢等。硼对植物生殖过程有影响，植株各器官中硼的含量以花最高，缺硼时，花药和花丝萎缩，绒毡层组织破坏，花粉发育不良。湖北、江苏等地甘蓝型油菜"花而不实"就是植株缺硼之故；黑龙江小麦不结实也是由于缺硼引起的。硼具有抑制酚类化合物形成的作用，所以缺硼时，植株中酚类化合物（如咖啡酸、绿原酸）含量过高，嫩芽和顶芽坏死，丧失顶端优势，分枝多。

（三）第3组——以离子形式存在的元素

1. 钾　　土壤中有 KCl、K_2SO_4 等盐类存在，这些盐在水中解离出钾离子（K^+），进入根。钾在植物中几乎都呈离子状态，部分在细胞质中处于吸附状态。钾主要集中在植物生命活动最活跃的部位，如生长点、幼叶、形成层等。

钾活化呼吸作用和光合作用的酶活性，是 40 多种酶的辅助因子，也是形成细胞膨压和维持细胞内电中性的主要阳离子。

在农业生产上，钾供应充分时，糖类合成加强，纤维素和木质素含量提高，茎秆坚韧，抗倒伏。由于钾能促进糖分转化和运输，使光合产物迅速转运到块茎、块根或种子，促进块茎、块根膨大，种子饱满，故栽培马铃薯、甘薯、甜菜等作物时施用钾肥，增产显著。钾不足时，植株茎秆柔弱易倒伏，抗旱性和抗寒性均差；叶色变黄，逐渐坏死。由于钾能移动到嫩叶，缺绿开始出现在较老的叶，后来发展到植株基部；叶缘枯焦，叶片弯卷或皱缩起来。

2. 钙　　植物从氯化钙等盐类中吸收钙离子。植物体内的钙呈离子状态（Ca^{2+}）。钙主要存在于叶片或老的器官和组织中，它是一个比较不易移动的元素。钙在生物膜中可作为磷脂的磷酸根和蛋白质的羧基间联系的桥梁，因而可以维持膜结构的稳定性。钙是构成细胞壁的一种元素，细胞壁的胞间层是由果胶酸钙（calcium pectate）组成的。

胞质溶胶中的钙与可溶性的蛋白质形成钙调蛋白（calmodulin，CaM）。CaM 和 Ca^{2+} 结合，形成有活性的 $Ca^{2+} \cdot CaM$ 复合体，在代谢调节中起"第二信使"的作用（详见第十一章中第三节的相关内容）。

缺钙时，细胞壁形成受阻，影响细胞分裂，或者不能形成新细胞壁，出现多核细胞。因此，缺钙时生长受抑制，严重时幼嫩器官（根尖、茎端）溃烂坏死。番茄蒂腐病、莴苣顶枯病、芹菜裂茎病、菠菜黑心病、大白菜干心病等都是由缺钙引起的。

3. 镁　　镁主要存在于幼嫩器官和组织中，植物成熟时则集中于种子。镁离子（Mg^{2+}）在光合和呼吸过程中，可以活化各种磷酸变位酶和磷酸激酶。同样，镁也可以活化 DNA 和 RNA 的合成过程。镁是叶绿素的组成成分之一。缺乏镁，叶绿素即不能合成，叶脉仍发绿而叶脉之间变黄，有时呈红紫色。若缺镁严重，则形成褐斑。

4. 氯　　氯离子（Cl^-）在光合作用水裂解过程中起着活化剂的作用，促进氧的释放。根和叶的细胞分裂需要氯。缺氯时植株叶小、叶尖干枯、黄化，最终坏死；根生长慢，根尖粗。

5. 锰　　锰离子（Mn^{2+}）是细胞中许多酶（如脱氢酶、脱羧酶、激酶、氧化酶和过氧化物酶）的活化剂，尤其是影响糖酵解和三羧酸循环。锰使光合作用中水裂解为氧。缺锰时，叶脉间缺绿；缺绿会在嫩叶或老叶出现，以植物种类和生长速率而定。

6. 钠　　钠离子（Na^+）在 C4 和 CAM 植物中催化磷酸烯醇式丙酮酸的再生。Na^+ 对许多 C3 植物的生长也是有益的，使细胞产生膨压，从而促进生长。钠还可以部分地代替钾的作用，提高细胞液的渗透势。缺钠时，植物呈现黄化和坏死现象，甚至不能开花。

（四）第 4 组——与氧化还原反应有关的元素

1. 铁　铁是光合作用、生物固氮和呼吸作用中的细胞色素及非血红素铁蛋白的组成成分。铁在这些代谢方面的氧化还原过程中都起着电子传递作用。由于叶绿体的某些叶绿素-蛋白复合体合成需要铁，所以，缺铁时会出现叶片叶脉间缺绿。与缺镁症状相反，缺铁发生于嫩叶，因铁不易从老叶转移出来，缺铁过甚或过久时，叶脉也缺绿，全叶白化。华北果树的"黄叶病"就是植株缺铁所致。

2. 锌　锌离子（Zn^{2+}）是乙醇脱氢酶、谷氨酸脱氢酶和碳酸酐酶等的组成成分。缺锌植物失去合成色氨酸的能力，而色氨酸是吲哚乙酸的前身，因此缺锌植物的吲哚乙酸含量低。锌是叶绿素生物合成的必需元素。锌不足时，植株茎部节间短，莲丛状，叶小且变形，叶缺绿。吉林和云南等地玉米"花白叶病"、华北地区果树"小叶病"等都是缺锌的缘故。

3. 铜　铜是某些氧化酶（如抗坏血酸氧化酶、酪氨酸酶等）的组成成分，可以影响氧化还原过程。铜又存在于叶绿体的质体蓝素（plastocyanin）中。质体蓝素是光合作用电子传递链中的重要成员。缺铜时，叶黑绿，有些叶片有坏死点，坏死点先从嫩叶叶尖发生，后沿叶缘扩展到叶基部。叶也会皱卷或畸形。缺铜过甚时，叶脱落。

4. 镍　镍是脲酶的组成成分，脲酶的作用是催化尿素水解成 CO_2 和 NH_4^+。镍也是氢化酶的组成成分，它在生物固氮中产生氢气时起作用。缺镍时，叶尖积累较多的脲，出现坏死现象。

5. 钼　钼离子（Mo^{4+}和 Mo^{6+}）是硝酸还原酶的组成成分，起着电子传递作用。钼又是固氮酶中钼铁蛋白的组成成分，在固氮过程中起作用。所以，钼的生理功能突出表现在氮代谢方面。钼对花生、大豆等豆科植物的增产作用显著。缺钼时，老叶叶脉间缺绿，坏死。而在花椰菜，叶皱卷甚至死亡，不开花或花早落。

当诊断缺乏某种必需矿质元素的缺素症状时，一个重要的线索就是该元素从老叶到新叶的循环利用程度。一些元素，如氮、磷和钾，很容易从一个叶片转移到另外一个叶片；而另外一些元素，如硼、铁和钙，则在大多数种类的植物中都不可移动（表6-2）。如果一种必需元素是可移动的，那么这种元素的缺乏症状首先出现在老叶；不可移动必需元素的缺素症状则首先在新叶中表现出来。

表 6-2　根据矿质元素在植物中的移动性和在缺乏时的再移动趋势对其进行分类

可移动的	不可移动的
N	Ca
K	S
Mg	Fe
P	B
Cl	Cu
Na	
Zn	
Mo	

四、作物缺乏矿质元素的诊断

植物缺少任何一种必需的矿质元素时就会出现特有的症状。但是由于环境通常较复杂，并且随着缺少这些营养的严重程度不同，症状也会发生变化。有时候会同时缺少多种矿质元素，引起比较复杂的症状。判断元素缺乏可以根据症状或者用化学分析来诊断。

1. 病症诊断法　（symptom diagnosis）　病症诊断法就是根据作物的缺素症状进行诊断。常见的矿质元素缺乏的症状检索表见表 6-3。

表 6-3　植物缺乏矿质元素的症状检索表

缺素症状	缺乏的元素
A. 老叶病征	
B. 病征常遍布整株，基部叶片干焦和死亡	
C. 植物浅绿，基部叶片黄色，干燥时呈褐色，茎短而细 ·············	缺氮
C. 植株深绿，常呈红色或紫色，基部叶片黄色，干燥时暗绿，茎短而细 ·····	缺磷
B. 病征常限于局部，基部叶片不干焦但杂色或缺绿，叶缘杯状卷起或卷皱	
C. 叶杂色或缺绿，有时呈红色，有坏死斑点，茎细 ·············	缺镁
C. 叶杂色或缺绿，在叶脉间或叶尖和叶缘有坏死小斑点，茎细 ·······	缺钾
C. 坏死斑点大而普遍出现于叶脉间，最后出现于叶脉，叶厚，茎短 ·····	缺锌
C. 叶脉间缺绿	
D. 叶片畸形和褪绿，有坏死斑点 ·············	缺钼
D. 叶片失绿，有坏死斑点，后呈青铜色 ·············	缺氯
A. 嫩叶病征	
B. 顶芽死亡，嫩叶变形和坏死	
C. 嫩叶初呈钩状，后从叶尖和叶缘向内死亡 ·············	缺钙
C. 嫩叶基部浅绿，从叶基起枯死，叶扭曲 ·············	缺硼
C. 嫩叶失绿，分生组织坏死 ·············	缺镍
B. 顶芽仍活但缺绿或萎蔫，无坏死斑点	
C. 嫩叶萎蔫，无失绿，茎尖弱 ·············	缺铜
C. 嫩叶不萎蔫，有失绿	
D. 坏死斑点小，叶脉仍绿 ·············	缺锰
D. 无坏死斑点	
E. 叶脉仍绿 ·············	缺铁
E. 叶脉失绿 ·············	缺硫

2. 化学分析诊断法（chemical analysis diagnosis）　　　化学分析是营养缺乏诊断的另一种根据，主要是利用叶片，测定刚刚成熟叶片中各种成分的含量，与正常叶片进行比较，从而判断缺少哪一种元素。

第二节　细胞对矿质元素的吸收

通过示踪原子法研究得知，不仅无机物质的离子能进入植物细胞，分子质量较大的有机物质（如氨基酸、维生素等）也能进入细胞。植物细胞与外界环境进行的一切物质交换，都必须通过各种生物膜，特别是质膜。

植物细胞的原生质体被质膜包围着，在细胞质和液泡之间又有液泡膜隔开。植物细胞里有许多细胞器，它们大多有膜包围着或者是由膜组成的。从某种意义上说，植物细胞是一个由膜系统组成的单位，这些膜把各种细胞器与其他部分分隔开，有利于各细胞器分别行使各自特有的功能，从而有秩序地、有条不紊地进行各种代谢活动。研究表明，许多酶埋藏在膜里或与膜结合在一起，细胞许多生理、生化活动都是在膜上或邻近的空间进行的，可以说膜是植物生理活动的中心所在。

一、生物膜的特性

生物膜具有让物质通过的性质，这种性质称为透性（permeability）。但是生物膜对各种物质的通过难易程度不一，有些容易通过，有些不易或不能通过，所以质膜对各种物质具有选择透性（selective permeability）。研究表明，生物膜对水的透性最大，水可以自由通过；容易溶解于脂质的物质，更容易通过生物膜，所以生物膜是由亲水性物质和脂类物质组成的。

二、生物膜的化学成分

生物膜结构模型最被接受的是流动镶嵌模型。各种蛋白质和酶分布在磷脂双层的表面或中间（图 6-1）。双层磷脂的基本成分是蛋白质、脂类和糖。其中，蛋白质占 30%～40%，脂类占 40%～60%，糖类占 10%～20%。膜内蛋白质主要是糖蛋白（glycoprotein）、脂蛋白（lipoprotein）等，它们起着结构、运输及传递信息等方面的作用。脂类的主要成分是磷脂，包括磷脂酰胆碱（即卵磷脂）（图 6-2A）、磷脂酰乙醇胺、磷脂酰甘油和磷脂酰肌醇。磷脂既有两条易溶于脂肪性溶剂中的非极性疏水"长尾巴"（通常为 16～18 个碳原子的脂肪酸侧链），又有一个易溶于水的极性头部，所以磷脂是双亲媒性的（amphipathic）化合物。磷脂是各种膜的骨架，有调控细胞多种功能的作用。类囊体膜中还含有大量糖脂，主要是半乳糖甘油二酯（图 6-2B）和双半乳糖甘油二酯。此外，膜上还含有固醇，夹杂在磷脂之内，维持膜的透性和稳定性。

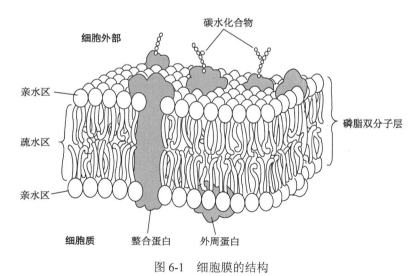

图 6-1　细胞膜的结构

三、离子的跨膜运输

根据离子跨膜进入细胞是否需要能量，跨膜运输可以分为被动运输（passive transport）和主动运输（active transport）。被动运输是离子不需要能量就可以顺着化学势梯度进行运输。被动运输分为简单扩散（simple diffusion）和协助扩散（facilitated diffusion）（图 6-3）。

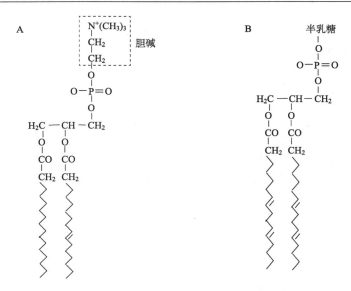

图 6-2　磷脂酰胆碱（卵磷脂）和半乳糖甘油二酯的化学结构

A.磷脂酰胆碱（卵磷脂）；B.半乳糖甘油二酯

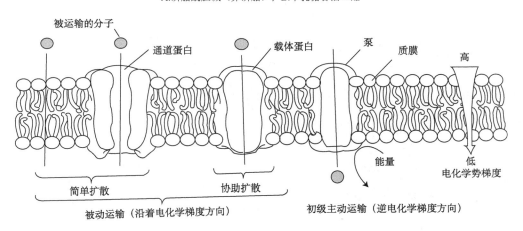

图 6-3　质膜上三种运输蛋白

溶质从高浓度区域跨膜向低浓度区域移动的过程就是简单扩散。气体如 O_2、CO_2、N_2，以及尿素能够以简单扩散的形式进入细胞。

协助扩散是跨膜转运需要膜转运蛋白的帮助，从高浓度区域跨膜向低浓度区域移动。参与协助扩散的膜蛋白有两种：通道蛋白和载体蛋白。离子通过这两种蛋白质的运输分别称为通道运输和载体运输。通道蛋白形成的通道，如果运输的是离子，就是离子通道。质膜上的离子通道运输的离子有 K^+、Ca^{2+}、NO_3^- 等。通道蛋白有"闸门"结构，可以打开或者关闭。闸门打开时，离子自由通过；闸门关闭时，离子不能通过（图 6-4）。

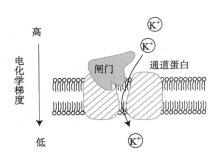

图 6-4　带有闸门的膜通道

根据转运物质的不同，通道可分为阳离子通道（K^+、Ca^{2+}、Na^+、H^+）、阴离子通道（NO_3^-、Cl^-、苹果酸根）和水孔蛋白等。

载体是一种跨膜运输的内在蛋白。载体有三种：单向转运体（uniport carrier）、同向转运体（symporter）和反向转运体（antiporter）（图6-5）。

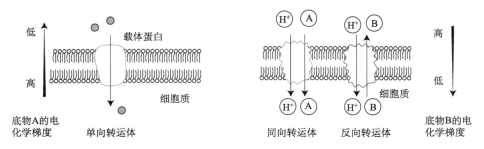

图6-5 载体蛋白的类型

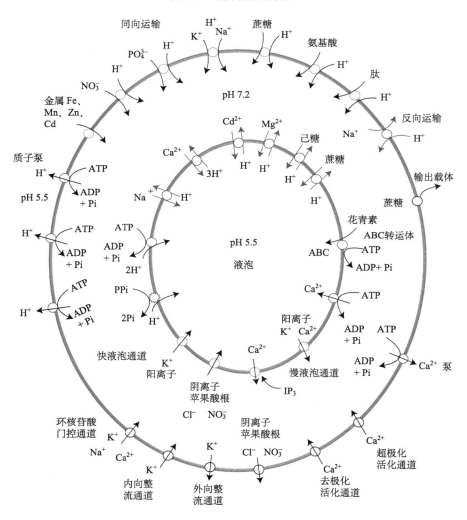

图6-6 植物细胞质膜和液泡膜上的各种转运蛋白及转运过程

单向转运体能让离子顺着电化学梯度进行运输。Fe^{2+}、Zn^{2+}、Mn^{2+}、Cu^{2+}等离子的运输就是通过单向转运体。同向转运体是载体同时运输 H^+ 和其他离子进入细胞。氨基酸、肽、蔗糖、己糖、K^+、Cl^-、NO_3^-、NH_4^+、PO_4^{2-}、SO_4^{2-}等离子就是通过同向转运体进行转运。反向转运体是载体在向内运输 H^+ 的同时，向外运输其他离子。同向转运体和反向转运体的运输过程中，H^+ 是顺着浓度梯度进入细胞，而被运输的另一种溶质则是逆着电化学梯度进入或运出细胞。

主动运输是离子逆着电化学梯度跨膜运输，需要能量。细胞膜上的 ATP 磷酸水解酶可以水解 ATP，释放能量，用于 H^+ 等物质的逆浓度跨膜转运。膜上这些转运蛋白称为泵。泵分为质子泵和离子泵。质子泵有 H^+-ATP 酶、液泡膜 H^+-ATP 酶、H^+-焦磷酸酶等；离子泵有 Ca^{2+}-ATP 酶等。植物细胞膜和液泡膜上的各种转运蛋白及转运过程见图 6-6。

一种离子采用哪一种方式进入细胞，也会随着环境而改变。例如，当细胞外 K^+ 浓度非常高时，K^+ 在细胞质和液泡都是被动运输的。当细胞外 K^+ 浓度非常低时，细胞可以通过主动运输来吸收。这就是离子运输的复杂性。图 6-7 显示了植物细胞质和液泡中的离子受控主动运输和被动运输的情况。

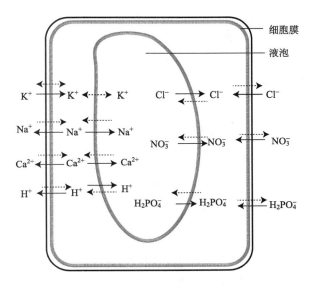

图 6-7 植物细胞质和液泡中的离子受控于主动运输（虚箭头）
和被动运输（实箭头）的情况

四、胞饮作用

胞饮作用（pinocytosis）是细胞通过膜的内陷从外界直接摄取物质进入细胞的过程。胞饮过程具体为：当物质吸附在质膜时，质膜内陷，液体和物质便进入内陷处，然后质膜内折，逐渐包围着液体和物质，形成小囊泡，并向细胞内部移动。囊泡把物质转移给细胞质。胞饮作用是非选择性吸收。它在吸收水分的同时，把水分中的物质，如各种盐类和大分子物质甚至病毒一起吸收进来。番茄、南瓜的花粉母细胞都有胞饮现象。

第三节　植物体对矿质元素的吸收

植物体吸收矿质元素主要是通过根，也可通过叶片来吸收。

一、植物吸收矿质元素的特点

植物吸收矿质元素与吸水有关，同时对不同离子的吸收还具有选择性。

植物吸收水主要是蒸腾作用引起的被动拉力。吸收离子主要是消耗能量的主动运输。细胞膜上的载体具有饱和效应，植物吸收离子的速度与吸收水的速度并不一致。

离子的选择吸收是植物对同一溶液中不同离子或同一盐分中的阴离子、阳离子吸收比例不同的现象。图 6-8 是水稻和番茄吸收养分的差异。水稻可以吸收硅，番茄不吸收硅；番茄吸收镁和钙的速度比较快，水稻吸收镁和钙的速度则比较慢。

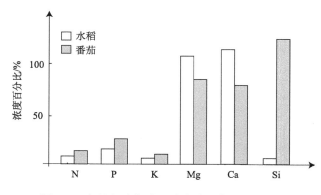

图 6-8　水稻和番茄对几种矿质元素吸收的差异

纵坐标是试验结束时，培养液中各种矿质元素浓度占开始试验时的浓度百分比

植物对同一种盐的阴离子和阳离子的吸收也有差异。例如，当供给 $NaNO_3$ 时，细胞吸收 NO_3^- 更多。由于细胞内的正负电荷数要平衡，因此必须有阴离子 OH^- 或者 HCO_3^- 排出细胞，造成介质中 pH 升高。$NaNO_3$ 就是生理碱性盐。当供给（NH_4）$_2SO_4$ 时，细胞吸收 NH_4^+ 更多，由于细胞内的正负电荷数要平衡，因此必须有阳离子 H^+ 排出细胞，造成介质中 pH 降低。（NH_4）$_2SO_4$ 就是生理酸性盐。当供给 NH_4NO_3 时，细胞吸收两者的能力差异不大，NH_4NO_3 就是生理中性盐。

二、根对土壤中矿质元素的吸收

植物根吸收矿质元素的部位也主要是根尖，其中根毛区吸收离子最活跃。

根细胞在吸收离子的过程中，同时进行着离子的吸附与解吸附，这时，总有一部分离子被其他离子所置换。由于细胞吸附离子具有交换性质，故称为交换吸附（exchange adsorption）。离子从根表面进入根的内部也与水分进入根一样，既可通过质外体途径，也可通过共质体途径。第一种途径是被动扩散，第二种途径是主动运输。

土粒表面都带负电荷，吸附着矿质阳离子（如 NH_4^+、K^+），不易被水冲走，它们通过阳离子交换（cation exchange）机制与土壤溶液中的阳离子交换（图 6-9）。矿质阴离子（如 NO_3^-、Cl^-）被土粒表面的负电荷排斥，溶解在土壤溶液中，易流失。但 PO_4^{3-} 则被含有铝和铁的土粒束缚住，因为 Fe^{2+}、Fe^{3+} 和 Al^{3+} 等带有 OH^-，OH^- 和 PO_4^{3-} 交换，于是 PO_4^{3-} 被吸附在土粒上，不易流失。

根呼吸放出的 CO_2 和土壤溶液中的 H_2O 形成 H_2CO_3。H_2CO_3 分解成 H^+ 和 HCO_3^-，H^+ 和 HCO_3^- 分布在根的表面，土粒表面的营养矿质阳、阴离子分别与根表面的 H^+、$HCOO_3^-$ 交换，进入根。

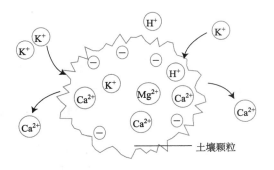

图 6-9　土壤颗粒表面阳离子交换原理

三、影响根吸收矿质元素的条件

温度、通气状况、溶液的浓度等可以影响矿质元素的吸收。根吸收矿质元素的速率随土壤温度的增高而加快，因为温度影响了根的呼吸速率，也影响主动吸收。根吸收矿质元素与呼吸作用有密切关系，因此，土壤通气状况直接影响根吸收矿质元素。

在外界溶液浓度较低的情况下，随着溶液浓度的增高，根吸收离子的数量也增多。

外界溶液的 pH 对矿质元素吸收有影响，一般作物生育最适的 pH 是 6～7，但有些作物（如茶、马铃薯、烟草）适于较酸性的环境，有些作物（如甘蔗、甜菜）适于较碱性的环境。

四、植物地上部分对矿质元素的吸收

植物地上部分也可以吸收矿质元素和小分子有机物质，如尿素、氨基酸等养分，这个过程称为根外营养或根外施肥。地上部分吸收这些养分的器官主要是叶片，所以这个过程也称为叶片营养（foliar nutrition）或叶面施肥。

这些营养物质可以通过气孔进入叶内，但主要从角质层进入叶内。角质层是多糖和角质（脂类化合物）的混合物，不易透水，但是角质层有裂缝，呈微细的孔道，可让溶液通过。溶液到达表皮细胞的细胞壁后，进一步经过细胞壁中的外连丝（ectodesma）到达表皮细胞的质膜。外连丝为贯穿植物表皮细胞外侧壁的一种胞间连丝样纤细通道，从胞腔延伸到胞壁表面，是细胞内、外间物质交流的途径。

营养元素进入叶片的数量与叶片的内、外因素有关。嫩叶吸收营养元素比成长叶迅速而且量大，这是由于两者的角质层厚度不同和生理活性不同的缘故。由于叶片只能吸收液体，固体物质是不能进入叶片的，所以溶液在叶面上的时间越长，吸收矿质元素的数量就越多。凡是影响液体蒸发的外界环境，如风速、气温、大气湿度等，都会影响叶片对营养元素的吸收量。因此，根外追肥的时间以傍晚或下午 4:00 以后较为理想，阴天则例外。溶液浓度宜在 1.5%～2.0%以下，以免烧伤植物。

作物在生育后期根吸肥能力衰退时，或营养临界时期，可根外喷施尿素等以补充营养。

第四节　矿质元素在植物体内的运输和分布

根吸收的矿质元素，小部分留作自用，大部分运输到植物其他部位，如茎、叶、花和

果实中。

一、矿质元素运输的形式

不同矿质元素的运输形式也各不相同。根吸收的无机氮化物，大部分在根中转变为有机氮化物。所以氮的运输形式是氨基酸（主要是天冬氨酸，还有少量丙氨酸、甲硫氨酸、缬氨酸等）和酰胺（主要是天冬酰胺和谷氨酰胺）等有机物质，还有少量以硝态氮等形式向上运输。

磷酸主要以磷酸离子的形式运输，但也有在根中转变为有机磷化物（如磷酰胆碱、甘油磷酰胆碱），然后才向上运输。硫的运输形式主要是硫酸根离子，但有少数是以甲硫氨酸及谷胱甘肽之类的形式运输的。金属离子则以离子状态运输。矿质元素以离子形式或其他形式进入导管后，随着蒸腾流一起上升，也可以顺着浓度梯度而扩散。

二、矿质元素运输的途径和速度

根吸收的矿质元素通过木质部和韧皮部进行运输。

科学家把柳树茎段的韧皮部与木质部分开，在两者之间插入或不插入不透水的蜡纸，在柳树根施予 ^{42}K，5 h 后测定 ^{42}K 在柳茎各部分的分布。结果发现，有蜡纸间隔开的木质部含有大量 ^{42}K，而韧皮部几乎没有 ^{42}K，这就说明根吸收的放射性钾是通过木质部上升的。在茎段韧皮部和木质部分开处的上面或下面的部位，以及不插入蜡纸的试验中，韧皮部都有较多 ^{42}K。这个现象表明，^{42}K 从木质部活跃地横向运输到韧皮部。

利用上述试验技术，同样研究叶片吸收离子后向下运输的途径。把棉花茎一段的韧皮部和木质部分开，其间插入或不插入蜡纸，叶片施用 $^{32}PO_4$，1 h 后测定 ^{32}P 的分布，结果表明，叶片吸收磷酸后，是沿着韧皮部向下运输的；同样，磷酸也从韧皮部横向运输到木质部，不过，从叶片的向下运输还是以韧皮部为主。

叶片吸收的离子在茎部向上运输的途径也是通过韧皮部，不过有些矿质元素能从韧皮部横向运输到木质部而向上运输，所以，叶片吸收的矿质元素在茎部向上运输是通过韧皮部和木质部。

矿质元素在植物体内的运输速率为 30～100 cm/h。

三、矿质元素在植物体内的分布

某些元素（如钾）进入地上部后仍呈离子状态；有些元素（氮、磷、镁）形成不稳定的化合物，不断分解，释放出的离子又转移到其他需要的器官去。这些元素是可参与循环的元素。另外，有一些元素（硫、钙、铁、锰、硼）在细胞中呈难溶解的稳定化合物，特别是钙、铁、锰，它们是不能参与循环的元素。从同一物质在体内是否被反复利用来看，有些元素在植物体内能多次被利用，有些只利用一次。参与循环的元素都能被再利用，不能参与循环的元素不能被再利用。能够被再利用的元素中，以磷、氮最典型；不能被再利用的元素中，以钙最典型。

参与循环的元素在植物体内大多数分布于生长点和嫩叶等代谢较旺盛的部分。同样道理，代谢较旺盛的果实和地下贮藏器官也含有较多的矿质元素。不能参与循环的元素却相反，这些元素被植物地上部分吸收后，即被固定住而不能移动，所以器官越老不参与循环的元素的含量越大，如嫩叶中的钙少于老叶中的。植物缺乏某些必需元素，最早出现病症的部位（老叶或嫩叶）不同，原因也在于此。凡是缺乏可再度利用元素的生理病征，首先在老叶发生；而缺乏不可再度利用元素的生理病征，首先在嫩叶发生。

第五节　植物对氮、硫、磷的同化

矿质元素有很多种，每一种同化的途径都不同。碳的同化在光合作用中有详细介绍。本节主要介绍氮、硫和磷的同化。

一、氮的同化

氮的同化分为硝酸盐的还原和铵的同化两个步骤。

（一）硝酸盐的还原

高等植物不能利用空气中的氮气，仅能吸收化合态的氮。植物可以吸收氨基酸、天冬酰胺和尿素等有机氮化物，但是植物的氮源主要是无机氮化物，而无机氮化物中又以铵盐和硝酸盐为主，它们广泛地存在于土壤中。植物从土壤中吸收铵盐后，即可直接利用它去合成氨基酸。如果吸收硝酸盐，则必须经过代谢还原（metabolic reduction）才能利用，因为蛋白质的氮呈高度还原状态，而硝酸盐的氮却是呈高度氧化状态。

一般认为，硝酸盐还原是按以下几个步骤进行的。

第一个步骤是硝酸盐还原为亚硝酸盐，中间两个步骤（次亚硝酸和羟氨）仍未肯定，最后还原成氨。

$$NO_3^- + NAD(P)H + H^+ + 2e^- \longrightarrow NO_2^- + NAD(P)^+ + H_2O$$

硝酸盐还原成亚硝酸盐的过程是由细胞质中的硝酸还原酶（nitrate reductase）催化的。硝酸还原酶主要存在于高等植物的根和叶片中。硝酸还原酶的亚基数目视植物种类而异，分子质量为 200～500 kDa。每个单体由黄素腺嘌呤二核苷酸（flavine adenine dinucleotide，FAD）、细胞色素（cytochrome，Cyt）b557（Cytb557）和钼辅因子（molybdenum cofactor，MoCo）等组成，它们在酶促反应中起着电子传递体的作用。在还原过程中，电子从 NAD（P）H 传至 FAD，再经 Cytb557 传至 MoCo，然后将硝酸盐还原为亚硝酸盐（图 6-10）。

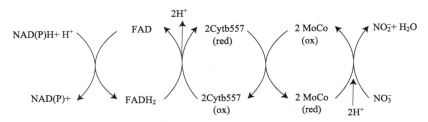

图 6-10　硝酸还原酶还原硝酸盐的过程

red 和 ox 分别代表还原态（reduced）和氧化态（oxidized）

硝酸还原酶是一种诱导酶（或适应酶）。所谓诱导酶（或适应酶），是指植物本来不含某种酶，但在特定外来物质的诱导下，可以生成这种酶，这种现象就是酶的诱导形成（或适应形成），所形成的酶便叫做诱导酶（induced enzyme）或适应酶（adaptive enzyme）。

亚硝酸盐还原成铵的过程，是由叶绿体或根中的亚硝酸还原酶（nitrite reductase）催化的，其酶催化反应过程如下式：

$$NO_2^- + 6Fd_{red} + 8H^+ + 6e^- \longrightarrow NH_4^+ + 6Fd_{ox} + 2H_2O$$

式中，Fd 代表铁氧还蛋白（ferredoxin，Fd）。

从叶绿体和根的质体中分离出的亚硝酸还原酶含有两个辅基，一个是铁-硫簇（Fe_4S_4），另一个是特异化的血红素。它们与亚硝酸盐结合，直接还原亚硝酸盐为 NH_4^+（图 6-11）。

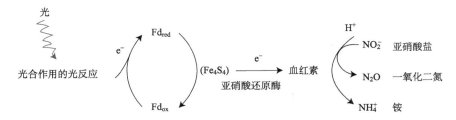

图 6-11　亚硝酸还原酶还原亚硝酸的过程

（二）铵的同化

当植物吸收铵盐的铵后，或者当植物所吸收的硝酸盐还原成铵后，铵立即被同化。游离铵（NH_4^+）的量稍微多一点，即毒害植物。因为铵可能抑制呼吸过程中的电子传递系统，尤其是 NADH。

铵的同化包括谷氨酰胺合成酶、谷氨酸合酶和谷氨酸脱氢酶等途径。

谷氨酰胺合成酶途径（glutamine synthetase pathway）是在谷氨酰胺合成酶（glutamine synthetase，GS）的作用下，以 Mg^{2+}、Mn^{2+}或 Co^{2+}为辅因子，铵与谷氨酸结合，形成谷氨酰胺。这个过程是在细胞质、根细胞的质体和叶片细胞的叶绿体中进行的。

谷氨酸合酶（glutamate synthase）又称谷氨酰胺-α-酮戊二酸转氨酶（glutamine α-oxoglutarate aminotransferase, GOGAT），它有 NADH-GOGAT 和 Fd-GOGAT 两种类型，分别以 NAD（P）H + H^+和还原态的铁氧还蛋白（Fd_{red}）为电子供体，催化谷氨酰胺与 α-酮戊二酸结合，形成 2 分子谷氨酸，此酶存在于根细胞的质体、叶片细胞的叶绿体及正在发育的叶片中的维管束中。

谷氨酰胺　　　α-酮戊二酸　　　　　　　　　　　谷氨酸　　　谷氨酸

铵也可以和 α-酮戊二酸结合，在谷氨酸脱氢酶（glutamate dehydrogenase, GDH）的作用下，以 NAD（P）H + H$^+$ 为氢供给体，还原为谷氨酸。但是，GDH 对 NH$_4^+$ 的亲和力很低，只有在体内 NH$_4^+$ 浓度较高时才起作用。GDH 存在于线粒体和叶绿体中。

α-酮戊二酸　　　　　　　　　　　　　　　　　谷氨酸

植物体内通过铵同化途径形成的谷氨酸和谷氨酰胺可以在细胞质、叶绿体、线粒体、乙醛酸体和过氧化物酶体中通过氨基交换作用（transamination）形成其他氨基酸或酰胺。例如，谷氨酸与草酰乙酸结合，在天冬氨酸转氨酶（aspartate aminotransferase, ASP-AT）的催化下，形成天冬氨酸；又如，谷氨酰胺与天冬氨酸结合，在天冬酰胺合成酶（asparagine synthetase, AS）的作用下，合成天冬酰胺和谷氨酸。

谷氨酸　　　　草酰乙酸　　　　　　　　　　天冬氨酸　　　α-酮戊二酸

谷氨酰胺　　　天冬氨酸　　　　　　　　　　天冬酰胺　　　谷氨酸

叶片中氮的同化过程可以概括为图 6-12。

根转运来的硝酸盐经木质部运输到叶片，然后通过硝酸盐-质子同向转运体转运到叶肉细胞的细胞质中。硝酸盐被硝酸还原酶（nitrate reductase, NR）还原为亚硝酸盐；亚硝酸盐与质子一起被转运到叶绿体基质中，在叶绿体基质中，亚硝酸盐被亚硝酸盐还原酶（nitrite

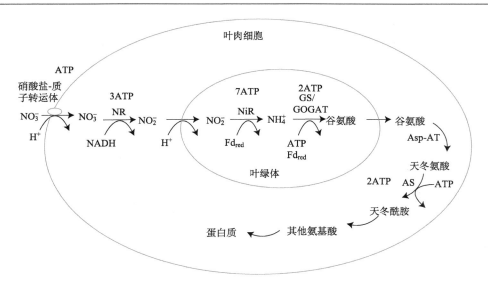

图 6-12　叶片中氮同化过程

reductase, NiR）还原为铵，铵通过谷氨酰胺合成酶（glutamine synthetase, GS）和谷氨酸合酶
[glutamate synthase，又称为谷氨酰胺：α-酮戊二酰转氨酶（glutamine：2-oxo-glutarate
aminotransferase，GOGAT）]被转变成谷氨酸（glutamic acid）。谷氨酸被天冬氨酸转氨酶
（aspartate aminotransferase, Asp-AT）的转氨基作用将谷氨酸转变成天冬氨酸（aspartic acid），
天冬氨酸被天冬酰胺合成酶（asparagine synthetase, AS）转变成天冬酰胺（asparagine）。各个
反应产生的 ATP 如图 6-12 所示。

（三）生物固氮

氮气（N_2）占空气的 79%，数量很大，是很好的氮素来源。可是氮气不活泼，不能直接
被高等植物利用。高等植物只能同化固定状态的氮化物（如硝酸盐和铵盐等）。工业上，在高
温（400～500℃）和高压（约 20 MPa）下，氮气（N_2）和氢气（H_2）反应合成氨。在自然界，
同样可以固定氮，而且数量巨大。在自然固氮中，有 10%是通过闪电完成的，其余 90%是通
过微生物完成的。某些微生物把空气中的游离氮固定转化为含氮化合物的过程，称为生物固
氮（biological nitrogen fixation）。由此可见，生物固氮在农业生产上和自然界的氮素平衡中都
具有十分重大的意义。

生物固氮是由两类微生物实现的。一类是能独立生存的非共生微生物（asymbiotic
microorganism），主要有好气性细菌（以固氮菌属 *Azotobacter* 为主）、嫌气性细菌（以梭菌属
Clostridium 为主）和蓝藻。另一类是与其他植物（宿主）共生的共生微生物（symbiotic
microorganism），如与豆科植物共生的根瘤菌、与非豆科植物共生的放线菌，以及与水生蕨
类红萍（亦称满江红）共生的蓝藻（鱼腥藻）等，其中以根瘤菌最为重要。

分子氮被固定为氨的总反应式如下：

$$N_2 + 8e^- + 8H^+ + 16ATP \xrightarrow{\text{固氮酶}} NH_3 + H_2 + 16ADP + 16Pi$$

固氮微生物体内有固氮酶复合物（nitrogenase complex），它具有还原分子氮为氨的功能。

固氮酶复合物有两种组分：一种含有铁，叫铁蛋白（Fe protein），又称固氮酶还原酶（dinitrogenase reductase），由两个 37～72 kDa 的亚基组成，每个亚基含有一个 4Fe - 4S^{2-}簇，通过铁参与氧化还原反应，其作用是水解 ATP，还原钼铁蛋白；另一种含有钼和铁，叫钼铁蛋白（MoFe protein），又称固氮酶（dinitrogenase），由 4 个 180～225 kDa 的亚基组成，每个亚基有 2 个 Mo-Fe-S 簇，作用是还原 N_2 为 NH_3。铁蛋白和钼铁蛋白要同时存在才能起固氮酶复合物的作用，缺一则没有活性。固氮酶复合物遇 O_2 很快被钝化。

　　生物固氮是 $N_2 \rightarrow NH_3$ 的过程，主要反应如下：在整个固氮过程中，以铁氧还蛋白（Fd）为电子供体，把氧化态的铁蛋白（Fe_{ox}）还原成还原态的铁蛋白（Fe_{red}），后者进一步与 ATP 结合，并使之水解，使还原态的铁蛋白发生构象变化，把高能电子转给钼铁蛋白（$MoFe_{ox}$），还原为 $MoFe_{red}$，$MoFe_{red}$ 接着还原 N_2，最终形成 NH_3（图 6-13）。

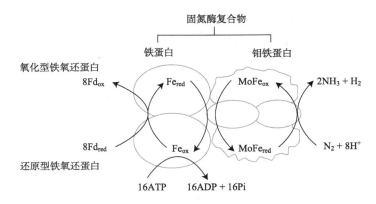

图 6-13　固氮酶复合物催化氮固定的反应过程

　　固氮酶复合物可还原多种底物。在自然条件下，它与 N_2 和 H^+ 反应。固氮酶复合物也可还原乙炔为乙烯。固氮酶复合物还可以还原质子（H^+）而放出氢（H^2）。氢在氢化酶的（hydrogenase）作用下，又可还原铁氧还蛋白，这样氮的还原就形成一个电子传递的循环。

　　固氮酶固定 2 分子 NH_3 要消耗 16 分子的 ATP，固氮反应是一个耗能反应，$\Delta G^0 = -27$ kJ/mol。据计算，高等植物固定 1 g N_2 要消耗 12 g 有机碳。

二、硫的同化

　　高等植物获得硫主要是通过根从土壤中吸收硫酸根离子（SO_4^{2-}），也可以通过叶片吸收和利用空气中少量的二氧化硫（SO_2）气体。不过，二氧化硫要转变为硫酸根离子后，才能被植物同化。硫酸盐既可以在植物根中同化，也可以在植物地上部分同化，其反应可用下列简式表示：

$$SO_4^{2-} + 8e^- + 8H^+ \longrightarrow S^{2-} + 4H_2O$$

　　要同化硫酸根离子，首先要活化硫酸根离子。在 ATP-硫酸化酶（ATP-sulfurylase）催化下，硫酸根离子与 ATP 反应，产生腺苷酰硫酸（adenosine-5'-phosphosulfate，APS）和焦磷酸（pyrophosphate，PPi）。

$$SO_4^{2-} + ATP \xrightarrow{\text{ATP硫酸化酶}} APS + PPi$$

　　接着，APS 在 APS 激酶（APS-kinase）的催化下，与另一个 ATP 分子作用，产生 3'-磷酸腺苷-5′-磷酰硫酸（3′-phosphoadenosine-5′-phosphosulfate，PAPS）。APS 和 PAPS 之间可以相互转变。这两种硫酸盐都是活化硫酸盐（activated sulfate），PAPS 是活化硫酸盐在细胞内积累的形式，而 APS 是硫酸盐的还原底物。

APS 与还原型谷胱甘肽（reduced glutathione，GSH）结合，在 APS 磺基转移酶（APS sulfotransferase）的催化下，形成 S-磺基谷胱甘肽（S-sulfoglutathione）。S-磺基谷胱甘肽再与 GSH 结合形成亚硫酸盐。亚硫酸盐在亚硫酸盐还原酶（sulfite reductase）作用下，以 Fd_{red} 作为电子供体，还原为硫化物（S^{2-}）。最后，硫化物与由丝氨酸转变而来的 O-乙酰丝氨酸（O-acetylserine）结合，在 O-乙酰丝氨酸硫解酶（O-acetylserine thiolase）催化下，形成半胱氨酸（cysteine）。半胱氨酸进一步合成胱氨酸等含硫氨基酸。参与硫同化过程的化合物的生物合成途径可概括为图 6-14。

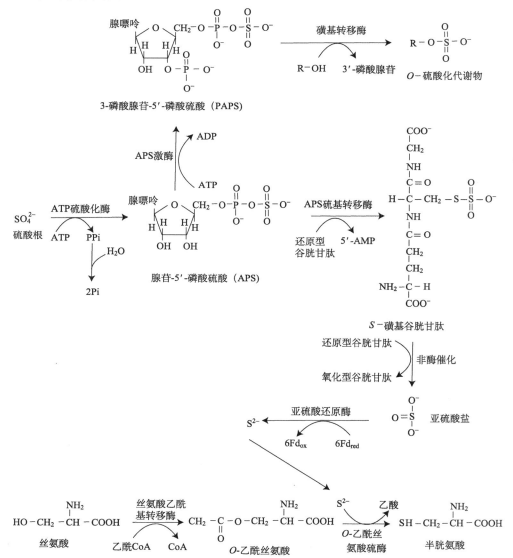

图 6-14　参与硫同化过程的化合物及它们的生物合成途径

三、磷的同化

土壤中的磷酸盐（HPO_4^{2-}）被植物吸收以后，少数仍以离子状态存在于体内，大多数则在根中或在地上部同化成有机物质，如磷酸糖、磷脂和核苷酸等。磷酸盐同化过程的主要切入点发生在细胞中能量"货币"ATP 的形成过程。这个途径是无机磷酸盐通过磷脂键结合到腺嘌呤上。在线粒体中，磷酸盐通过氧化磷酸化使 NADH（或琥珀酸）氧化为 ATP。在叶绿体中，光合磷酸化也可形成 ATP。

除了在线粒体和叶绿体中进行这些反应以外，在胞质溶胶中也可以通过转磷酸作用形成ATP。例如，在糖酵解中，甘油醛-3-磷酸在甘油醛-3-磷酸脱氢酶作用下，与 $H_2PO_4^-$ 结合，把无机磷酸掺入 1,3-二磷酸甘油酸，进一步在磷酸甘油酸激酶催化下，1,3-二磷酸甘油酸的磷酸转移，形成 3-磷酸甘油酸和 ATP。这就是底物水平的磷酸化（substrate level phosphory-lation）。

第六节　合理施肥的生理基础

合理施肥就是根据矿质元素在作物中的生理功能，结合作物的需肥特点进行施肥，如作物该施什么肥、施多少肥、何时施、怎样施等内容和措施，通过合理安排，做到适时、适量施肥，达到少肥高效及提高产量的目标。

要实现合理施肥，就要深入了解作物的需肥规律、合理追肥的指标和发挥肥效的措施等知识。

一、作物的需肥规律

同一作物在不同生育时期，对矿质元素的吸收情况也是不一样的。在萌发期间，因种子本身贮藏养分，故不需要吸收外界肥料；随着幼苗的长大，吸肥能力渐强；将近开花、结实时，吸收矿质养料最多；以后随着生长的减弱，吸收能力下降，至成熟期则停止吸收，衰老时甚至有部分矿质元素排出体外。

作物在不同生育期中，有明显不同的生长中心。例如，水稻和小麦等分蘖期的生长中心是腋芽，拔节孕穗期的生长中心是穗子的分化发育和形成，抽穗结实期的生长中心是种子形成。生长中心的生长较旺盛，代谢强，养分元素一般优先分配到生长中心。

二、合理施肥的指标

1. 形态指标　　植株缺肥不缺肥，可以根据植株形态去判断。例如，氮肥多，植物生长快，叶长而软，株型松散；氮肥不足，生长慢，叶短而直，株型紧凑。叶片颜色深，说明氮肥充足；叶色浅，说明氮肥缺。可以根据这些形态指标进行施肥。

2. 生理指标　　植株缺肥不缺肥，也可以根据植株的生理指标去判断。这种能反映植株需肥情况的生理生化变化的指标称为施肥的生理指标。施肥生理指标一般以叶片为测定对象。

（1）叶片营养元素含量。叶片营养元素含量诊断可以判断作物的营养状况。作物营养元素的临界浓度（critical concentration）是指在某一特定的生育阶段，作物正常生长发育所必需的营养元素数量和比例的范围下限。当作物体内营养元素浓度低于这一浓度限度时，产量将明显下降。它是判断作物是否缺乏某种营养元素的一个度量标准，因此临界浓度是作物获得高产的最低营养元素含量。不同作物、不同生育期、不同元素的临界浓度都不同（表6-4）。

表 6-4 几种作物的矿质元素临界浓度（占干重的百分比）

作物	测定时期	分析部位	N/%	P_2O_5/%	K_2O/%
春小麦	开花末期	叶片	2.6~3.0	0.52~0.60	2.8~5.0
燕麦	孕穗期	植株	4.25	1.05	4.25
玉米	抽穗	果穗前一叶	3.10	0.72	1.67
花生	开花	叶片	4.0~4.2	0.57	1.20

（2）酰胺含量。作物吸收氮素过多，会以酰胺的形态贮存。水稻植株中天冬酰胺的含量与氮的增加是同步的。因此，天冬酰胺的含量可以作为水稻氮素状态是否良好的指标。在幼穗分化期，测定顶叶内天冬酰胺的有无，如有，说明氮素充足；如无，说明氮素不足。

（3）酶活性。硝态氮和铵态氮的转变分别需要硝酸还原酶和谷氨酸脱氢酶的作用。当这些氮化物不足时，酶活性下降；当这些氮化物充足时，酶活性增强。当施肥量超过一定含量，酶活性也不再继续上升。因此，可以根据这些酶的酶活性变化，来确定施肥的合理时间和用量。

三、充分发挥肥效的措施

除了合理施肥，还可通过适当灌溉、适当深耕、改善施肥的方式来提高产量。水分是矿质营养的溶剂，水分亏缺就会影响肥效，适当灌溉可以达到"以水促肥"的效果。深耕可以让土壤容纳更多的水分和肥料，促进根系发达，增加吸收水肥的面积。施肥可采用土壤表面施肥，也可采用深层施肥。土壤表面施肥，养分容易流失，被植株吸收利用的效率不高。深层施肥是将肥料施于作物根系附近土层5~10 cm深的土层中。采用深层施肥，可减少肥料挥发和流失，肥效持久；加上根系生长有趋肥性，根系深扎，根系活力强，植株健壮，增产效果明显。

复习思考题

1. 根据查阅"Web of Science"、"PubMed"及"中国知网CNKI"的结果，请说明近3~5年来植物的矿质营养研究有哪些研究热点和研究进展？同时根据自己的兴趣和所掌握的知识，撰写一篇相关的研究进展小综述。

2. 为什么说氮、磷、钾是植物生长最重要的"三要素"？

3. 设计实验来证明植物根系对矿质元素的吸收具有选择性。

4. 氮肥过多时，植物表现出哪些失调症状？为什么？

5. 必需矿质元素应具备哪几条标准？目前已知植物必需元素共有多少种？其中大量元素与微量元素各为多少种？各是指哪些元素？

6. 合理施肥为何能够增产？要充分发挥肥效应采取哪些措施？

7. 请解释土壤温度过低、植物吸收矿质元素的速率降低的现象。

8. 试述矿物质在植物体内运输的形式与途径，可用什么方法证明？

9. 为什么说水分和矿质元素的吸收是两个既相对独立又有密切关系的生理过程？

10. 为什么叶中的天冬酰胺或淀粉含量可作为某些作物施用氮肥的生理指标?

11. 如何用实验的方法来证明某种元素是植物的必需的元素? 在进行实验证明时应注意什么?

12. 植物营养必需的大量元素有哪几种? 其中哪些以阴离子状态被吸收? 哪些以阳离子状态被吸收? 哪些既可以以阴离子也可以以阳离子状态被吸收? 写出这些离子, 并讨论外界溶液 pH 对阴、阳离子吸收的影响。

第七章　　　植物的光合作用

　　光合作用（photosynthesis）是植物、藻类和某些细菌，在可见光的照射下，经过光反应（light reaction）和暗反应（dark reaction），利用光合色素（photosynthetic pigment），将二氧化碳和水转化为有机物质并释放出氧气的生化过程。少数植物也可以利用光合色素，将硫化氢和水转化为有机物质并释放出氢气。光合作用为所有生物提供食物；为所有生物提供能量；保持生物圈中的碳-氧平衡。

　　光合作用是一系列复杂代谢反应的总和，是生物界赖以生存的基础，也是地球碳-氧循环的重要环节。光合作用为包括人类在内的几乎所有生物的生存提供了物质来源和能量来源。光合作用对于人类和整个生物界都具有非常重要的意义。

　　光合作用的意义体现在以下几个方面。

　　（1）光合作用将无机物质合成有机物质。绿色植物通过光合作用制造有机物质的数量非常巨大。据估计，地球上的绿色植物每年大约制造四五千亿吨有机物质，这远远超过了地球上每年工业产品的总产量。所以，人们把地球上的绿色植物比作庞大的"绿色工厂"。绿色植物的生存离不开自身通过光合作用制造的有机物质。人类和动物的食物也都直接或间接地来自光合作用制造的有机物质。

　　（2）蓄积太阳能量。绿色植物通过光合作用将太阳能转化成化学能，并贮存在光合作用制造的有机物质中。地球上几乎所有的生物，都是直接或间接利用这些能量作为生命活动的能源的。煤炭、石油、天然气等燃料中所含有的能量，归根到底都是古代的绿色植物通过光合作用贮存起来的。

　　（3）生态平衡。据估计，全世界所有生物通过呼吸作用消耗的氧和燃烧各种燃料所消耗的氧，平均为 10 000 t/s。以如此消耗氧的速度计算，大气中的氧大约只需 2000 年就会用完。然而，这种情况并没有发生。这是因为绿色植物广泛地分布在地球上，不断地通过光合作用吸收二氧化碳和释放氧，从而使大气中的氧和二氧化碳的含量保持着相对的稳定。

　　本章的思维导图如下：

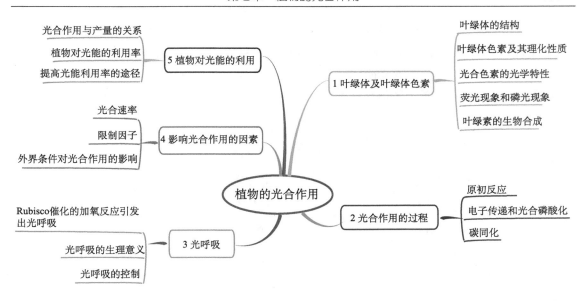

第一节　叶绿体及叶绿体色素

高等植物的叶片是进行光合作用的主要器官。叶肉细胞（mesophyll cell）中的叶绿体（chloroplast）是进行光合作用的细胞器。

一、叶绿体的结构

高等植物细胞中的叶绿体如同双凸或平凸透镜，长径 5～10 μm，短径 2～3 μm，厚 2～3 μm（图 7-1）。高等植物的叶肉细胞一般含 50～200 个叶绿体细胞。叶绿体的数目因物种细胞类型、生态环境、生理状态而有所不同。藻类植物细胞中的叶绿体形状多样，有网状、带状、裂片状和星形等，而且体积巨大，可达 100μm。叶绿体由叶绿体外被（chloroplast envelope）、类囊体（thylakoid）和基质（stroma）三部分组成，叶绿体含有三种不同的膜〔外膜（outer envelope）、内膜（inner envelope）、类囊体膜（thylakoid membrane）〕和三种彼此分开的腔〔膜间隙（intermembrane space）、基质和类囊体腔（thylakoid lumen）〕。

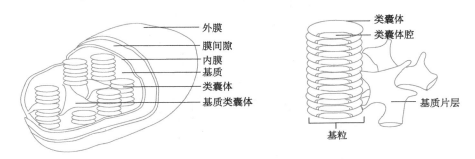

图 7-1　叶绿体的结构

根据叶绿体色素的颜色,高等植物的叶绿体含有两类色素:绿色的叶绿素类（chlorophylls）和黄色的类胡萝卜素类（carotenoids）。叶绿素类包括叶绿素 a（chlorophyll a）和叶绿素 b （chlorophyll b）等，其中叶绿素 a、叶绿素 b 和细菌叶绿素 b（bacteriochlorophyll b）的结构式见图 7-2。类胡萝卜素类包括胡萝卜素（carotene）和叶黄素（xanthophyll）。胡萝卜素是不饱和的碳氢化合物，分子式为 $C_{40}H_{56}$，有 α、β 和 γ 3 种同分异构物，叶片中常见的为 β-类胡萝卜素。叶黄素是由胡萝卜素衍生的醇类，分子式为 $C_{40}H_{56}O_2$。β-胡萝卜素和叶黄素的结构式见图 7-3。

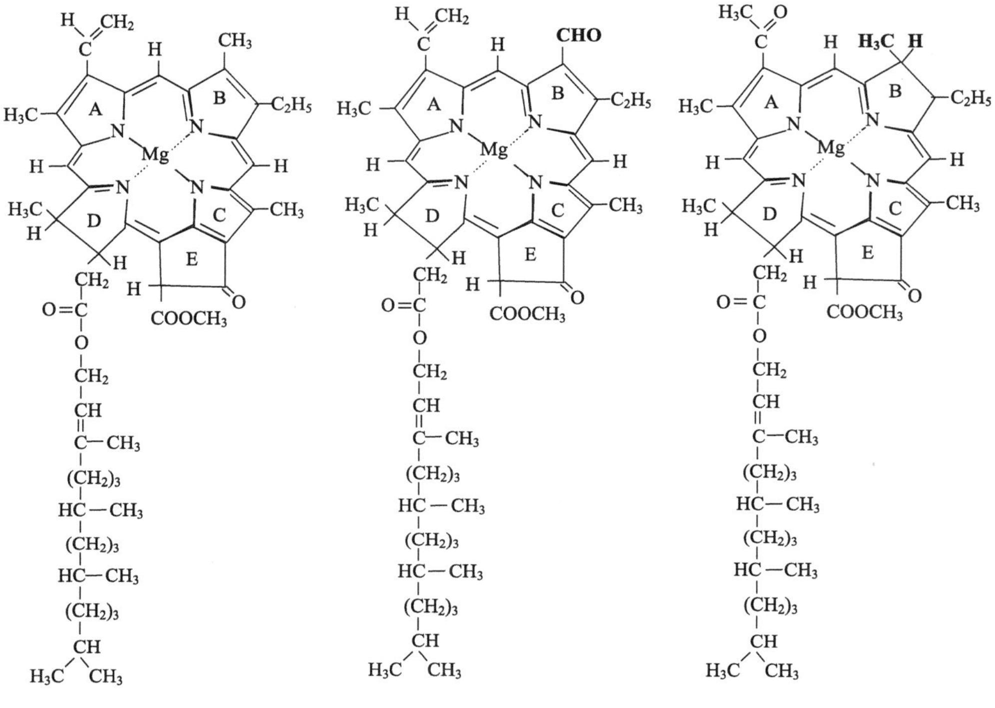

叶绿素a   叶绿素b   细菌叶绿素b

图 7-2 叶绿素 a、叶绿素 b 和细菌叶绿素 b 的结构式

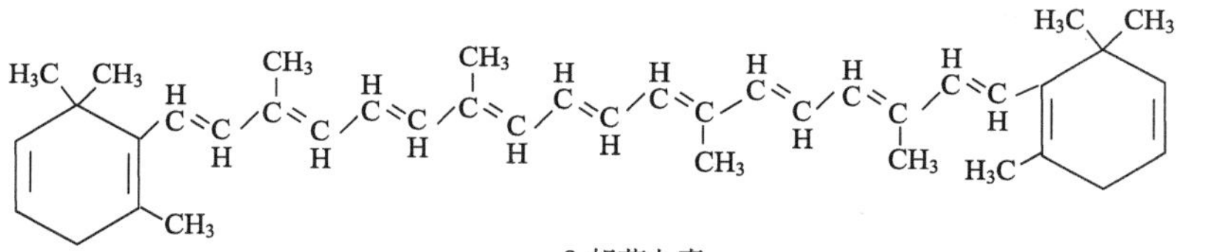

β-胡萝卜素

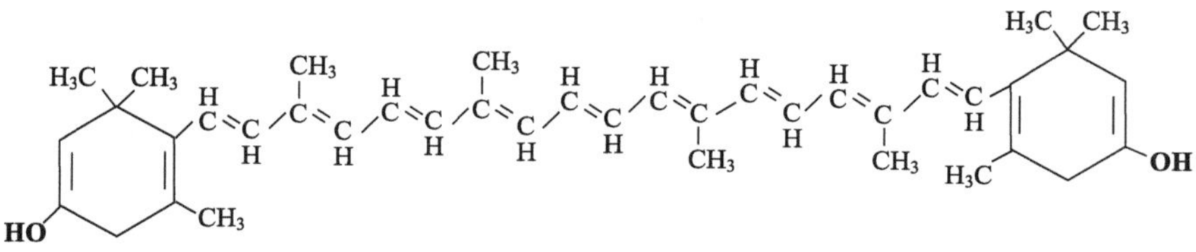

叶黄素

图 7-3 β-胡萝卜素和叶黄素的结构式

二、叶绿体色素及其理化性质

叶绿素 a 为蓝绿色，叶绿素 b 为黄绿色，二者都不溶于水而溶于乙醇、丙酮和石油醚等有机溶剂中，因而叶绿素的提取和分离需要用有机溶剂。

胡萝卜素为橙黄色，叶黄素为黄色。胡萝卜素仅溶于己烷和石油醚中，叶黄素的溶解性和叶绿素相似。

叶绿素 a、叶绿素 b、胡萝卜素和叶黄素四种色素在植物体内的含量不等。一般植物体内叶绿素的含量较多，约为类胡萝卜素的 3 倍。在叶绿素中，叶绿素 a 为叶绿素 b 的 3 倍；在类胡萝卜素中，叶黄素为胡萝卜素的 2 倍。由于叶绿素含量比类胡萝卜素多，所以，在正常情况下，叶片呈现绿色。只有到了秋天或受到不良环境的影响时，叶绿素逐渐受到破坏，含量减少，类胡萝卜素的颜色呈现出来，叶片才出现黄色。

根据叶绿体色素在光合作用中的作用，叶绿体色素又可分为两类：反应中心色素（photochemical reaction center pigment）和捕光色素（light-harvesting pigment）。反应中心色素是少数特殊状态的叶绿素 a，它们具有光化学活性，既能吸收光能，又能把光能转变成电能。

捕光色素包括大多数叶绿素 a、全部叶绿素 b 及类胡萝卜素。它们无光化学活性，只有收集光能的作用，像漏斗一样把光能聚集起来，传递到反应中心色素。因此，捕光色素又称天线色素（antenna pigment），多个天线色素可形成天线复合体（antenna complex）（图 7-4）。天线复合体收集光并将其能量转移到反应中心（reaction center）。在反应中心发生电荷分离、电子转移和氧化还原反应。这种叶绿素吸收光能后十分迅速地产生氧化还原反应的化学变化称为光化学反应（photo-chemical reaction）。光化学反应是光合作用的核心环节，能将光能转变为化学能并贮存起来。因此，光化学反应本质上是由光引起的氧化还原反应（图 7-4）。

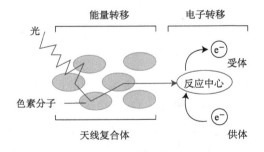

图 7-4　光合作用中能量转移和电子转移

三、光合色素的光学特性

植物的光合作用是从光合色素对光的吸收开始的。太阳光的光谱见图 7-5。光合色素对太阳光的吸收是有选择性的。

将叶绿素溶液置于光源和三棱镜之间，可看到光谱中有些波长的光被吸收了，在光谱中呈现黑带或暗带，而有些光则没有被吸收，保持原来的光谱颜色，这就是叶绿素的吸收光谱（absorption spectrum）。利用分光光度计可以方便地绘出叶绿素及其他色素的吸收光谱。

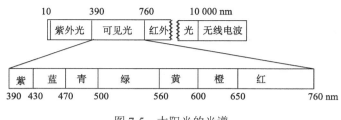

图 7-5　太阳光的光谱

　　叶绿素吸收光谱有两个强吸收区：一个在 640～660 nm 红光部分，另一个在 430～450 nm
蓝紫光部分。在光谱的橙光、黄光和绿光部分也有很弱的吸收，但不明显，其中以对绿光的
吸收最少，所以叶片和叶绿素溶液呈绿色。叶绿素 a 和叶绿素 b 的吸收光谱略有差异，与叶
绿素 b 相比，叶绿素 a 在红光部分吸收高峰偏向长波方向，在蓝紫光部分吸收高峰偏向短波
方向，而与叶绿素 a 相比，叶绿素 b 在红光部分吸收高峰偏向短波方向，在蓝紫光部分吸收
高峰偏向长波方向（图 7-6）。

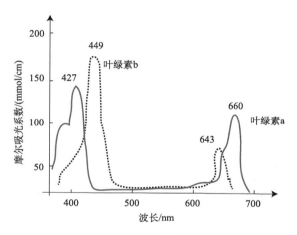

图 7-6　叶绿素 a 和叶绿素 b 在乙醚溶液中的吸收光谱

　　消光系数（extinction coefficient）是被测溶液对光的吸收值，用 a 表示。消光系数也称
摩尔吸光系数（molar extinction coefficient），是指浓度为 1 mol/L 时的吸光系数，用 ε 表示，
当浓度用 g/L 表示、比色皿的光程为 1 cm 时，摩尔吸光系数在数值上等于吸光系数与物质的
分子质量（M）之积，即 $\varepsilon = \alpha M$。被测溶液浓度高，溶液显色后颜色深，对光吸收大，光透
射率低，反之就小。同种溶液对不同波长的光谱有不同的吸收峰。

　　类胡萝卜素的吸收光谱与叶绿素不同，其最大吸收峰在蓝紫光，不吸收红光等其他波长
的光。胡萝卜素和叶黄素两种的吸收光谱基本一致（图 7-7）。

　　藻胆色素的吸收光谱与类胡萝卜素恰好相反，主要吸收红橙光和蓝绿光。藻红蛋白和藻
蓝蛋白两者吸收光谱的差异较大，藻红蛋白的最大吸收峰在绿光和黄光部分，而藻蓝蛋白的
最大吸收峰在橙红光部分。

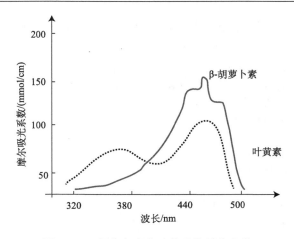

图 7-7　β-胡萝卜素和叶黄素的吸收光谱

四、荧光现象和磷光现象

荧光（fluorescence）是激发态电子快速返回到基态过程中产生的光。在反射光下，可以观察到叶绿素溶液反射出红色荧光。是什么原因使叶绿素发射荧光呢？当叶绿素分子吸收光能后，就由最稳定的、低能量的基态跃迁到一个不稳定的、高能量的激发态。被激发的电子如果是偶数的，电子的自旋方向相反，这时被激发的电子称为第一单线态。处于激发态的电子能够以放热、发光和光化学反应来消耗光能而回到基态。荧光波长长于被吸收光的波长。荧光的寿命很短，为 $10^{-8} \sim 10^{-9}\,\mathrm{s}$。第一单线态的电子如果自旋方向发生变化，并释放部分热量，会降至能级较低的第一三线态，这时两个电子自旋方向相同。第一三线态电子的能量可用于光化学反应，也可以发光的形式散失光能回到基态。这种由第一三线态回到基态所发射的光称为磷光（phosphorescence）（图 7-8）。磷光的波长比荧光长，能量更低，但磷光寿命较长，为 $10^{-2} \sim 10^{-3}\,\mathrm{s}$，可用精密仪器在关闭光源后测出叶绿素磷光的延迟发光现象。

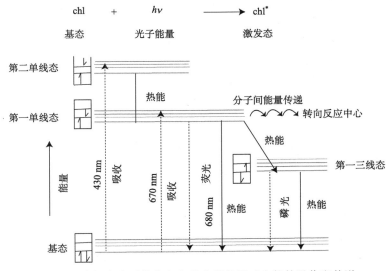

图 7-8　叶绿素分子的荧光和磷光现象及对光能的吸收和传递

荧光现象和磷光现象是叶绿素分子吸收光能后，耗散光能的一种方式，在活体叶片中由于光能用于光化学反应，荧光很弱，但当叶片衰老或在胁迫环境条件下，发射荧光的量会增加。所以，叶片的荧光特性常作为光合作用研究的探针。同时，叶绿素的荧光现象也有助于了解叶绿素分子的能量传递特性，以及色素分子在活体内的排列状况。

五、叶绿素的生物合成

植物叶绿体中的光合色素与其他生命物质一样，处在不断合成和不断分解的代谢过程中，在不同时期和不同环境条件下变化很大。

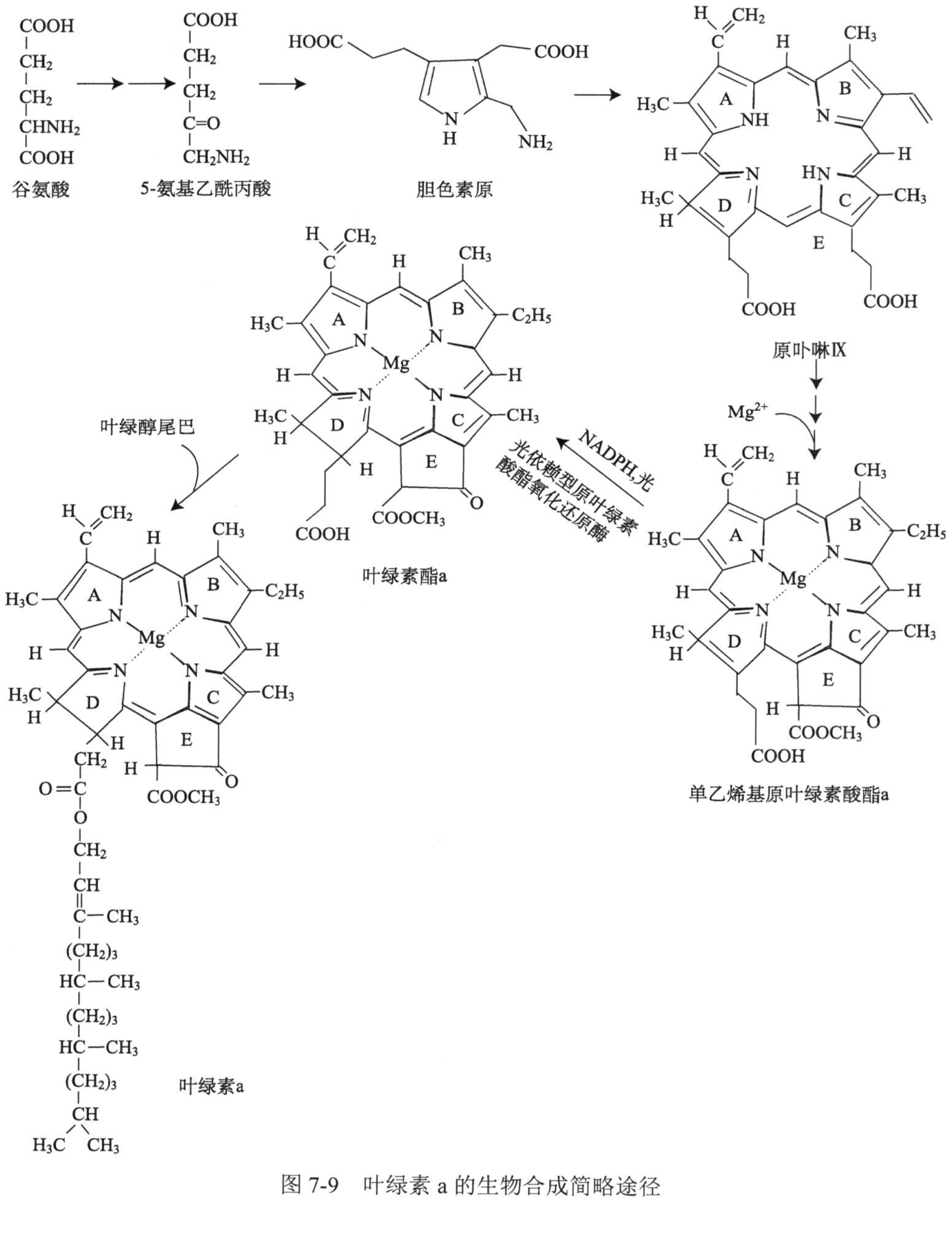

图 7-9　叶绿素 a 的生物合成简略途径

　　叶绿素的生物合成是由一个多酶系统催化的复杂生化过程。叶绿素合成的起始物质是谷氨酸（glutamic acid），经过 5-氨基乙酰丙酸（5-aminolevulinic acid，ALA）、胆色素原（porphobilinogen）等合成叶绿素（图7-9）。2分子的ALA合成含吡咯环的胆色素原。4分子的胆色素原脱去4个氨基形成原卟啉Ⅸ（protoporphyrin Ⅸ）。

　　原卟啉Ⅸ是形成叶绿素和亚铁血红素的中间物质，如果与铁原子结合，就生成亚铁血红素（heme）；如果与镁原子结合，则形成Mg-原卟啉（Mg-protoporphyrin）。由此可见，动物与植物体内两大重要色素系统的起源是相同的，随着生物进化，动物和植物便形成了结构与功能完全不同的两种色素。Mg-原卟啉接受来自S-腺苷甲硫氨酸的甲基，形成了第五个环即戊酮环（E环），从而形成单乙烯基原叶绿素酸酯a（monovinyl protochlorophyllide a）。

　　单乙烯基原叶绿素酸酯a在光照和NADPH存在条件下，在原叶绿素氯化还原酶的作用下被还原成叶绿素酸酯a（chlorophyllide a）。最后，植醇（phytol）与叶绿素酸酯a的第四个环（D环）丙酸酯化，形成叶绿素a。叶绿素b是由叶绿素a演变形成的（图7-9）。

　　许多环境条件影响叶绿素的合成，其中最主要的是光照、温度和矿质元素。光是影响叶绿素形成的主要因素，黑暗条件下植物不能合成叶绿素，因为单乙烯基原叶绿素酯a只有经过照光后，才能合成叶绿素。叶绿素合成所需的光强较低，除波长在680 nm以上的光外，可见光中各种波长的光都能促进叶绿素合成；但在藻类、苔藓、蕨类和松柏科植物中，在黑暗条件下也能合成叶绿素；柑橘种子的子叶和莲子的胚芽也可在暗中合成叶绿素，其合成机制尚不清楚。

　　叶绿素的生物合成受温度的影响很大，温度影响酶促反应过程。一般说来，叶绿素合成的最低温度为2～4℃，最适温度为30℃左右，最高温度为40℃。早春和晚秋植物叶片变黄，一方面是由于低温抑制叶绿素的合成，另一方面是由于低温引起叶绿素分解加快。

　　植物缺乏氮、镁、铁、锰、铜、锌元素时，也不能合成叶绿素，表现缺绿症。氮和镁是构成叶绿素分子的元素，而铁、锰、铜、锌等元素可能是叶绿素合成过程中某些酶的活化剂，在叶绿素形成过程中起间接作用。植物在干旱缺水条件下也抑制叶绿素的合成，加速叶绿素的分解。由于分解大于合成，叶片呈黄绿色；在缺氧条件下，叶绿素的合成也受阻。

第二节　光合作用的过程

　　光合作用可以分为光反应和碳反应。光反应必须在光下才可以进行；碳反应在暗处或光处都可以进行（图7-10）。光合反应分为三个步骤：原初反应、电子传递和光合磷酸化、碳同化。原初反应包括吸收光能、传递光能，以及光能向电能的转变，即由光所引起的氧化还原过程。电子传递和光合磷酸化形成了ATP和NADPH。碳同化将光能转变成化学能。

一、原初反应

　　原初反应（primary reaction）是指从光合色素分子被光激发，到引起第一个光化学反应（photochemical reaction）为止的过程，它包括光能的吸收、传递与光化学反应。光化学反应实质上是由光引起的氧化还原反应。原初反应与生化反应相比，其速度非常快，可在皮秒（ps，10^{-12}s）与纳秒（ns，10^{-9}s）内完成，且与温度无关，可在-196℃（77K，液氮温度）或-271℃（2K，液氦温度）下进行。由于速度快、散失的能量少，所以其量子效率接近1。

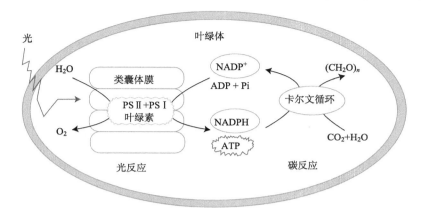

图 7-10　叶绿体中的光反应和碳反应

（一）增益效应

　　早在 1943 年，爱默生（Emerson）以绿藻和红藻为材料，研究其不同光波的量子产额（quantum yield）（即植物通过一个光量子所固定的二氧化碳分子数或放出的氧分子数），发现当光子波长大于 685 nm（远红光）时，虽然仍被叶绿素大量吸收，但量子产额急剧下降，这种现象被称为红降现象（red drop）。当时尚不能理解这个现象。爱默生等在 1957 年又观察到，在远红光（710 nm）条件下，如补充红光（波长 650 nm），则量子产额大增，比这两种波长的光单独照射的总和还要多。后人把这两种波长的光协同作用而增加光合效率的现象称为增益效应（enhancement effect）或爱默生效应（Emerson effect）（图 7-11）。

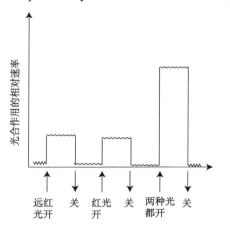

图 7-11　光合作用的增益效应

　　上述现象说明植物体中可能存在两种色素系统，各有不同的吸收峰，进行不同的光合反应。随着近代研究技术的进展，可以直接从叶绿体中分离出两个光系统（photosystem，PS），即光系统Ⅰ和光系统Ⅱ。

（二）光系统

　　叶绿体内进行光吸收的功能单位称为光系统。光系统由叶绿素、类胡萝卜素、脂类和蛋白质组成。光系统含有两个主要成分：捕光复合物（light -harvesting complex，LHC）和光反应中心复合物（reaction-center complex）。光系统中的光吸收色素的功能像是一种天线，将捕获的光能传递给中心的一对叶绿素 a，由叶绿素 a 激发一个电子，激发的电子进入光合作用的电子传递链。

　　叶绿体内的光系统有两个：光系统Ⅰ（photosystemⅠ，PSⅠ）和光系统Ⅱ（photosystemⅡ，PSⅡ）。光系统Ⅰ 颗粒较小，直径 11 nm，主要分布在类囊体膜（基质片层和基粒片层）的非垛叠部分；PSⅠ核心复合体由反应中心色素 P700（最大吸收波长为 700 nm）、电子受体和

PS I 捕光复合体（light harvesting complex I，LHC I）等组成。

光系统 II 颗粒较大，直径约 17.5 nm，主要分布在类囊体膜（基粒片层）的垛叠部分；PS II 主要由 PS II 反应中心（PS II reaction centre）、捕光复合体 II（light harvesting complex II，LHC II）和放氧复合体（oxygen-evolving complex，OEC）等亚单位组成。PS II 反应中心色素为 P680（最大吸收波长为 680 nm）。PS II 的功能是利用光能氧化水和还原质体醌（plastoquinone，PQ），这两个反应分别在类囊体膜的两侧进行，即在腔一侧氧化水释放质子于腔内，在基质一侧还原质体醌，于是在类囊体膜的两侧建立氢离子梯度。

PS I 和 PS II 反应中心的原初电子供体很相似，都是由两个叶绿素 a 分子组成的二聚体，分别用 P700、P680 来表示。这里 P 代表色素（pigment），700 和 680 表示 PS I 和 PS II 反应中心叶绿素的最大吸收波长分别为 700 nm 和 680 nm。PS I 和 PS II 的特征见图 7-12。PS I 和 PS II 通过电子传递链相互联系。电子传递链中的各种电子传递体具有不同的氧化还原势，根据氧化还原势高低排列，呈"Z"字形（zigzag）电子空间转移，所以也称之为光合作用电子传递的 Z 方案（Z-scheme）。图 7-12 所描述的光合作用的 Z 方案，是了解放氧光合生物的基础。它解释了两个物理和化学性质上都有所不同、具有不同天线色素和光化学反应中心的光系统（I 和 II）究竟是如何起作用的。

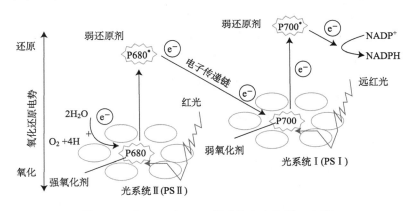

图 7-12 由 PS I 和 PS II 组成的光合作用 Z 方案

PS I 的原初电子受体是叶绿素分子，PS II 的原初电子受体是去镁叶绿素分子（pheophytin），它们的次级电子受体分别是铁硫中心和醌分子。PS II 中质体醌的结构和反应式见图 7-13。在原初反应中，受光激发的反应中心色素分子发射出高能电子，完成了光到电的转变，随后高能电子将沿着光合电子传递链进一步传递。

（三）激发的能量传递

激发态的色素分子把激发能传递给处于基态的同种或异种分子而返回基态的过程称为色素分子间的能量传递。色素分子吸收的光能，若通过发热、发荧光与磷光等方式退激（deexcitation），能量就被浪费了。捕光色素（无线色素）分子在第一单线态的能量水平上，通过分子间的能量传递，把捕获的光能传到反应中心色素分子，以推动光化学反应的进行。

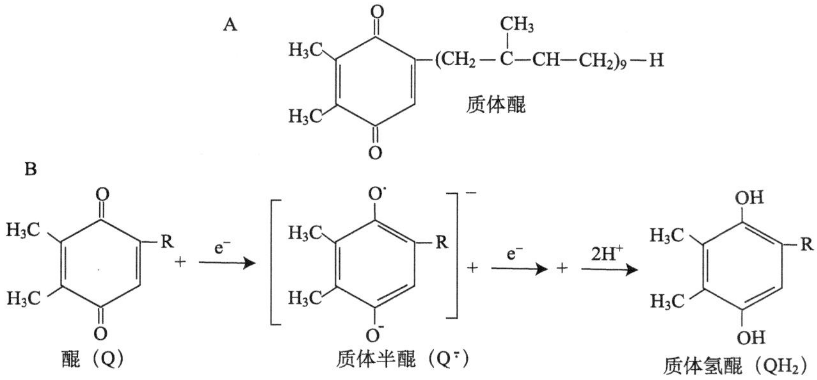

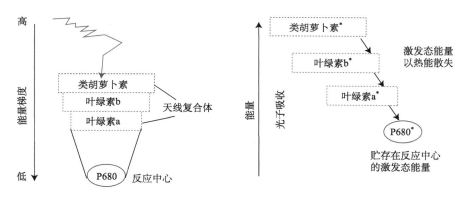

图 7-13 质体醌的结构及反应式

A.质体醌的结构，质体醌由一个醌组成的头部和一条可以锚定在膜上的非极性尾巴所组成；B.质体醌的氧化还原反应

Q 表示完全氧化的醌；$Q^{\cdot-}$ 表示带负电的质体半醌；QH_2 表示被还原的质体氢醌；R 表示侧链

从天线系统的外围到反应中心排列着不同的色素分子，天线色素将吸收的能量汇集到反应中心（图7-14），它们的最大吸收波长逐渐红移，最大吸收波长的红移意味着靠近反应中心的激发态的能量低于天线系统周边。这种排布的结果是，当激发能转移时，如从最大吸收为 650 nm 的叶绿素 b 分子转移到最大吸收波长为 670 nm 的叶绿素 a 分子时，这两个激发叶绿素的能量差异以热能的形式散失到环境中。如果激发能反过来再转移到叶绿素 b 时，就必须重新补充作为热能损伤的能量，由于可得到的热能不足以填补低能和高能色素间的能量差，所以逆转移的可能性很小，这种效应赋予了能量捕获过程一定的方向性或不可逆性，使得向反应中心输运激发能效率更高。本质上，系统牺牲了每个量子中的一些能量，使得几乎所有量子都能被反应中心捕获。

图 7-14 激发能从天线复合体向反应中心汇集

*表示激发态

一般认为，色素分子间激发能不是靠分子间的碰撞（因原初反应不受温度影响）传递的，也不是靠分子间电荷转移传递的，可能是通过"激子传递"（exciton transfer）或"共振传递"（resonance transfer）方式传递的。

　　激子通常是指非金属晶体中由电子激发的量子，它能转移能量但不能转移电荷。在由相同分子组成的捕光色素系统中，其中一个色素分子受光激发后，高能电子在返回原来轨道时也会发出激子，此激子能使相邻色素分子激发，即把激发能传递给了相邻色素分子，激发的电子可以相同的方式再发出激子，并被另一色素分子吸收，这种在相同分子内依靠激子传递来转移能量的方式称为激子传递。这样，激发能不仅仅属于受光的色素分子，它可能被捕光色素系统中的某一区域的色素集体所共用。激子传递仅适用于分子间距离小于 2 nm 的相同色素分子间的光能传递。

　　在色素系统中，一个色素分子吸收光能被激发后，其中高能电子的振动会引起附近另一个分子中某个电子的振动（共振），当第二个分子中电子振动被诱导起来，就发生了电子激发能量的传递，第一个分子中原来被激发的电子便停止振动，而第二个分子中被诱导的电子则变为激发态，第二个分子又能以同样的方式激发第三个、第四个分子。这种依靠电子振动在分子间传递能量的方式就称为"共振传递"。共振传递仅适用于分子间距离大于 2 nm 的色素分子间的光能传递。

（四）光化学反应

　　原初反应的光化学反应是在光系统的反应中心（reaction center）进行的。反应中心是发生原初反应的最小单位，它是由反应中心色素分子、原初电子受体、次级电子受体与供体等电子传递体，以及维持这些电子传递体的微环境所必需的蛋白质等成分组成。反应中心的原初电子受体（primary electron acceptor）是指直接接收反应中心色素分子传来电子的电子传递体，而反应中心色素分子是光化学反应中最先向原初电子受体供给电子的，因此反应中心色素分子又称原初电子供体（primary electron donor）。

　　原初反应的光化学反应实际就是由光引起的反应中心色素分子与原初电子受体间的氧化还原反应，可用下式表示光化学反应过程：

$$P \cdot A \xrightarrow{\quad 光 \quad} P^* \cdot A \longrightarrow P^+ \cdot A^-$$

　　原初电子供体，即反应中心色素（P）吸收光能后成为激发态（P^*），其中被激发的电子移交给原初电子受体（A），使其被还原带上负电荷（A^-），而原初电子供体则被氧化带上正电荷（P^+）。这样，反应中心出现了电荷分离，到这里原初反应也就完成了。原初电子供体失去电子，有了"空穴"，成为"陷阱"（trap），便可从次级电子供体那里争夺电子；而原初电子受体得到电子，使电位值升高，供电子的能力增强，可将电子传给次级电子受体。提供电子给 P^+ 的还原剂叫做次级电子供体（secondary electron donor，D），从 A^- 接收电子的氧化剂叫做次级电子受体（secondary electron acceptor，A1），那么电荷分离后反应中心的反应式就可写为

$$D \cdot [P^+ \cdot A^-] \cdot A1 \longrightarrow D^+ \cdot [P \cdot A] \cdot A1^-$$

　　这就完成了光能转换为电能的过程。这一过程在光合作用中不断反复地进行，从而推动电子在电子传递体中的传递。

二、电子传递和光合磷酸化

（一）电子传递

叶绿体中的类囊体体膜上含有电子传递链。电子传递体有脱镁叶绿素（pheophytin, Pheo）、铁硫蛋白（iron-sulfur protein, FeS）、质体醌（plastoquinone, PQ）、细胞色素（cytochrome, Cyt）、铁氧还蛋白（ferredoxin, Fd）等。它们形成 PS I 、细胞色素 b_6f 复合体（cytochrome b_6f complex, Cyt b_6f）和 PS II 等复合体 。当光经 PS II 激活水的裂解（water splitting）引起电子传递，电子经过 PS II 、质体醌、Cyt b_6f、质体蓝素（plastocyanin, PC）、PS I 、铁氧还蛋白-NADP 还原酶（ferredoxin-NADP reductase, FNR）、$NADP^+$，最终生成 NADPH，同时将质子传递到类囊体内，经 ATP 合酶生成 ATP。这是最常见的非环式电子传递（noncyclic electron transport）（图 7-15）。

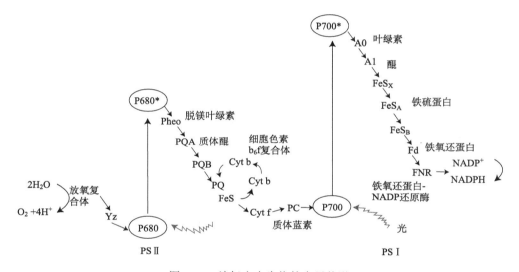

图 7-15　放氧光合生物的电子传递

在正常的生理条件下，植物光合作用以非环式电子传递为主。另外，PS I 受激发，而 PS II 未受激发时，PS I 产生的电子经 Fd、Cytb_6f、PC 返回到 PS I ，这就是环式电子传递（cyclic electron transport）（图 7-16）。在正常情况下，环式电子传递只有非环式电子传递的 3% 左右；在胁迫情况下，所占比例则会增强，对光合作用起调节作用。

假环式电子传递（pseudo-cyclic electron transport）与非环式电子非常类似，只是在电子传递到 Fd 的时候，电子传递给氧气（图 7-16），形成了超氧阴离子自由基，后者被超氧化物歧化酶（superoxide dismutase, SOD）消除，产生 H_2O。电子似乎是从 H_2O 传递给了 H_2O，故称之为假环式电子传递。假环式电子传递往往在强光下、$NADP^+$供应不足时发生。

非环式电子传递路线：

$$H_2O \longrightarrow PS\,II \longrightarrow PQ \longrightarrow Cytb_6f \longrightarrow PC \longrightarrow PS\,I \longrightarrow Fd \longrightarrow FNR \longrightarrow NADP^+$$

环式电子传递路线：

$$PS\,I \longrightarrow Fd \longrightarrow PQ \longrightarrow Cytb_6f \longrightarrow PC \longrightarrow PS\,I$$

假环式电子传递路线：

$$H_2O \longrightarrow PS\,II \longrightarrow PQ \longrightarrow Cytb_6f \longrightarrow PC \longrightarrow PS\,I \longrightarrow Fd \longrightarrow O_2$$

图 7-16　光合电子传递的非环式、环式和假环式传递路线

（二）光合磷酸化

在光合作用的光反应中，除了将一部分光能转移到 NADPH 中暂时贮存外，还要利用另外一部分光能合成 ATP，将电子传递与 ADP 的磷酸化偶联起来，这一过程称为光合磷酸化。光合磷酸化（photophosphorylation）是植物叶绿体的类囊体膜或光合细菌的载色体在光下催化腺苷二磷酸（ADP）与磷酸（Pi）形成腺苷三磷酸（ATP）的反应（图 7-17）。

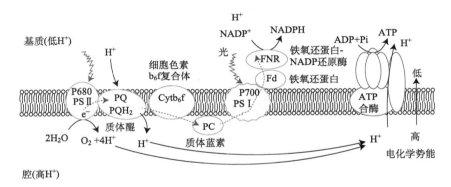

图 7-17　4 个跨膜复合体在类囊体膜上的排列及光合磷酸化过程

光合磷酸化同线粒体的氧化磷酸化的主要区别是：氧化磷酸化是由高能化合物分子氧化驱动的，而光合磷酸化是由光子驱动的。

光合磷酸化的机制同线粒体进行的氧化磷酸化机制都可用化学渗透学说（chemiosmotic theory）来解释。在电子传递和 ATP 合成之间，起偶联作用的是膜内外之间存在的质子电化学梯度。类囊体膜进行的光合电子传递及光合磷酸化需要 4 个跨膜复合体参加，即 PS I、PS II、Cytb$_6$f 和 ATP 合酶。有 3 个可动的分子（质子）——质体醌、质体蓝素和 H$^+$ 质子将这 4 个复合物在功能上连成一体，即完成电子传递、建立质子梯度、合成 ATP 和 NADPH（图 7-17）。

同样，光合磷酸化也有三种类型：非环式光合磷酸化、环式光合磷酸化和假环式光合磷酸化。

非环式光合磷酸化（noncyclic photophosphorylation）与非环式电子传递偶联产生 ATP。在非环式光合磷酸化过程中，除生成 ATP 外，同时还有 NADPH 的产生和氧的释放。非环式光合磷酸化仅为含有基粒片层的放氧生物所特有，它在光合磷酸化中占主要地位。

环式光合磷酸化（cyclic photophosphorylation）与环式电子传递偶联产生 ATP。环式光合

磷酸化是非光合放氧生物光能转换的唯一形式，主要在基质片层内进行。它在光合作用进化上较为原始，在高等植物中可能起着补充 ATP 不足的作用。

假环式光合磷酸化（pseudo-cyclic photophosphorylation）与假环式电子传递偶联产生 ATP。NADPH 的氧化受阻时则有利于假环式电子传递的进行。

农业上常用的除草剂如二氯苯基二甲基脲（dichlorophenyl dimethylurea，缩写为 DCMU，DCMU 的商品名为"敌草隆"或"diuron"）和甲基紫精（methyl viologen，商品名为"百草枯"或"Paraquat"）就是通过阻断光合电子链而发挥作用的。敌草隆在 PS Ⅱ 的 PQ 受体处通过与 PQ 发生竞争性结合阻断光合电子流；百草枯则是通过从 PS Ⅰ 的初始受体上接受电子而阻断其作用，并与 O_2 反应形成超氧化物，对叶绿体的组分尤其是膜脂产生危害。敌草隆和百草枯的结构式及作用机制见图 7-18。

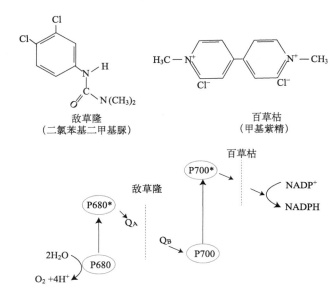

图 7-18　除草剂敌草隆和百草枯的结构式及其作用机制

电子传递和光合磷酸化形成 ATP 和 NADPH。ATP 和 NADPH 是光合作用过程中的重要中间产物，一方面这两者都能暂时将能量贮藏，将来向下传递；另一方面，NADPH 的 H^+ 又能进一步还原 CO_2 并形成中间产物。在暗反应中，利用 ATP 与 NADPH，通过一系列酶促反应，催化 CO_2 还原为碳水化合物。这样 ATP 与 NADPH 就把光反应和碳反应联系起来了。由于 ATP 和 NADPH 用于碳反应中的 CO_2 同化，所以把 ATP 和 NADPH 合称为同化力（assimilatory power）。

三、碳同化

碳同化是利用 ATP 和 NADPH 将二氧化碳还原形成糖类物质的过程。高等植物固定二氧化碳有三条途径：C3 途径、C4 途径和景天酸途径。其中，C3 途径最常见。

（一）C3 途径——卡尔文循环

C3 途径是卡尔文经过 10 年的研究才发现的，也被称为卡尔文循环（Calvin cycle）。卡尔文因此获得了 1961 年诺贝尔化学奖。在 C3 途径中，二氧化碳的受体是戊糖，因此也被称为戊糖磷酸途径（pentose phosphate cycle）。水稻、小麦等大多数植物主要是经过 C3 途径固定二氧化碳，因此这些植物被称为 C3 植物。卡尔文循环可分为羧化（carboxylation）、还原（reduction）和再生（regeneration）三个阶段（图 7-19）。

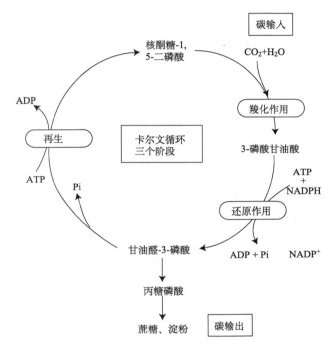

图 7-19 卡尔文循环的羧化、还原和再生三个阶段及光合产物的分配

卡尔文循环中的主要反应式见图 7-20。

从卡尔文循环中直接制造出来的碳水化合物并不是葡萄糖，而是一种称为甘油醛-3-磷酸（glyceraldehyde 3-phosphate, G3P）的三碳糖。要合成 1 mol 3-磷酸甘油酸，整个循环过程必须发生 6 次的取代作用，固定 3 mol 二氧化碳。

卡尔文循环的起始步骤是核酮糖-1，5-二磷酸羧化酶/加氧酶（ribulose-1，5-bisphosphate carboxylase/oxygenase, Rubisco）催化的 CO_2 和核酮糖-1，5-二磷酸（ribulose-1，5-bisphosphate, RuBP）结合反应。这个反应的产物是一种含 6 个碳而不稳定的中间产物，该中间产物经水合/质子化作用后产生稳定的产物 3-磷酸甘油酸（3-phosphoglycerate, PGA）（图 7-21）。

3-磷酸甘油酸被 ATP 磷酸化，在 3-磷酸甘油酸激酶的作用下，形成 1,3-二磷酸甘油酸。1,3-二磷酸甘油酸在甘油醛-3-磷酸脱氢酶的作用下，被 NADPH 和 H^+ 还原，形成甘油醛-3-磷酸。甘油醛-3-磷酸可以在叶绿体内合成淀粉，也可以转运叶绿体，在细胞质中合成蔗糖。

$$6\ \text{核酮糖-1,5-二磷酸} + 6CO_2 + 6H_2O \xrightarrow{\substack{\text{核酮糖-1,5-二磷} \\ \text{酸羧化酶/加氧酶}}} 12(\text{3-磷酸甘油酸}) + 12H^+$$

$$12(\text{3-磷酸甘油酸}) + 12ATP \xrightarrow{\text{3-磷酸甘油醛激酶}} 12(\text{1,3-二磷酸甘油酸}) + 12ADP$$

$$12(\text{1,3-二磷酸甘油酸}) + 12NADPH + 12H^+ \xrightarrow{\substack{\text{NADP:甘油醛-} \\ \text{3-磷酸脱氢酶}}} 12\text{甘油醛-3-磷酸} + 12NADP^+ + 12H^+$$

$$5\text{甘油醛-3-磷酸} \xrightarrow{\substack{\text{丙糖磷酸异构酶} \\ \text{甘油醛磷酸异构酶}}} 5\text{二羟丙酮-3-磷酸}$$

$$3\text{甘油醛-3-磷酸} + 3\text{二羟丙酮-3-磷酸} \xrightarrow{\text{醛缩酶}} 3\text{果糖-1,6-二磷酸}$$

$$3\text{果糖-1,6-二磷酸} + 3H_2O \xrightarrow{\text{果糖-1,6-二磷酸酶}} 3\text{果糖-6-磷酸} + Pi$$

$$2\text{果糖-6-磷酸} + 2\ \text{甘油醛-3-磷酸} \xrightarrow{\substack{\text{转羟乙醛酶} \\ \text{转酮醇酶}}} 2\text{赤藓糖-4-磷酸} + 2\ \text{木酮糖-5-磷酸}$$

$$2\text{赤藓糖-4-磷酸} + 2\ \text{二羟丙糖-3-磷酸} \xrightarrow{\text{醛缩酶}} 2\text{景天庚酮糖-1,7-二磷酸}$$

$$2\text{景天庚酮糖-1,7-二磷酸} + 2H_2O \xrightarrow{\substack{\text{景天庚酮糖-} \\ \text{1,7-二磷酸酶}}} 2\text{景天庚酮糖-7-磷酸} + 2\ Pi$$

$$2\text{景天庚酮糖-7-磷酸} + 2\ \text{甘油醛-3-磷酸} \xrightarrow{\substack{\text{转羟乙醛酶} \\ \text{转酮醇酶}}} 2\text{核糖-5-磷酸} + 2\ \text{木酮糖-5-磷酸}$$

$$4\text{木酮糖-5-磷酸} \xrightarrow{\substack{\text{核酮糖-5-磷酸} \\ \text{异构酶}}} 4\text{核酮糖-5-磷酸}$$

$$2\text{核糖-5-磷酸} \xrightarrow{\text{核糖-5-磷酸异构酶}} 2\text{核酮糖-5-磷酸}$$

$$6\text{核酮糖-5-磷酸} + 5ATP \xrightarrow{\substack{\text{核酮糖-5-} \\ \text{磷酸激酶}}} 6\ \text{核酮糖-1,5-二磷酸} + 6ADP + 6H^+$$

图 7-20　卡尔文循环中的主要反应式

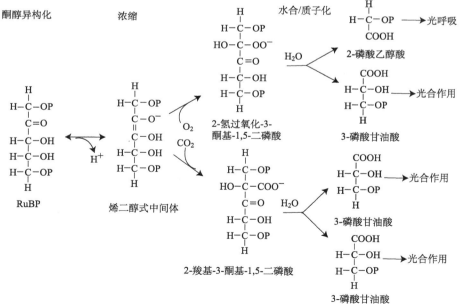

图 7-21　Rubisco 催化 RuBP 的羧化和氧化作用

甘油醛-3-磷酸在异构酶的作用下转变成二羟丙酮-3-磷酸。甘油醛-3-磷酸和二羟丙酮-3-磷酸在一系列酶的作用下最后重新生成了核酮糖-1,5-二磷酸（RuBP）。

卡尔文循环最终的反应式如下：

$$3CO_2 + 5H_2O + 5NADPH + 9ATP \longrightarrow \text{甘油醛-3-磷酸} + 6NADP^+ + 3H^+ + 9ADP + 8Pi$$

在卡尔文循环中，果糖-1,6-二磷酸酶、核酮糖-5-磷酸激酶等很多酶都受光调节。它们活性的调节是通过铁氧还蛋白-硫氧还蛋白系统的氧化还原来控制的。例如,铁氧还蛋白在光下,双硫键可以被还原成—SH,导致果糖-1,6-二磷酸酶和核酮糖-5-磷酸激酶等酶活化,从而来催化相应的反应（图 7-22）。

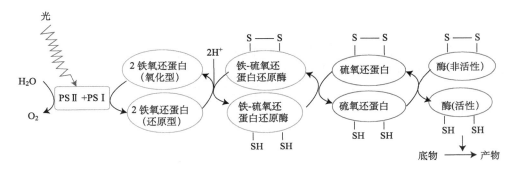

图 7-22　铁氧还蛋白-硫氧还蛋白系统感知光信号和调节酶活性

（二）C4 途径

1. C4 途径的发现

在 20 世纪 60 年代发现有些起源于热带的植物,如甘蔗、玉米等,除了与其他植物一样具有卡尔文循环外,还有另外一条固定 CO_2 的途径,该途径固定 CO_2 的最初产物是含有 4 个碳原子的四碳二羧酸（苹果酸和天冬氨酸）,因此称为四碳二羧酸途径（C4-dicarborylic acid pathway）,简称为 C4 途径。通过 C4 途径固定 CO_2 的植物就是 C4 植物。目前已发现被子植物中有 20 多个科近 2000 种植物为 C4 植物,如玉米、甘蔗、高粱、马齿苋、黍和粟等。这类植物大多起源于热带或亚热带,主要集中在禾本科、莎草科、菊科和苋科等。由于 C4 途径是由澳大利亚科学家哈奇（M. D. Hatch）和斯莱克（C.R. Slack）最终探明了 C4 途径的全部生物化学过程,因此 C4 途径也称为 Hatch-Slack 途径（Hatch-Slack pathway）。

2. C4 植物的叶片结构特征

与 C3 植物相比,C4 植物叶片的栅栏组织与海绵组织分化不明显,叶片两侧颜色差异小。C3 植物的光合细胞主要是叶肉细胞（mesophyll cell, MC）;而 C4 植物的光合细胞有两类,即叶肉细胞和维管束鞘细胞（bundle sheath cell, BSC）。C4 植物维管束分布密集,每条维管束都被发育良好的维管束鞘细胞包围,外面又密接 1～2 层叶肉细胞,这种呈同心圆排列的维管束鞘细胞与周围的叶肉细胞层形成"花环形"（Kranz type）结构。C4 植物的维管束鞘细胞中含有大而多的叶绿体,线粒体和其他细胞器也较丰富。维管束鞘细胞与相邻叶肉细胞间的细胞壁较厚,细胞壁中纹孔多,胞间连丝丰富。这些结构特点有利于叶肉细胞与维管束鞘细胞间的物质交换,以及光合产物向维管束的运输。C3 植物的维管束鞘细胞较小,不含或含有很少的叶绿体，没有"花环形"结构，维管束鞘周围的叶肉细胞排列松散（图 7-23）。

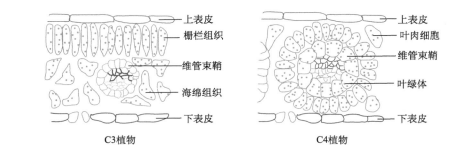

图 7-23　C3 和 C4 植物的叶片结构

此外，C4 植物的两类光合细胞中含有不同的酶类，叶肉细胞中含有磷酸烯醇式丙酮酸（phosphoenolpyruvate, PEP）羧化酶（carboxylase），以及与四碳二羧酸生成有关的酶；而维管束鞘细胞中含有 Rubisco 等参与 C3 途径的酶、乙醇酸氧化酶及脱羧酶。在这两类细胞中进行不同的生化反应。

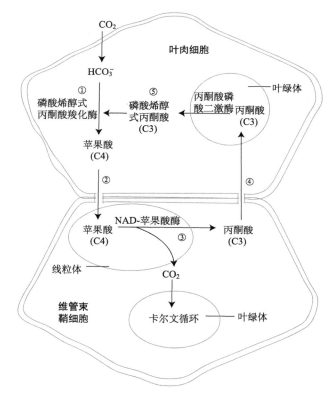

图 7-24　C4 途径的羧化、转移、脱羧与还原、再生等步骤

①来源于大气 CO_2 溶于水生成的碳酸氢根与磷酸烯醇式丙酮酸生成苹果酸；②苹果酸扩散进入维管束鞘细胞；③苹果酸脱羧释放 CO_2，生成丙酮酸；④丙酮酸扩散进入叶肉细胞；⑤丙酮酸在丙酮酸磷酸二激酶的作用下生成磷酸烯醇式丙酮酸

C4 植物通过叶肉细胞中的 PEP 羧化酶固定 CO_2，生成的四碳二羧酸转移到维管束鞘细胞中，释放出 CO_2，参与卡尔文循环，形成糖类，所以 C4 植物进行光合作用时，只有维管束鞘细胞内形成淀粉，在叶肉细胞中没有淀粉。而 C3 植物由于仅有叶肉细胞含有叶绿体，整个光合过程都是在叶肉细胞里进行，淀粉也只是积累在叶肉细胞中，维管束鞘细胞不积存淀粉。

3. C4 途径的步骤和主要反应过程

C4 途径包括 5 个步骤。①羧化：叶肉细胞中的 PEP 羧化，把 CO_2 固定为四碳二羧酸（苹果酸或天冬氨酸）。②四碳二羧酸的转移：四碳二羧酸转移到维管束鞘细胞。③脱羧与还原：维管束鞘细胞中的四碳二羧酸脱羧形成 CO_2 和丙酮酸，CO_2 通过卡尔文循环被还原为碳水化合物。④三碳酸的转移：三碳酸（丙酮酸或丙氨酸）再运回叶肉细胞。⑤再生：三碳酸（丙酮酸或丙氨酸）再生成 PEP（图 7-24）。

C4 途径中的反应过程虽因植物种类不同而有差异，但主要反应过程可归纳如图 7-25。

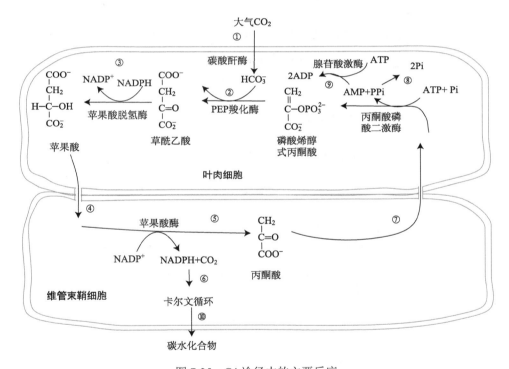

图 7-25　C4 途径中的主要反应

①CO_2 在碳酸酐酶的作用下生成碳酸氢根；②碳酸氢根和磷酸烯醇式丙酮酸生成草酰乙酸；③草酰乙酸在苹果酸脱氢酶作用下，生成苹果酸；④苹果酸扩散进入维管束鞘细胞；⑤苹果酸在苹果酸酶的作用下生成丙酮酸，释放 CO_2；⑥CO_2 进入卡尔文循环；⑦丙酮酸扩散进入叶肉细胞；⑧丙酮酸在丙酮酸磷酸二激酶的作用下，生成磷酸烯醇式丙酮酸；⑨AMP 在腺苷酸激酶的作用下，生成 ADP；⑩卡尔文循环生成的碳水化合物

4. C4 途径的类型

根据进入维管束鞘细胞四碳化合物的种类和脱羧反应的酶及部位等的不同，C4 途径可分为 NADP-苹果酸酶、NAD-苹果酸酶和 PEP 羧化酶三种类型（表 7-1，图 7-26）。

表 7-1 C4 途径三种类型的比较

类型	进入维管束鞘细胞四碳化合物的种类	脱羧反应的部位	脱羧酶	返回叶肉细胞的主要三碳酸的种类	一些代表性的植物
NADP-苹果酸酶类型	苹果酸	叶绿体	NADP-苹果酸酶	丙氨酸	玉米、甘蔗、高粱
NAD-苹果酸酶类型	天冬氨酸	线粒体	NAD-苹果酸酶	丙氨酸	狗尾草、马齿苋
PEP 羧化酶三种类型	天冬氨酸	细胞质	PEP 羧化酶	丙氨酸和丙酮酸	羊草、非洲狼尾草

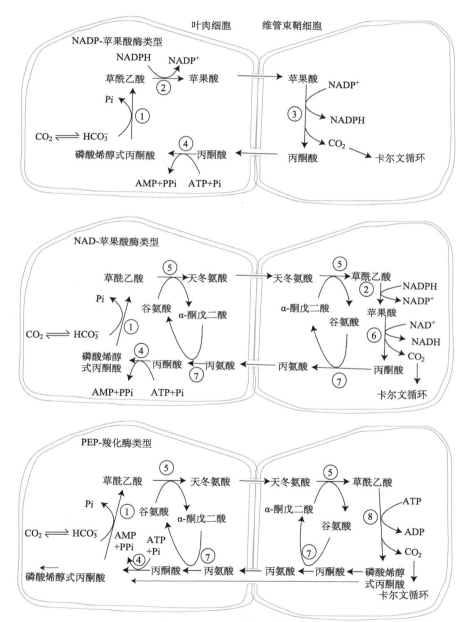

图 7-26 C4 途径的三种类型

①PEP 羧化酶；②NADP-苹果酸脱氢酶；③NADP-苹果酸酶；④磷酸丙酮酸双激酶；⑤天冬氨酸氨基转移酶；⑥NAD-苹果酸酶；⑦丙氨酸氨基转移酶；⑧PEP 羧激酶

与 C3 植物相比，C4 植物光呼吸弱，CO_2 补偿点低，光饱和点高，光合作用最适温度高，光合速率较高。在强光及其他适合条件下，C4 植物的光合速率可达到 $40\sim80$ CO_2 mg/($dm^2\cdot h$)。这主要是由于 C4 植物的 PEP 羧化酶活性较强，并且通过 C4 途径将外界 CO_2 浓缩到维管束鞘细胞内，使 Rubisco 周围的 CO_2 含量增高所致。

（三）景天科植物酸代谢途径

景天酸代谢途径（crassulacean acid metabolism pathway，CAM 途径）最早是在景天科植物中发现的，它是指生长在热带及亚热带干旱、半干旱地区的一些肉质植物所具有的一种光合固定 CO_2 的途径，具有这种途径的植物称为 CAM 植物。这些植物气孔白天关闭，夜晚开放。白天气孔关闭减少蒸腾作用导致的水分损失。这样既能维持水分平衡，又能固定 CO_2。

CAM 植物在夜间叶肉细胞中磷酸烯醇式丙酮酸（PEP）作为 CO_2 受体，在 PEP 羧化酶催化下，形成草酰乙酸，再还原成苹果酸，并贮存于液泡中；白天苹果酸则由液泡转入叶绿体中进行脱羧释放 CO_2，再通过卡尔文循环转变成糖（图 7-27）。所以 CAM 植物绿色部分的有机酸特别是苹果酸有昼夜的变化，夜间积累、白天减少；淀粉则是夜间减少（由于转变为 CO_2 受体 PEP）、白天积累（由于进行光合作用的结果）。

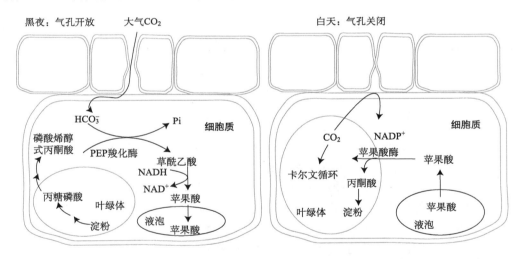

图 7-27 景天酸代谢途径

已发现许多科植物，如龙舌兰科、仙人掌科、大戟科、百合科、葫芦科、萝藦科及凤梨科等科的植物具有 CAM 途径。一般来说，CAM 植物是肉质植物（succulent plant）。CAM 植物通过改变其光合代谢类型以适应高温、干旱的环境。CAM 植物的光合速率很低[$3\sim10$ CO_2 mg/($dm^2\cdot h$)]，一般生长慢，但 CAM 植物能在其他植物难以生存的环境条件下生存和生长。

综上所述，植物的光合碳同化途径具有多样性，这也反映了植物对生态环境多样性的适应，但 C3 途径是光合碳代谢的最基本和最普遍的途径，C4 途径和 CAM 途径可以说是对 C3 途径的补充。此外，20 世纪 70 年代，人们发现某些植物的形态解剖结构和生理生化特征介于 C3 植物和 C4 植物之间，就把这些植物称为 C3-C4 中间植物（C3-C4 intermediate plant）。有的植物在长期干旱的情况下，可以诱导出 CAM 途径。例如，冰叶日中花（*Mesembryanthemum crystallinum*）在水分充足时，主要进行 C3 途径，长期干旱则变为 CAM 植物。

　　为了适应水环境中 CO_2 和 HCO_3^- 浓度的变化，蓝藻具有一种特殊的 CO_2 浓缩机制来改善相对低效的 Rubisco 羧化反应。该机制是：位于蓝藻质膜和类囊体膜上的转运体将 CO_2 和 HCO_3^- 泵入蓝藻的质膜和类囊体，向外扩散的阻力和浓度梯度驱动 HCO_3^- 进入羧化体，羧化体内的碳酸酐酶催化 HCO_3^- 和 CO_2 之间互相转变，增加了 Rubisco 周围的 CO_2 浓度，从而有利于核糖体-1，5 二磷酸的羧化作用（图 7-28）。

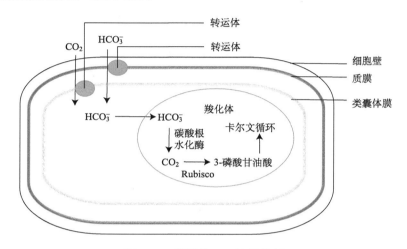

图 7-28　蓝藻的 CO_2 浓缩机制

（四）光合产物

　　光合作用的产物简称为光合产物（photosynthetic product, photosynthate）。最主要的光合产物是碳水化合物（即 C4 途径、C4 途径和 CAM 途径形成的产物），其中包括单糖、二糖和多糖。单糖中最普遍的是葡萄糖和果糖；二糖主要是蔗糖；多糖则主要为淀粉。

　　蔗糖合成场所是细胞质，淀粉合成场所是叶绿体。在光照条件下，蔗糖不断从叶片转运到植物的非光合部位，同时，淀粉不断地积累在叶绿体中（图 7-29）。黑夜降临后，叶绿体开始分解淀粉，以维持蔗糖的外运。由光照到黑暗的过渡引起了叶绿体基质中淀粉浓度的显著差别，所以，叶绿体中贮存的淀粉也被称为过渡淀粉或暂时淀粉（transient starch or transitory starch）。

　　光合作用产生的糖首先从光合位点（叶肉）转运到维管组织（韧皮部）中。蔗糖是光合作用同化糖持续地从叶片转运植物非光合部位的主要化合物，但某些植物的韧皮部也能运输棉子糖（即半乳糖苷蔗糖）、水苏糖（结构式为"半乳糖-半乳糖-葡萄糖-果糖"）、山梨糖醇和甘露糖醇等。这些糖可以作为植物生长的能源和贮存多糖的合成原料。淀粉是大多数植物中贮存的常见多糖，其他多糖（主要是果聚糖）也被发现贮存在植物营养组织中。

1. 磷酸丙糖为磷酸己糖库提供原料及磷酸己糖之间的相互转化

　　卡尔文循环的两种产物——甘油醛-3-磷酸（G3P）和二羟丙酮-3-磷酸（dihydroxyacetone-3-phosphate）统称为磷酸丙糖（triose phosphate）。叶绿体中和细胞质中的磷酸丙糖异构酶（triose phosphate isomerase）催化甘油醛-3-磷酸和二羟丙酮-3-磷酸进行快速转化。叶绿体被膜上的

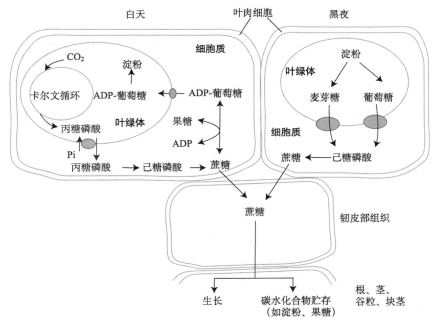

图 7-29　植物的光合产物及其代谢

叶绿体膜上的椭圆形代表各种转运体

磷酸丙糖转运体驱动了磷酸丙糖和磷酸的转运，从而使叶绿体中合成的磷酸丙糖运输到细胞质中。细胞质中磷酸丙糖的积累促进醛缩酶（aldolase）催化甘油醛-3-磷酸和二羟丙酮-3-磷酸转化为果糖-1,6-磷酸。磷酸己糖之间可以相互转化，各种磷酸己糖组成了细胞质中的磷酸己糖库（图 7-30）。

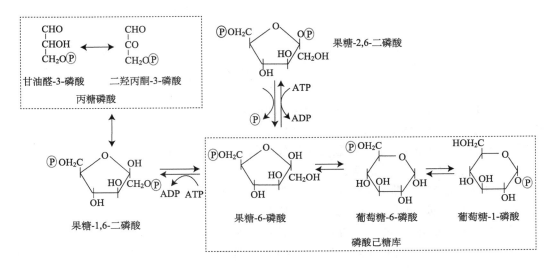

图 7-30　磷酸丙糖为磷酸己糖库提供原料及磷酸己糖之间的相互转化

2. 蔗糖的合成及其调控

在细胞质基质中，己糖磷酸能够通过一系列反应生成蔗糖（图7-31）。一些主要的反应如下：在 UDP-葡萄糖焦磷酸化酶（pyrophosphorylase）的作用下，葡糖-1-磷酸与尿苷三磷酸（uridine triphosphate, UTP）反应生成 UDP-葡萄糖（尿苷二磷酸葡萄糖，uridine diphosphate glucose）和焦磷酸；在蔗糖磷酸合成酶的催化作用下，UDP-葡萄糖与果糖-6-磷酸反应生成蔗糖-6-磷酸和 UDP；蔗糖-6-磷酸在蔗糖磷酸磷酸酶的催化作用下去磷酸形成蔗糖。

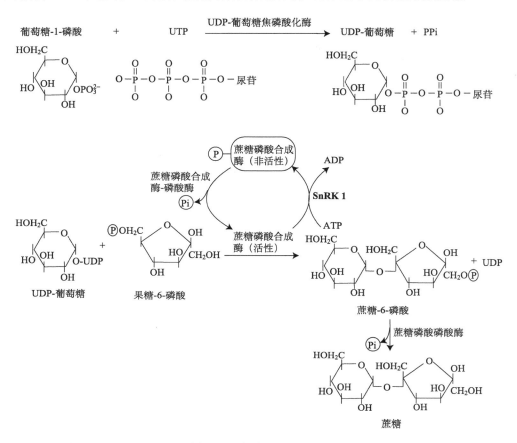

图 7-31　蔗糖的合成途径

　　图 7-31 中 SnRK1 为 "sucrose non-fermenting-1-related protein kinase 1"（蔗糖非发酵-1-相关蛋白激酶 1）。SnRK1 是在拟南芥及其他植物中的研究发现的，是调节植物碳氮代谢和能量平衡的关键酶。SnRK1 通过磷酸化多种代谢酶活性来调控化合物的合成，如蔗糖合成酶、蔗糖磷酸合成酶和硝酸还原酶等。

　　蔗糖的合成受葡萄糖-6-磷酸和磷酸的调控。这些调控作用主要是通过磷酸化-去磷酸化的共价修饰及别构效应的非共价修饰来实现的。

　　别构效应（allosteric effect）是指某种不直接涉及蛋白质（或酶）活性的物质结合于蛋白质活性部位以外的其他部位（别构部位），引起蛋白质（或酶）分子的构象变化，而导致蛋白质（或酶）活性改变的现象。引起别构效应的物质称为效应物或调节因子，一般是蛋白质（或酶）作用的底物、底物类似物或代谢的终产物。导致活性升高的物质，称为正效应物或别构激活剂，反之称为负效应物或别构抑制剂。

　　葡萄糖-6-磷酸通过激活蔗糖-6-磷酸合成酶的活性，并灭活 SnRK 来阻止葡萄糖-6-磷酸合成酶的磷酸化从而增加蔗糖合成。也就是说，葡萄糖-6-磷酸是蔗糖-6-磷酸合成酶的别构激活剂和 SnRK 的别构抑制剂。

　　磷酸通过灭活蔗糖-6-磷酸合成酶-磷酸酶从而阻止蔗糖磷酸合成酶活化形式的生成，并抑制蔗糖-6-磷酸合成酶的活性来降低蔗糖的合成。也就是说，磷酸既是蔗糖-6-磷酸合成酶-磷酸酶的别构抑制剂，也是蔗糖-6-磷酸合成酶的别构抑制剂。葡萄糖-6-磷酸和磷酸对蔗糖合成的调控如图 7-32 所示。

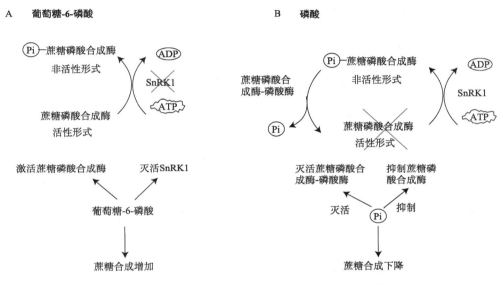

图 7-32　葡萄糖-6-磷酸（A）和磷酸（B）对蔗糖合成的调控

　　白天时，植物通过光合作用使叶片中的葡萄糖-6-磷酸的浓度增加，磷酸浓度下降，这两种结果均有利于蔗糖的合成。合成的蔗糖不断从叶片转运到植物的非光合部位。同时，淀粉也会不断地在叶绿体中积累。

3. 淀粉的合成

　　淀粉是植物贮存的主要碳水化合物，在天然形成的化合物中只有纤维素的丰度超过它。淀粉是葡萄糖分子聚合而成的，通式为 $(C_6H_{10}O_5)_n$，水解到二糖阶段为麦芽糖，完全水解后得到的单糖为葡萄糖。淀粉有直链淀粉和支链淀粉两类。直链淀粉也叫线性淀粉，是 D-葡萄糖基以 α-1,4 糖苷键连接的多糖链，分子中有 200 个左右葡萄糖基，分子质量为 $1\sim2\times10^5$ Da；支链淀粉也称为分支淀粉，分子中除有 α-1,4 糖苷键的糖链外，还有 α-1,6 糖苷键连接的分支，分子中含 300～400 个葡萄糖基，分子质量大于 2×10^7 Da。在叶绿体中，直链淀粉和支链淀粉被组织化，形成相对高密度的颗粒，称为淀粉粒（starch grain）。淀粉粒的直径从几微米到几十微米不等。一般来说，所有薄壁细胞中都有淀粉粒存在，尤其在各类贮藏器官中更为集中，如种子的胚乳和子叶中，以及植物的块根、块茎和根状茎中都含有丰富的淀粉粒。

　　从葡萄糖-1-磷酸合成淀粉发生的主要反应见图 7-33。从直链淀粉转变成支链淀粉需要分支酶（branching enzyme）的作用。

葡萄糖-1-磷酸　　+ ATP　$\xrightarrow[\text{焦磷酸化酶}]{\text{ADP-葡萄糖}}$　ADP-葡萄糖　+　PPi

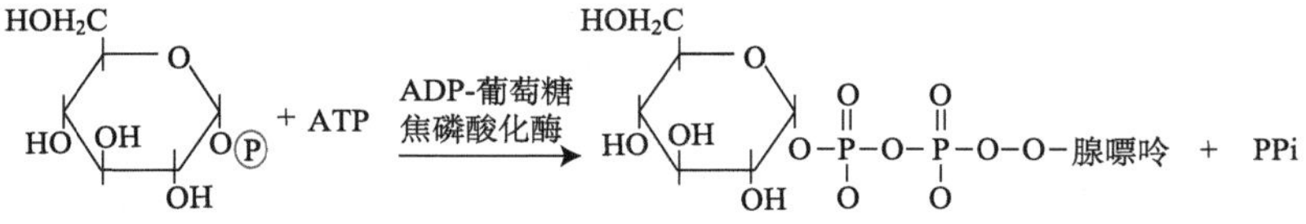

葡萄糖-1-磷酸　+ ATP　$\xrightarrow[\text{焦磷酸化酶}]{\text{ADP-葡萄糖}}$　ADP-葡萄糖　+　PPi

PPi　+　H_2O　$\xrightarrow{\text{焦磷酸化酶}}$　2Pi　+　$2H^+$

ADP-葡萄糖 + (α-D-1,4葡萄糖)$_n$　$\xrightarrow{\text{淀粉合酶}}$　ADP + (α-D-1,4葡萄糖)$_{n+1}$

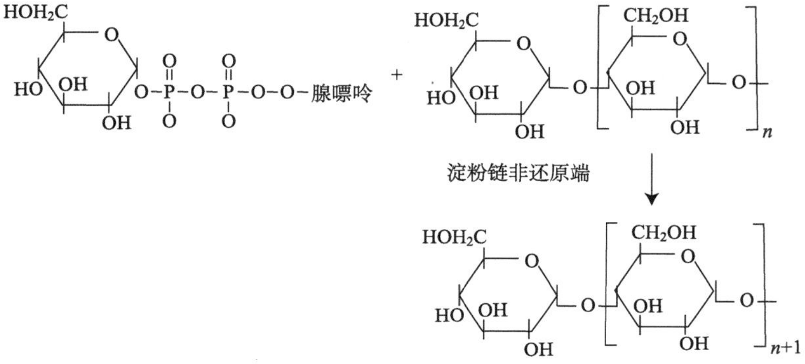

淀粉链非还原端

延长的淀粉链

(α-D-1,4葡萄糖)$_{n+1}$-(α-D-1,4葡萄糖)-(α-D-1,4葡萄糖)$_m$

↓ 淀粉分支酶

(α-D-1,4葡萄糖)$_n$ -[(α-D-1,6葡萄糖)-(α-D-1,4葡萄糖)]$_m$

α-1,4

α-1,6

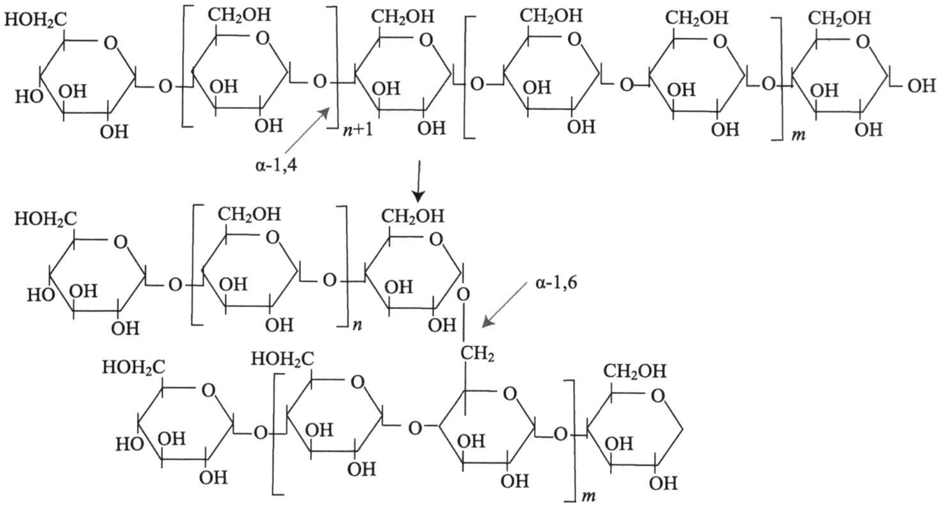

图 7-33　叶绿体中淀粉合成的主要反应

图 7-33 的淀粉链还原端和非还原端是如何区分的呢？一般而言，多糖链的一端糖基没有游离的半缩醛羟基，称为非还原端，通常写在左边；另一端糖基具有游离的半缩醛羟基称为还原端，通常写在右边。这样多糖链具有从非还原端向还原端的方向性。淀粉多一个分支，就有一个非还原端生成，而非还原端是接受葡萄糖的位置。糖原分子中可以有多个非还原端，但只有一个还原端。

此外，还原糖和非还原糖是这样定义的：斐林试剂（Fehling's reagent）及由柠檬酸、硫酸铜与氢氧化钠配制的班氏试剂（Benedict's reagent）常与醛糖及酮糖在水浴加热的条件下反应产生氧化亚铜砖红色沉淀，即试剂本身被还原，所以凡能与上述试剂发生反应的糖称为还原糖（reducing sugar），凡不能与上述试剂发生反应的糖称为非还原糖（non reducing sugar）。葡萄糖分子中含有游离醛基，果糖分子中含有游离酮基，乳糖、乳糖和麦芽糖分子中含有游离的醛基，故它们都是还原糖。非还原性糖有蔗糖、淀粉、纤维素等，但它们都可以通过水解生成相应的还原性单糖。

4. 淀粉的分解

夜晚黑暗来临后，叶绿体开始分解淀粉，维持蔗糖的外运。淀粉分解的过程见图 7-34。

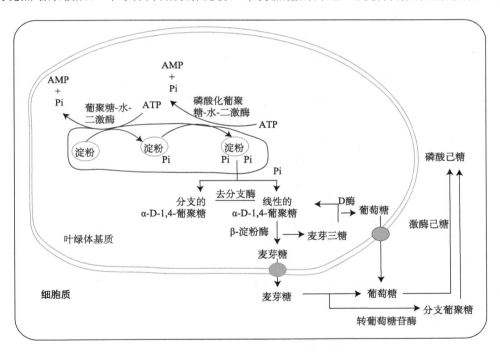

图 7-34　夜间淀粉的分解过程

叶绿体膜上的椭圆形代表转运体

在葡聚糖-水-二激酶（glucan-water dikinase）和磷酸葡聚糖-水-二激酶的催化作用下，淀粉磷酸化。磷酸化的淀粉在去分支酶的作用下，分解成线性的短链葡聚糖。葡聚糖在 β-淀粉酶的作用下，水解成麦芽糖。剩余的麦芽三糖通过歧化酶（D 酶）转化为麦芽戊糖和葡萄糖。麦芽三糖（maltotriose）是由 α-1,4 糖苷键链接的 D-葡萄糖单体缩合组成，聚合度为 3。麦芽糖可以转运出叶绿体。麦芽糖在转葡萄苷酶的作用下，将一个葡萄糖残基转移到分支葡聚糖，同时释放出 1 分子的葡萄糖。葡萄糖被己糖激酶磷酸化形成葡萄糖-6-磷酸，从而进入磷酸己糖库中。在细胞质基质中转变成己糖磷酸。

　　光作产物除碳水化合物外，还有脂类、有机酸、氨基酸和蛋白质等。在不同条件下，各种光合产物的质和量均有差异。例如，氮肥多，蛋白质形成也多；氮肥少，则糖的形成较多，而蛋白质的形成较少；植物幼小时，叶片中蛋白质形成多，随年龄增加，糖的形成增多；蓝紫光下则合成蛋白质较多，山区的小麦蛋白质含量高、质地好就是这个道理；在红光下则合成的碳水化合物较多。

　　所以植物体内的光合产物并不是固定不变的，在不同情况下，可以发生质和量的变化。光合产物是最主要的同化物（assimilate），有关同化物在植物体内运输与分配的内容将专门在第八章介绍。

第三节　光　呼　吸

一、Rubisco 催化的加氧反应引发出光呼吸

　　Rubisco 即核酮糖-1,5-二磷酸羧化酶/加氧酶（ribulose-1,5-bisphosphate carboxylase/oxygenase），是光合作用中决定碳同化速率的关键酶。高等植物的 Rubisco 分子质量约为 53 kDa，由 8 个大亚基和 8 个小亚基所构成的，其催化活性要依靠大、小亚基的共同存在才能实现。Rubisco 大亚基由叶绿体 DNA 编码，并在叶绿体的核糖体上翻译；而小亚基则由核 DNA 编码，在细胞质核糖体上合成。Rubisco 全酶由细胞质中合成的小亚基前体和叶绿体中合成的大亚基前体经修饰后组装而成。Rubisco 约占叶绿体可溶性蛋白的 50%，因此它也是自然界中最丰富的蛋白质。

　　Rubisco 的一个重要特征就是同时具有催化羧化反应和加氧反应的能力（图 7-21）。Rubisco 催化的加氧反应引发了一系列的生理反应，绿色植物在光照条件下，吸收 O_2，释放 CO_2 的过程被称为光呼吸（photorespiration）。

　　光呼吸导致卡尔文循环所固定的 CO_2 损失。由于在光呼吸过程中发生了碳的氧化，因此光呼吸也称为"氧化的光合碳循环"；而卡尔文循环因为是一个 CO_2 还原的过程而称为"还原的光合碳循环"。光呼吸不同于一般概念上的呼吸作用，为了便于与光呼吸区别，植物细胞通常进行的呼吸作用又称为暗呼吸（dark respiration）。

　　光呼吸中的几种主要化合物，如乙醇酸、乙醛酸、甘氨酸等都是二碳化合物，因此光呼吸也称为 C2 循环（C2 circle），或称为 C2 光呼吸氧化循环（C2 photorespiratory carbon oxidation circle）。光呼吸的底物为乙醇酸，因此光呼吸也被称为乙醇酸氧化途径（glycolic acid oxidation pathway），在糖类合成中称为乙醇酸代谢（glycolate metabolism）。

二、光呼吸的主要反应过程

　　光呼吸的底物乙醇酸产生于叶绿体，光呼吸的完成需要叶绿体、过氧化物酶体和线粒体 3 种细胞器的相互协作（图 7-35）。

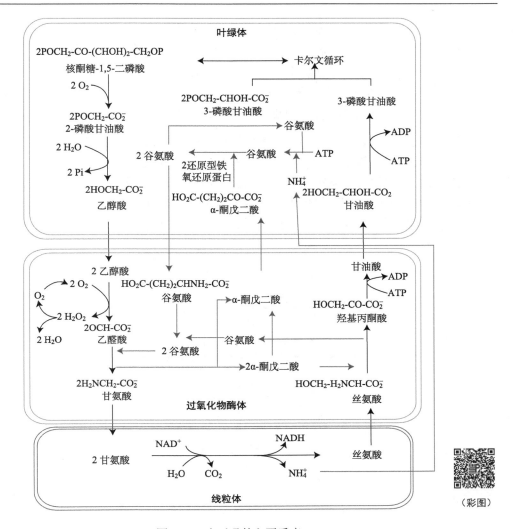

图 7-35　光呼吸的主要反应

在叶绿体内，RuBP 被加氧分解为 3-磷酸甘油酸（3-phosphoglycerate, 3-PGA）和 2-磷酸乙醇酸（2-phosphoglycolate）。3-磷酸甘油酸可以进入卡尔文循环，重新生成 RuBP；2-磷酸乙醇酸在磷酸酶的作用下生成乙醇酸（图 7-36）。

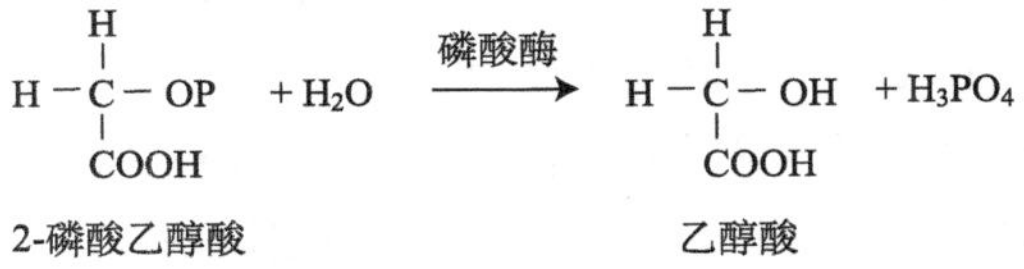

$$
\begin{array}{c}
H \\
| \\
H-C-OP \\
| \\
COOH
\end{array}
\quad + H_2O \quad
\xrightarrow{\text{磷酸酶}}
\quad
\begin{array}{c}
H \\
| \\
H-C-OH \\
| \\
COOH
\end{array}
\quad + H_3PO_4
$$

2-磷酸乙醇酸　　　　　　　　　　　　乙醇酸

图 7-36　2-磷酸乙醇酸在磷酸酶的作用下生成乙醇酸

乙醇酸转移至过氧化物酶体后，在乙醇酸氧化酶的作用下，乙醇酸被氧化生成过氧化氢和乙醛酸。过氧化氢在过氧化氢酶的作用下，分解为水和氧气。乙醛酸经转氨酶的作用生成甘氨酸，之后甘氨酸被转运到线粒体。

在线粒体内，甘氨酸转变为丝氨酸，并生成 NH_3、NADH 和 CO_2。而所生成的丝氨酸可以再转入过氧化物酶体，经转氨酶的催化，生成羟基丙酮酸。羟基丙酮酸在甘油酸脱氢酶的作用下，还原成甘油酸。甘油酸重新转运到叶绿体，在甘油酸激酶的作用下生成 3-磷酸甘油酸（3-PGA），3-PGA 进入卡尔文循环，重新生成 RuBP。光呼吸的总反应可以用下式表示：

$$2 \text{ RuBP} + 2 \text{ O}_2 + 2 \text{ ATP} \longrightarrow 3 \text{ PGA} + \text{CO}_2 + \text{H}_2\text{O} + \text{ADP} + \text{Pi}$$

从上述的反应过程可以看出，光呼吸包括了复杂的碳、氮、氧循环。C2 循环的运转与光合作用电子传递系统连锁，光合电子传递为 C2 循环提供了 ATP 和还原型 Fd。在光呼吸中产生的氨需要再同化以避免氨积累和氮素的流失，所以有一个再生谷氨酸的氮循环保持 C2 循环中的氮平衡。同时，在叶绿体中发生的加氧反应和在过氧化物酶体发生的乙醇酸氧化，以及过氧化氢释放氧气的反应形成氧循环（图 7-37）。

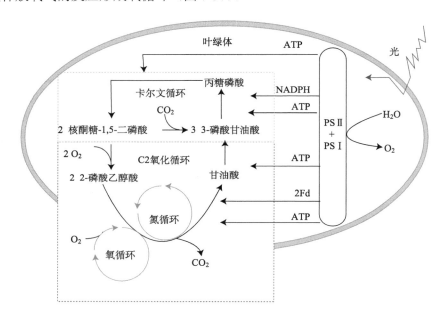

（彩图）

图 7-37　光呼吸对叶绿体代谢的依赖及光呼吸中碳、氮、氧循环

三、光呼吸的生理意义

从碳元素角度看，光呼吸将光合作用固定的 20%～40% 的碳变为 CO_2 而释放掉；从能量角度看，释放 CO_2 需消耗 ATP、NADPH 及高能电子。显然，光呼吸是一种浪费。那么，在长期的进化过程中光呼吸为什么未被消除掉？这可能与 Rubisco 的性质有关。

Rubisco 自身不能区别 CO_2 和 O_2，它既可催化羧化反应，又可以催化加氧反应，即 CO_2 和 O_2 竞争 Rubisco 同一个活性部位，并分别为加氧与羧化反应的抑制剂。Rubisco 是进行羧化还是加氧，取决于外界 CO_2 浓度与 O_2 浓度的比值。在人为提供相同浓度 CO_2 和 O_2 的条件下，Rubisco 的羧化活性是加氧活性的 80 倍。在产生绿色植物光合作用的最初阶段，大气中 CO_2/O_2 的比值很高，加氧酶活性被抑制，但随着绿色植物光合作用的进行，大气中 CO_2/O_2 比值逐渐降低，加氧酶活性就表现出来。在 25℃下，与空气平衡的水溶液中 CO_2/O_2 的比值为 0.0416，这时羧化作用与加氧作用的比值约为 3：1。C3 植物中有光呼吸缺陷的突变体在正常空气中是不能存活的，只有在高 CO_2 浓度下（抑制光呼吸）才能存活，这也说明在正常空气中光呼吸是一个必需的生理过程。

绿色植物光呼吸的生理意义推测如下。

（1）通过 C2 碳氧化循环可回收乙醇酸中 3/4 的碳（2 个乙醇酸转化 1 个 PGA，释放 1 个 CO_2）。

（2）维持 C3 途径的运转：在叶片气孔关闭或外界 CO_2 浓度低时，光呼吸释放的 CO_2 能被 C3 途径再利用，以维持光合作用碳还原循环的运转。

（3）防止强光对光合器官的破坏作用：在强光下，光反应中形成的同化力会超过 CO_2 同化的需要，从而使叶绿体中 NADPH/NADP、ATP/ADP 的比值增高。同时由光激发的高能电子会传递给 O_2，形成的超氧阴离子自由基会对光合膜、光合器有伤害作用，而光呼吸却可消耗同化力与高能电子，降低超氧阴离子自由基的形成，从而保护叶绿体，免除或减少强光对光合器官的破坏。

（4）乙醇酸的产生在代谢过程中是不可避免的，乙醇酸对细胞有毒害作用，光呼吸具有消除乙醇酸的代谢作用，避免了乙醇酸的积累，使细胞免遭毒害。另外，光呼吸代谢中涉及多种氨基酸的转变，这可能对绿色细胞的氮代谢有利。在陆生 C3 植物中，在光呼吸过程中产生的氨量比植物根部能吸收到的还要多，成为植物自身氮代谢的一个重要环节。而且，相比根部通过吸收硝酸根或直接从根瘤中得到氨的固定途径，光呼吸的氨固定效率要高出 5～10 倍。

四、光呼吸的控制

光呼吸是在光照和高氧、低二氧化碳浓度情况下发生的一个生化过程，对光合作用一个损耗能量的反应，氧气被消耗，并且会生成二氧化碳。因此，降低光呼吸被认为是提高光合作用效能的途径之一。

（1）提高 CO_2 浓度：提高 CO_2 浓度能有效地提高 Rubisco 的羧化活性，抑制 Rubisco 的加氧活性。在生产上，多在温室或大棚等封闭体系中，通过使用干冰（固体 CO_2）来提高 CO_2 浓度。在大田中则应采取相应的栽培措施。例如，栽培作物时要"正其行，通其风"，根据当地的"风向"选好"行向"；增施有机肥使土壤中释放出较多的 CO_2；深施化肥，如 NH_4HCO 也能为植物提供较多的碳素。

（2）应用光呼吸抑制剂：施用某些化学药物，可中断 C2 循环和达到抑制光呼吸的目的。例如，α-羟基磺酸盐能够抑制乙醇酸氧化酶的活性，从而可以抑制乙醇酸的氧化来抑制光呼吸。

（3）酶的改良与转基因研究：针对 Rubisco 与 CO_2 的亲和力低的问题，科学家试图通过交换 Rubisco 亚基的基因，将不同来源的基因导入同一种植物，形成具有异源亚基的 Rubisco 基因；或是采用定点突变技术，改变 Rubisco 的活性，增加其与 CO_2 的亲和力。此外，C4 植物的磷酸烯醇式丙酮酸羧化酶对 CO_2 亲和力较高，因此，有科学家将 C4 途径的磷酸烯醇式丙酮酸羧化酶基因转入到 C3 途径的马铃薯，对所获得的转基因马铃薯植株进行的酶活性检测表明，它的磷酸烯醇式丙酮酸羧化酶的活性比对照植株提高了 5 倍，光呼吸速率也明显下降。

此外，筛选和育种的手段也有望培育出低光呼吸速率的品种，通过这些方法可提高光合作用效能。

第四节　影响光合作用的因素

一、光合速率

植物的光合作用受内外因素的影响，而衡量内外因素对光合作用影响程度的常用指标是光合速率（photosynthetic rate）。光合速率通常是指单位时间、单位叶面积的 CO_2 吸收量或 O_2 的释放量，也可用单位时间、单位叶面积上的干物质积累量来表示。常用单位有：$\mu mol\ CO_2/$（$m^2 \cdot s$）[以前用 $mg/（dm^2 \cdot h）$ 表示，$1\ \mu mol/（m^2 \cdot s）= 1.58\ mg/（dm^2 \cdot h）$]、$\mu mol\ O_2/$（$dm^2 \cdot h$）和 $mg\ DW$ 干重/（$dm^2 \cdot h$）。CO_2 吸收量用红外线 CO_2 气体分析仪测定，O_2 释放量用氧电极测氧装置测定，干物质积累量可用改良半叶法等方法测定。一般测定光合速率的方法没有把呼吸作用（光、暗呼吸）及呼吸释放的 CO_2 被光合作用再固定等因素考虑在内，因而所测结果实际上是表观光合速率（apparent photosynthetic rate）或净光合速率（net photosynthetic rate，Pn），如把表观光合速率加上光、暗呼吸速率，便得到总光合速率（gross photosynthetic rate）或真正光合速率（true photosynthetic rate）。

二、限制因子

在诸多生态因子中使生物的耐受性接近或达到极限时，生物的生长发育、生殖、活动及分布等直接受到限制的因子称为限制因子（limiting factor）。例如，光是植物进行光合作用的主要因素，但如果没有水、二氧化碳和一定的温度，碳水化合物就不能合成；反之，只有水、二氧化碳和一定的温度而没有光，植物也不能进行光合作用，所以植物光合作用中的几个因子在不同情况下，任何一个因子都可以成为限制因子。

三、外界条件对光合作用的影响

1. 光　光是光合作用的驱动力，也是形成叶绿素与正常叶片的必要条件，它的强度直接制约着光合作用的强度。因为，一方面，同化 CO_2 所需的 ATP、NADPH 和 H^+ 来自于光反应；另一方面，暗反应中的若干关键性酶，像 RuBP 羧化酶与 PEP 羧化酶等都受光的活化。

一般植物的叶片，在黑暗中只进行呼吸作用，吸收氧气而放出二氧化碳。当光照强度增至某一数值时，叶片的光照强度等于呼吸强度，CO_2 吸收量等于放出量，碳素营养处于收支平衡的状态。这时的光照强度叫光补偿点（light compensation point）。光补偿点标志着植物对光照强度的最低要求，反映了植物对弱光的利用能力。当气温在 25～30℃时，棉花的光补偿点高达 18～27 μmol 光子/（$m^2 \cdot s$），水稻为 10～13 μmol 光子/（$m^2 \cdot s$），而大豆仅为 9 μmol 光子/（$m^2 \cdot s$）。因此，大豆苗期较耐阴，可在玉米行间正常生长。当光强超过光补偿点后，叶片才表现出光合作用，其 CO_2 吸入量才大于放出量，这时才能测定出表观光合速率（净光合速率）。

在一定范围内，光照越强，光合强度就越大。超过一定范围，再增加光照强度，光合强度并不再增加，这种现象称为光饱和现象。开始饱和时的光强度称为光饱和点（light saturation point）。光饱和点的高低反映着植物对强光的利用能力。玉米、高粱等 C4 植物具有 CO_2 泵，光呼吸强度又低，在夏季中午光照强度达到 180 μmol 光子/（m^2·s）时，仍未达到光饱和点；稻、麦、棉等 C3 植物的光饱和点为 540～900 μmol 光子/（m^2·s），这些植物统称为阳性植物（sun plants）。大豆的光饱和点较低，约为 450 μmol 光子/（m^2·s），有耐阴植物之称；而人参、三七等药用植物的光饱和点还不到 180 μmol 光子/（m^2·s），只能生长在森林下或山阴坡，叫做阴性植物（shade plants）。

当植物处于高光强下，会导致叶绿体损伤，使 PSⅡ电子传递速率和光合磷酸化活性下降，这种现象称为光抑制作用（photoinhibition），阴性植物的电子传递速率比阳性植物低，从而更易受到光抑制。但是，阴性植物的叶片较薄、叶绿体较大，其基粒呈不规则排列，叶绿素 b 含量较高，这些特性均有利于阴性植物更多地吸收漫射光中的蓝紫光。

根据光饱和点与光补偿点，可以合理地选择间作套种的物种与品种、密植程度、林带树种的搭配，以及确定树木修剪与采伐。

在农业生产中，各植株的叶片层层交错，互相遮阴，往往当上层叶片处于光饱和时，中下层叶片仍低于光饱和点。因此，群体的光饱和与叶面积系数的关系很大。例如，分蘖期的水稻群体，叶面积系数（作物绿叶面积与土地面积的比值）仅为 1.4，其光饱和点为 630～756 μmol 光子/（m^2·s），与单株差别不大，以后，随着叶面积系数的增加，光饱和点也相应提高，进入孕穗期，叶面积系数增至 5.7，即使在最强的自然光下，也不显示光饱和现象。

2. 二氧化碳（CO_2）　　CO_2 是光合作用的原料之一，主要靠叶片从空气中吸收。但是，空气中的 CO_2 浓度很低，只有 330 μmol/mol，即每升空气约含 0.65 mg。每合成 1 g 光合产物（葡萄糖），叶片约需从 2250 L 空气中才能吸收到足量的 CO_2，因而在光照充足而通风不良时，CO_2 往往成为光合作用的限制因素。当 CO_2 浓度为 400 μmol/mol 时，麦苗于 198 μmol 光子/（m^2·s）已达光饱和状态，如在此时增加 CO_2 浓度，可显著提高光合强度。但当 CO_2 浓度增至 1200 μmol/mol 时，光合强度不再上升，这时的 CO_2 浓度称为 CO_2 的饱和点。然而，此时将光照强度增至 396 μmol 光子/（m^2·s），CO_2 的饱和点又可进一步提高。

C3 植物的 CO_2 补偿点约为 50 μmol/mol，C4 植物的 CO_2 补偿点在 2～5 μmol/mol。在光饱和时，增加 CO_2 浓度无疑可以提高植物的光合强度，但最近有人证明，即使在冬天光受到限制的条件下，增加植物周围 CO_2 浓度也有利于光合作用。不过，在这两种情况下，提高光合强度的途径是不同的，在光饱和时，增加 CO_2 浓度除了供给原料外，还促进了 RuBP 羧化酶的活性，从而提高 CO_2 的固定速率。在光受到限制的条件下，增加 CO_2 浓度之所以能提高光合强度，是通过量子产率提高和光补偿点的降低来实现的。

在光照、温度、肥与水供应良好的条件下，CO_2 浓度常是光合作用的限制因子。据实验，将温室空气中的 CO_2 浓度提高 3～5 倍，番茄、萝卜与黄瓜等可增产 25%～49%；大田条件下可以使用大量的有机肥料，增加土壤微生物的呼吸。但是，必须指出，当植物周围的 CO_2 浓度过高时，光合作用强度也会受到抑制。例如，当 CO_2 浓度增至 0.12%，小麦的光合作用就会受到抑制，甚至叶片还会出现中毒症状。

3. 温度　　在强光和 CO_2 浓度较高的条件下，温度对光合强度的影响特别显著；而在弱光和 CO_2 不足时，温度对光合强度的影响不大。耐低温的莴苣，于 5℃已有明显的净光合强度，而番茄与黄瓜则需要 12℃与 20℃。稻、棉等喜温植物，遇到 5～10℃持续低温，其光合功能就会受到损害，回暖后往往恢复不到原有的水平。C4 植物的光合热限一般较高，为 55～

60℃；C3 植物中，棉花较耐热，可达 50～55℃，而蚕豆、小麦等对热敏感的作物则在 40℃以下。乳熟期小麦叶片遇到持续高温，尽管外表仍呈绿色，但光合功能已受严重损害。

通常，10～35℃的温度变化对光合作用的影响往往是可逆的。极端高温会造成叶绿体膜结构的不可逆损伤并使酶类变性。极端低温也会使膜脂凝固，从而破坏膜结构；长时间的零上低温对喜温植物的光合性能也有严重抑制。

4. 水分　　水分对光合作用的影响有直接的也有间接的原因。直接的原因是水为光合作用的原料，没有水不能进行光合作用。但是用于光合作用的水不到蒸腾失水的 1%，因此缺水影响光合作用主要是间接的原因。水分亏缺会使光合速率下降。在水分轻度亏缺时，供水后尚能使光合能力恢复；倘若水分亏缺严重，供水后叶片水势虽可恢复至原来水平，但光合速率却难以恢复至原有程度。因而在水稻烤田（烤田是在水稻分蘖末期排干田面水层，进行晒田的过程。其作用是控制无效分蘖并改善稻田土壤通气和温度条件，促进水稻根系生长）和棉花蹲苗（蹲苗是作物栽培中抑制幼苗茎叶徒长、促进根系发育的技术措施。蹲苗的主要方法有苗期控制水肥、多次中耕和扒土晒根等）时，要控制烤田或蹲苗程度，不能过头。

水分亏缺降低光合速率的主要原因有：叶片光合速率与气孔导度呈正相关，当水分亏缺时，叶片中脱落酸量增加，从而引起气孔关闭，进入叶片的 CO_2 减少。开始引起气孔导度和光合速率下降的叶片水势值因植物种类不同有较大差异：水稻为 –0.2～–0.3 MPa，玉米为 –0.3～–0.4MPa，而大豆和向日葵则在 –0.6～–1.2MPa。水分亏缺会使光合产物输出变慢，加之缺水时叶片中淀粉水解作用加强，糖类积累，结果会引起光合速率下降。缺水时叶绿体的电子传递速率降低且与光合磷酸化解偶联，影响同化力的形成。严重缺水还会使叶绿体变形，片层结构破坏，这些不仅使光合速率下降，而且使光合能力不能恢复。在缺水条件下，生长受抑，叶面积扩展受到限制。有的叶面被盐结晶、绒毛或蜡质覆盖，这样虽然减少了水分的消耗、减少光抑制，但同时也因对光的吸收减少而使得光合速率降低。

水分过多也会影响光合作用。土壤水分太多，通气不良，妨碍根系活动，从而间接影响光合速率；雨水淋在叶片上，一方面遮挡气孔，影响气体交换，另一方面，使叶肉细胞处于低渗状态，这些都会使光合速率降低。

5. 矿质元素　　矿质营养在光合作用中的功能极为广泛，归纳起来有以下几个方面。

（1）叶绿体结构的组成成分。例如，N、P、S、Mg 是叶绿体中构成叶绿素、蛋白质、核酸等不可缺少的成分。

（2）电子传递体的重要成分。例如，质体蓝素（plasto cyanin, PC）中含 Cu，Fe-S 中心、Cytb、Cytf 和 Fd 中都含 Fe，放氧复合体不可缺少 Mn 和 Cl。

（3）磷酸基团的重要作用。构成同化力的 ATP 和 NADPH、光合碳还原循环中所有的中间产物、合成淀粉的前体 ADPG，以及合成蔗糖的前体 UDPG，这些化合物中都含有磷酸基团。

（4）活化或调节因子。例如，Rubisco 等酶的活化需要 Mg、Fe、Cu、Mn、Zn 参与叶绿素的合成；K 和 Ca 调节气孔开闭；K 和 P 促进光合产物的转化与运输等。

肥料 N、P、K 三要素中，以 N 对光合作用的影响最为显著。在一定范围内，叶片中含 N 量、叶绿素含量、Rubisco 含量分别与光合速率呈正相关。施 N 既能增加叶绿素含量、促进光反应，又能增加光合酶的含量与活性，促进碳的固定。从 N 素营养好的叶片中提取出的 Rubisco 不仅量多，而且活性高。然而也有试验指出，当 Rubisco 含量超过一定值后，酶量就不与光合速率呈比例。

重金属铊、镉、镍和铅等都对光合作用有害，它们大都影响气孔功能。另外，镉对 PS II 活性有抑制作用。

第五节 植物对光能的利用

一、光合作用与作物产量的关系

光合作用为农作物产量的形成提供了主要的物质基础，但作物各部分的经济价值是不同的。例如，种植稻、麦、油菜和大豆等主要是为了收获籽粒；种植马铃薯、甘薯、甜菜等主要是为了收获块茎、块根等。为此，在收获中经济价值较高部分称为经济产量，而作物的总重量就是生物产量，经济产量与生物产量的比值称为经济系数，即

$$经济系数=经济产量/生物产量$$

或

$$经济产量=生物产量×经济系数$$

各种作物的经济系数差异较大，一般禾谷类作物经济系数为 0.3～0.4，水稻为 0.5 左右，棉花按籽棉计算可达 0.35～0.4（棉农摘下的棉花叫籽棉，籽棉经加工后去掉棉籽的棉花叫皮棉，通常说的棉花产量，一般都是指皮棉产量。籽棉加工成皮棉的比例是 10∶3，即每 10 t 籽棉可加工成 3 t 皮棉），大豆为 0.2，薯类为 0.7～0.85，叶菜类接近于 1。当然，各种作物，不同器官含水量大不相同，如稻谷含水量只有 15% 左右，而甘薯含水量则达 80%。为了更精确地比较，也有用干重来表示的。

一般说来，经济系数是品种比较稳定的一个性状，但栽培条件与管理措施也有很大影响。例如，合理密植、适当肥水措施和管理措施（如合理修剪、整枝等）都可促进同化物向经济器官输送，抑制营养器官生长，增加经济器官重量；相反，如栽培或管理不当，植株生长瘦弱或旺长，即使品种再好也会减产。

生物产量是作物一生中的全部光合产量减去所消耗的有机物质（主要是呼吸消耗）。而光合产量又是由光合面积（即叶面积）、光合强度和光合时间三因素所组成，即

$$生物产量 = 光合面积×光合强度×光合时间–光合产物$$

$$经济产量 = （光合面积×光合强度×光合时间–光合产物）×经济系数$$

二、植物对光能的利用率

光能利用率（efficiency for solar energy utilization）是指植物光合产物中所贮存的能量占照射到地面上日光能量的百分率，一般是以单位土地面积在单位时间内所接受的太阳辐射能，除以同时间内该土地面积上植物增加干重所折合成的热量。我国幅员辽阔，各地辐射资源不大一样。大体上，自兰州以西部分年辐射量较强，在 627.9 kJ/cm² （辐射能以地面每平方厘米上每分钟所受到的太阳垂直平面照射的能量计算）以上，这是由于空气干燥、云量少造成的。我国东半部辐射量较少，约在 627.9 kJ/cm² 以下，其中华北平原和内蒙古地区较高，在 585.2 kJ/cm² 以下；长江中下游和华南广大地区年辐射量约为 502.32 kJ/cm²。四川、贵州高原潮湿多雾、多雨，年辐射量为 376.74 kJ/cm² 左右。以在华中或华南栽种一季水稻为例，

年总辐射量 502.32 kJ/cm^2 相当于每公顷 502.32×10^8 kJ，估计一季水稻连秧田在内，其总辐射量约占全年的 40%（即 200.93 kJ/cm^2，或每公顷 200.93×10^8 kJ），如光能利用率按 2% 计算，并假定稻谷干重占全部植株总干重 50%，在水稻全生育期呼吸作用消耗 40%，由于稻谷的干物质大部分是淀粉，其燃烧热每千克为 17 304 kJ，从这些数字推算，则水稻每公顷产量应为 6856.5 kg。以上是以干物质计算，实际上稻谷尚有 14% 左右的水分，故实际大田稻谷产量为 7716.4 kg/hm^2。

田间作物光能利用率不高的原因主要有以下几个方面。

（1）光合作用对光谱的选择性。在太阳辐射能中，植物光合作用只能利用波长为 400～700 nm 的可见光，约占太阳光总量的 50%。而在被吸收的光中，又以 400～500 nm 和 600～700 nm 的光波对光合最有效，500～600 nm 的光波效率低。由于光合作用对光谱的吸收有选择性，因而降低了叶片的光能利用率（图 7-38）。

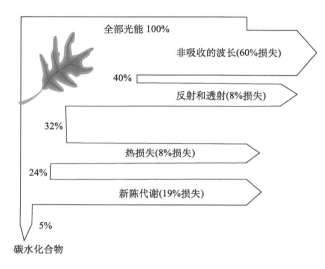

图 7-38 太阳能向叶片碳水化合物的转变

（2）漏光损失。作物生长初期植株较小，或由于单位面积上苗数不足，或肥水等条件较差，造成叶面积指数过小，漏光严重，使得大量投落到地面的光能未被利用。据调查，在一般稀植缺肥的稻麦田中，平均漏光率高达 50%。

（3）反射和透射的损失，与群体密度、作物株型、叶片厚薄和叶片着生角度等有关。例如，水稻密植合理，作物株型较紧凑，叶片较直立，其反向光的损失则较小。至于透射光的损失，更与叶片厚薄有关，杂交水稻的叶片比一般品种厚且叶色深，故透光损失较少。

（4）光饱和现象的限制。群体上层叶片虽处于良好的光照条件下，但这些叶片不能利用超过饱和点的光能来提高光合速率。由于光饱和现象而影响群体光能利用率是明显的。

（5）其他因素，如温度过高或过低、水分不足、某些矿质元素缺乏、二氧化碳供应不足及病虫为害等外因，都限制光合速率。此外，某些作物或品种叶绿体的光能转化效率及羧化效率均低，对光合产物的运转、分配和贮藏能力较差等，都会降低群体光能利用率。

三、提高作物对光能利用率的途径

可以通过延长光合时间、增加光合面积和提高光合效率等途径提高作物的产量。

光合时间由作物生育期和日照时间长短决定。延长作物光合时间可明显提高经济产量。延长光合时间的措施有提高复种指数和延长光合期。复种指数是指全年内农作物收获面积与耕地面积之比，可以采取间作、套种、巧妙地搭配作物以达到此目的。作物生长前期应促进其早生快发，后期应使功能叶保持较长的光合时间以防止叶片早衰。

增加光合面积可以适当密植和选用合适的株型。光合面积通常用叶面积系数（leaf area index）表示，它是指作物绿叶面积与土地面积的比值。叶面积系数（又称叶面积指数）的大小取决于植株的密度、个体生长发育进程和时期及栽培条件等，不同作物或作物不同生育期的最适叶面积系数不同。合理密植的主要原则在于处理好个体与群体之间的关系，使群体在各个生育时期具有较理想的叶面积系数，最充分地利用光能和地力。在密植条件下，株型与群体光能利用率有极大关系，如果叶面积系数相同而株型不同，其光能利用率也会有很大差异。以稻、麦为例，在肥、水条件充足的条件下，高产株型的特征应该是：矮秆、分蘖力中等、叶着生角度小、较直立、叶片短小而厚密。凡具有以上特征，群体内光能分布较均匀，光能利用充分，经济产量则较高。

提高光合效率，可以培养高光效品种和使用合理的栽培技术。选育光合作用能力强、呼吸消耗低、叶面积适当、株型和叶型合理、适合高密度种植不倒伏的品种，这样也能提高光能利用率。在不妨碍田间二氧化碳流动的前提下，扩大田间叶面积系数，使作物形成合理的空间结构，增加对太阳光能的吸收部分，减少反射、透射的部分，减小顶层光强超过饱和与下层光强不足的矛盾，这样就有利于农作物干物质的积累，从而提高农作物产量。

此外，也可以利用人造光源补充田间光照，既可提高光合效能，又可以通过调节播种时间改变光照时段，还能影响作物的开花和结实时间，有效地增加产量。

复习思考题

1. 根据查阅 "Web of Science"、"PubMed" 及 "中国知网 CNKI" 的结果，请说明近 3～5 年来植物的光合作用研究有哪些研究热点和研究进展？同时根据自己的兴趣和所掌握的知识，撰写一篇相关的研究进展小综述。

2. 请根据你所学的植物生理学知识，列出提高作物产量的各种方法和措施，并说明其理论依据。

3. 请问自然界中黑色的花多么？请用你所学的植物生理学知识解释其原因。

4. "光合速率高，作物产量一定高"，这种观点是否正确？为什么？

5. 如何证明光合电子传递由两个光系统参与？

6. 如何证明光合作用中释放的 O_2 来源于水？

7. 如何证明叶绿体是光合作用的细胞器？

8. 如何证明植物同化物是通过韧皮部进行长距离运输的？

9. 夏日光照强烈时，为什么植物会出现光合"午休"现象？

10. 植物的叶片为什么是绿的？秋天时，叶片为什么又会变黄色或红色？

11. 冬季在温室中栽培蔬菜时，可采取哪些农业措施来提高其光合速率？

第八章　　　　　　**植物同化物的运输与分配**

高等植物的各个器官有明确的分工。叶片的主要功能是进行光合作用、合成同化物；花和果实的主要功能是进行繁殖。植株各器官、组织所需要的同化物主要是由叶片供应的。同化物必须运输到植物的各个部分以满足植物生长发育的需要。显然，同化物从生产器官到消耗器官或贮藏器官之间必然有一个运输过程。因此，同化物的运输对植物来说非常重要。另外，同化物的运输与分配直接关系到作物产量的高低和品质的好坏。作物的经济产量不仅取决于光合产物的多少，而且还取决于光合产物向经济器官运输与分配的比例。所以，研究同化物的运输与分配不仅具有理论意义，而且具有重要的实践意义。

本章的思维导图如下：

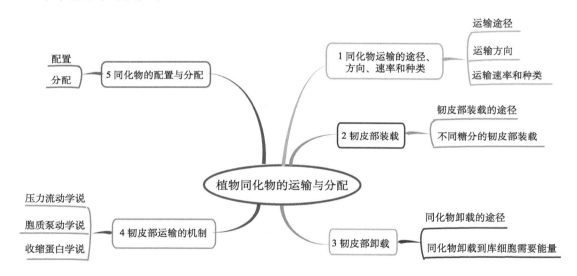

第一节　同化物运输的途径、方向、速率和种类

同化物运输主要通过韧皮部，不同成分运输的速率也不同。

一、运输途径

环割试验证明，同化物运输是由韧皮部承担。通过示踪法试验得知，运输同化物的组织是韧皮部里的筛管和伴胞。筛管和伴胞来自共同的母细胞且邻接。伴胞有细胞核、细胞质、核糖体、线粒体等。由于伴胞在起源和功能与筛管关系很密切，常把它们称为筛分子-伴胞复合体（sieve element-companion cell complex）（图8-1）。被子植物中的筛管和裸子植物中的筛胞合称为筛分子（sieve element）。成熟的筛分子无细胞核、液泡膜、微丝、微管、高尔基体和核糖体，但有质膜、线粒体、质体和光面内质网，所以筛分子是活的细胞，能输送物质。

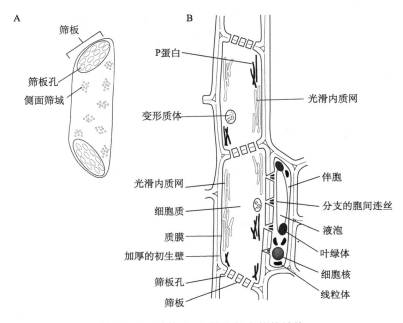

图 8-1　成熟筛分子-伴胞复合体的结构

A.外形，示筛板和侧面筛域；B.纵切面，示两个筛分子连在一起形成筛管

　　伴胞与筛管之间有许多胞间连丝（plasmodesmata）（图 8-2），调节细胞与细胞之间大分子运输。伴胞把光合产物和 ATP 供给筛分子。筛分子也可以进行重要代谢功能（如蛋白质合成），但在筛分子分化时代谢功能就会减弱或消失。胞间连丝有内质网管道，叫做连丝微管（desmotubule），连丝微管把邻近细胞用内质网和胞质溶胶联系起来。连丝微管紧闭无空隙，是否真正代表通道，现尚不清楚。连丝微管和质膜之间有球形蛋白，球形蛋白之间又由另一种丝状蛋白相联系，分隔成 8～10 个微通道（microchannel），可让直径为 1.5～2.0 nm 以下的分子通过。

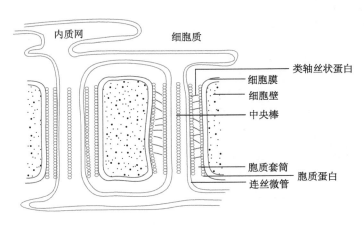

图 8-2　胞间连丝的结构

伴胞有三种：普通伴胞（ordinary companion cell）、传递细胞和居间细胞。普通伴胞有叶绿体和内表面光滑的细胞壁，胞间连丝较少（图 8-3A）。传递细胞（transfer cell）的细胞壁向内生长（突出），增加质膜表面积，且胞间连丝长且分支，增强物质运送筛分子，分布于中脉周围。居间细胞（intermediary cell）有许多胞间连丝，与邻近细胞（特别是维管束）联系，它能合成棉子糖和水苏糖等（图 8-3B）。

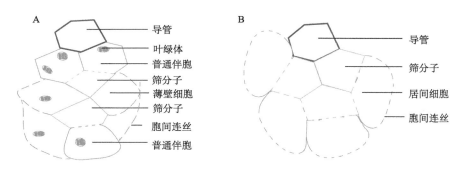

图 8-3 普通伴胞（A）和居间细胞（B）的模式图

二、运输方向

同化物进入韧皮部后，可向上运输到正在生长的茎枝顶端、嫩叶或果实，也可以沿着茎部向下运输到根部或地下贮藏器官（图 8-4）。韧皮部内的物质可同时进行双向运输。韧皮部中的同化物也可以横向运输，但正常状态下其量甚微，只有当纵向运输受阻时，横向运输才加强。韧皮部中运输方向的基本规律是从"源"向"库"进行。

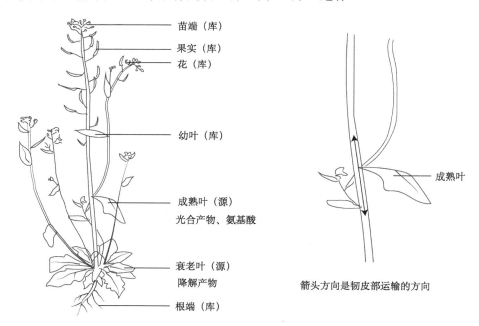

图 8-4 植物韧皮部的运输及其方向

1. 同化物的源-库的概念

源（source）是指制造并输送同化物到其他器官的组织、器官或部位，如绿色植物成熟的叶片、种子萌发时的子叶或胚乳等就是源。库（sink）是指植物接受同化物用于生长、消耗或贮藏的组织、器官或部位，如幼嫩的叶片、正在发育的种子、果实等就是库。通常把同化物供求上有对应关系的库和源，以及连接二者的输导系统合称为"源-库"单位（source-sink unit）。

一个器官是"源"还是"库"会随生长发育情况而变化。例如，种子在形成期是同化物的库，到萌发时则成为源；正在伸展过程的幼叶是库，但到叶片完全展开成熟时则变为源。

2. 源-库运输的规律

植物体内同化物运输的总规律是由源到库，并具有就近运输、优先向生长中心运输、纵向同侧运输等特点。

（1）就近运输：就近运输原则是源-库运输的重要影响因素。植物的上部叶片通常主要向茎端生长点及幼叶运送同化物；而下部叶片主要提供根系所需的同化物；中部叶片则既向上也向下进行运输。

（2）优先向生长中心运输：生长中心是指正在生长的主要器官或部位，其特点是代谢旺盛，生长速度快。各种植物，在不同的生育期都有其不同的生长中心。植物的同化物通常总是优先向生长中心运输，或者说生长中心是主要的库。这些生长中心既是矿质元素的输入中心，也是同化物分配中心。例如，稻、麦类植物前期主要以营养生长为主，因此根、新叶和分蘖则是生长中心；孕穗期为营养生长和生殖生长并进阶段，营养器官的茎秆、叶鞘和生殖器官的小穗则是生长中心；灌浆结实期，籽粒则是生长中心。

（3）纵向同侧运输：纵向同侧运输是指同一方位的叶片制造的同化物主要供应相同方位的幼叶、花序和根。用放射性同位素 ^{14}C 饲喂向日葵的功能叶，结果发现与该叶片同一方向的叶片和果实内有 ^{14}C，其原因主要与同侧叶的输送组织有密切的关系。例如，叶序为 1/2 的稻、麦等禾本科植物，奇数叶在一侧，偶数叶在另一侧，由于同侧叶间的维管束相通，对侧叶间维管束联系较少，因此幼嫩叶，包括其他的库所需的同化物主要由同侧功能叶来提供。换句话说，第三叶与第一、五叶联系密切；第四叶与第二、六叶联系密切。

三、运输速率和种类

借助放射性同位素示踪技术，已经测量到植物体内同化物运输速率比扩散速率还快，平均约 100 cm/h。不同植物的同化物运输速率有差异，其范围在 30～150 cm/h。同一作物，由于生育期不同，同化物运输的速率也有所不同，如南瓜幼龄时，同化物运输速率较快（72 cm/h），老龄则渐慢（30～50 cm/h）。

研究同化物运输溶质种类较理想的方法，是利用蚜虫的吻刺法结合同位素示踪进行测定。蚜虫以其吻刺插入筛管细胞吸取汁液，这可在显微镜下检查证明。当蚜虫吸取汁液时，用 CO_2 麻醉蚜虫后，将蚜虫吻刺于下唇处切断，切口不断流出筛管汁液，可回收汁液供分析用（图 8-5）。

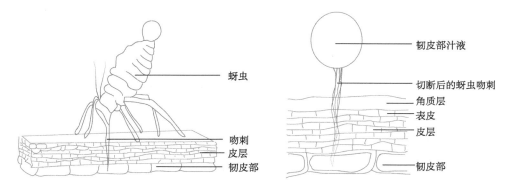

图8-5　用蚜虫吻刺法回收筛管汁液

　　汁液分析结果表明，在韧皮部里运输的物质主要是水，其中溶解许多碳水化合物。碳水化合物中主要是非还原性糖，如蔗糖、棉子糖、水苏糖和毛蕊糖等，其中以蔗糖最多（浓度为 0.3～0.9 mol/L）。后三种糖的特点是在蔗糖分子的葡萄糖残基上，分别连接 1 个、2 个和 3 个分子的半乳糖（图 8-6）。常见的还原性糖（图 8-7）在韧皮部中没有发现，说明它们不在韧皮部中运输。为什么非还原性糖是韧皮部运输物质的主要化合物，因为非还原性糖比还原性糖的活性低。韧皮部可运输的糖醇包含甘露糖醇和山梨糖醇等。

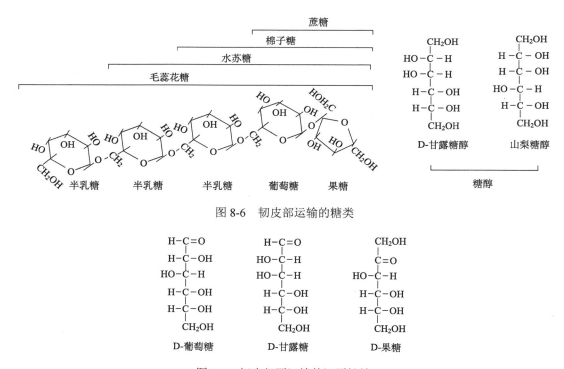

图8-6　韧皮部运输的糖类

图8-7　韧皮部不运输的还原性糖

　　韧皮部汁液中也有氨基酸和酰胺，特别是谷氨酸和天冬氨酸及它们的酰胺（谷氨酰胺和天冬酰胺）（图8-8）。具有根瘤菌的植物则以尿囊酸、尿囊素等形式（图8-9）来运输氮。

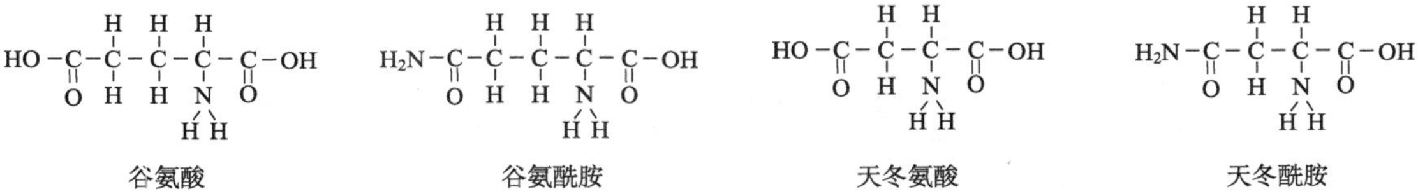

图 8-8 韧皮部运输的氨基酸类

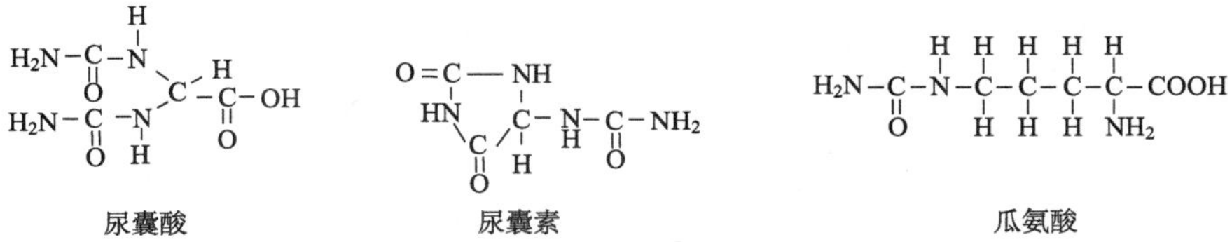

图 8-9 韧皮部运输的酰脲类

此外，韧皮部汁液中还有钾、磷、氯等无机离子，生长素、赤霉素、细胞分裂素、脱落酸等几乎所有的内源植物激素，以及核苷酸磷酸盐、蛋白质和 RNA（表 8-1）。

表 8-1 蓖麻韧皮部汁液成分

组分	质量浓度/（mg/ml）	组分	质量浓度/（mg/ml）
糖类	80.0～106.0	氯化物	0.355～0.550
氨基酸	5.2	磷酸	0.350～0.550
有机酸	2.0～3.2	钾	2.3～4.4
蛋白质	1.45～2.20	镁	0.109～0.122

第二节 韧皮部装载

韧皮部装载（phloem loading）是指光合产物从叶肉细胞运输到筛分子-伴胞复合体的过程。

白天，叶肉细胞通过光合作用形成丙糖磷酸，从叶绿体运输到胞质溶胶并转化成蔗糖；晚上，来自淀粉的碳以麦芽糖的形式离开叶绿体，并转变为蔗糖（某些植物后来将蔗糖转变为其他运输糖）。叶肉细胞中的蔗糖运输到邻近的小叶脉筛分子。这种运输常常只有两三个细胞直径的距离。蔗糖一旦进入筛分子和伴胞，蔗糖和其他溶质即被转运离开源，这一过程就是输出（export）。同化物在细胞间的运输称为短距离运输（short-distance transport），同化物经过维管系统从源到库的运输称为长距离运输（long-distance transport）。

一、韧皮部装载的途径

韧皮部装载有两条途径：共质途径（symplast pathway）和质外体途径（apoplast pathway）。共质体是通过胞间连丝进行运输；质外体途径是通过细胞壁、细胞间隙进行运输（图 8-10）。同化物从某些点进入质外体（细胞壁）到达韧皮部或同化物从共质体（细胞质）经胞间连丝到达韧皮部。同化物在韧皮部的装载有时走质外体装载途径，有时走共质体装载途径，交替进行，互相转换，相辅相成。

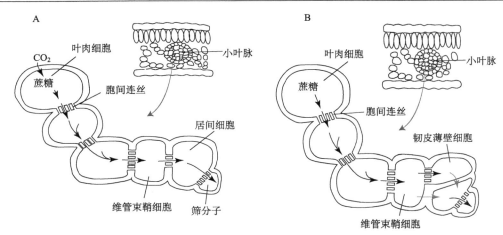

图 8-10　韧皮部的共质体装载（A）和质外体装载（B）途径

　　在共质体装载途径中，同化物从叶肉细胞到筛分子全程依靠胞间连丝从一个细胞到另外一个细胞运输；在质外体装载途径中，同化物最初通过共质体运输，但在装载到伴胞和筛分子之前先进入了质外体，装载到伴胞的同化物再通过胞间连丝进入到筛分子。

二、不同糖分的韧皮部装载

　　所谓的运输糖（translocated sugar）是指由光合作用形成的磷酸丙糖进一步形成的糖，如蔗糖、棉子糖和水苏糖等。

　　蔗糖是怎样通过质外体装载进入筛分子-伴胞复合体呢？一般认为是通过蔗糖-质子同向转运（sucrose-proton symport）（也称共转运 co-transport）。普通伴胞和传递细胞的质膜上有质子泵，大多数集中于面向维管束鞘和韧皮部薄壁细胞的质膜上，有利于质外体的光合产物输送。在筛分子-伴胞复合体质膜中的 ATP 酶，不断地将 H^+ 泵到质外体（细胞壁）。质外体的 H^+ 浓度比共质体高，形成质子梯度，作为推动力，蔗糖与质子沿着这个质子梯度经过蔗糖-质子同向转运体（sucrose-proton symporter），一起进入筛分子-伴胞复合体（图 8-11）。

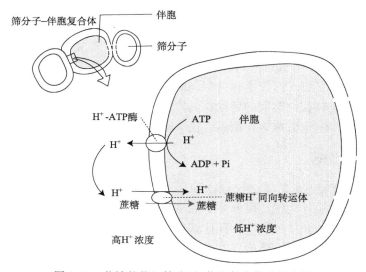

图 8-11　蔗糖装载入筛分子-伴胞复合体的同向转运

通常细小叶脉的伴胞和传递细胞的质外体装载途径只运输蔗糖，而共质体除运输蔗糖外，还运输棉子糖和水苏糖，并且还要经过居间细胞。研究证明，不同位置的筛分子汁液的成分不同，这就说明不同的糖分的运输是有选择性的。此外，筛分子-伴胞复合体的渗透势大于叶肉细胞。为了解释糖分运输有选择性和逆浓度梯度积累的现象，科学家提出了多聚体-陷阱模型（polymer-trapping model）（图 8-12）。这个模型认为，叶肉细胞合成的蔗糖运输到维管束鞘细胞，蔗糖经过胞间连丝被运输到居间细胞，在居间细胞运输来的蔗糖分别与 1 个或 2 个半乳糖分子结合后合成棉子糖或水苏糖。棉子糖和水苏糖分子体积大，不能扩散回维管束鞘细胞，只能运输到筛分子中。

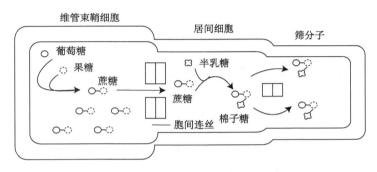

图 8-12　韧皮部装载的多聚体-陷阱模型

省去水苏糖合成

质外体装载和共质体装载的区别见表 8-2。

表 8-2　质外体装载和共质体装载的比较

特征	质外体装载	共质体装载
转运的糖	蔗糖	蔗糖和寡聚糖
小叶脉中伴胞类型	普通伴胞或者传递细胞	居间细胞
筛分子和伴胞与周围光合细胞的胞间连丝数量	极少	大量

第三节　韧皮部卸载

幼叶、花、果、种子、茎端和根端是库，它们能接受韧皮部的光合产物。韧皮部卸载（phloem unloading）是指装载在韧皮部的同化物输出到库的接受细胞（receiver cell）。蔗糖从筛分子卸载，然后以短距运输途径运到接受细胞，最后在接受细胞贮藏或代谢。韧皮部卸出的原则是阻止卸出的蔗糖被重新装载。这样，卸出的蔗糖就不断地被移走，促使韧皮部同化物不断运输、不断卸出。

一、同化物卸载的途径

同化物卸载的途径有两条：共质体途径和质外体途径。正在发育的嫩叶和根尖，蔗糖卸出是通过共质体途径，经过胞间连丝到达库细胞（图 8-13）。例如，甜菜和烟草的幼叶中，蔗糖的卸载完全是通过共质体途径的。

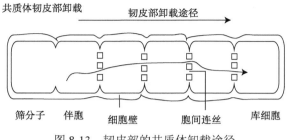

图 8-13 韧皮部的共质体卸载途径

质外体卸载发生卸载的位点靠近或者远离筛分子的细胞（图 8-14）。细胞之间缺少胞间连丝暗示着通过质外体运输。其中，类型 2 最常见，主要发生在发育的种子中。发育的种子和母体组织没有共质体连接，糖类通过共质体途径离开筛分子，在远离筛分子-伴胞复合体的某一点从共质体转为质外体途径。当质外体途径发生时，转运的糖在质外体可以部分地分解成葡萄糖和果糖，也可以不发生变化，进入库细胞。

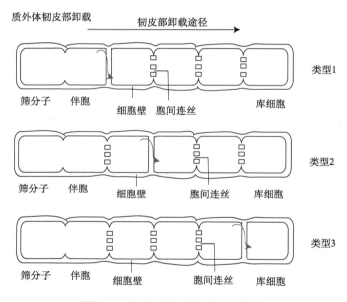

图 8-14 韧皮部的质外体卸载途径

二、同化物卸载到库细胞需要能量

低温和各种代谢抑制剂研究证明，同化物卸载库细胞需要能量。在质外体韧皮部卸载途径中，糖起码跨膜两次：筛分子-伴胞复合体的质膜和库细胞的质膜。当糖分运输到库细胞的液泡时，又需要跨过液泡膜。

研究韧皮部卸载往往以发育的种子为材料，通过分开种皮和胚，单独了解种皮质外体卸载和胚吸收的过程。研究发现，大豆韧皮部卸出对缺氧、低温和代谢产物敏感，这说明蔗糖进入质外体是主动的。细胞膜上有蔗糖-质子同向转运体（sucrose-H⁺ co-transporter）。但是，玉米韧皮部卸载到胚的途径，对缺氧低温等是不敏感的，说明玉米韧皮部卸载蔗糖到质外体是被动的。

第四节　韧皮部运输的机制

关于同化物运输的机制有多种学说，如压力流动学说、胞质泵动学说和收缩蛋白学说，目前较受重视的压力流动学说（pressure-flow theory）。压力流动学说是德国的 E. Munch 于 1930 年提出，现已被普遍接受。

一、压力流动学说

压力流动学说认为筛管中溶液流（集流）运输是由源端和库端之间渗透产生的压力梯度推动的。源端和库端之间就存在膨压差，膨压差推动筛管内同化物的集流，穿过筛孔沿着系列筛分子，由源端向库端运输（图 8-15）。源细胞（叶肉细胞）将蔗糖装载入筛分子-伴胞复合体，降低源端筛管内的水势，而筛分子又从邻近的木质部吸收水分，产生高的膨压。与此同时，库端筛管内的蔗糖不断卸载，进入库细胞（如贮藏根），库端筛管的水势升高，水分流到木质部，于是降低库端筛管的膨压。

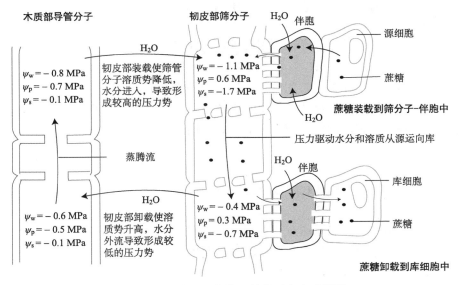

图 8-15　韧皮部同化物运输的压力流动模型

图中显示木质部和韧皮部中的压力势（ψ_p）、水势（ψ_w）和渗透势（ψ_s）的可能值

压力流动学说可以解释被子植物同化物的长距离运输，但对裸子植物则不适用。因为裸子植物筛胞的筛域（sieve area）分化较差，筛孔上有膜与光面内质网相连，孔不开放，无法满足集流的要求。裸子植物中同化物的长距离运输是否采用不同的机制，目前尚不清楚。

二、胞质泵动学说

20 世纪 60 年代，英国的 R. Thaine 等认为，筛分子内腔的细胞质呈几条长丝状，形成胞纵连束（transcellular strand），纵跨筛分子，每束直径为 1 μm 到几个 μm。束内呈环状的蛋白质丝反复地、有节奏地收缩和张弛，就产生一种蠕动，把细胞质长距离泵走，糖分就随之流动，这就是胞质泵动学说（cytoplasmic pumping theory）。反对者怀疑筛管里是否存在胞纵连束，认为胞纵连束可能是一种假象。

三、收缩蛋白学说

筛管分子在发育早期，含有细胞核和液泡，浓厚的细胞质中含有线粒体、高尔基体、内质网、质体和特殊的黏液体。黏液体是筛管分子所特有的、具有一定超微结构的蛋白质，称为 P 蛋白（P-protein）。P 蛋白有纤维状、管状、颗粒状和结晶状等形态，在筛管分子分化过程中会发生构型变化。P 蛋白有 ATP 酶的活性，可能与物质的运输有关，也有实验证明 P 蛋白对堵塞受伤筛管的筛板有明显作用。

筛管腔内有许多具收缩能力的韧皮蛋白——P 蛋白，P 蛋白能推动筛管汁液运行。收缩蛋白学说（contractile protein theory）认为，筛分子的腔内有一种由微纤丝（microfibril）相连的网状结构。微纤丝长度超过筛分子，直径 6～28 nm。微纤丝一端固定，另一端游离于筛管细胞质内，微纤丝上有 P 蛋白组成的颗粒，其跳动比布朗运动快几倍。有研究证实，烟草和南瓜的维管组织有收缩蛋白，能分解 ATP，释放出无机磷酸。看来收缩蛋白的收缩与伸展可能是同化物沿筛管运输的动力，它影响细胞质的流动。

第五节　同化物的配置和分配

同化物的命运是人们非常关心的问题。这一问题实际上包含了两个方面的内容：第一，源叶中新形成同化物的代谢转化情况，我们称之为同化物的配置（allocation）；第二，新形成同化物在各库或各种器官之间的分布，我们称之为同化物的分配（partitioning）。

一、配置

根据使用情况，源叶的同化物有 3 个配置方向：被代谢利用、合成暂时贮藏化合物和输出到植株其他部分。

被代谢利用是指同化物立即通过代谢配置给叶本身的需要。大多数同化物通过呼吸，为细胞生长提供能量和碳架，维持光合系统本身需要等。

光合作用仅仅在白天进行，而同化物需要全天供应。大多数植物特别是双子叶植物的同化物贮藏形式主要是淀粉，小部分以蔗糖形式贮藏（图 8-16）；甘蔗、甜菜等各器官的液泡主要积累蔗糖，淀粉反而很少；而许多草本植物则积累果糖聚合物（果聚糖）。

嫩叶中形成的同化物主要供给自己生长的需要。成熟叶形成的蔗糖则输出到植物的其他部分。多数植物淀粉含量一般是白天多，晚上少。蔗糖的含量与同化物输出的关系十分密切。淀粉和蔗糖的合成及转化主要依赖于磷酸丙糖分配于叶绿体中的淀粉合成或细胞中蔗糖合成情况。淀粉和蔗糖合成简要过程及磷酸转运体的作用见图 8-16。磷酸转运体转运出 1 分子磷酸丙糖的同时转运入 1 分子磷酸，以平衡叶绿体中淀粉的合成或细胞质中蔗糖的合成。

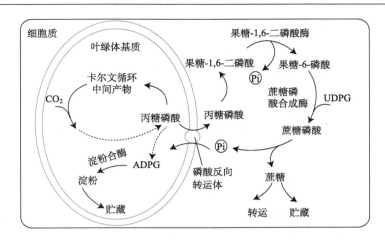

图 8-16　淀粉和蔗糖合成的简要过程及磷酸转运体的作用

ADPG，adenosine diphosphate glucose（腺苷二磷酸葡萄糖）；UDPG，uridine diphosphate glucose（尿苷二磷酸葡糖）

二、分配

（一）分配的方向

成熟叶形成的同化物一般会输送出去，但不是平均分配到各个器官。研究同化物的分配，可应用到作物栽培上，提高经济产量。

植物不同生育期，具有明显的生长中心，这些生长中心就是光合产物分配的方向。在植物营养生长期，幼叶、根端和茎段就是生长中心。到植物生殖生长期，特别是灌浆期，果实就是光合产物分配的方向。

（二）分配的调节

在同一植株中，很多部分都需要同化物，但同化物究竟分配到哪里、分配多少，主要受三个方面因素的影响，即源的供应能力、库的竞争能力和输导系统的运输能力。

（1）源的供应能力：源的供应能力就是指该器官或部位的同化物能否输出及输出多少的能力。凡是同化物形成较少，同时本身生长又需要时，同化物不但不输出，反而需要输入（如幼叶）；当同化物形成较多而又超过自身需要时，便有可能输出。同化物越多，输出的潜力越大。

（2）库的竞争能力：库的竞争能力是指库对同化物的吸取能力（即拉力或需要程度）。库的竞争能力主要取决于库容量（sink volume）的大小和库活力（sink activity）的强度。库容量和库活力的乘积称为库强度（sink strength）：

$$库强度=库容量×库活力$$

库容量是指库的总重量（一般是干重）。库活力是指单位时间、单位干重吸收同化物的速率。

库强度是受许多因素调节的，如膨压和植物激素等。膨压影响源和库之间的联系，它在筛分子中起信号作用，从库组织迅速传递到源组织。例如，当卸载快时，库中的同化物迅速被利用，库的膨压就下降，这种下降会传递到源，引起韧皮部装载增加；当卸载慢时，则引起相反的效应。有些实验表明，细胞膨压能够修饰质膜的 H^+-ATP 酶活性，因此改变运输速率。植物激素会影响同化物的装载和卸载，其靶细胞是质膜上的转运体。例如，实验表明，外施 IAA 会促进蓖麻的蔗糖装载，而外施 ABA 会抑制蓖麻的蔗糖装载。

（3）输导系统的运输能力：输导系统的运输能力是指源、库之间输导系统的结构、畅通程度、距离远近和动力大小等。一般说来，输导系统通畅程度高的库分配得数量多；离源近的库分配得多，离源远的库分配得少。

（三）分配与作物产量的关系

作物产量常指经济产量，其数值取决于经济系数与生物产量（经济产量=经济系数×生物产量），而经济系数的大小取决于光合产物向经济器官运输与分配的量。凡是有利于光合产物向经济器官分配的因素，均能增大经济系数，提高经济产量。

构成作物经济产量的物质主要有三方面的来源：一是经济器官生长期间由功能叶制造的光合产物输入的；二是某些经济器官（如麦类的穗）自身合成的；三是其他器官贮存物质的再分配输入的。其中，功能叶制造的光合产物是经济产量的主要来源。要想提高经济产量，必须使光合产物更多地输入经济器官，这受源的供应能力、库的竞争能力、运输能力（流）等影响。

不同的器官对同化物吸收能力有较大差异。在根、茎、叶营养器官中，茎、叶吸收能力大于根，因此当光照不足、同化物减少时，优先供应地上部分器官，往往影响根系生长。在生殖器官中，果实吸收养料能力大于花，所以当养分不足、同化物分配矛盾的情况下，花蕾脱落增多，果树、棉花、豆科植物表现特别明显。因此，人们在农业生产中，对该类植物采取摘心、整枝、修剪等技术，调节有机养分的分配，提高坐果率和果实产量。

根据源-库单位理论，一个库的同化物来源主要依靠附近源的供应，随着库源间距离的加大，相互间的供应能力明显减弱。一般来说，植物上部叶片的同化物主要供应茎顶端嫩叶的生长，而下部叶的同化物主要供应根和分蘖的生长，中间的叶片同化物则向上和向下输送。例如，大豆、蚕豆在开花结荚时，本节位叶片的同化物供给本节的花荚，棉花也同样如此。因此，保护果枝上的正常光合作用，是防止花荚、蕾铃脱落的方法之一。

作物栽培和育种从源、库、流三方面着手。源要合理地增加叶数和叶面积，提高开花以后时期的叶面积指数，同时还要提高成熟期叶片净同化率，防止叶片早衰，延长源对库的供应时间；库要保持单位面积有足够的穗数及粒数（如颖花数量），提高库容能力，提高籽粒充实程度；流应保证茎秆粗壮，运输流畅，采取各种措施促进同化物运输和分配。

复习思考题

1. 根据查阅"Web of Science"、"PubMed"及"中国知网 CNKI"的结果，请说明近 3~5 年来植物同化物的运输与分配研究有哪些研究热点和研究进展？同时根据自己的兴趣和所掌握的知识，撰写一篇相关的研究进展小综述。

2. 从有机物质运输与分配的观点，试分析氮肥施用过量引起小麦瘪粒增加的原因。

3. 简述压力流动学说的要点、实验证据及遇到的难题。

4. 举例说明怎样利用有机物质在植物体内的运输及分配规律，增加农作物的经济产量？

5. 如何判别同化物韧皮部装载是通过质外体途径还是通过共质体途径的？

6. 如何证明高等植物的同化物长距离运输的通道是韧皮部？

7. 有机物质的运输分配在植物生活中有何意义？与农业生产有何关系？

8. 源、库、流相互间有什么关系？了解这种关系对指导农业生产有什么意义？

9. 请用同位素示踪技术来证明同化物的分配规律。

10. 请说明"树怕剥皮，不怕烂心"所蕴含的生理学原理。

11. 请说明在果树生产上常利用环剥来提高产量所蕴含的生理学原理及注意事项。

第九章　植物的呼吸作用

生物体内的有机物质在细胞内经过一系列的氧化分解，最终生成二氧化碳、水或其他产物，并且释放出能量的总过程，叫做呼吸作用。呼吸作用是生物体在细胞内将有机物质氧化分解并产生能量的化学过程，是所有动物及植物都具有的一项生命活动和所有活细胞的共同特征。生命活动都需要消耗能量，因此，呼吸作用具有十分重要的意义。

本章的思维导图如下：

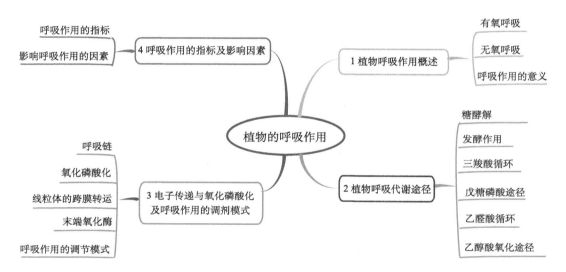

第一节　植物呼吸作用概述

光合作用（photosynthesis）为植物的生长发育提供必需的有机物质。呼吸作用（respiration）则为植物的生命活动提供必要的能量。这些能量都是由贮存在化合物中的化学能提供的。通过呼吸作用将生物体内的贮存在有机物质中的化学能释放供细胞生命活动的需要。根据是否有氧气参与，植物的呼吸作用分为有氧呼吸和无氧呼吸。

一、有氧呼吸

有氧呼吸（aerobic respiration）是指细胞在 O_2 参与下，将有机物质彻底氧化分解成 CO_2，O_2 则被还原成 H_2O，并且释放能量的过程。有氧呼吸是常见的呼吸方式，植物的呼吸过程与动物和低等的真核生物类似。对于植物而言，葡萄糖是最常利用的物质，有氧呼吸过程通常用以下方程式来表示：

$$C_6H_{12}O_6+6O_2 \longrightarrow 6CO_2+6H_2O+能量$$

由于在有氧呼吸过程中，$C_6H_{12}O_6$ 并不是和 O_2 直接反应，而是需要 H_2O 的参与，故有氧呼吸过程也用以下方程式来表示：

$$C_6H_{12}O_6+6O_2+6H_2O \longrightarrow 6CO_2+12H_2O+能量$$

该反应完全消耗 1 mol $C_6H_{12}O_6$ 会释放 2870 kJ 能量，即有氧呼吸反应过程中的自由能变化为 2870 kJ/mol。有氧呼吸是在常温下进行的，能量也是逐步释放出并贮存在化合物 ATP 中，是生物体的主要氧化过程，也是高等植物进行呼吸的主要形式。

二、无氧呼吸

无氧呼吸（anaerobic respiration）是指在无氧或者缺氧的条件下，细胞将有机物质分解成不彻底的氧化产物并且释放能量的过程。该过程对于高等植物而言被称为无氧呼吸，而对于微生物而言可称为发酵（fermentation）。

高等植物在缺氧条件下，在糖酵解过程中形成的丙酮酸会转变为乙醇，并放出二氧化碳，相当于酒精发酵，具体反应方程式如下：

$$C_6H_{12}O_6 \longrightarrow 2C_2H_5OH+2CO_2+能量$$

该反应完全消耗 1 mol $C_6H_{12}O_6$ 会释放 226 kJ 能量。高等植物的无氧呼吸除了生成乙醇外，也可以产生乳酸，称为乳酸发酵，具体反应方程式如下：

$$C_6H_{12}O_6 \longrightarrow 2CH_3CHOHCOOH+能量$$

该反应完全消耗 1 mol $C_6H_{12}O_6$ 会释放 197 kJ 能量。与有氧呼吸比较，无氧呼吸产生的能量非常少，但是具有无需氧气的优点。虽然高等植物主要的呼吸类型是有氧呼吸，但也会进行无氧呼吸以适应不利条件。绝大多数的高等植物无法长期处于无氧条件下，这可能与无氧呼吸产生的乙醇、乳酸等物质有关。但是对于很多发芽的种子来说，无氧呼吸是构成总呼吸的重要部分。

三、呼吸作用的意义

呼吸作用为植物的生命活动提供所需的绝大多数能量。呼吸作用是逐步释放能量，其中一部分能量以热能的形式释放出来，另一部分则以 ATP 等高能化合物的形式贮存。植物的生理活动都需要能量，任何的细胞要生存必须要呼吸，如果不呼吸则意味着死亡。

呼吸作用为中间化合物的合成提供原料。整个呼吸过程可以产生一系列的中间产物，这些中间产物可以进一步合成植物体内其他化合物的原料，对于植物体内化合物的转变具有极其重要的作用。图 9-1 为一些呼吸作用中间产物的结构式。

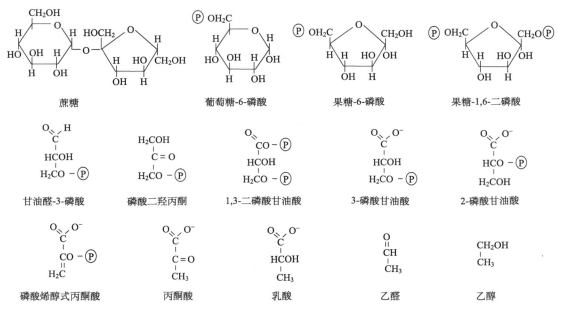

图 9-1 一些呼吸作用中间产物的结构式

第二节　植物呼吸代谢途径

植物的呼吸过程十分复杂。不同植物或不同组织器官，呼吸底物有所不同，如油料种子会以脂肪为呼吸底物。植物呼吸作用的底物主要由光合作用的产物（如蔗糖、丙糖磷酸、果聚糖等）、其他糖类和脂类构成。在绝大多数植物中，最容易被利用的呼吸底物是己糖（hexose）。对于呼吸底物为糖类来说，分解代谢途径共有三种：糖酵解途径、戊糖磷酸途径和三羧酸循环，这些呼吸途径在细胞中既相互联系，又相互独立，保证细胞内生命活动高效有序地进行（图 9-2）。

一、糖酵解

（一）糖酵解的过程

糖酵解（glycolysis）是己糖在有氧或者无氧条件下分解成丙酮酸并且产生 NADH 和 ATP 的过程。这一过程不需要氧气的参与，是有氧呼吸和无氧呼吸共有的途径。生成的丙酮酸在有氧条件下继续被氧化分解，而在无氧条件下则进行发酵。该途径在动物和微生物中首先发现，随后证明在高等植物中也存在。糖酵解也被称为 EMP 途径，以纪念 3 位德国科学家（G. Embden、O. Meyerhof 和 J. K. Parnas）对糖酵解途径的突出贡献。

植物的糖酵解过程不仅存在于胞质溶胶（cytosol）中，部分反应也存在于质体（plastid）中。对动物细胞而言，糖酵解的反应底物是葡萄糖，终产物为丙酮酸。在植物中，由于蔗糖是大部分非光合作用组织中有机碳的主要来源，所以蔗糖是植物呼吸中糖类反应的底物。植物糖酵解的终产物除了丙酮酸外，还有苹果酸。

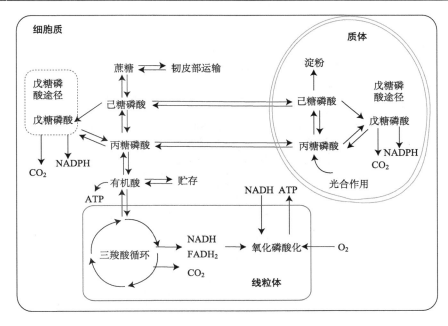

图 9-2　植物体内主要的呼吸代谢途径及其相互关系

在大多数植物组织中，蔗糖首先在蔗糖合酶（sucrose synthase）的作用下与 UDP（uridine 5′-diphosphate，尿苷-5′-二磷酸）反应，生成 UDPG（uridine diphosphate glucose，尿苷二磷酸葡萄糖）和果糖；UDPG 在 UDPG 焦磷酸化酶（pyrophosphorylase）作用下与焦磷酸（pyrophosphate）反应，生成 UTP（uridine triphosphate，三磷酸尿苷）和葡萄糖-1-磷酸。蔗糖合成酶催化的反应是可逆的，正常生理条件下反应达到平衡。在某些植物组织中，转化酶（invertase，又称蔗糖酶）会直接催化蔗糖水解成葡萄糖和果糖。转化酶催化的反应为不可逆反应。

除了蔗糖外，淀粉也可以参与植物糖酵解过程。淀粉在质体中降解为葡萄糖进入细胞质中，葡萄糖再参与到糖酵解途径中；光合作用的产物也可以以磷酸丙糖（triose phosphate）的形式参与糖酵解途径（图 9-3）。

糖酵解的化学反应可以分为三个阶段。

1. 己糖磷酸化　　在糖酵解初期，己糖（主要是葡萄糖和果糖）通过一系列磷酸化反应被活化成果糖-1,6-二磷酸。己糖在 ATP 和己糖激酶（hexokinase）作用下生成己糖-6-磷酸和 ADP；随后在己糖磷酸异构酶（hexose phosphate isomerase）参与下，将葡萄糖-6-磷酸转化为果糖-6-磷酸；果糖-6-磷酸在磷酸果糖激酶（phosphofructokinase）作用下进一步磷酸化生成果糖-1,6-二磷酸。磷酸果糖激酶所催化的反应是糖酵解的重要调控点。

2. 己糖磷酸的裂解　　果糖-1,6-二磷酸在醛缩酶（aldolase）的作用下分解成甘油醛-3-磷酸和二羟丙酮磷酸，这两者可以在磷酸丙糖异构酶（triose phosphate isomerase）的催化下相互转化。甘油醛-3-磷酸在糖酵解中会进一步分解，随着反应的进行，二羟丙酮磷酸会不断地转化成甘油醛-3-磷酸。

3. 丙糖氧化及放能阶段　　甘油醛-3-磷酸在甘油醛-3-磷酸脱氢酶的作用下与磷酸反应生成甘油酸-1,3-二磷酸，NAD$^+$被还原成 NADH；在磷酸甘油酸激酶的作用下，甘油酸-1,3-二

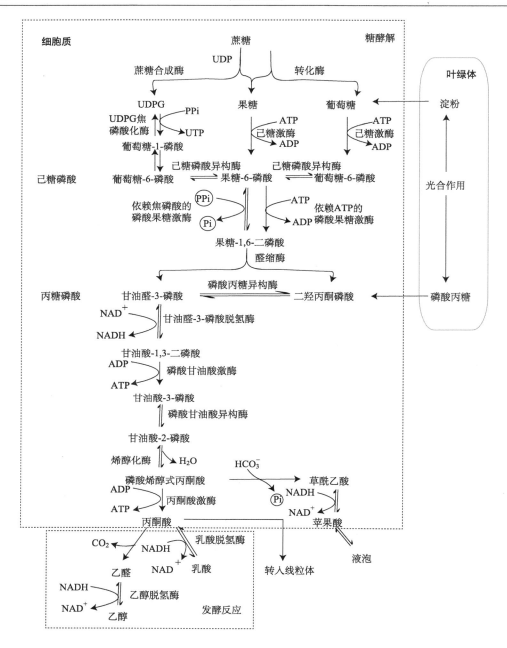

图 9-3　植物糖酵解和发酵反应

磷酸中的磷酸基团转移到 ADP 分子上，生成甘油酸-3-磷酸和 ATP，这种底物中的磷酸分子直接与 ADP 结合生成 ATP 的作用称为底物水平磷酸化（substrate level phosphorylation）；甘油酸-3-磷酸在磷酸甘油酸异构酶催化下转化成甘油酸-2-磷酸；甘油酸-2-磷酸由烯醇化酶催化脱去 1 分子 H_2O，生成磷酸烯醇式丙酮酸（phosphoenolpyruvate, PEP）；随后丙酮酸激酶以磷酸烯醇式丙酮酸为底物催化生成 ATP 和丙酮酸，此反应为糖酵解途径中第二个底物水平磷酸化反应。糖酵解整个过程没有氧气参与，氧化分解所需的氧来自于水分子和被氧化的糖分子，所以糖酵解也可被称为分子内呼吸（intramolecular respiration）。

以葡萄糖为反应底物，上述反应可以用以下反应方程式来表示：

$$C_6H_{12}O_6+2NAD^++2ADP+2Pi \longrightarrow 2CH_3COCOOH+2NADH+2H^++2ATP+2H_2O$$

（二）糖酵解的意义

糖酵解存在于绝大多数生物中，是有氧呼吸和无氧呼吸共有的途径。糖酵解产生的中间产物及丙酮酸，为呼吸作用下游反应和其他物质的合成提供原料。糖酵解途径释放能量供生物体使用，对只进行无氧呼吸的生物而言极其重要。

二、发酵作用

己糖通过糖酵解途径分解成丙酮酸后，在无氧条件下会产生乙醇或者乳酸。根据产物的不同，发酵可以分为酒精发酵（alcoholic fermentation）和乳酸发酵（lactic acid fermentation）。

酒精发酵主要存在于酵母菌中，缺氧条件下某些高等植物中也会进行，如苹果、香蕉等。丙酮酸在丙酮酸脱羧酶作用下形成乙醛，乙醛在乙醛脱氢酶的催化下，与 NADH 反应被还原成乙醇。上述反应可以用以下反应方程式来表示：

$$CH_3COCOOH \longrightarrow CO_2+CH_3CHO$$

$$CH_3CHO+NADH+H^+ \longrightarrow CH_3CH_2OH+NAD^+$$

NAD^+（$NADP^+$）和 NAD（P）H 的结构式及其转化的反应式见图9-4。

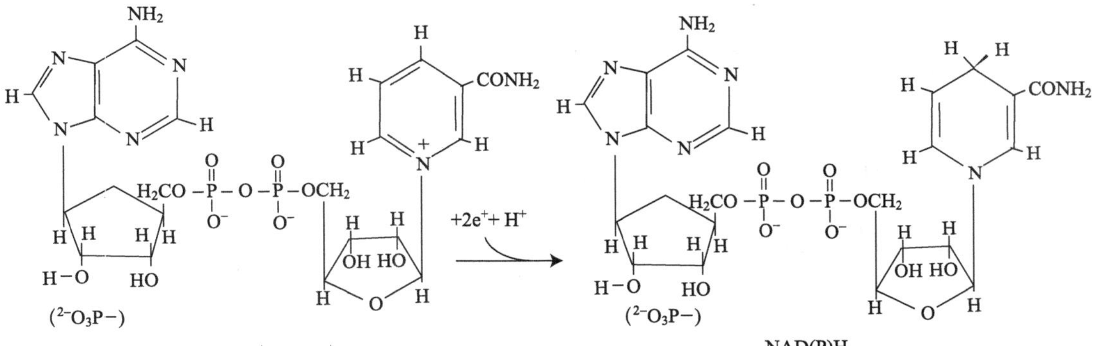

图 9-4 NAD^+（$NADP^+$）和 NAD（P）H 的结构式及其转化的反应式

乳酸发酵大多发生在乳酸菌中，高等植物在缺氧状况下也会发生乳酸发酵，如马铃薯块茎、甜菜块根等。在无丙酮酸脱羧酶而有乳酸脱氢酶的细胞中，丙酮酸在乳酸脱氢酶作用下被 NADH 还原为乳酸。上述反应可以用以下反应方程式来表达：

$$CH_3COCOOH+NADH+H^+ \longrightarrow CH_3CHOHCOOH+NAD^+$$

在缺氧条件下，通过发酵作用对 NADH 氧化而实现 NAD^+ 的再生，从而使糖酵解能够继续进行下去。发酵作用不适合高等植物长期进行，在酒精发酵中，酒精过多对细胞有害，而乳酸发酵中产生的乳酸会使胞质溶胶酸化而影响代谢。

三、三羧酸循环

糖酵解生成的丙酮酸在无氧条件下进行发酵作用，在有氧条件下则会从胞质溶胶转运至线粒体进一步氧化生成水和 CO_2，并释放能量。因为此循环会产生含有 3 个羧基的中间产物，故称该循环为三羧酸循环（tricarboxylic acid cycle, TCA 循环）（图 9-5）。由于该循环是英国科学家 Han. A. Krebs 发现的，又称为 Krebs 循环，又由于柠檬酸为该循环重要的中间产物，Krebs 在 1937 年称之为柠檬酸循环（citric acid cycle）。Krebs 由于此项成就，荣获 1953 年诺贝尔生理学或医学奖。三羧酸循环以丙酮酸为代谢底物，发生在细胞线粒体内。

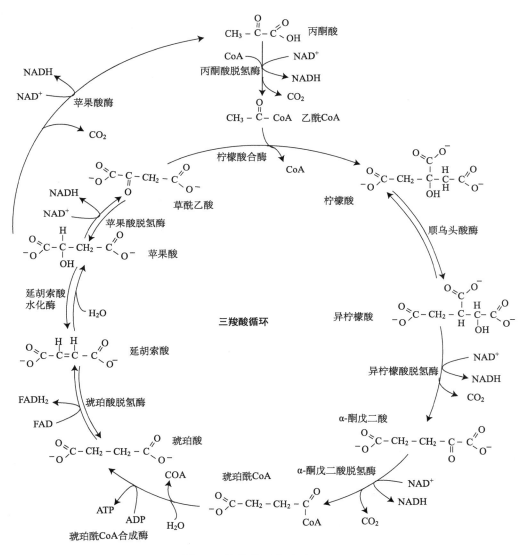

图 9-5　植物的三羧酸循环过程

1. 丙酮酸氧化脱羧　　在有氧条件下，丙酮酸进入线粒体中，通过丙酮酸脱氢酶复合体（pyruvic acid dehydrogenase complex）氧化脱羧形成乙酰辅酶 A（acetyl-CoA），随后进入三羧酸循环，可以用以下反应方程式来表示：

$$CH_3COCOOH+CoA\text{-}SH+NAD^+ \longrightarrow CH_3CO\text{-}SCoA+CO_2+NADH+H^+$$

乙酰 CoA 是细胞新陈代谢中的枢纽物质，在丙酮酸氧化脱羧、脂肪酸 β 氧化、氨基酸降解等过程中都可以生成乙酰 CoA，乙酰 CoA 又可以参与到三羧酸循环和脂肪酸等物质的合成中。

2. 三羧酸循环反应进程　　三羧酸循环可以分为三个阶段：柠檬酸合成、氧化脱羧及草酰乙酸的再生。三羧酸循环的第一个反应是乙酰 CoA 和草酰乙酸在柠檬酸合成酶作用下生成柠檬酸，此过程中释放 CoA，而 CoA 可以再次利用。柠檬酸在顺乌头酸酶作用下，经过乌头酸转化成异柠檬酸，该反应为可逆反应，异柠檬酸在异柠檬酸脱氢酶作用下脱氢生成草酰琥珀酸，但是草酰琥珀酸不稳定，可以自发地进行脱羧反应，脱羧形成 α-酮戊二酸并产生 1 分子NADH，释放 1 分子CO_2。α-酮戊二酸在 α-酮戊二酸脱氢酶催化下脱羧脱氢形成琥珀酰 CoA，释放 1 分子 CO_2 和 NADH。在琥珀酰 CoA 合成酶作用下，琥珀酰 CoA 水解成琥珀酸和 CoA，发生底物水平磷酸化，产生 ATP。琥珀酸脱氢酶的辅酶为 FAD，在此酶催化下琥珀酸脱氢生成延胡索酸，并生成 1 分子$FADH_2$。FAD 和 $FADH_2$ 的结构式及其转化的反应式见图9-6。

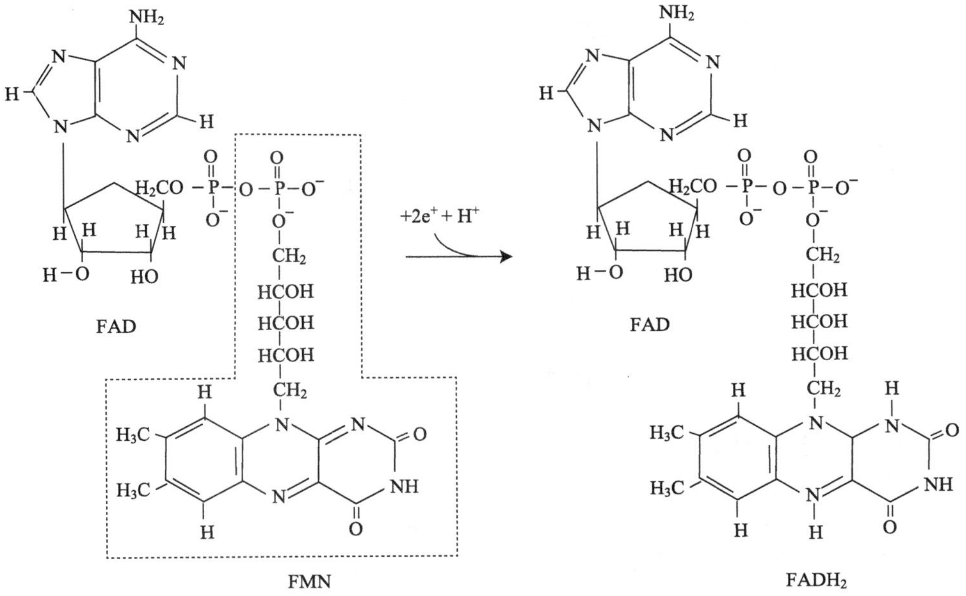

图 9-6　FAD 和 $FADH_2$ 的结构式及其转化的反应式

琥珀酸脱氢酶为三羧酸循环中唯一嵌入到线粒体内膜的酶，也是呼吸电子传递体复合体 II 的组成成分。延胡索酸在延胡索酸酶作用下与 H_2O 反应生成苹果酸。苹果酸则在苹果酸脱氢酶催化下脱氢生成草酰乙酸和 NADH。草酰乙酸可与进入三羧酸循环中新的乙酰 CoA 继续发生反应，不停地循环下去。

由于糖酵解中 1 分子葡萄糖可以产生 2 分子丙酮酸，所以三羧酸循环反应进程可以用以下反应方程式来表示：

$$2CH_3COCOOH+8NAD^++2FAD+2ADP+2Pi+4H_2O \longrightarrow 6CO_2+2ATP+8NADH+2FADH_2+8H^+$$

　　植物的三羧酸循环的特殊之处在于植物线粒体基质中普遍含有一种依赖于 NAD^+ 的苹果酸酶，此酶可以催化苹果酸氧化脱羧生成丙酮酸。此反应可以让植物线粒体通过不同的方式去进行磷酸烯醇式丙酮酸（PEP）的进一步代谢。

　　在细胞质基质中，糖酵解途径的中间产物 PEP 在 PEP 羧化酶和苹果酸酶的作用下被转化为苹果酸。根据植物生长发育的需要，苹果酸的代谢方式会有所不同，在植物需要呼吸代谢提供能量的时候，苹果酸通过线粒体内膜上的二羧酸转运体（dicarboxylate transporter）被转运到线粒体基质中，在 NAD^+-苹果酸酶催化下，氧化脱羧形成丙酮酸，然后进入三羧酸循环被彻底氧化分解。NAD^+-苹果酸酶的存在可以使植物在丙酮酸缺乏情况下，氧化柠檬酸和苹果酸，并转化成丙酮酸之后，再被彻底氧化分解。在植物的快速生长时期，三羧酸循环中间产物往往被用于合成蛋白质和多糖等物质，使线粒体中的这些中间产物浓度过低而影响正常的新陈代谢，此时通过 PEP 羧化酶和苹果酸酶即可将细胞中的 PEP 转化为苹果酸，就成为补充三羧酸循环的中间产物的有效途径（图 9-7）。

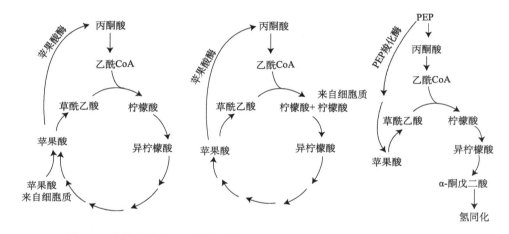

图 9-7　苹果酸酶和 PEP 羧化酶为植物丙酮酸和 PEP 的代谢提供了灵活性

3. 三羧酸循环的生理意义

　　三羧酸循环提供了生命活动所需的大部分能量。葡萄糖分子通过三羧酸循环产生的能量远远高于糖酵解产生的能量，当呼吸底物为脂肪、氨基酸等时，其彻底氧化产生的能量也是通过三羧酸循环产生的。三羧酸循环是物质代谢的枢纽。三羧酸循环是糖类、脂肪、氨基酸等分解的共同途径，产生的中间产物也可以去合成糖类、脂肪和氨基酸等物质。

四、戊糖磷酸途径

　　在高等植物中，还发现细胞内糖类的氧化可以不经过糖酵解途径，而经由 6-磷酸葡萄糖转变成 5-磷酸核酮糖和 CO_2 途径，即戊糖磷酸途径（pentose phosphate pathway, PPP），也称为己糖磷酸支路（hexose monophosphate shunt, HMS）。

　　1. 戊糖磷酸途径的反应进程　　戊糖磷酸途径在细胞质基质和质体中进行，该途径分为两个阶段，分别为氧化阶段和非氧化阶段（图 9-8）。

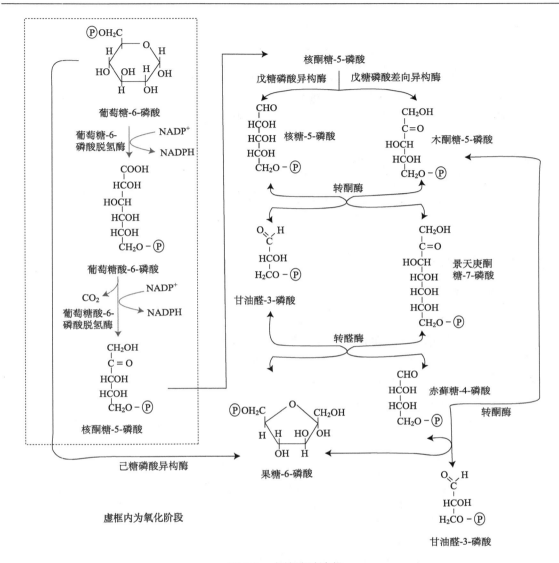

图 9-8　戊糖磷酸途径

戊糖磷酸途径从葡萄糖-6-磷酸起始。葡萄糖-6-磷酸先是在葡萄糖-6-磷酸脱氢酶作用下生成葡萄糖酸内酯-6-磷酸，接着被水解成葡萄糖酸-6-磷酸。葡萄糖酸-6-磷酸在葡萄糖酸-6-磷酸脱氢酶作用下脱羧形成核酮糖-5-磷酸，并释放 CO_2 和 2 个 NADPH。这些反应都是不可逆反应。戊糖磷酸途径被葡萄糖-6-磷酸脱氢酶所控制，而该酶的活性则由 NADPH/NADP$^+$ 比率所决定。

以上两步为氧化作用，接下来进行相对复杂的非氧化阶段。核酮糖-5-磷酸通过异构化转化为核糖-5-磷酸或者木酮糖-5-磷酸。随后通过转酮酶催化生成景天庚糖-7-磷酸和甘油醛-3-磷酸，再由转醛酶作用生成果糖-6-磷酸和赤藓糖-4-磷酸。赤藓糖和木酮糖-5-磷酸反应生成果糖-6-磷酸和甘油醛-3-磷酸，果糖-6-磷酸可以异构化成葡萄糖-6-磷酸，甘油醛-3-磷酸也可转化为二羟丙糖，随后经醛缩酶催化产生磷酸己糖，继而再次进行戊糖途径。非氧化阶段的反应均为可逆反应。1 分子己糖需要经过 6 次循环才可以被完全氧化并产生 12 个 NADPH。

戊糖磷酸途径可以用以下反应方程式来表示：

$$6G6P+12NADP+7H_2O \longrightarrow 5G6P+6CO_2+Pi+12NADH+12H^+$$

2. 戊糖磷酸途径的生理意义　　戊糖磷酸途径产生 12 个 NADPH，为细胞的合成反应提供主要还原力。NADPH 为细胞中多数合成和代谢反应所必需的，如氨同化、脂肪酸和固醇的生物合成等。

戊糖磷酸途径的中间产物为其他化合物的合成提供原料。例如，核酮糖-5-磷酸为合成核苷酸的原料，赤藓糖-4-磷酸是合成芳香族氨基酸的原料等。

戊糖磷酸途径与光合作用密切相关。非氧化阶段中的中间产物和反应所需的酶与光合作用中卡尔文循环的中间产物和酶相同。

高等植物的呼吸代谢途径除了以上途径外，还有在特殊情况下对脂肪酸氧化分解的乙醛酸循环和乙醇酸氧化途径。

五、乙醛酸循环

乙醛酸循环（glyoxylic acid cycle, GAC）是高等植物中脂肪酸被氧化生成乙酰 CoA 后，在乙醛酸体中生成琥珀酸、乙醛酸、苹果酸和草酰乙酸的过程。植物和微生物中含有乙醛酸体。乙醛酸循环是富含脂肪的油料种子中所特有的呼吸代谢途径，在油料种子发芽过程中，细胞内乙醛酸体增多，种子中的脂肪首先被水解成甘油和脂肪酸，脂肪酸被氧化分解成乙酰CoA，随即乙酰 CoA 通过乙醛酸循环转化成糖。随着种子中脂肪含量的减少，乙醛酸循环的活性也随之下降。

六、乙醇酸氧化途径

乙醇酸氧化途径（glycolic acid oxidation pathway, GAOP）是水稻根系所特有的糖降解途径。水稻根系呼吸所产生的部分乙酰 CoA 形成乙酸而不进入三羧酸循环。乙酸在一系列酶催化下反应依次生成乙醇酸、乙醛酸、草酸、甲酸和 CO_2，且不断生成 H_2O_2，H_2O_2 在过氧化氢酶作用下产生氧气，并释放到根的周围，形成一层氧化圈，使水稻根系保持高氧化状态，抑制土壤中还原物质对水稻的毒害，保证水稻植株的健康生长。

糖酵解、戊糖磷酸途径与三羧酸循环和其他重要的代谢途径相关。呼吸代谢是植物新陈代谢的枢纽，大部分的物质如氨基酸、脂肪、核酸等都可以经过呼吸作用的产物及其中间物进行一系列反应而获得。例如，糖酵解过程产生的己糖磷酸可以作为合成纤维素的底物。三羧酸循环过程的乙酰 CoA 是合成脂肪酸的底物（图 9-9）。

此外，呼吸过程中产生的 ATP 和 NAD（P）H 还为各种生理活动提供能量，所以呼吸代谢非常重要。

第三节　电子传递与氧化磷酸化及呼吸作用的调节模式

有机物质在生物体内进行氧化分解和释放能量的过程称为生物氧化（biological oxidation）。生物氧化是通过一系列酶、辅酶和中间传递体作用逐步完成，并逐步释放能量的。

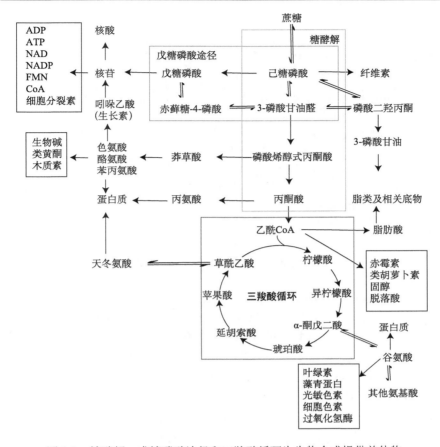

图 9-9 糖酵解、戊糖磷酸途径和三羧酸循环为生物合成提供前体物

我国著名的植物生理学家汤佩松院士提出高等植物呼吸链的电子传递具多种途径，越来越多的实验支持这个观点。

一、呼吸链

植物呼吸作用产生的 NADH 和 H^+ 不能够直接与游离的氧结合，需要经过电子传递链传递后才能结合。呼吸代谢中间产物的电子和质子，沿着线粒体内膜上呼吸传递体组成的电子传递途径，有序地传递给氧的过程，称为电子传递链（electron transport chain），也被称为呼吸链（respiratory chain）。电子传递链的传递体有两类：氢传递体和电子传递体。

氢传递体传递氢，包括质子和电子，以 $2H^+$ 和 $2e^-$ 表示。氢传递体可以作为脱氢酶的辅助因子，主要包括以 NAD^+ 为辅酶的脱氢酶类、黄素蛋白酶类和辅酶 Q。

电子传递体只传递电子，一般是指细胞色素体系和铁硫蛋白。细胞色素是一类以铁卟啉为辅基的蛋白质，根据吸收光谱的不同可以分为 a、b、c 三类。

植物呼吸作用的电子传递链位于线粒体内膜，由 5 种蛋白复合体，即复合物Ⅰ、复合物Ⅱ、复合物Ⅲ、复合物Ⅳ及复合物Ⅴ（ATP 合酶）构成（图 9-10）。

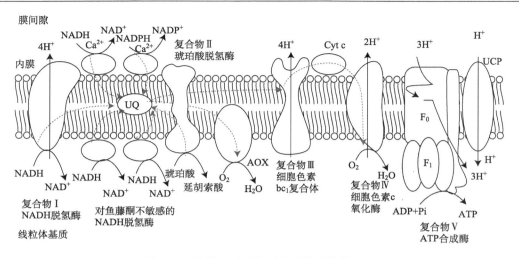

图 9-10　植物中呼吸作用电子传递链的组成

复合物Ⅰ，也可称为 NADH 脱氢酶，为泛醌氧化还原酶（ubiquinone oxidoreductase），由紧密结合的辅因子黄素单核苷酸（flavin mononucleotide，FMN）和若干铁硫蛋白中心构成，分子质量为 700~900 kDa。复合物Ⅰ的功能在于催化位于线粒体基质的、由三羧酸循环产生的 $NADH+H^+$ 中 2 个 H^+ 通过 FMN 转运到膜间间隙（intermembrane space），再经过铁硫蛋白将 2 个电子传递给泛醌（ubiquinone，UQ），再与基质中的 H^+ 结合产生还原型 UQH_2。泛醌的结构和功能类似叶绿体中类囊体膜的质体醌（plastoquinone，PQ）。复合物Ⅰ可以被鱼藤酮（rotenone）、巴比妥酸（barbital acid）等抑制。

复合物Ⅱ，也可称为琥珀酸脱氢酶（succinate dehydrogenase），由 FAD 和三个铁硫蛋白中心构成，分子质量为 140 kDa。在裸子植物和被子植物中，复合物Ⅱ是唯一完全由核基因编码的蛋白质。其功能是催化琥珀酸氧化为延胡索酸，将质子转移到 FAD 形成 $FADH_2$，然后再把质子转移到 UQ 形成 UQH_2。复合物Ⅱ不转移质子，可被 2-噻吩甲酰三氟丙酮（2-thenoyltrifluoroacetone）和丙二酸（malonic acid）等抑制。

复合物Ⅲ，也称为细胞色素 bc_1 复合体（cytochrome bc_1 complex），一般含有 2 个 Cyt b、1 个铁硫蛋白和 1 个 Cyt c_1，分子质量为 250 kDa。复合物Ⅲ的功能是在复合体Ⅲ和Ⅳ之间传递电子，并将质子释放到膜间间隙。

复合物Ⅳ，也称为细胞色素 c 氧化酶（cytochrome c oxidase），为呼吸链上的末端氧化酶，含有铜、Cyt a 和 Cyt a_3，分子质量为 160~170 kDa。其功能是将复合体Ⅳ中的电子传递给分子氧，氧分子被 Cyt a_3、铜还原至过氧化物水平，接受电子并与基质中的 H^+ 结合形成 H_2O。

复合物Ⅴ就是 ATP 合成酶（ATP synthase），由 CF_0 和 CF_1 两部分构成，也可称为 F_0F_1-ATP 合成酶，其可以催化 ADP 和 Pi 合成 ATP。

二、氧化磷酸化

在生物氧化过程中，电子经过线粒体的电子传递链传递给氧，并且伴随 ATP 合酶催化，使 ADP 和 Pi 合成 ATP，整个过程称为氧化磷酸化作用（oxidative phosphorylation）。氧化磷酸化实际可以包括两个过程，即电子传递过程，以及 ATP 合酶催化的 ADP 和 Pi 形成 ATP 的过程。

1. 氧化磷酸化的机制　　目前普遍接受的氧化磷酸化机制是 Peter Mitchell 在 1961 年提出的化学渗透假说（chemiosmotic hypothesis），Mitchell 因此也获得了 1978 年诺贝尔化学奖。这个假说认为线粒体基质的 NADH 传递电子给 O_2 的同时，也将基质中的 H^+ 释放到膜间隙中。但线粒体内膜对 H^+ 是相对不透的，H^+ 不能自由地返回基质，因而随着电子的传递，在线粒体内膜两侧会形成跨膜 pH 梯度（ΔpH），同时也产生了跨膜电位梯度（ΔE），这两种梯度便形成了跨膜质子的电化学梯度，于是膜间间隙的 H^+ 通过并激活 ATP 合酶，催化 ADP 和 Pi 形成 ATP。

2. 氧化磷酸化的抑制　　抑制氧化磷酸化的方式包括两种，一种是解偶联，另一种是破坏氧化磷酸化。

解偶联（uncoupling）是指呼吸链和氧化磷酸化的偶联过程受到破坏的过程。氧化磷酸化过程是电子传递和形成 ATP 的偶联反应。磷酸化所需的能量由氧化作用所提供；相反，氧化作用的能量需要磷酸化作用去贮存，二者相互联系，如果两者不偶联，电子传递仍然可以进行，但是无法合成 ATP，氧化所释放的能量全部都转变为热能，不能被细胞所吸收。2,4-二硝基苯酚（dinitrophenol, DNP）可以阻止磷酸化而不影响氧化，这样会造成偶联现象的破坏，此类物质一般称为解偶联剂（uncoupling agent）。除此之外，寒冷、干旱条件下都不能形成高能磷酸键，氧化过程正常，造成能量白白浪费，无法转化成生命活动所需的能量。

有些化合物可以阻断呼吸链中的某一部分的电子传递，从而破坏氧化磷酸化。例如，鱼藤酮可以阻断电子由 NADH 向 UQ 传递；丙二酸可以阻断电子从琥珀酸传递到 FAD；抗霉素 A 可以抑制电子从 Cyt b 到 Cyt c1；一氧化碳、氰化物、叠氮化物则可以阻止电子从 Cyt a/a$_3$ 到氧。

三、线粒体的跨膜转运

线粒体内合成 ATP 的过程中，需要的底物如 ADP 和 Pi 都要运输到线粒体内。合成的 ATP 还要运到线粒体外被利用。线粒体的膜上有很多转运体，如磷酸转运体、腺苷酸转运体、丙酮酸转运体、二羧酸转运体和三羧酸转运体（图 9-11）。

四、末端氧化酶

末端氧化酶是将底物的电子通过电子传递链传递给分子氧而形成水或 H_2O_2。由于该酶催化的反应在生物氧化的末端，故称为末端氧化酶（terminal oxidase）。末端氧化酶分为两类，分别是线粒体上的末端氧化酶和线粒体外的末端氧化酶。

1. 线粒体上的末端氧化酶　　目前研究比较透彻的末端氧化酶是位于线粒体膜上的细胞色素 c 氧化酶（cytochrome c oxidase）和交替氧化酶（alternative oxidase, AOX）。

（1）细胞色素 c 氧化酶。细胞色素 c 氧化酶，即复合体Ⅳ，在植物体中为最主要的末端氧化酶，承担了细胞内最多的耗氧量。此酶包括 Cyt a、Cyt a$_3$ 和 2 个铜原子。细胞色素 c 氧化酶的作用是接受 Cyt c 给予的电子，传递给 Cyt a、Cyt a$_3$ 后，电子继续传给 O_2，激活后的 O_2 与 H^+ 结合生成 H_2O，细胞色素 c 氧化酶易受到 CO、氰化物及叠氮化物的抑制。

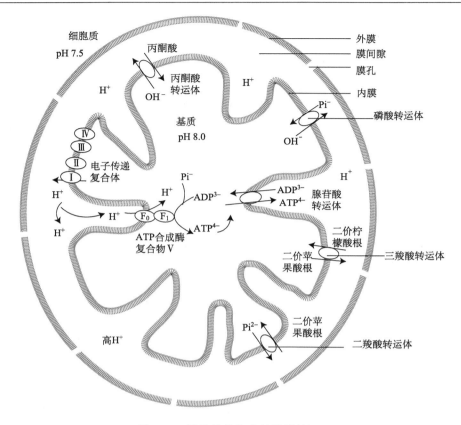

图 9-11　植物线粒体中的跨膜转运

（2）交替氧化酶。交替氧化酶是抗氰呼吸的末端酶，可以将电子传递给氧。

抗氰呼吸（cyanide-resistant respiration）是指在氰化物的存在下，某些植物呼吸过程不受抑制。在植物组织中，抗氰呼吸占总呼吸的 10%～25%，而在某些植物组织中可高达 100%。抗氰呼吸又被称为交替呼吸途径（alternative pathway），因为抗氰呼吸电子传递途径和正常的 NADH 电子传递途径交替发生。交替氧化酶的活性会受到丙酮酸和二硫键还原剂的激活，抑制细胞色素途径中的电子流的因子（如低浓度 ADP、高 ATP/ADP 比例、低温等），会导致线粒体基质中 NADH 浓度上升而抑制三羧酸循环，三羧酸循环的中间产物如柠檬酸、异柠檬酸的积累能诱导交替氧化酶二硫键的还原；丙酮酸浓度升高则会激活交替氧化酶的活性。除此之外，交替氧化酶也受到基因水平的调控，在植物中也检测到了多个和交替氧化酶相关的基因，且表达具有组织特异性，逆境条件下可以诱导交替氧化酶的表达。

交替呼吸途径作用可以用能量溢流假说（energy overflow hypothesis）来解释，因为大多数的组织在正常细胞色素途径未饱和时不会有交替途径，且交替途径会随着供给糖类的增多而增多。抗氰呼吸在植物生命活动中有利于授粉，增加植物的抗逆性。

2. 线粒体外的末端氧化酶　　在呼吸链反应的最末端，有能活化分子氧并生成 ATP 的末端氧化酶。例如，细胞色素 c 氧化酶和交替氧化酶均在线粒体膜上；而在胞质溶胶和微体中还存在着不产 ATP 的末端氧化酶，如酚氧化酶（phenol oxidase）、抗坏血酸氧化酶（ascorbic acid oxidase）和乙醇酸氧化酶（glycolate oxidase）等。

（1）酚氧化酶。酚氧化酶是一种含铜的酶，在酚氧化酶中，重要的有单酚氧化酶

（monophenol oxidase）和多酚氧化酶（polyphenol oxidase）。单酚氧化酶又被称为酪氨酸酶（tyrosinase），多酚氧化酶也被称为儿茶酚氧化酶（catechol oxidase）。正常条件下，在细胞质中，酚氧化物和底物是分开存在的，当细胞受到破损或者衰老后，细胞发生解体，酚氧化酶和底物接触后发生反应，酚会被氧化成醌，醌对微生物有害，可以防止植物受到感染。酚氧化酶普遍存在于植物体内。苹果、梨、马铃薯等削皮后，会出现褐色现象，这就是酚氧化酶起的作用。同样，茶叶中酚氧化酶的活性也很高，制茶时可以根据它的特征加以利用。在制红茶时，需要使叶先凋萎脱去 20%～30%水分，然后揉捻，将细胞揉破，通过多酚氧化酶的作用，使茶叶中的儿茶酚（即邻苯二酚）和单宁氧化并聚合成红褐色的色素，如茶黄素、茶红素等氧化产物，形成红茶的红叶、红汤的品质特点。而在制绿茶时，则把采下的茶叶立即焙火杀青，利用焙火的高温钝化和破坏多酚氧化酶的活性，才能保持茶叶的绿色，形成绿茶的绿叶、绿汤的品质特点。

　　（2）抗坏血酸氧化酶。抗坏血酸氧化酶也是含铜的氧化酶。顾名思义，抗坏血酸氧化酶可以催化抗坏血酸的氧化，该酶在植物中普遍存在，抗坏血酸氧化酶与植物的受精过程有关，并且有利于胚珠的发育。

　　（3）乙醇酸氧化酶。乙醇酸氧化酶是一种黄素蛋白，位于光呼吸（photorespiration）的末端氧化途径，其可以催化乙醇酸氧化成乙醛酸，且产生 H_2O_2。乙醛酸与甘氨酸的生成相关。此酶与氧的亲和力十分弱，所以不会受到氰化物和 CO 的抑制。

　　整体而言，植物体内含有多种呼吸氧化酶，其中细胞色素 c 氧化酶对氧的亲和性是最高的，在低氧浓度的情况下，仍然可以发挥作用；相反，酚氧化酶对氧的亲和性是较弱的，在高氧浓度的情况下，才有可能顺利发挥作用。

　　植物体内呼吸代谢的多种末端氧化酶和电子传递途径及其阻断物质与对应的阻断部位总结如图 9-12 所示。

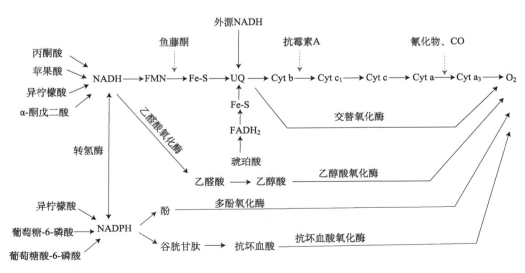

图 9-12　植物体内呼吸代谢的多种末端氧化酶和电子传递途径及其阻断物质与对应的阻断部位

虚线箭头表示阻断部位

五、呼吸作用的调节模式

　　植物呼吸作用的一些底物（如 ADP 和 Pi）可以激活上游某些酶的活性。产物 ATP 的积累可以抑制上游一些酶的活性（图 9-13）。呼吸作用的这种调节模式可以保证 ATP 的供给，也协调了细胞对有机酸的需要。

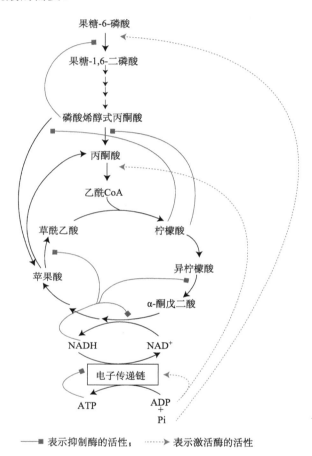

（彩图）

──■ 表示抑制酶的活性；　　┈┈▶ 表示激活酶的活性

图 9-13　植物呼吸自下而上的调节模式

第四节　呼吸作用的指标及影响因素

　　呼吸作用是植物重要的生理活动。在实践中，通常通过测定一些呼吸作用的指标来了解植物的生理状态。常用的指标有呼吸商和呼吸速率。

一、呼吸作用的指标

　　呼吸商（respiratory quotient, RQ）是呼吸底物在呼吸过程中 CO_2 释放量和 O_2 吸收量的比值。可以用下列公式计算：

$$呼吸商（RQ） = 放出\ CO_2\ 摩尔数/\ 吸收\ O_2\ 摩尔数$$

根据呼吸底物的不同，呼吸过程中 CO_2 释放量和 O_2 吸收量也不同，故呼吸商也不一样。如果以糖为底物的话，呼吸商则为 1，但是当底物为含氧量低的油脂或者蛋白质的情况下，需要更多的氧才能被彻底氧化，因此呼吸商小于 1，当底物为含氧量高的有机酸时就会导致呼吸商大于 1。

呼吸速率（respiratory rate），即呼吸强度，是指在单位时间内进行呼吸所消耗的 O_2 或者所释放的 CO_2 的量。对呼吸强度的测定，可以通过测定呼吸过程中 O_2 消耗量或者 CO_2 释放量来获得。红外线 CO_2 分析仪、氧电极都可以用于呼吸强度的测定。植物的呼吸强度也与植物的种类、不同组织器官、植物的发育年龄和外界因素相关。

二、影响呼吸作用的因素

影响呼吸的因素有植物自身和外界的。

1. 自身因素　　不同的植物或者组织器官都会具有不同的呼吸速率，在代谢活跃的组织或者器官呼吸速率很高。正在发育的芽会有很高的呼吸强度。在植物组织中，呼吸速率从生长尖端到分化区是逐渐下降的；而在成熟的组织中，叶和根的呼吸速率会随着植物的种类和环境条件改变，茎则具有最低的呼吸速率。

植物组织成熟后，呼吸一般会保持稳定，有时也会随着时间的增加呼吸速率下降。但是植物会出现呼吸速率突然增加后又突然下降的特殊现象，称为呼吸跃变（respiratory climacteric）。在苹果和香蕉果实成熟时会出现这类现象，在摘下的叶和花的衰老过程也会有类似的现象产生。呼吸跃变与植物体内乙烯的增加有关。同样，呼吸速率与植物自身的水分也相关，种子的贮藏就需要利用这个特性，一般淀粉种子中水分含量为 14%～15%，而在油料种子中则为 8%～9%，当种子中水分含量超出这个范围，则会导致呼吸速率的上升，严重时会导致种子的腐败变质。

2. 外界因素　　影响植物呼吸的外界因素主要有光照、温度、O_2 浓度、CO_2 浓度、物理损伤等。

光照条件下，虽然光合作用和呼吸作用同时进行，但是呼吸速率远远低于光合作用。植物在光照条件下，呼吸速率和光合作用是相关的。例如，遮阴部分的叶片呼吸速率通常比暴露在直射光下的叶片呼吸速率低，可能是由于暴露在直射光下的叶片可以提供更多的碳水化合物进行呼吸。同样，由于光照条件下引起的温度变化也可以影响呼吸速率。

植物呼吸速率与温度也有关系，一般植物呼吸作用保持稳定的最高呼吸速率的温度称为最适温度。随着温度的下降，呼吸作用也会随之降低；如果温度过高，呼吸作用相关的酶的活性会降低，随之呼吸速率也会下降。故植物呼吸有其最高、最适和最低温度范围。最适温度对于大多数植物而言没有太大差异，但是最低温度对于不同植物种类有很大差异，大多数植物可能在 0℃ 下已没有呼吸或者仅保持微弱的呼吸，但冬小麦在 0℃ 仍可保持一定的呼吸强度，冬季松针在 –10～–25℃ 情况下也可以测到呼吸强度。降低外界温度，可以降低植物的呼吸作用，通常在果实和蔬菜的贮藏中利用了此特点，这样可以延长果实和蔬菜的贮藏时间。但温度过低可能会使体内淀粉降解，糖类含量增加，改变果实和蔬菜的口味。

在正常情况下，空气中的氧气浓度（大约为 21%）不会影响植物呼吸的进行。即使空气中氧气浓度降低至 5%，仍然不会对植物呼吸速率产生影响。氧气在水溶液中的扩散速度远远低于空气中的扩散速度，因此氧气的限制主要体现在水中扩散。由于这种原因，使得某些植物会形成特殊的结构，有利于氧气的扩散。例如，水稻中，从叶片到根部有通气组织可以使氧气向根部进行扩散。除此之外，外界氧气浓度会影响糖的消耗速率，如有氧条件下的酵母比在无氧条件下消耗的糖要少，这种氧抑制糖分解的现象称为巴斯德效应（Pasteur effect）。同样，植物也会有这种现象，主要是由于糖酵解途径的调节作用，在有氧条件下细胞中 PEP 和 ATP 浓度较高，抑制糖酵解途径，糖的消耗量降低，而在厌氧条件下细胞中磷酸烯醇式丙酮酸和 ATP 浓度较低，糖酵解途径没有受到抑制，糖的消耗量增加。

在正常情况下，空气中的 CO_2 浓度（大约为 0.033%）不会影响植物呼吸的进行，但是当 CO_2 浓度达到 3%～5%时会对呼吸作用造成一定的抑制。通常在果实和蔬菜的贮藏中也可以利用这类特点，适当提高 CO_2 的浓度来降低贮藏的果实和蔬菜的呼吸速率，高浓度的 CO_2 会抑制乙烯对果实的催熟作用。

物理损伤也会引起呼吸速率的增加，这种增加不仅包括对线粒体呼吸的增加，而且也包括非线粒体呼吸的增加。因此，水果和蔬菜在采收、包装、运输和贮藏过程中要尽量减少物理损伤。

复习思考题

1. 根据查阅"Web of Science"、"PubMed"及"中国知网 CNKI"的结果，请说明近 3～5 年来植物的呼吸作用研究有哪些研究热点和研究进展？同时根据自己的兴趣和所掌握的知识，撰写一篇相关的研究进展小综述。

2. 春天如果温度过低，就会导致秧苗发烂，这是什么原因？

3. 果实成熟时产生呼吸骤变的原因是什么？

4. 呼吸作用与谷物种子、果蔬贮藏、作物栽培有何关系？

5. 粮食贮藏时要降低呼吸速率还是要提高呼吸速率？为什么？

6. 请分析和比较光合作用与呼吸作用的异同点及其相互关系。

7. 如何用实验的方法来证明植物体内存在抗氰呼吸途径？

8. 请根据你所学的植物呼吸作用的知识来说明果实和蔬菜贮藏时应注意的事项。

9. 为什么昼夜温差大有利于作物干物质的积累？温室或大棚生长作物应注意什么事项？

第十章　　植物的次生代谢产物

次生代谢产物（secondary metabolites）是由次生代谢（secondary metabolism）产生的一类对生命活动或生长发育正常运行非必需的小分子有机化合物，其产生和分布通常有种属、器官、组织以及生长发育时期的特异性。植物次生代谢产物是植物对环境的一种适应，是在长期进化过程中植物与生物和非生物因素相互作用的结果。在对环境胁迫的适应、植物与植物之间的相互竞争和协同进化、植物对昆虫的危害、草食性动物的采食及病原微生物的侵袭等过程的防御中起着重要作用。不同种类的生物所产生的次生代谢产物不相同，它们可能积累在细胞内，也可能排到外环境中。初生代谢（primary metabolism）为生物都具有的生物化学反应，如能量代谢及氨基酸、蛋白质、核酸的合成等。与此不同，只存在一定范围内生物的特异代谢，则为次生代谢。

本章在简单介绍植物的初生代谢和次生代谢概念的基础上，重点描述植物中的萜类、酚类和含氮化合物三种主要次生代谢产物的结构、合成途径及其功能，并简单提及了植物次生代谢基因工程等内容。

本章的思维导图如下：

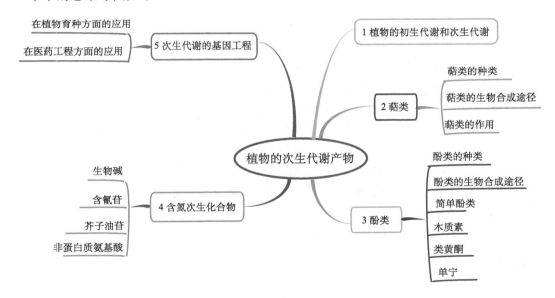

第一节　植物的初生代谢和次生代谢

植物体内除了有糖类、核酸、蛋白质和脂类等初生代谢产物（primary metabolites），还有很多次生代谢产物，如萜类、酚类、含氮化合物等，这些是由糖类等有机物质次生代谢衍生出来的物质，所以称为次生代谢产物。次生代谢产物合成的主要途径及与初生代谢产物的相互联系见图 10-1。

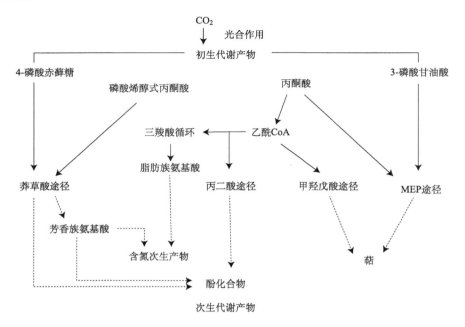

图 10-1　植物次生代谢产物合成的主要途径及与初生代谢产物的关系

第二节　萜　　类

　　次生代谢产物一般贮存在液泡或者细胞壁中，为代谢的终产物，且大部分不会参加代谢活动，主要参与植物与环境之间的相互作用，从而给予植物丰富的生态适应性。某些次生代谢产物是植物生命活动所必需的，如叶绿素、类胡萝卜素、花色素等色素，还有吲哚乙酸、赤霉素等植物激素；除此之外，植物会产生对本身无害，而对其他动物或者微生物有害的次生代谢产物，此类次生代谢产物的产生有利于植物防御天敌；某些次生代谢产物由于是重要的药物或者化工原料，往往会受到人们重视，如奎宁碱、橡胶等。

　　次生代谢产物中的大部分是萜类化合物。萜类化合物一般不溶于水。萜类化合物是由五碳的异戊二烯（isoprene）单元构成的化合物及其衍生物，也称为萜类或者类萜化合物（terpenoid），或者异戊二烯化合物（isoprenoid）。

一、萜类的种类

　　通常萜类化合物的结构有链状和环状两种。根据异戊二烯数目的不同，萜类化合物可以分为单萜（monoterpene）、倍半萜（sesquiterpene）、双萜（diterpene）、三萜（triterpene）、四萜（tetraterpene）和多萜（polyterpene）等（表 10-1）。单萜含有 2 个 C_5 单位，倍半萜含有 3 个 C_5 单位，双萜含有 4 个 C_5 单位；三萜含有 30 个 C，四萜含有 40 个 C。赤霉素和脱落酸类植物激素、甾醇（sterol）、类胡萝卜素（carotenoid）、橡胶（rubber）等也是萜类化合物（图 10-2）。

表 10-1　常见的一些萜类

异戊二烯单元数目	碳原子数	种类	举例
2	10	单萜	牻牛儿醇、百里酚、樟脑、除虫菊酯、沉香醇等
3	15	倍半萜	法尼醇、β-丁香烯、桉叶醇、α-檀香烯等
4	20	双萜	植醇、树脂酸、赤霉素、冷杉酸
6	30	三萜	角鲨烯、固醇、三萜酸、三萜醇
8	40	四萜	类胡萝卜素、叶黄素
>8	>40	多萜	橡胶、杜仲胶

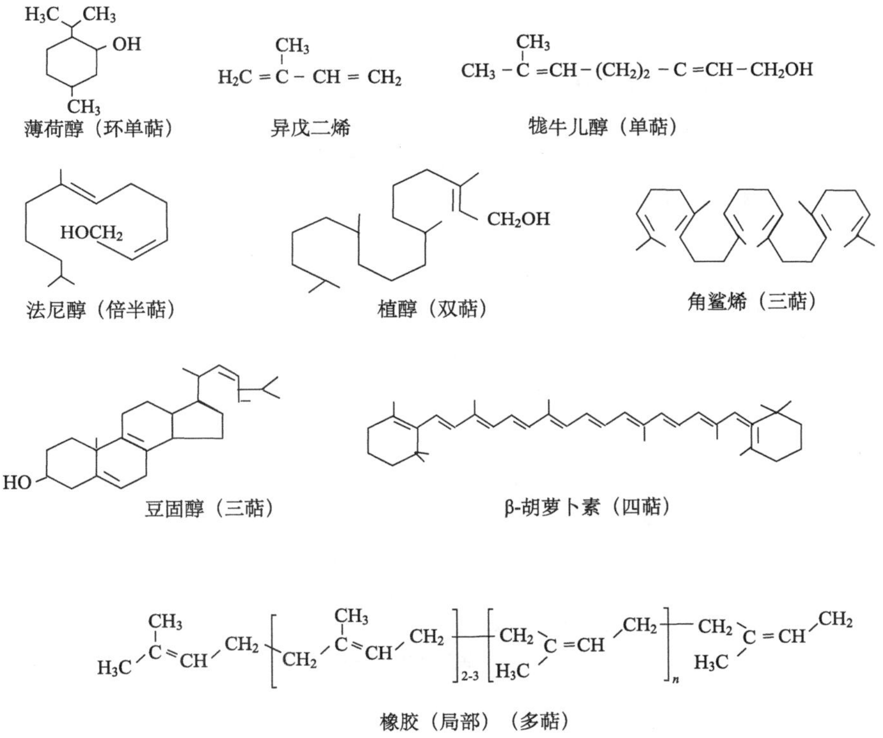

图 10-2　几种常见的萜类化合物的结构式

甾醇（又称为类固醇，steroid）是由 6 个异戊二烯单元组成的三萜类化合物（triterpenoid）。甾醇可以糖苷的形式存在，也可以与脂肪酸结合形成甾醇酯。几乎所有生物的细胞膜都有游离的甾醇，起到稳定膜结构的功能。植物甾醇化合物是某些动物激素的前体。例如，植物激素油菜素内酯（brassinosteroid）对植物生长发育十分重要，它与某些昆虫中的蜕皮激素结构相同。

类胡萝卜素普遍存在于植物的器官中，贮存在有色质体（chromoplast）中，呈现黄色等颜色。类胡萝卜素包括两种：胡萝卜素和叶黄素（xanthophyll）。类胡萝卜素不溶于水，易溶于有机溶剂。类胡萝卜素可以捕获光能，是光合作用的辅助色素，并且可以保护叶绿素受到强光的降解；紫黄素（violaxanthin）（叶黄素的一种）是脱落酸的前体；β-胡萝卜素在动物组织中会被转化成维生素 A。

　　一般含有10～15个碳的多萜由于具有挥发性和较强的气味，称为植物精油（essential oil）。植物体释放的植物精油的量非常大，所以在森林上空经常形成烟雾，并且会造成空气污染。松节油（turpentine）是植物精油，大量存在于松属（Pinus）植物中。

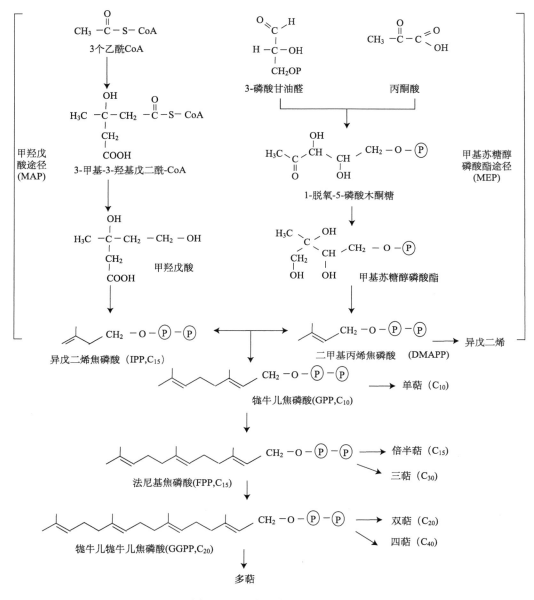

图 10-3　萜类的生物合成途径

天然橡胶是由巴西三叶橡胶树（*Hevea brasiliensis*）等植物分泌的天然胶乳，经凝固、加工而得到的弹性固状物体，其主要成分是聚异戊二烯，此外还含有少量的蛋白质、类脂物和有机酸、糖类及灰分等。目前世界上发现了大约 2000 种产橡胶的植物，且大部分被用作橡胶原料。

二、萜类的生物合成途径

异戊二烯是萜类化合物生物合成的基本单元。萜类的生物合成主要有两种途径：甲羟戊酸途径（mevalonic acid pathway，MAP）和甲基苏糖醇磷酸酯途径（methylerythritol phosphate pathway，MEP）（图 10-3）。

在 MAP 中，3 个乙酰 CoA 经过聚合反应生成六碳的中间产物甲羟戊酸，随后经过焦磷酸化、脱羧反应和脱水反应生成异戊二烯焦磷酸（IPP）（图 10-4）。

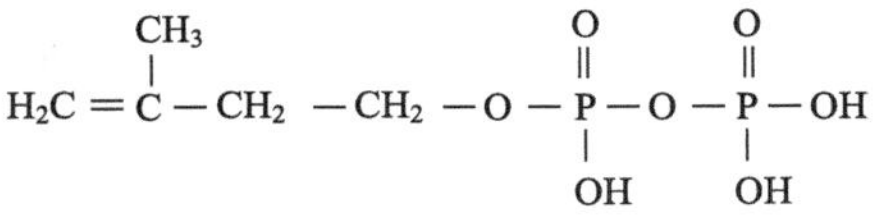

$$H_2C = C(CH_3) - CH_2 - CH_2 - O - P(=O)(OH) - O - P(=O)(OH) - OH$$

图 10-4　IPP 的结构式

MEP 是由糖酵解或者是 C4 途径的中间产物 3-磷酸甘油醛和丙酮酸，通过反应后形成甲基苏糖醇磷酸酯，继续反应生成二甲基丙烯焦磷酸（dimethyallyl diphosphate，DMAPP）。IPP 和 DMAPP 是异构体，两者结合形成牻牛儿焦磷酸（geranyl diphosphate, GPP），GPP 是大多数 10 碳单萜的前体；GPP 又会和另一个 IPP 结合，形成法尼基焦磷酸（farnesyl disphosphate, FPP），FPP 成为倍半萜和三萜的前体；FPP 又会和 IPP 结合，形成牻牛儿牻牛儿焦磷酸（geranylgeranyl diphosphate, GGPP），GGPP 成为双萜和四萜的前体；最终 FPP 会和 GGPP 聚合而形成多萜。

三、萜类的作用

目前在植物中发现了上千种萜类化合物。萜类化合物在植物中的功能多种多样，某些萜类会对植物的生长发育造成影响，如赤霉素影响植物的高度；固醇可以和磷脂作用保证膜的稳定；叶黄素、类胡萝卜素等可以吸收光照；脱落酸是种子成熟和抗逆性的一种激素。

有些萜类则会对其他物种有毒，可以防止其他生物的侵袭，如菊中含有拟除虫菊酯，是很强的杀虫剂；薄荷等植物中含有挥发油（volatile oil），是由单萜和倍半萜组成的，存在于腺细胞和表皮中，具有强刺激性气味，能够防止昆虫的吞食。

松树的树脂中也含有双萜，如冷杉酸等，当害虫取食到树脂处，树脂会直接流出而阻止害虫取食，并且封闭伤口。有些萜类则是药用或者工业原料，如紫杉醇就是强效的抗癌药物；多萜中的橡胶则是重要的工业原料。

第三节　酚　　类

酚类（phenols）是芳香族环上的氢原子被羟基或功能衍生物取代后生成的化合物，种类繁多，是重要的次级产物之一。植物中已发现的酚类有 10 000 多种，有些只溶于有机溶剂，有些是水溶性羧酸和糖苷，有些则是不溶的大分子多聚体。

一、酚类的种类

酚类广泛分布于植物中，以糖苷或糖脂状态积存于液泡中。在酚类化合物中，有决定花、果颜色的花色素（anthocyanidin）和橙皮素（hesperetin），有构成次生壁重要组成的木质素，也有作为药物的芸香苷（rutin）、肉桂酸（cinnamic acid）和肉桂醇（cinnamyl alcohol）等。

根据芳香环上带有的碳原子数目及聚合程度不同，酚类可分为简单酚类（simple phenols）、木质素（lignin）、类黄酮类（flavonoids）和单宁（tannins）等（表 10-2）。

表 10-2　酚类的种类

种类	碳骨架	例子
简单酚类	$\boxed{C_6}$ — C_3 或 $\boxed{C_6}$ — C_1	桂皮酸、香豆酸、咖啡酸、阿魏酸、香豆素、水杨酸、没食子酸、原儿茶酸
木质素	$\left[\boxed{C_6} \; C_3\right]_n$	木质素
类黄酮类	$\left[\boxed{C_6} — C_3 — \boxed{C_6}\right]$	花色素苷、黄酮、黄酮醇、异黄酮
单宁	$\left[\boxed{C_6} — C_3 — \boxed{C_6}\right]_n$	缩合单宁、可水解的单宁

注：$\boxed{C_6}$ 代表 6C 的苯环，C_3 代表 3C 链，C_1 代表 1 个 C。

二、酚类的生物合成途径

植物的酚类化合物的合成以莽草酸途径（shikimic acid pathway）为主（图 10-5）。

莽草酸生物合成最初的底物是来自磷酸戊糖途径（pentose phosphate pathway）的 4-磷酸赤藓糖和来自糖酵解途径（glycolytic pathway）的磷酸烯醇式丙酮酸（phosphoenolpyruvic acid, PEP），经过几步反应后形成中间产物莽草酸。莽草酸继续和磷酸烯醇式丙酮酸反应生成分支酸（chorismic acid）。分支酸继续反应有两个方向：一个是形成色氨酸，另一个则是形成苯丙氨酸和酪氨酸。

莽草酸途径存在于高等植物、真菌和细菌中，而不存在于动物中。所以，动物（包括人类）需要的苯丙氨酸、酪氨酸和色氨酸这三种芳香族氨基酸必须从食物中补充。此外，被广泛使用的除草剂——草甘膦能够抑制莽草酸途径而阻断芳环氨基酸的合成，使得杂草在吸收草甘膦后缺乏芳环氨基酸而死亡，而对人畜则无害。

苯丙氨酸在苯丙氨酸裂解酶（phenylalanine ammonia-lyase，PAL）作用下，脱氨形成反式桂皮酸（trans-cinnamic acid）（图 10-6），而大多数植物酚类就是由反式桂皮酸衍生而来的（图 10-7）。因此，PAL 是初生代谢与次生代谢的分支点，是形成酚类化合物中的一个重要调节酶，它受内外条件影响，如植物激素、营养水平、光照长短、病菌、机械损害等可影响 PAL 的合成及其活性。

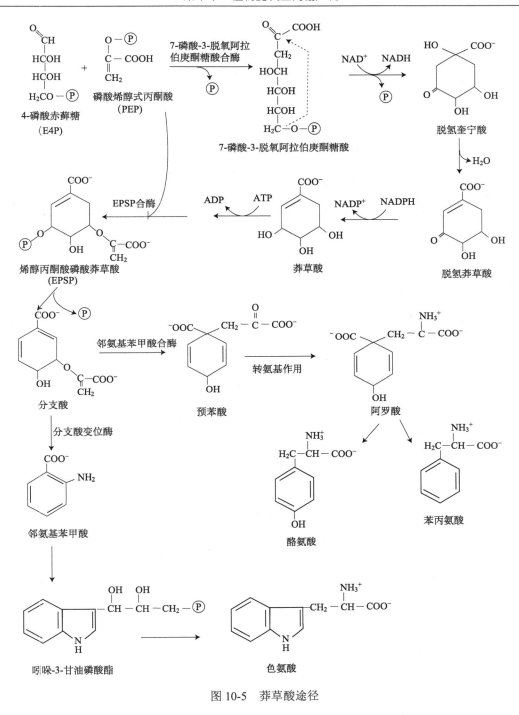

图 10-5 莽草酸途径

图 10-6 苯丙氨酸裂解酶催化苯丙氨酸的脱氨形成反式桂皮酸

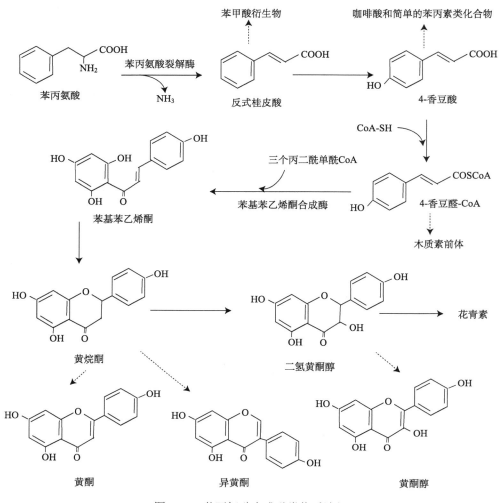

图 10-7 苯丙氨酸合成酚类物质途径

三、简单酚类

简单酚类广泛分布于维管植物。其结构有三类。

（1）简单苯丙酸类化合物，具苯环-C₃（⬡C_6—C_3）的基本骨架，如反式桂皮酸（*trans*-cinnamic acid）、对-香豆酸（para-coumaric acid）、咖啡酸（caffeic acid）、阿魏酸（ferulic acid）。

（2）苯丙酸内酯（环酯）类化合物，亦称香豆素（coumarin）类，也具苯环-C₃（⬡C_6—C_3）的基本骨架，但 C_3 与苯环通过氧环化，如伞形酮（umbelliferone）、补骨脂内酯（psoralen lactone）、香豆素等。

（3）苯甲酸衍生物类，具苯环-C₁（⬡C_6—C_1）的基本骨架，如水杨酸（salicylic acid）、香兰素（vanillin）等（图 10-8）。

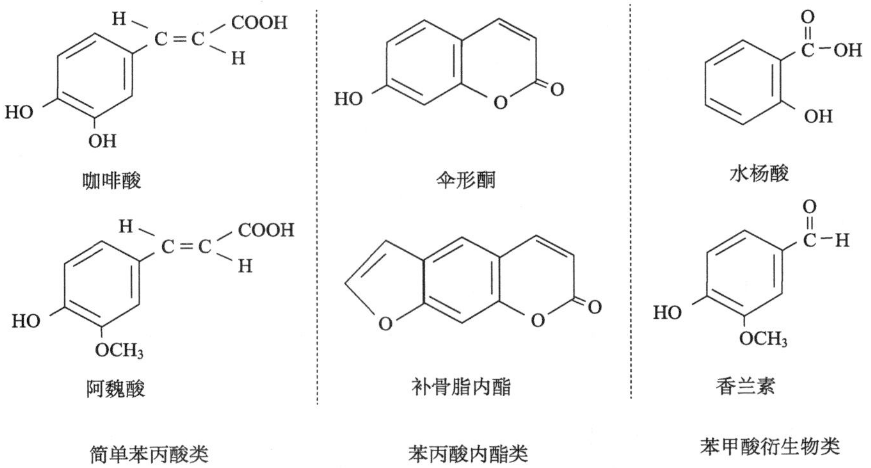

咖啡酸　　　　　　　　伞形酮　　　　　　　　水杨酸

阿魏酸　　　　　　　　补骨脂内酯　　　　　　香兰素

简单苯丙酸类　　　　　苯丙酸内酯类　　　　　苯甲酸衍生物类

图 10-8　不同类型简单酚类的结构式

大多数植物酚类的生物合成是从苯丙氨酸开始的，经过 PAL 的作用，就形成简单的苯丙酸类化合物、苯丙酸内酯和苯甲酸衍生物等各种类型的简单酚类。伴随着许多其他的次生代谢，植物就将这些简单的酚类化合物的基本碳骨架单位形成更复杂的产物。

很多简单酚类在植物体中起到防御真菌或者食草类昆虫的作用。原儿茶酸（protocatechuic acid，即 3，4-二羟基苯甲酸）可以抑制真菌孢子的萌发，从而防止真菌感染植物。没食子酸（gallic acid，即 3，4，5-三羟基苯甲酸）是形成植物单宁的主要前体物，单宁会抑制植物生长，一般植物将产生的单宁贮存在液泡中，防止单宁使细胞质中酶类变性而抑制植物生长，单宁也可以抑制细菌和真菌的侵染。绿原酸（chlorogenic acid）是由咖啡酸与 1-羟基六氢没食子酸缩合形成的。绿原酸及其氧化物是植物抵抗病菌感染的重要物质，在抗病品种中含量较高。香豆素类化合物是酚类中一类重要的衍生物，植物在衰老或者受伤时会使体内的香豆素葡萄糖结合物降解并释放具有挥发性的香豆素。香豆素具有抗真菌及吸收紫外线和抗辐射等生物活性。补骨脂内酯是一种呋喃氧杂萘邻酮，表现出食草类昆虫的光毒性（phototoxicity），该化合物暴露在光下就会有毒性。此外，简单苯丙酸类化合物和苯甲酸衍生物类被认为有化感（allelopathy）作用，实验证明，咖啡酸和阿魏酸在土壤中达到一定的浓度时会抑制许多植物的萌发和生长。水杨酸在植物的抗病过程中起着重要的作用（有关水杨酸的作用可参阅第四章第六节中的相关内容）。

四、木质素

木质素是一种复杂的酚类大分子，是植物的重要组成成分，广泛存在于植物体中。木质素是由对香豆醇、松柏醇和芥子醇（图 10-9）形成的多聚体。植物体中木质素的含量仅次于纤维素，占据有机物质的第二位。

木质素的生物合成以苯丙氨酸为起始，苯丙氨酸通过反应转变为桂皮酸，桂皮酸又转变为 4-香豆酸、咖啡酸、阿魏酸、芥子酸和 5-羟基阿魏酸，它们分别与 CoA 结合后，被催化成高能 CoA 硫酯衍生物，进一步经过还原反应形成 4-香豆醇、松柏醇和芥子醇。4-香豆醇、松柏醇和芥子醇 3 种不同的木质醇在过氧化物酶（peroxidase）和漆酶（laccase）的作用下，再经过氧化和聚合作用形成木质素（图10-10）。木质醇是在细胞质中形成的，后来运输到细胞壁中形成木质素。

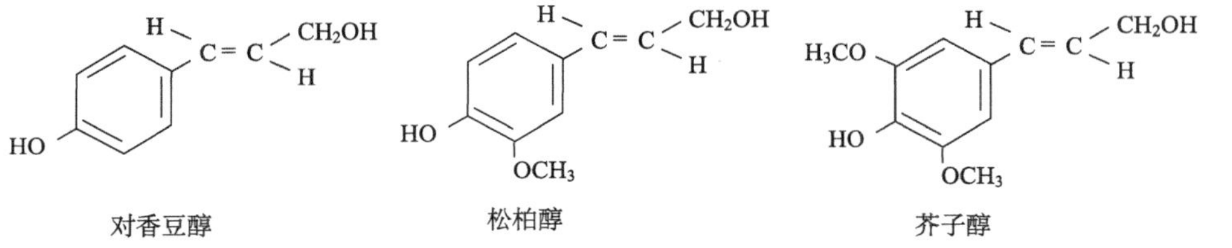

图 10-9　形成木质素的三种芳香醇的结构式

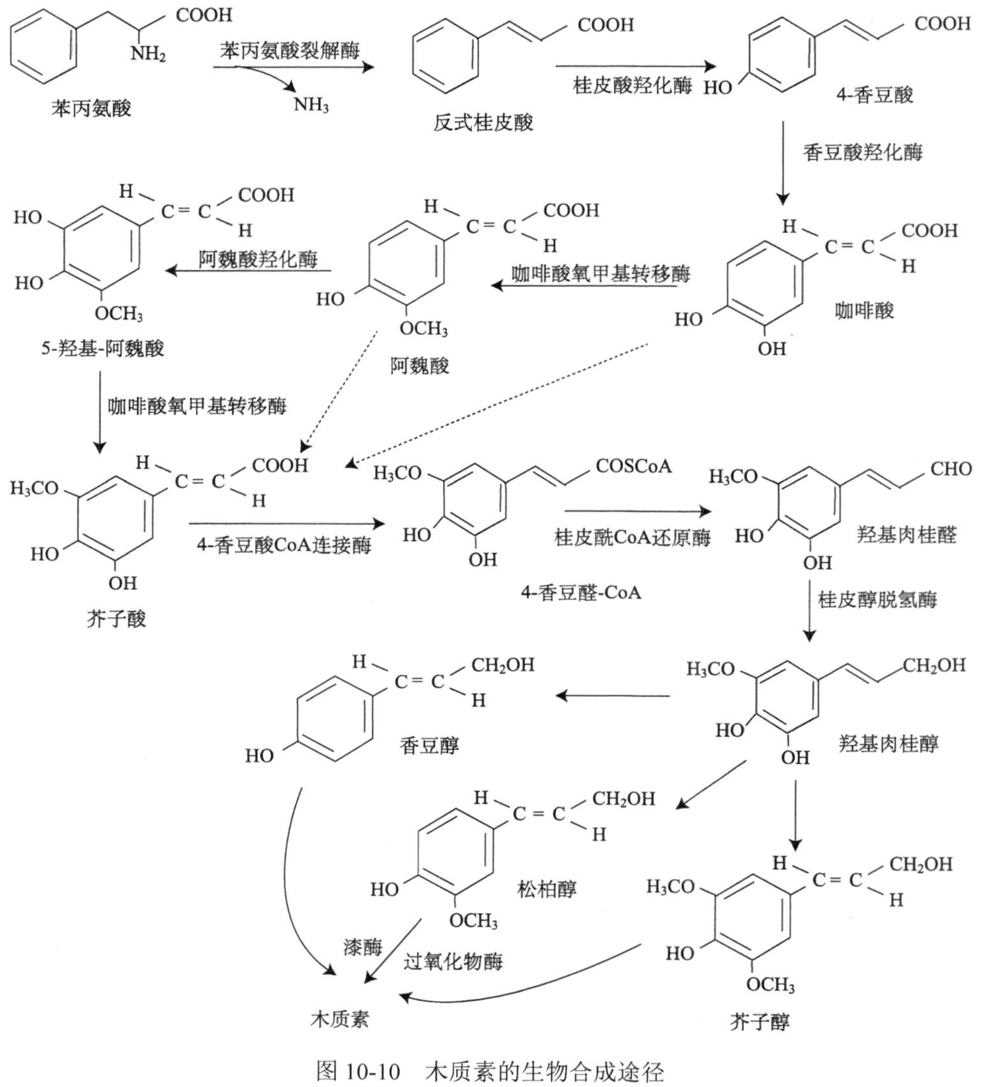

对香豆醇　　　　松柏醇　　　　芥子醇

图 10-10　木质素的生物合成途径

五、类黄酮类

类黄酮是植物酚类中另一大物质，是由两个芳香环被三碳桥连接后的十五碳化合物（图 10-11）。

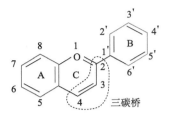

图 10-11 类黄酮的结构式

类黄酮是由苯丙酸、ρ-香豆酰 CoA 和 3 个丙二酰 CoA 催化缩合而来的。由于类黄酮的基本骨架具有多个不饱和键，可以吸收可见光而呈现出各种颜色。根据三碳桥的氧化程度，类黄酮类可以分为 4 种，即花色素（anthocyanidin）、黄酮（flavone）、黄酮醇（flavonol）和异黄酮（isoflavone）（图 10-12）。

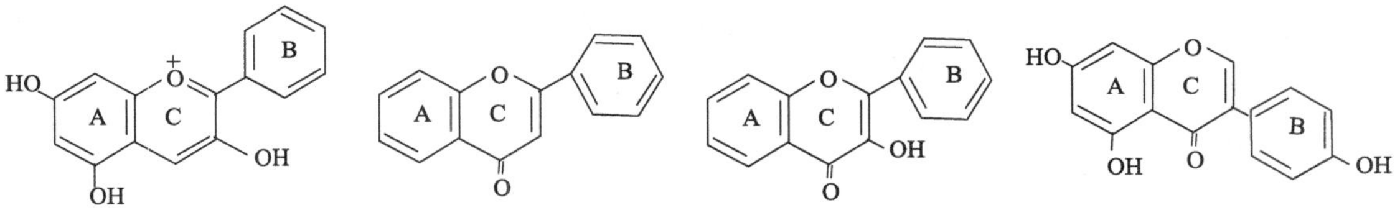

花色素　　　　　　黄酮　　　　　　黄酮醇　　　　　　异黄酮

图 10-12 花色素、黄酮、黄酮醇和异黄酮的结构式

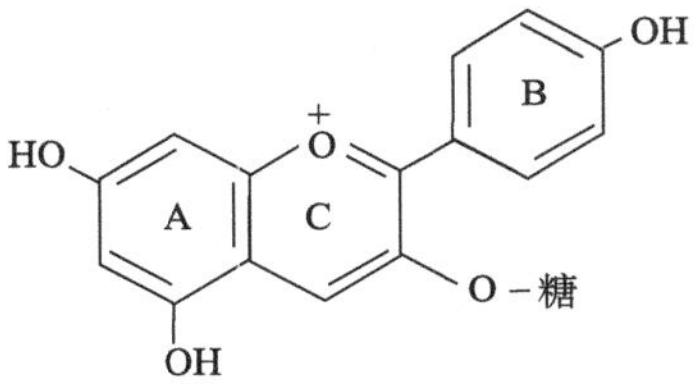

图 10-13 花色素苷的结构式

花色素是吸引动物的具有颜色的类黄酮。花色素以糖苷的形式存在，因此称为花色素苷（anthocyanin）（图 10-13）。高等植物中含有多种花色素苷，有时一种花中会存在多种花色素苷而呈现不同的颜色组合；而地钱、藻类等植物中不含花色素苷；在苔藓植物和裸子植物中则含有少量花色素苷。

花色素苷的颜色受许多因子影响，如 B 环上的羟基和甲氧基数目、液泡中的 pH 等。表 10-3 说明 B 环上取代基不同花色有差异。羟基数越多，吸收光向长波迁移，颜色偏蓝；羟基被甲氧基替代，吸收光向短波迁移，颜色偏红。图 10-14 和图 10-15 分别是一些羟基增多和羟基被甲氧基取代的花色素苷的结构式。

表 10-3 不同花色素的颜色及其取代基

花色素	3′	4′	5′	颜色
花葵素（pelargonidin）	—H	—OH	—H	橙红
花青素（cyanidin）	—OH	—OH	—H	紫红
花翠素（delphinidin）	—OH	—OH	—OH	蓝紫
芍药素（peonidin）	—OCH₃	—OH	—H	玫瑰红
甲花翠素（petunidin）	—OCH₃	—OH	—OH	紫

同一花色素的颜色也会有变化，主要是受细胞液的 pH 决定，偏酸性时呈红色，偏碱性时为蓝色。低温、缺氮和缺磷等不良环境也会促进花色素的形成和积累。

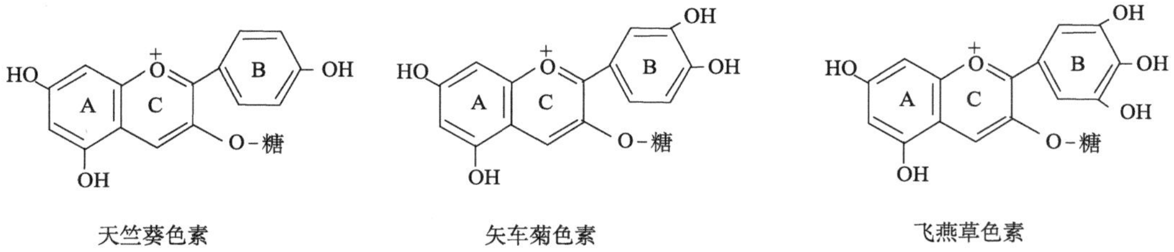

天竺葵色素　　　　　　　矢车菊色素　　　　　　　飞燕草色素

图 10-14　一些羟基增多的花色素苷的结构式

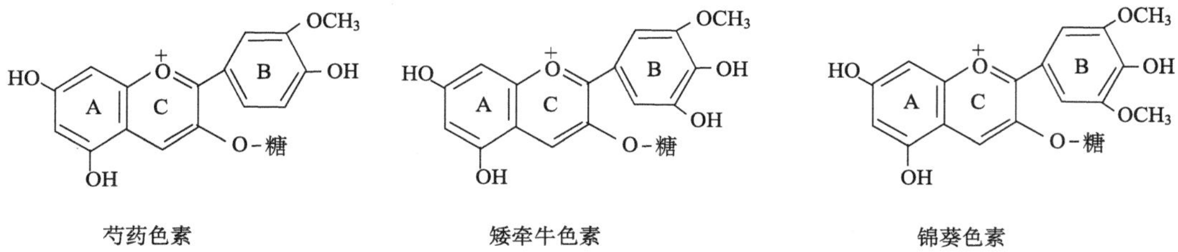

芍药色素　　　　　　　矮牵牛色素　　　　　　　锦葵色素

图 10-15　一些羟基被甲氧基取代的花色素苷的结构式

此外，含有花色素的花会吸收紫外线，也可以引诱昆虫传粉；若花色素存在于叶片内，则起到引起食草动物拒食的作用。

黄酮类和黄酮醇类不只存在于花器官，也存于绿叶中，由于这两类物质积累在叶和茎的表皮层，吸收紫外线 B（ultraviolet B，UV-B，280～320 nm），因此避免了细胞受到强烈 UV-B 的伤害。

异黄酮在蝶形花亚科豆荚属植物中大量存在。异黄酮类的功能尚未阐明，但已知在某些种类中有化感作用（allelopathy），即对其他动植物具有排斥或者诱引作用。例如，鱼藤（*Derris elliptica*）根中含有鱼藤酮（rotenone），是常用的杀虫剂，也可以导致某些雌性动物不育。异黄酮也被认为是对细菌或真菌反应的植物抗毒素、杀菌剂，帮助植物抵御病原菌的侵染。

六、单宁

单宁能够结合动物毛皮的胶原蛋白，增加毛皮对热、水和微生物的抗性。单宁分为缩合单宁（condensed tannin）和可水解单宁（hydrolyzable tannin）两类。大多数单宁的分子质量为 600～3000 Da。

缩合单宁由类黄酮聚合而成（图 10-16）。利用强酸处理，缩合单宁可以水解为花色素（anthocyanidin）。所以缩合单宁也被称为原花色素（proanthocyanidin）。

可水解单宁是酚酸、五倍子酸和糖类的聚合物（图 10-17）。它们比缩合单宁分子质量小，更容易水解，但也需要稀酸处理。

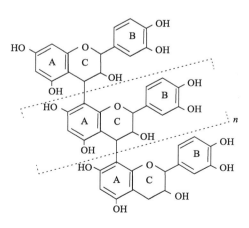

图 10-16　缩合单宁的结构式

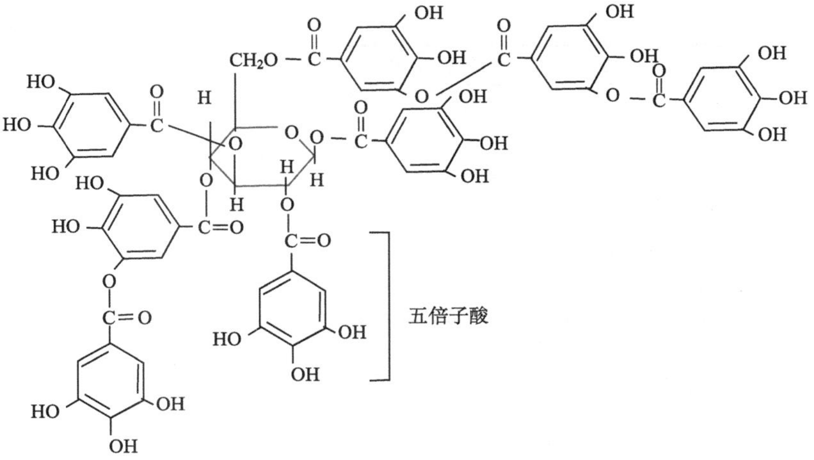

图 10-17　可水解单宁的结构式

单宁有毒，食草动物吃了含有单宁的食物后，生存能力下降。牛、鹿等动物可以避开高单宁的植物。未成熟的葡萄含有较高的单宁，成熟后才能够食用。

第四节　含氮次生化合物

植物体中很多次生代谢产物都含有氮原子，大多数的含氮次生化合物都是从普通的氨基酸合成而来的。主要的含氮次生化合物包括生物碱、含氰苷、芥子油苷和非蛋白质氨基酸。

一、生物碱

生物碱（alkaloid）是在植物中广泛存在的一类含氮次生代谢产物，通常有一个含氮杂环，而碱性也是由此含氮杂环造成的。生物碱多为白色晶体，为水溶性。大多数生物碱都是在植物的茎中合成的，只有少部分生物碱会在根中合成。生物碱生物合成的前体都为一些常见的氨基酸，如天冬氨酸、酪氨酸、赖氨酸和色氨酸；而另一些生物碱是以鸟氨酸为前体合成的，如尼古丁（烟碱）及其类似物。表 10-4 是主要的几类生物碱及其前体和作用。图 10-18 是一些常见生物碱的结构式。

表 10-4　主要的几类生物碱及其前体和作用

生物碱类别	结构简式	生物合成前体	举例及其作用
吡咯烷（pyrrolidine）	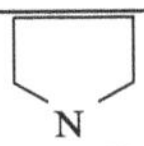	鸟氨酸	尼古丁（烟碱）起到兴奋剂或镇静剂的作用
托品烷（tropane）		鸟氨酸	阿品托、可卡因；可以阻止肠痉挛，起解毒剂、兴奋剂的作用，也有局部麻醉效果
哌啶（piperidine）	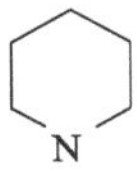	赖氨酸或乙酸	毒芹碱；起麻痹运动神经作用
双吡咯烷（pyrrolizidine）	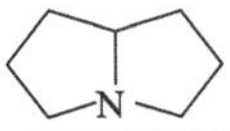	鸟氨酸	倒千里光碱

生物碱类别	结构简式	生物合成前体	举例及其作用
喹嗪 （quinolizidine）	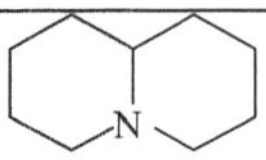	赖氨酸	羽扇豆碱；起到恢复心律的作用
异喹啉 （isoquinoline）	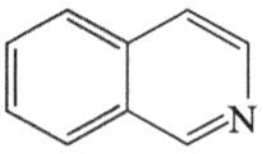	酪氨酸	吗啡；起到止痛、止咳的作用
吲哚 （indole）	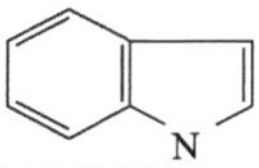	色氨酸	利血平、马钱子碱；治疗高血压、眼疾等

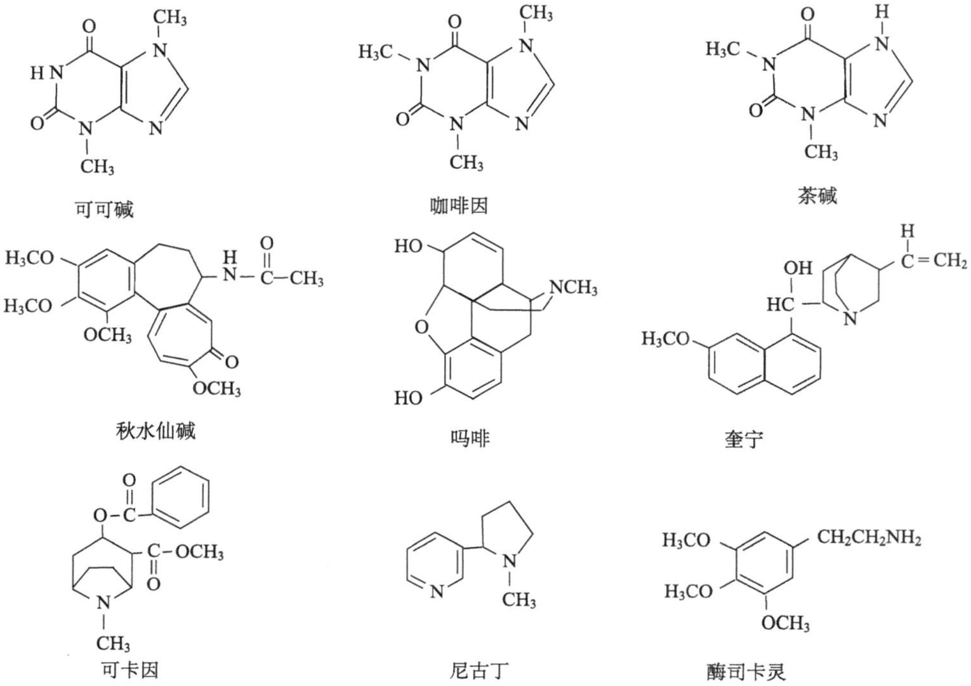

图 10-18　常见生物碱的结构式

　　植物器官中的生物碱含量较低，除了极个别外，最高不超过 2%。而植物在不同的生长时期所含的生物碱也有所不同。生物碱为核酸的组成成分，同样也是维生素 B_1、叶酸和生物素的组成成分，具有重要的生理意义。但是生物碱对动物是有毒的，可以干扰神经信号传递，影响膜的运输、蛋白质的合成及酶活性等，如士的宁（strychnine）、阿托品（atropine）等为传统的毒药。但是生物碱在较低剂量下又具有药用学价值，如吗啡、可卡因、麻黄素，低剂量的时候可以达到刺激或者镇定的作用。

二、含氰苷

　　含氰苷（cyanogenic glycoside）广泛地存在于植物界，能够释放有毒的氰化氢。在植物中，含氰苷存在于叶表皮细胞的液泡中，其本身无毒，分解含氰苷的酶——糖苷酶

（glycosidase）存在于叶肉中，互相不接触。但是当含氰苷的植物被损伤后，含氰苷会与糖苷酶及羟腈裂解酶（hydroxynitrile lyase）反应而释放出有毒的氰化氢（HCN）（图 10-19）。木薯（*Manihot esculenta*）块茎中含有较多的含氰苷，非洲某些国家的人民主要以木薯为食，一定要经过磨碎、浸泡、干燥等过程，除去大部分含氰苷，才能食用。

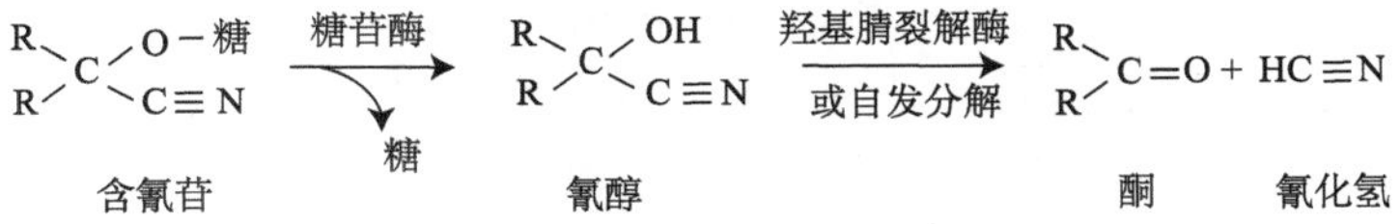

图 10-19　含氰苷的水解过程

三、芥子油苷

芥子油苷（glucosinolate）分布在十字花科及相关植物中。芥子油苷分解后产生具有蔬菜气味的化合物。芥子油苷能够被葡糖硫苷酶（thioglucoside glucohydrolase）或黑芥子酶（myrosinase）水解生成异氰酸盐和腈（图 10-20）。异氰酸盐和腈可以抵御食草动物的食用。在完整的植物中，芥子油苷和葡糖硫苷酶互相隔离。当植物被压碎时，两者混合后才发生水解。

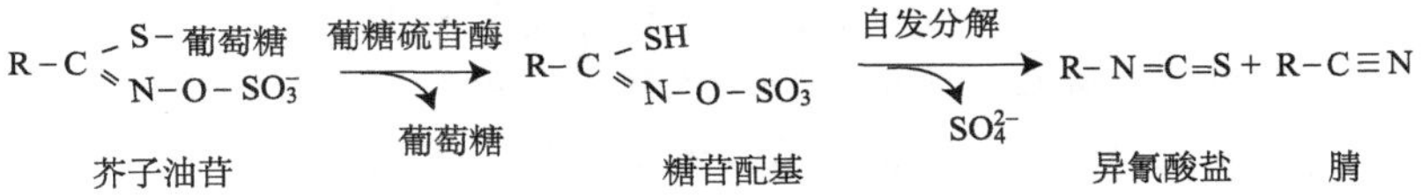

图 10-20　芥子油苷的水解过程

四、非蛋白质氨基酸

植物和动物含有大约 20 种蛋白质氨基酸。但植物也含有一些异常的氨基酸，称为非蛋白质氨基酸（nonprotein amino acid）。这些氨基酸不结合在蛋白质内，以游离的形式存在，起防御作用。非蛋白质氨基酸和一些蛋白质氨基酸非常类似。例如，刀豆氨酸和精氨酸的结构非常类似，铃兰氨酸和脯氨酸的结构非常接近（图 10-21）。

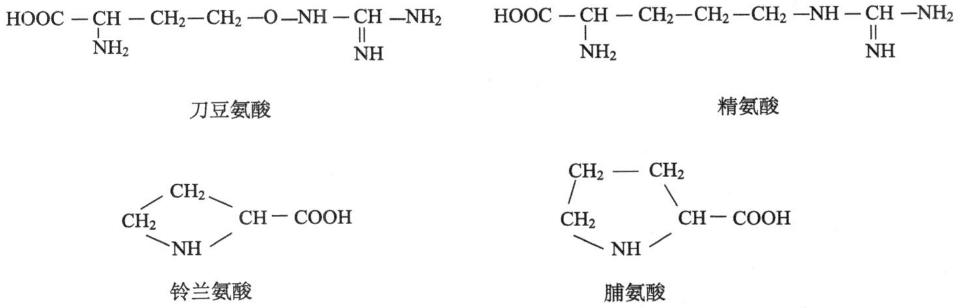

图 10-21　非蛋白质氨基酸及其蛋白质氨基酸类似物

非蛋白质氨基酸的毒性各不相同。有的能抑制蛋白质的合成和吸收，如刀豆氨酸一旦被错误引入到蛋白质中，合成的蛋白质功能会丧失。这些毒性对合成非蛋白质氨基酸的植物没有影响。例如，刀豆的种子能合成刀豆氨酸，但是刀豆的蛋白质合成过程能识别刀豆氨酸和精氨酸，刀豆氨酸不能引入到自己的蛋白质中。

第五节　植物次生代谢的基因工程

植物次生代谢产物为人类提供了大量的医药原料和工业原料。当今社会心血管疾病和癌症的治疗都依赖于植物次生代谢产物，如紫杉醇（paclitaxel）是目前有效的抗癌药物，强心苷（cardenolide）为心脏病治疗药物等。同样，植物次生代谢产物在食品工业和化工中的应用更为广泛：大部分的天然食品色素来源于植物次生代谢产物；甜菊苷（stevioside）为理想的、无热量的甜味剂；杜仲树的杜仲胶由于其奇特的形状记忆特性，被广泛应用于医疗化工中。

一、在植物育种方面的应用

在植物育种方面，由于植物花的颜色与类黄酮相关，有人从矮牵牛中将类黄酮生物合成的关键酶分离出来连接到载体上，导入到该植株使其花色从原来的紫红色变为粉红色，并且夹杂有白色。这种技术可以使花卉颜色发生改变。通过基因工程减少木薯中含氰苷含量可以降低植物体内有害次生代谢产物含量。通过基因工程将类胡萝卜素代谢途径关键基因在水稻的胚乳中表达而制造黄金大米（golden rice）。将 O-甲基转移酶（O-methyltransferase）的反义基因转化到烟草中使得其可以有效降低植物中木质素含量。将长春花中的色氨酸脱羧酶转化进入烟草中，促进合成生物碱，从而抑制甘薯粉虱的生长繁殖。

二、在医药工程方面的应用

药用植物细胞工程是利用植物细胞进行大规模培养的方法来生产药用次生代谢产物的技术。人参皂苷（ginsenoside）和紫草素（alkannin）在我国都实现了商业化生产。由于发根农杆菌（*Agrobacterium rhizogenes*）感染植物可以诱导植物毛状根产生，而毛状根具有生长快、培养简单、次生代谢合成能力稳定等优点，所以通过培养转基因毛状根的方法来生产次生代谢产物成为热点。例如，美国科学家采用转基因调控手段，通过对酵母进行基因工程改造合成了青蒿素（artemisinin）的前体——青蒿酸（artemisinic acid），为降低抗疟药物成本提供了有效的途径。

复习思考题

1. 根据查阅"Web of Science"、"PubMed"及"中国知网 CNKI"的结果，请说明近 3～5 年来植物的次生代谢产物研究有哪些研究热点和研究进展？同时根据自己的兴趣和所掌握的知识，撰写一篇相关的研究进展小综述。

2. 植物的次生代谢产物是如何衍生出来的？

3. 植物的次生代谢产物对植物有何作用？对人类有何作用？

4. 植物的花为什么有多种多样的颜色？

5. 植物的次生代谢产物有什么生态作用？

6. 利用植物生理学的知识来说明制作红茶和绿茶的工艺差异及其原因。

第三篇　植物的信息传递和信号转导

　　信息传递（message transportation）和信号转导（signal transduction）是植物生命活动的重要方面。植物生活在复杂多变的环境中，必须对环境的变化作出响应，或顺应环境有规律地变化，形成植物固有的生命周期，或对严酷的环境条件进行适应与抵抗，以保持物种的繁衍。除了感受环境条件信号外，植物内部各器官、细胞之间，甚至细胞内部也频繁地进行着信息的传递。

　　一般说来，信息传递主要是指物理或化学信号在器官间或细胞间的传输，而信号转导则主要是指细胞内外的信号通过细胞的信号转导系统转变为植物生理反应的过程。除此之外，植物体内还有一种非常重要的信息传递，那就是遗传信息通过遗传物质的载体——DNA 在世代间的传递。在信号转导的过程中，也包含着遗传信息如何实现表达的问题，在这一层次上，植物生理学与现代分子遗传学又融为一体了。

　　本篇主要包括植物的信号转导和抗逆生理等内容。

第十一章　植物的信号转导

植物的信号转导（signal transduction）是指细胞偶联各种刺激信号（包括各种内外源刺激信号）与其引起的特定生理效应之间的一系列分子反应机制。信号转导可以分为 4 个步骤：一是信号与细胞受体结合；二是跨膜信号转换；三是在细胞内通过信号转导网络进行信号传递、放大与整合；四是导致生理生化变化。

本章的思维导图如下：

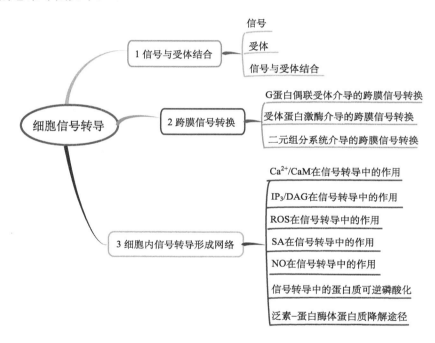

第一节　信号与受体结合

一、信号

环境的变化就是刺激，就是信号（signal）。影响植物生长发育的各种环境因子见图 11-1。

根据信号分子的性质，信号可以分为物理信号和化学信号。光、电等刺激是物理信号，而激素、病原因子等是化学信号。化学信号也称为配体（ligand）。配体与细胞膜上的受体结合后可以诱发各种反应。

目前已知的信号分子主要有腺苷-3',5'-环化一磷酸（cyclic adenosine monophosphate, cAMP，亦称环磷酸腺苷、环化腺核苷一磷酸）、三磷酸肌醇（inositol 1, 4, 5-triphosphate, IP$_3$）

和甘油二酯（diacylglycerol, DAG）（图 11-2），以及一氧化氮（nitric oxide, NO）、水杨酸（salicylic acid, SA）、茉莉酸（jasmonic acid, JA）、乙烯（ethylene）、生长素（auxin）、细胞分裂素（cytokinin）、赤霉素（gibberellin, GA）、脱落酸（abscisic acid, ABA）、油菜素内酯（brassinolide）等。例如，茉莉酸和乙烯在自然界中普遍存在，是高等植物体内的激素，同时也是逆境信号分子，在植物组织受到病原菌或昆虫侵袭时快速而大量地积累（有关植物激素的信号转导的内容可以查阅第四章相关的内容）。

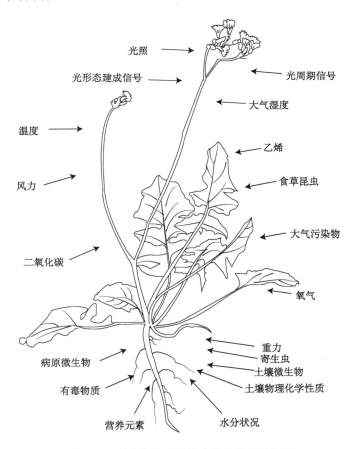

图 11-1 影响植物生长发育的各种环境因子

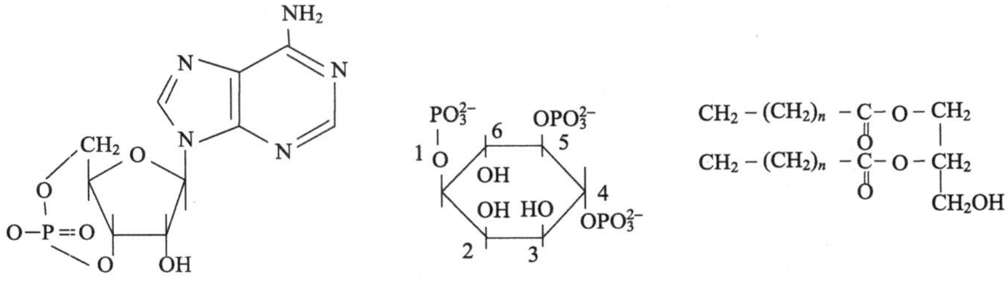

cAMP   IP₃   DAG

图 11-2 一些信号分子的结构式

信号进入细胞后，最终引起生理生化变化和形态反应。例如，电波就是在植物体进行传递的物理信号。植物受到外界刺激时可产生电波，通过维管束、共质体和质外体快速传递信息。又如，植物根尖合成的 ABA，通过导管向上运送到叶片保卫细胞，引起气孔关闭，这个过程就是信号转导过程。

二、受体

受体（receptor）是指能够特异地识别并结合信号、在细胞内放大和传递信号的物质。细胞受体的特征是与信号特异性、高亲和力和可逆性地结合。目前发现的受体大都为蛋白质。

根据受体在细胞中的位置，可以将其分为细胞表面受体（cell surface receptor）和细胞内受体（intracellular receptor）。

（一）细胞表面受体

位于细胞表面的受体称为细胞表面受体。在很多情况下，信号分子不能跨过细胞膜，它们必须与细胞表面受体结合，经过跨膜信号转换，将胞外信号传入胞内，并进一步通过信号转导网络来传递和放大信号。

细胞表面受体一般是跨膜蛋白。细胞表面受体具有胞外与配体结合的区域、跨膜区域，以及胞内与下游组分相作用的区域。例如，细胞分裂素受体（cytokinin receptor 1, CRE1）就属于细胞表面受体，该受体位于细胞膜上，其氨基酸序列与细菌的组氨酸蛋白激酶（histidine protein kinase, HPK）序列相似，CRE1 受体包括细胞外结构域、组氨酸激酶域和接受域等部分（有关细胞分裂素受体的内容可参阅第四章第三节）。

植物细胞表面受体主要有 G 蛋白偶联受体（G protein-coupled receptor, GPCR）、受体蛋白激酶（receptor protein kinase）、双元组分系统（two-component system）、离子通道型受体（ion channel receptor）等。

离子通道型受体（ion channel receptor）是一类自身为离子通道的受体，即配体门通道（ligand-gated channel）。这种离子通道受体与受电位控制的离子通道不同，它们的开放或关闭直接接受化学配体的控制。离子通道受体信号转导的最终作用是导致了细胞膜电位改变，通过将化学信号转变成为电信号而影响细胞的功能。离子通道型受体的作用模型如图 11-3 所示。

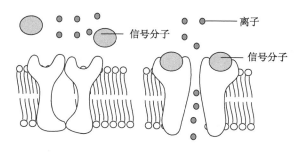

图 11-3　离子通道型受体的作用模型

生长素的 ABP1 受体就属于离子通道型受体，ABP1 是位于内质网和质膜外侧的糖蛋白。ABP1 与生长素结合后会引起质膜构象的改变，从而引起质膜上离子通道的变化，造成离子流动，引起早期的生长素反应（有关生长素的 ABP1 受体的内容可参阅第四章第一节）。

（二）细胞内受体

位于亚细胞组分如细胞核、液泡膜上的受体为细胞内受体。一些信号（如甾类物质）是疏水性小分子，不经过跨膜信号转换，而直接扩散入细胞，与细胞内受体结合后，在细胞内进一步传递和放大。例如，光敏色素能够感受红光和远红光区域的光，是光信号的受体，位于细胞质基质中。通过 N 端肽链丝氨酸的磷酸化而具有激酶活性，然后将信号传递给下游组分（有关光敏色素的内容可参阅第一章第六节）。

在拟南芥中，乙烯的受体 ETR1（ethylene resistant 1）以二聚体形式位于内质网上。ETR1能自由越过质膜进入细胞内。ETR1 具有组氨酸激酶（histidine protein kinase, HPK）的活性，通过转录级联（cascade）的方式导致了基因表达发生改变，最终引起乙烯反应（有关乙烯受体信号转导的内容可参阅第四章第四节）。

三、信号与受体的结合

受体是细胞表面或亚细胞组分中的一种分子，可以识别并特异地与有生物活性的化学信号物质（配体）结合，从而激活或启动一系列生物化学反应，最后导致该信号物质特定的生物效应。信号与细胞受体结合一般具有特异性、高亲和力和可逆性结合等特征。受体通常具有两个功能。

（1）特异识别信号物质——配体。受体与配体结合的特异性是受体的最基本特点，保证了信号转导的正确性。配体与受体的结合是一种分子识别过程，主要靠氢键、离子键与范德华力等作用，随着信号与受体的空间结构互补程度增加，相互作用基团之间距离就会缩短，作用力就会大大增加，因此空间结构的互补性是信号与受体特异结合的主要因素。同一配体可能有两种或两种以上的不同受体，同一配体与不同类型受体结合会产生不同的细胞反应。

（2）把识别和接收的信号准确无误地放大并传递到细胞内部，启动一系列胞内生化反应，最后导致特定的细胞反应。

第二节　跨膜信号转换

信号与细胞表面的受体结合之后，通过受体将信号转导进入细胞内，这个过程称为跨膜信号转换（transmembrane transduction）。跨膜信号转换最常见的有 G 蛋白偶联受体（G protein-coupled receptor, GPCR）发生的跨膜信号转换、受体蛋白激酶（receptor protein kinase）和双元组分系统（two-component system）介导的跨膜信号转换。

一、G 蛋白偶联受体介导的跨膜信号转换

GPCR 是一大类膜蛋白受体的统称。这类受体的共同点是其立体结构中都有 7 个跨膜 α螺旋（transmembrane α helix），且其肽链的 C 端和连接第 5 和第 6 个跨膜螺旋的胞内环上都有 G 蛋白的结合位点。GPCR 的氨基端位于细胞质膜外侧，与细胞质膜内侧的羧基端相连。羧基端具有与 G 蛋白相互作用的区域，当信号分子与受体结合而活化受体后，可激活 G 蛋白，进行跨膜信号转换。

G 蛋白（G protein）也称为 GTP 结合蛋白（GTP-binding protein）。这类蛋白质发挥调节作用需要与 GTP 结合，具有 GTP 酶的活性。G 蛋白有两种类型：一是异源三聚体 GTP 结合蛋白（heterotrimeric GTP binding protein），简称为异源三聚体 G 蛋白；二是小 G 蛋白（small G protein）。

（一）异源三聚体 GTP 结合蛋白

异源三聚体 GTP 结合蛋白由 α、β 和 γ 三种亚基组成。α 亚基上氨基酸残基的酯化修饰作用将 G 蛋白结合在质膜面向胞质溶胶的一侧。通常所说的 G 蛋白一般情况下就是指异源三聚体 GTP 结合蛋白。

异源三聚体 GTP 结合蛋白介导的跨膜信号转换是依赖于自身的活化和非活化状态的循环来实现的，这种活化和非活化状态又与 GTP 的结合和水解联系在一起。处于非活化状态的异源三聚体 GTP 结合蛋白的 α 亚基结合着 GDP（guanosine diphosphate，二磷酸鸟苷）。当信号分子与膜上的 GPCR 结合后，受体构象发生变化，与异源三聚体 GTP 结合蛋白结合形成受体–异源三聚体 GTP 结合蛋白复合体，使异源三聚体 GTP 结合蛋白的 α 亚基构象发生变化，释放出 GDP，并与 GTP（guanosine triphosphate，三磷酸鸟苷）结合，异源三聚体 GTP 结合蛋白就被活化，然后 α 亚基与 β、γ 亚基分离并向其下游的第二信使的组分如腺苷酸环化酶（adenylate cyclase）靠近并结合，活化腺苷酸环化酶并通过水解 ATP 产生第二信使 cAMP 分子。同时，GTP 水解为 GDP，并引起 α 亚基与腺苷酸环化酶的分离，回到原位与 β 和 γ 亚基重新结合，完成了胞外信号转换为胞内信号的过程（图 11-4）。

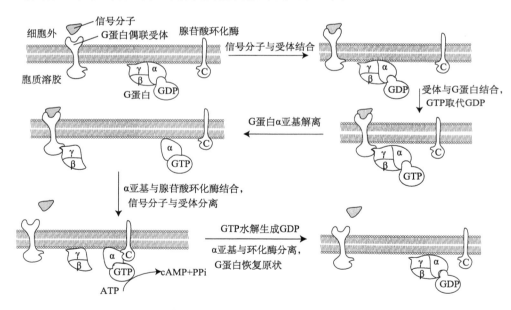

图 11-4　G 蛋白介导的跨膜信号转换

图中的 α、β 和 γ 分别表示异源三聚体 GTP 结合蛋白的三种亚基，C 表示环化酶（cyclase）

异源三聚体 GTP 结合蛋白不仅把胞外信号转换为了胞内信号，而且起信号放大的作用，即每个与信号结合的受体同时可以激活多个异源三聚体 GTP 结合蛋白分子，每个激活的异源三聚体 GTP 结合蛋白分子激活一个腺苷酸环化酶，激活的腺苷酸环化酶可催化产生大量的 cAMP 分子，cAMP 分子作为第二信使通过后续的信号转导途径进一步传递并放大了信号。

腺苷酸环化酶催化 ATP 产生 cAMP 及 cAMP 磷酸二酯酶催化 cAMP 生成 5'-AMP 的反应如图 11-5 所示。腺苷酸环化酶是膜整合蛋白，能够将 ATP 转变成 cAMP，引起细胞的信号应答，是 G 蛋白偶联系统中的效应物。腺苷酸环化酶广泛分布于细胞膜中。

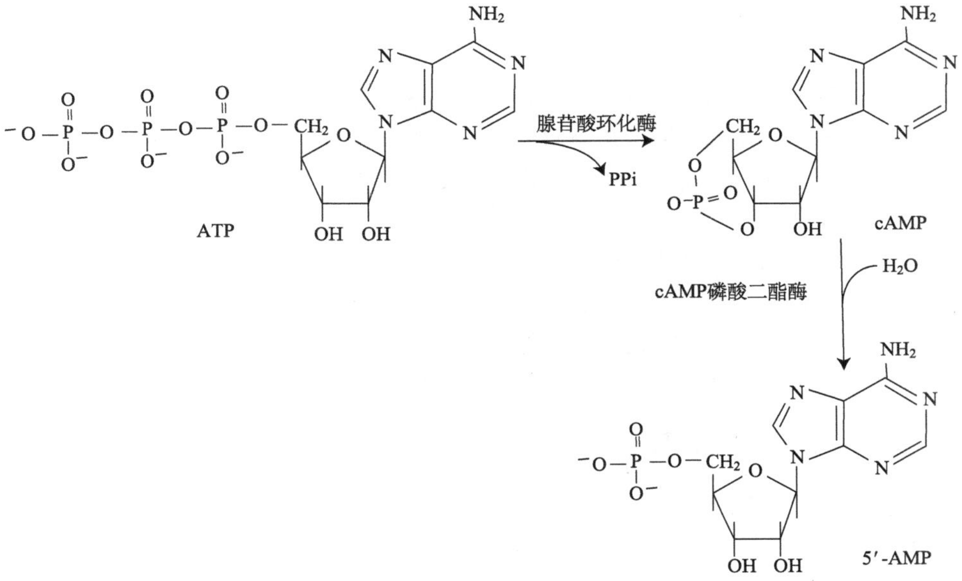

图 11-5　cAMP 的合成与分解

异源三聚体 GTP 结合蛋白目前被认为是普遍存在于真核生物包括植物、真菌、动物和植物中的信号转导元件，参与了很多生理过程的信号转导。例如，在拟南芥和水稻中典型的异源三聚体 GTP 结合蛋白由一个 α 亚基、一个 β 亚基和两个 γ 亚基构成。异源三聚体 GTP 结合蛋白与特异的跨膜 GPCR 相结合。配体激活受体后引起异源三聚体 GTP 结合蛋白的 α 亚基构型的变化，催化 GDP 生成 GTP。随后三聚体分离成两个功能元件：α 亚基和 β、γ 二聚体。α 亚基与下游效应物分子相互作用发挥信号转导的功能。α 亚基本身具有的 GTP 酶活性催化 GTP 水解，导致三聚体的重新组合，并回到原来的非活性状态，直到下一个信号转导事件发生。

异源三聚体 GTP 结合蛋白在拟南芥和水稻中与植物的抗性密切相关。在水稻中异源三聚体 GTP 结合蛋白信号转导途径作用于乙烯和过氧化氢的下游，参与对表皮细胞死亡的调控；在拟南芥中，异源三聚体 GTP 结合蛋白信号转导途径参与细胞壁防卫反应及病原菌的抗性，并且这种抗性不依赖 SA-、JA-、ET 和 ABA-介导的信号转导途径。异源三聚体 GTP 结合蛋白在拟南芥中调控 JA 诱导基因的表达。植物中异源三聚体 GTP 结合蛋白可能作为多种防御信号转导途径的交汇点发挥功能。

因此，GPCR 参与了很多细胞信号转导过程。在这些过程中，GPCR 能结合细胞周围环境中的化学物质并激活细胞内的一系列信号通路，最终引起细胞状态的改变。已知的与 GPCR 结合的配体包括激素和趋化因子（chemotactic factor）等，这些配体可以是小分子的糖类、脂质、多肽，也可以是蛋白质等生物大分子。在植物中，异源三聚体 GTP 结合蛋白还参与细胞分裂、气孔运动、花粉管生长等生理反应的信号转导。例如，赤霉素诱导糊粉层细胞合成 α-

淀粉酶过程中，异源三聚体 GTP 结合蛋白发挥着重要的作用。种子萌发时，种子中贮藏的赤霉素释放出来，运输到糊粉层细胞，与受体结合，形成赤霉素受体复合物。受体复合物与由 α 亚基、β 亚基 γ 亚基组成的异源三聚体 GTP 结合蛋白结合，诱发非 Ca^{2+} 依赖型信号转导途径（cGMP 途径）和 Ca^{2+} 依赖型信号转导途径（有关赤霉素诱导糊粉层细胞合成 α-淀粉酶过程中信号转导的内容可参阅第四章第二节）。

（二）小 G 蛋白

小 G 蛋白也称为小 GTPase（guanosine triphosphatase, 鸟苷三磷酸酶），它与异源三聚体 GTP 结合蛋白的 α 亚基相似，属于单体鸟嘌呤核苷酸结合蛋白，也是通过氨基酸残基的酯化修饰作用被结合在质膜面向胞质溶胶的一侧。小 G 蛋白参与细胞生长与分化、细胞运动、膜囊泡和蛋白质运输等调节过程。

小 G 蛋白参与跨膜的信号转导是受上游的鸟嘌呤核苷酸交换因子（guanine nucleotide exchange factor, GEF）的活化，并将信号传递给下游的组分。小 G 蛋白结合 GDP 而钝化，结合 GTP 又活化，成为在植物信号网络中起着重要作用的分子开关。已知它们参与细胞骨架的运动、细胞扩大、根毛发育，以及细胞极性生长的信号转导。

二、受体蛋白激酶介导的跨膜信号转换

受体蛋白激酶也称为类受体蛋白激酶（receptor-like protein kinase, RLK）。受体蛋白激酶本身是一种激酶蛋白，具有胞外感受信号的区域、跨膜区域和胞内的激酶区域。当胞外区域与信号分子结合时，激活胞内的激酶，将下游组分（靶蛋白）磷酸化而传递信号。

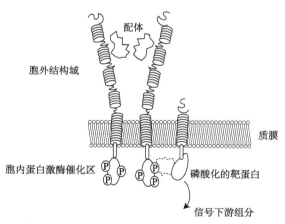

图 11-6　受体蛋白激酶受体介导的跨膜信号转换

植物中的受体蛋白激酶大多属于丝氨酸/苏氨酸激酶类型，一般由胞外结构域（extracellular domain）、跨膜螺旋区（membrane spanning helix domain）和胞内蛋白激酶催化区（intracellular protein kinase catalytic domain）三部分组成。胞外结构域主要负责与信号分子的特异性结合，胞内蛋白激酶催化区被激活后发挥激酶功能，通过使下游组分发生磷酸化而启动细胞内的信号转导途径，从而完成了信号的跨膜转换。跨膜螺旋区位于上述两个区域之间，将细胞内外连接起来（图 11-6）。

三、双元组分系统介导的跨膜信号转换

在植物细胞中，还存在着另一条叫做双元组分系统的跨膜信号转换途径。双元组分系统首先是在细菌中发现的，受体有两个基本组分，一个是组氨酸激酶（histidine kinase, HK），另一个是反应调控蛋白（response-regulator protein, RR），故命名为"双元"组分系统，也称为二元组分系统。HK 位于质膜上，分为感受细胞外刺激的信号输入区域和具有激酶性质的

转运区域。当输入区域接收信号后，转运区域的激酶的组氨酸残基发生磷酸化，并且将磷酸基团传递给下游的 RR（图 11-7A）。

RR 也由两个部分组成，一是接收磷酸基团的接收区域，由天冬氨酸残基接收磷酸基团；另一部分为信号输出区域，将信号传递给下游的组分，通常是转录因子，以此调控基因的表达（图 11-7A）。

细菌为原核生物，没有核膜，故其双元组分系统介导的信号转导也较为简单。但植物细胞具有细胞核，因此，植物细胞跨膜信号转导还需经过核膜，与原核细胞相比，信号转导途径更加复杂，在 HK 和 RR 之间会增加一个或多个传递磷酸基团的组分。HK 转运区域下游增加了一个接收区域来传递磷酸基团，相当于细菌的 HK，称之为杂合感应蛋白。在 RR 上游增加了一个组氨酸磷酸转移蛋白（histidine phosphate transfer protein, Hpt），它接收 HK 传来的磷酸基团后，进一步传递给下游的 RR。这样，复杂的双元组分系统实质上是增加了传递磷酸基团的蛋白质组分（图 11-7B）。

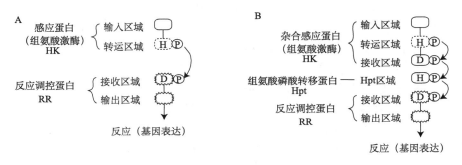

图 11-7　双元组分系统介导的跨膜信号转换

A.细菌的双元组分系统；B.植物的双元组分系统

HK，组氨酸激酶；RR，反应调控蛋白；H，组氨酸，D，天冬氨酸；P，磷酸基团（phosphate group）；Hpt，组氨酸磷酸转移蛋白

拟南芥的激素乙烯的受体 ERR1 就是一个 HK 双元组分系统。在拟南芥中，乙烯的受体 ETR1（ethylene resistant 1）以二聚体形式位于内质网上。ETR1 能自由越过质膜进入细胞内。ETR1 具有组氨酸激酶（histidine protein kinase, HPK）的活性，乙烯与 ETR1 结合以后，激活了下游的 CTR1（constitutive triple response）激酶。CTR1 通过级联反应将信号传递到 EIN2（ethylene insensitive 2）基因，继而引发下游的一系列级联（cascade）反应，最终引起乙烯反应（有关乙烯受体信号转导的内容可参阅第四章第四节）。

ETR1 的氮端是乙烯结合结构域，含有乙烯结合位点，碳端是磷酸的接收器。中间分别是 cGMP 结合结构域和组氨酸激酶的结构域。cGMP 结合结构域是一个保守的结构域，一般作为小分子结合调节结构域起作用。ETR1 与乙烯结合后组氨酸激酶就会使组氨酸磷酸化，接着磷酸基团从组氨酸转移到接收器的天冬氨酸残基上。乙烯受体蛋白 ETR1 的结构域如图 11-8 所示。

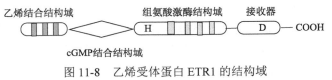

图 11-8　乙烯受体蛋白 ETR1 的结构域

图中的 H 和 D 分别代表参与磷酸化的组氨酸

细胞分裂素受体（cytokinin receptor 1, CRE1）位于细胞膜上，氨基酸序列与细菌的组氨酸蛋白激酶（HPK）序列相似。受体 CRE1 包括细胞外结构域、组氨酸激酶域和接收域等部分。HPK 的主要功能是催化 ATP 依赖的磷酸化反应，使组氨酸残基磷酸化，进而作为磷酸供体使 RR 蛋白的天冬氨酸残基磷酸化。

信号转导过程中，细胞分裂素先于 CRE1 的 HPK 部分结合，实现跨膜信号转换。由 CRE1 的接收区域将磷酸基团传递给组氨酸磷酸转移蛋白，组氨酸磷酸转移蛋白进入细胞核后，通过 RR 引起基因表达，或通过其他效应物引起细胞分裂素诱导的生理反应，如细胞分裂。（有关细胞分裂素受体信号转导的内容可参阅第四章第三节）。

第三节　细胞内信号转导形成网络

在植物生长发育的某一阶段，常常是多种刺激同时作用。这样，复杂而多样的信号系统之间存在着相互作用，形成信号转导的网络（network），也有人将这种相互作用称为"交谈"（cross talk）。通常将胞外信号视为初级信号（primary signal），经过跨膜转换进入细胞，通过细胞内的信号分子或第二信使（secondary messenger）的传递和放大，最终引起细胞反应。

第二信使在生物学里是胞内信号分子，负责细胞内的信号转导，是第一信使分子与细胞表面受体结合后，在细胞内产生或释放到细胞内的小分子物质，有助于信号向胞内进行传递。第二信使在细胞信号转导中起重要作用，它们能够激活级联系统（cascade system）中酶的活性，以及非酶蛋白的活性。第二信使在细胞内的浓度受第一信使的调节，它可以瞬间升高，且能快速降低，并由此调节细胞内代谢系统的酶活性，控制细胞的生命活动。

目前已发现了一系列第二信使，如 Ca^{2+}、cAMP（cyclic adenosine monophosphate, 环单磷酸腺苷）、cGMP（cyclic guanosine monophosphate, 环单磷酸鸟苷）、某些氧化还原剂如抗坏血酸（ascorbic acid）、谷胱甘肽（glutathione）和过氧化氢（hydrogen peroxide）等，其中对 Ca^{2+} 的研究最为深入。

一、Ca^{2+}/CaM 在信号转导中的作用

Ca^{2+} 是植物细胞的第二信使。一般来说，细胞质基质中 Ca^{2+} 浓度小于或等于 0.1 μmol/L，而细胞壁、内质网和液泡中的 Ca^{2+} 浓度要比胞质中高 2～5 个数量级。细胞受刺激后，胞质 Ca^{2+} 浓度可能发生一个短暂的、明显的升高，或发生梯度分布或区域分布的变化。例如，伸长的花粉管具有明显的 Ca^{2+} 梯度，顶端区域浓度最高，亚顶端之后随之降低。在花粉管持续伸长过程中，这一区域的浓度变化呈现周期性上升和回落。胞质 Ca^{2+} 继而与钙调蛋白（calmodulin, CaM）、钙依赖型蛋白激酶（calcium dependent protein kinase, CDPK）等结合而起作用。

Ca^{2+} 作为重要的细胞内第二信使分子，参与植物体内的许多信号转导途径。光、病原菌、植物激素等生理刺激，以及高盐、干旱、冷害等非生物胁迫都可以诱导 Ca^{2+} 流穿过质膜，导致细胞内 Ca^{2+} 浓度的增加，随后激活钙依赖的蛋白激酶。在植物与病原菌相互作用过程中一般会伴随细胞内 Ca^{2+} 瞬变，激活 Ca^{2+} 信号转导途径，诱导活性氧（reactive oxygen species, ROS）和 NO 的产生。实验表明，Ca^{2+}、CaM 和 NO 在植物病原物信号转导级联反应中可能存在一定的联系。

Ca^{2+}的跨膜运转能够调节细胞内的钙稳态（calcium homeostasis）。细胞壁是胞外钙库，质膜上 Ca^{2+}通道控制 Ca^{2+}内流，而质膜上的 Ca^{2+} 泵负责将胞内的 Ca^{2+}泵出细胞。胞内钙库（如液泡、内质网、线粒体）的膜上存在 Ca^{2+}通道、Ca^{2+}泵和 Ca^{2+}/H^+反向转运体，前者控制 Ca^{2+}外流，后两者将胞质 Ca^{2+}泵入胞内钙库。植物细胞中 Ca^{2+}的运输系统如图 11-9 所示。

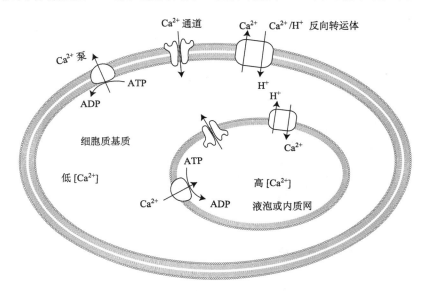

图 11-9　植物细胞 Ca^{2+}运输系统

钙调蛋白（calmodulin, CaM）是一种耐热的球蛋白，由 148 个氨基酸组成的单链多肽构成，等电点 4.0，分子质量约为 16.7 kDa。CaM 可以直接与靶酶结合，诱导靶酶构象变化而调节靶酶的活性。CaM 也可以与 Ca^{2+}结合，形成活化态的 $Ca^{2+}\cdot CaM$ 复合体，然后再与靶酶结合，将靶酶激活。CaM 与 Ca^{2+}有很高的亲和力，1 个 CaM 分子可与 4 个 Ca^{2+}结合。$Ca^{2+}\cdot$CaM 复合体的形成使 CaM 与许多靶酶的亲和力大大提高。现已发现，生长素和光等刺激都可引起 CaM 基因的活化，使 CaM 含量增加（图 11-10）。

$$nCa^{2+} + CaM \Longleftrightarrow Ca^{2+}n \cdot CaM \ [1 < n \leqslant 4]$$

$$mCa^{2+}n \cdot CaM + E \Longleftrightarrow (Ca^{2+}n \cdot CaM) m \cdot E^*$$

图 11-10　Ca^{2+}和 CaM 的结合及其复合物对靶酶的激活

E 代表靶酶；* 代表激活态；n 代表与 CaM 结合的 Ca^{2+}分子数；m 代表激活靶酶所需的 $Ca^{2+}n$ ·CaM 复合物数

$Ca^{2+}\cdot$CaM 复合物的下游靶酶包括质膜上的 Ca^{2+}-ATP 酶、Ca^{2+}通道、NAD 激酶及多种蛋白激酶等。这些酶被激活后，参与了植物孢子的发芽、细胞有丝分裂、原生质流动、植物激素的活性、向性、调节蛋白质磷酸化等生理过程，最终调节植物的生长和发育。植物细胞内、外都存在 CaM。细胞壁中的 CaM 促进细胞增殖、花粉管萌发和细胞壁的伸长。

二、IP₃/DAG 在信号转导中的作用

磷脂酰肌醇-4,5-二磷酸（phosphatidylinositol-4,5-bisphosphate, PIP₂）是一种分布在质膜内

侧的肌醇磷脂,占膜脂的极小部分。它是由 PI（phosphatidylinositol, 磷脂酰肌醇）激酶和 PIP（PI-4-phosphate, 磷脂酰肌醇-4-磷酸）激酶先后催化,使 PI 和 PIP 磷酸化而形成的。PIP_2 在磷脂酶 C（phospholipase C, PLC）的催化作用下,水解形成肌醇三磷酸（inositol-1,4,5-trisphosphate, IP_3）和甘油二酯（diacylglycerol, DAG）（图 11-11）。光和激素等刺激可引起这样的水解反应。

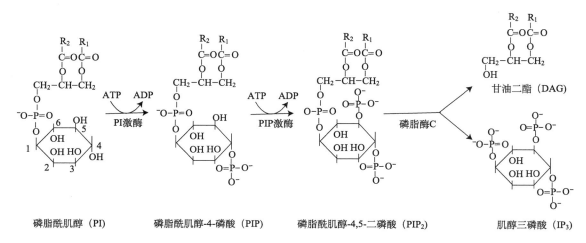

图 11-11　IP_3 和 DAG 的形成过程

IP_3 是水溶性的,它可从质膜扩散到胞质溶胶,然后与内质网膜或液泡膜上的 IP_3-门（gated）Ca^{2+} 通道结合,使通道打开。液泡 Ca^{2+} 浓度高,Ca^{2+} 就顺着浓度梯度由液泡迅速地释放出来,增加胞质 Ca^{2+} 浓度,于是引起生理反应。这种 IP_3 促使胞库释放 Ca^{2+},增加胞质 Ca^{2+} 的信号转导,称为 IP_3/ Ca^{2+} 信号传递途径。

甘油二酯（diacylglycerol, DAG）是脂类,它仍留在质膜上,与蛋白激酶 C（protein kinase C, PKC）结合并使之激活。PKC 进一步使其他激酶（如 G 蛋白、磷脂酶 C 等）磷酸化,调节细胞的繁殖和分化。这种 DAG 激活 PCK,再使其他蛋白激酶磷酸化的过程,称为 DAG/PKC 信号传递途径。

胞外刺激使 PIP_2 转化成 IP_3 和 DAG,引发 IP_3/ Ca^{2+} 和 DAG/PKC 两条信号转导途径,在细胞内沿两个方向传递,这样的信号系统称之为"双信号系统"（double signals system）（图 11-12）。

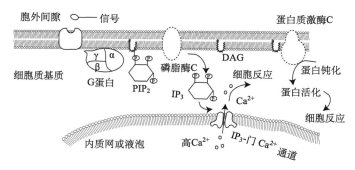

图 11-12　IP_3/ Ca^{2+} 和 DAG/PKC 双信号系统

三、ROS 在信号转导中的作用

过去活性氧（reactive oxygen species, ROS）常常被认为是细胞代谢产生的有毒物质，现在 ROS 已经作为重要信号分子活跃在许多生物系统中，如在环境胁迫诱导的细胞程序化死亡中。在病原微生物入侵植物时产生的植物局部防卫反应——过敏反应中，ROS 快速而短暂地产生，使细胞中活性氧的浓度高出正常条件的 2～5 倍，即通常所说的氧化迸发（oxidative burst）。

由于 ROS 对细胞的毒害作用，植物细胞具有高效的 ROS 清除机制。ROS 可以被很多酶清除，如参与抗氧化系统的过氧化物酶（peroxidase, POD）、超氧化物歧化酶（superoxide dismutase, SOD）和过氧化氢酶（catalase, CAT），它们对于维持抗氧化系统的平衡具有重要作用。冷害、臭氧、重金属、伤害、植物激素和病原物侵染等许多逆境都会产生 ROS，ROS 可以诱导植物激活一些胁迫相关的基因，对抗环境的变化。

过氧化氢（H_2O_2）是一种相对稳定并能在亚细胞间隔间扩散的活性氧类型，是生理上更为重要的 ROS，植物细胞光合作用和光合呼吸过程中都会产生 H_2O_2，所以 H_2O_2 及其他 ROS 是植物正常需氧代谢不可避免的副产物。H_2O_2 及其他 ROS 的作用不止局限于参与防卫反应，还参与调控细胞壁组分的合成，如木质素合成。

四、SA 在信号转导中的作用

从过敏性坏死反应（hypersensitive necrosis reaction, HNR）到系统获得性抗性（systemic acquired resistance, SAR）的产生涉及一系列病程相关蛋白（pathogenesis related protein, PR）的表达。目前认为，水杨酸（salicylic acid, SA）是激发系统获得性抗性的主要信号分子。植物在受到许多病原菌侵染后都会大量积累 SA。SA 与局部抗性和系统获得性抗性的形成密切相关，导致许多病程相关蛋白的表达，对病原菌侵染的抗性也相应增加。

SA 作为信号分子，在与受体结合后，通过后者构型的变化激活胞内有关酶的活性和蛋白质磷酸化，形成第二信使。SA 在诱导植物抗病性过程中与 H_2O_2 有着密切的关系。另外，植物体内的离子流、蛋白磷酸化/去磷酸化反应、NO 产生及脂质过氧化物等相互配合同样可以激活植物的抗病反应，与 SA 也有一定的关系。

五、NO 在信号转导中的作用

一氧化氮（nitric oxide, NO）是一种广泛分布于生物体内的气体活性分子，参与多种生理进程，目前 NO 自由基作为信使物质参与植物免疫反应的报道也逐渐增多。它可以诱导植保素的积累，激活 MAPK 和防卫基因如苯丙素解氨酶（phenylalanine ammonia lyase，PAL）和病程相关蛋白的表达。

许多研究证明 NO 通过与 ROS 的协同作用调控超敏反应的程序性细胞死亡，激活植物抗病防卫基因的表达。

六、信号转导中的蛋白质可逆磷酸化

在信号转导过程中，蛋白质的可逆磷酸化是生物体内一种普遍的翻译后修饰方式。蛋白质磷酸化与脱磷酸化分别由蛋白激酶（protein kinase, PK）和蛋白磷酸酶（protein phosphatase,

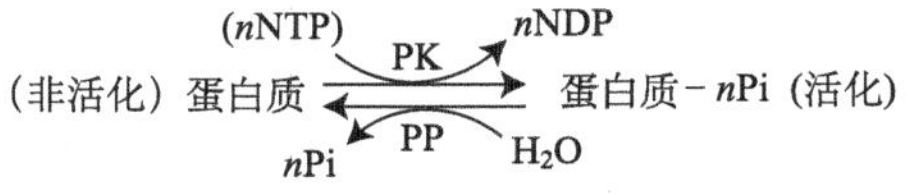

$$\text{(非活化) 蛋白质} \underset{\underset{nPi \quad H_2O}{PP}}{\overset{\overset{(nNTP) \quad nNDP}{PK}}{\rightleftarrows}} \text{蛋白质} - nPi \text{ (活化)}$$

图 11-13　蛋白质的可逆磷酸化反应

NTP 代表 ATP 或 GTP，NDP 代表 ADP 或 GDP

PP）催化完成。前者催化 ATP 或 GTP 的磷酸基团转移到底物蛋白质的氨基酸残基上，后者催化逆转的反应（图 11-13）。细胞内第二信使如 Ca^{2+} 往往通过调节细胞内多种蛋白激酶和蛋白磷酸酶，从而调节蛋白质的磷酸化和脱磷酸化过程，进一步传递信号。

蛋白激酶是一个大家族，植物中有 2%～3%的基因编码蛋白激酶。根据磷酸化靶蛋白的氨基酸残基的种类不同，蛋白激酶可分为丝氨酸/苏氨酸激酶、酪氨酸激酶和组氨酸激酶三类，它们分别将底物蛋白质的丝氨酸/苏氨酸、酪氨酸和组氨酸残基磷酸化。有的蛋白激酶具有双重底物特异性，既可使丝氨酸或苏氨酸残基磷酸化，又可使酪氨酸残基磷酸化。

1. 钙依赖型蛋白激酶　钙依赖型蛋白激酶（calcium dependent protein kinase, CDPK）属于丝氨酸/苏氨酸激酶，是植物细胞中特有的蛋白激酶家族，大豆、玉米、胡萝卜、拟南芥等植物中都存在蛋白激酶。从拟南芥中已克隆了 10 多种 *CDPK* 基因，机械刺激、激素和胁迫都可引起 *CDPK* 基因表达。一般来说，CDPK 在其氨基端有一个激酶催化区域，在其羧基端有一个类似 CaM 的结构域，在这两者之间还有一个自身抑制域（图 11-14）。类似 CaM 结构域的钙离子结合位点与 Ca^{2+} 结合后，抑制被解除，酶就被活化。现已发现，被 CDPK 磷酸化的靶蛋白有质膜 ATP 酶、离子通道、水孔蛋白、代谢酶及细胞骨架成分等。

图 11-14　钙依赖型蛋白激酶的结构

2. 类受体蛋白激酶　在动物细胞表面有一受体称为受体蛋白激酶，后来在植物中发现了与之同源的基因，由于基因产物的受体功能未能得到证实，故将它们称为类受体蛋白激酶（receptor-like protein kinase，RLK）。

蛋白激酶（PK）是催化蛋白质磷酸化过程的酶。蛋白质磷酸化反应是指 ATP 的磷酸转移到蛋白质的特定氨基上所进行的共价修饰的一类反应的总和。目前已发现的蛋白激酶约有 400 多种，分子内都存在一个同源的、由约 270 个氨基酸残基构成的催化结构区。在细胞信号转导、细胞周期调控等系统中，蛋白激酶形成了纵横交错的网络。这类酶催化从 ATP 转移出磷酸并共价结合到特定蛋白质分子中的某些丝氨酸、苏氨酸或酪氨酸残基的羟基上，从而改变蛋白质、酶的构象和活性。

研究表明，植物中的 RLK 大多属于丝氨酸/苏氨酸激酶类型，由胞外结构区（extracellular domain）、跨膜螺旋区（membrane spanning helix domain）及胞内蛋白激酶催化区（ intracellular protein kinase catalytic domain）三部分组成。

根据胞外结构区的不同，将 RLK 分为三类：①含 S 结构域（S domain）的 PLK，这类 PLK 在胞外具有一段与调节油菜自交不亲和的 *S*-糖蛋白同源的氨基酸序列；②含富亮氨酸重复（leucine-rich repeat）的 RLK，这类 RLK 的胞外结构域中有重复出现的亮氨酸。最近发现，油菜素内酯的受体就属于这种 RLK；③类表皮生长因子（epidermal growth factor like repeat）的 RLK 的胞外结构域具有类似动物细胞表皮生长因子的结构。虽然利用基因克隆技术已在植物中分离出三种类受体蛋白激酶，但对它们的功能还了解不多，可能与调控花粉自交不亲和、病原信号转导及生长发育相关。

促分裂原活化蛋白激酶（mitogen-activated protein kinase, MAPK）信号转导级联（MAPK signaling cascades）反应途径，是由 MAPK、MAPKK 和 MAPKKK 三个激酶组成的一系列蛋白质磷酸化反应。在反应中，前一反应的产物是后一反应中的催化剂，每次反应就产生一次放大作用。在植物细胞中，MAPK 级联途径可参与生物胁迫、非生物胁迫、植物激素和细胞周期等信号的转导，被认为是一个普遍的信号转导机制。

3. 蛋白磷酸酶　　蛋白磷酸酶是具有催化已经磷酸化的蛋白质分子发生去磷酸化反应的一类酶分子，与蛋白激酶相对应存在，共同构成了磷酸化和去磷酸化这一重要的蛋白质活性的开关系统。

蛋白磷酸酶的分类与蛋白激酶相对应。目前，对蛋白磷酸酶的研究还不如对蛋白激酶那样深入，但两者的协同作用在细胞信号转导中的作用是不言而喻的。例如，在动物细胞糖分解代谢中，糖原磷酸化酶在蛋白激酶作用下磷酸化而被"激活"，在蛋白磷酸酶的作用下脱磷酸化而"失活"。两种酶的协同作用调节细胞中"活性酶"的含量，使细胞对外界刺激作出迅速的反应。

七、泛素-蛋白酶体蛋白质降解途径

泛素-蛋白酶体蛋白质降解途径（ubiquitin-proteasome proteolytic pathway）是真核细胞降解蛋白质的一条途径。而泛素（ubiqutin）是一种由 76 个氨基酸残基组成的非常保守的小蛋白，参与泛素依赖的蛋白质降解途径（ubiqutin-dependent proteolytic pathway）。泛素能够标记需要分解的蛋白质，使其被 26S 蛋白酶体降解。蛋白质的泛素化和降解过程如下。

在 ATP 供能的情况下，泛素的 C 端与非特异性泛素激活酶 E1 的半胱氨酸残基共价结合，形成 E1-泛素复合体。然后在泛素结合酶 E2（conjugating enzyme）在作用下，泛素和泛素激活酶 E1 分离，泛素和结合酶 E2 连接，继续在泛素连接酶 E3（ligating enzyme）的作用下，生成目标蛋白和泛素复合体。经过多个循环，目标蛋白和多个泛素结合（图 11-15）。目标蛋白泛素复合体和 26S 蛋白酶体相结合。26S 蛋白酶体能够在 ATPase 供能下降解目标蛋白。同时在泛素解离酶（deubiquitinating enzyme）的作用下，将泛素释放出来，重新进入蛋白质分解的循环。

泛素-蛋白酶体途径在植物激素信号转导中发挥作用。例如，赤霉素（gibberellin, GA）与受体 GID1（gibberellin insensitive dwarf 1）结合后，激发了受体与 SCF 复合体的结合，使 GA 信号途径的负调控因子"DELLA"蛋白质泛素化而被蛋白酶降解。SCF 复合体是多亚基组成的一种泛素 E3 连接酶复合体（ubiqutin E3 ligase complex），"SCF"是根据它的三个主要亚基 SKP1、cullin 和 F-box 蛋白质来命名的。同样，生长素的受体 TIR1 作为 SCF 复合体的组分之一，生长素一旦与 TIR1 受体结合，导致 AUX/IAA 阻遏蛋白与 SCF 复合体结合，造成 AUX/IAA 阻遏蛋白的泛素化（ubiquitination）和降解，从而启动下游一系列生长素响应基因的表达，并激活了 ARF，引起了相应的生长素反应（有关赤霉素受体 GID1 和生长素受体 TIR1 的内容可以查阅第四章第一节和第二节）。

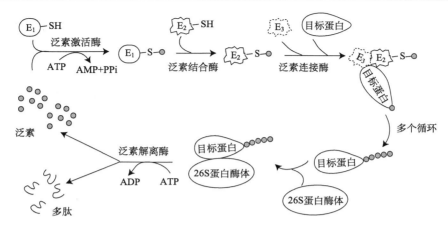

图 11-15　泛素-蛋白酶体蛋白质降解途径

图中的 SH 代表半胱氨酸残基

　　总之，植物的细胞信号转导是通过表面细胞受体和胞内信号受体来接收信号，在细胞内，通过胞内第二信使、信号转导网络来传递和放大信号，最终输出信号，引起细胞生理生化的变化，如基因表达、酶活性变化、细胞骨架变化等。

　　从刺激到反应之间的信号转导途径所耗费的时间有长有短，长的以天、月甚至年计算；短的以秒计算。例如，菊花感受短日刺激后需要 20～30 d 才能显蕾，而光刺激后到转板藻叶绿体转运在几秒钟就能完成。刺激在组织、器官以及细胞之间的传递途径也有长有短，长的从根端到茎端，短的只在几个细胞范围之间。不同的刺激所引发的信号转导途径之间还存在着复杂的相互关系。感兴趣的同学可以查阅一些最新的研究进展。

复习思考题

　　1. 根据查阅 "Web of Science"、"PubMed" 及 "中国知网 CNKI" 的结果，请说明近 3～5 年来植物的信号转导研究有哪些研究热点和研究进展？同时根据自己的兴趣和所掌握的知识，撰写一篇相关的研究进展小综述。

　　2. 蛋白质可逆磷酸化在细胞信号转导中有何作用？

　　3. 简述 G 蛋白在参与跨膜信号转换过程中的作用。

　　4. 比较和分析目前已发现的各种植物激素受体的异同及其信号转导途径机制。

　　5. 请说明 G 蛋白偶联受体和双元组分系统受体在植物抗病信号转导中的作用。

　　6. 请说明活性氧、水杨酸及 NO 在信号转导中的作用。

第十二章　　植物的抗逆生理

对植物产生伤害的环境称为逆境（stress），又称胁迫。胁迫因素包括生物因素（biotic factor）和非生物因素（abiotic factor）。生物因素有病害、虫害和杂草。非生物因素包括寒冷、高温、干旱、盐渍等。有些植物不能适应这些不良环境，无法生存；有些植物却能适应这些环境，生存下去。

本章的思维导图如下：

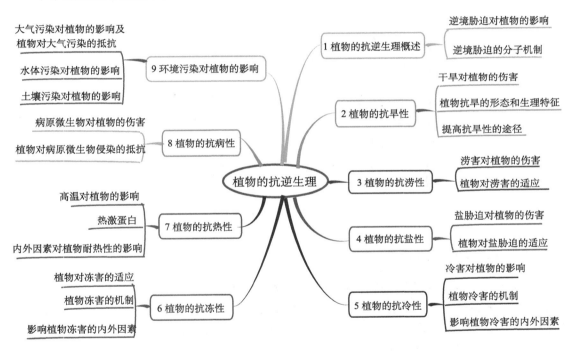

第一节　植物的抗逆生理概述

植物对不良环境的适应性和抵抗力，称为植物的抗性（hardiness）。植物对逆境逐步适应的过程叫驯化（acclimation）。植物对逆境的适应（或抵抗）有三种方式：避逆性（stress escape）、御逆性（stress avoidance）和耐逆性（stress tolerance）。

避逆性是指植物对不良环境在时间上或空间上躲避开，如沙漠中的植物只在雨季生长、开花和结实，生命周期非常短。御逆性是指植物具有一定的防御环境胁迫的能力，在逆境下保持正常状态，如耐旱植物具有非常发达的根系来抵御干旱胁迫。耐逆性是植物能够通过生理生化变化来忍受逆境的损伤，保持正常的生理活动，如细胞通过增加细胞内渗透物质来提高抗逆性。

植物对各种逆境胁迫的适应性是互相关联的。在经历了一种胁迫后，对另一种胁迫的抵抗能力也增加，这就是植物的交叉适应（cross adaption）。

一、逆境胁迫对植物的影响

逆境会伤害植物，严重时会导致死亡。例如，干旱环境下的植物会萎蔫，气孔会关闭（图 12-1）。逆境会破坏细胞的膜系统，使其透性加大，各种代谢活动无序进行。逆境使植物的根部吸水能力下降，光合速率下降，同化物合成减少。呼吸速率也发生变化，其变化复杂。冰冻、高温、盐渍和淹水胁迫时，呼吸速率逐渐下降；零上低温和干旱胁迫时，呼吸速率先升后降；感染病菌时，呼吸速率显著增高。逆境条件下，合成酶活性下降，水解酶活性增强，细胞内贮存的营养物被分解。

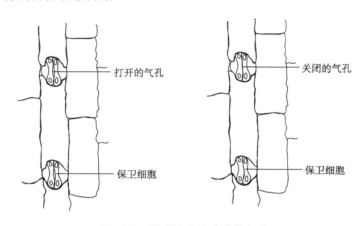

图 12-1　玉米叶片表皮上的气孔

二、逆境胁迫的分子机制

植物在逆境的作用下会形成各种代谢适应物，如胁迫蛋白、渗透调节物质、激素、活性氧等。在逆境条件下，植物会关闭一些正常表达的基因，启动一些与逆境相适应的基因。例如，高温诱导合成一些蛋白质，叫做热激蛋白（heat-shock protein）。在低温胁迫下，植物产生抗冻蛋白（antifreeze protein）减少对细胞器膜的伤害。病程相关蛋白（pathogenesis-related protein）是植物被病原菌感染后产生的与抗病性有关的一类蛋白质，如苯丙氨酸裂解酶（phenylalanine ammonialyse）等，这些蛋白质可以分解毒素，促进伤口愈合，阻止病害的扩展。

干旱、高温、低温、盐渍等环境下，细胞会丢失一些水分，引起细胞内的水势升高。逆境会诱导参与渗透调节基因的表达，形成一些渗透调节物质，提高细胞内溶质浓度，降低水势，使植物的根能从外界继续吸水，正常生长。渗透调节物质主要有糖、一些无机离子（特别是 K^+）和有机酸等。细胞主动合成渗透调节物质，提高溶质浓度，从外界吸水，这种现象称为渗透调节（osmoregulation）。脯氨酸（proline）和甜菜碱（betaine）都是渗透调节物质。在多种逆境下，植物体内都积累脯氨酸，尤其是干旱时积累最多，可比原始含量增加几十倍到几百倍。喷施脯氨酸可以解除高等植物的渗透胁迫。在水分亏缺或氯化钠胁迫下，小麦、大麦、黑麦等作物积累甜菜碱。

　　植物也可以通过激素含量的改变，增加对逆境的适应。在逆境条件下，脱落酸含量会增加。脱落酸是一种胁迫激素（stress hormone），能够调节植物对胁迫环境的适应。在低温、高温、干旱、盐渍和水涝，植物体的内源脱落酸含量都会增加。脱落酸可以诱导气孔关闭，增加对植物的抗逆性。

　　活性氧（reactive oxygen species，ROS）是比氧活泼的含氧物质，如超氧阴离子自由基（$O_2^-\cdot$）、羟基自由基（$\cdot OH$）、过氧化氢（H_2O_2）等。在逆境条件下，植物会产生活性氧。活性氧对许多生物功能分子有破坏作用，包括引起膜的过氧化作用。植物体中也有活性氧清除系统，降低或消除活性氧对膜脂的攻击能力，如超氧化物歧化酶（superoxide dismutase，SOD）、过氧化氢酶（catalase，CAT）、过氧化物酶（peroxidase，POD）、谷胱甘肽过氧化物酶（glutathione peroxidase，GPX）、谷胱甘肽还原酶（glutathione reductase，GR）等。超氧化物歧化酶可以消除 $O_2^-\cdot$ 产生的 H_2O_2，而 H_2O_2 可被过氧化氢酶分解。细胞内的维生素、类胡萝卜素、细胞色素 f、铁氧还蛋白、酚类、类黄酮、脯氨酸、甘露醇、多胺等都有清除 ROS 的功能。

第二节　植物的抗旱性

　　缺水会对植物造成伤害，过度缺水就是干旱（drought）。干旱可分为大气干旱（atmospheric drought）和土壤干旱（soil drought）。大气干旱是气温过高而相对湿度低，蒸腾过强造成的。土壤干旱是土壤中缺少水分造成的。

一、干旱对植物的伤害

　　植物在缺水严重时，叶片和茎的幼嫩部分下垂，引起植物的萎蔫（wilting）。萎蔫可分为暂时萎蔫（temporary wilting）和永久萎蔫（permanent wilting）。暂时萎蔫不浇水也能恢复原状。例如，炎夏中午，叶片和嫩茎萎蔫；晚上，蒸腾速率下降，而吸水继续，叶片恢复原状。若土壤无水可用，叶片不能恢复原状，这就是永久萎蔫。永久萎蔫时间持续过久，植物就会死亡。

　　干旱会让植物体内的水分重新分配，膜和细胞核受伤，光合速率下降，活性氧数量和种类增加，渗透调节失效。水的流动方向是从水势高的部位流向水势低的部位。水分不足时，水分按植物各部位的水势大小重新分配。幼叶从老叶中吸水，促使老叶死亡和脱落；成熟部位从胚胎组织吸水，使小穗数和小花数减少；灌浆时缺水，籽粒不饱满，影响产量。

　　细胞缺水时，正常的膜双层结构被破坏，出现孔隙，从而渗出大量溶质。膜上酶的活性丧失，细胞膜丧失选择透性，破坏细胞区室化。细胞核内的染色质凝聚，阻止 DNA 的转录和 mRNA 的合成。此外，胞质溶胶和细胞器蛋白也丧失活性，甚至完全变性。

　　水分是植物合成叶绿素的原料，植株缺乏水分时，叶绿素合成不足；缺水会使叶片淀粉水解加强，糖类积累，光合作用产物输出缓慢，抑制光合作用。缺水时，细胞内还会产生大量的活性氧，导致膜脂被氧化，细胞膜被破坏。

　　渗透调节是指在低水势条件下，细胞可在一定程度上通过降低渗透势来平衡外界环境中水势的降低，从而保证细胞正常地吸水。在缺水时，可大量积累可溶性糖、脯氨酸、甜菜碱等，降低细胞的渗透势，抵御干旱的影响。

二、植物抗旱的形态和生理特征

不同植物的抗旱性是不相同的。抗旱的植物根系发达而深扎，根/冠比大（能更有效地利用土壤深处的水分，并能保持水分平衡），叶片表面的蜡面沉积厚（减少水分蒸腾），叶片细胞小（可减少细胞收缩产生的机械损害），叶脉致密；单位面积气孔数目多，使蒸腾加强，有利于细胞的吸水。从细胞内的化学成分看，抗旱的植物细胞渗透势低，可以合成水孔蛋白，水孔蛋白可以帮助水分在组织中的流动。

三、提高植物抗旱性的途径

抗旱锻炼、合理施肥、施用抗蒸腾剂可以提高作物的抗旱性。例如，将吸水 24 h 的种子在 20℃下萌动，然后风干，反复 3 次后播种，可提高抗旱性。蹲苗（hardening of seedling）就是在栽种玉米、棉花、谷子等作物的苗期，适当控制水分，促进根的生长，控制茎叶的生长，使植物适应干旱。合理施用磷、钾肥，适当控制氮肥，可提高作物的抗旱能力。

抗蒸腾剂（antitranspirant）是一些能降低蒸腾作用的化学药剂。根据性质和作用方式，抗蒸腾剂可分为三类：代谢型、薄膜型和反光型。代谢型抗蒸腾剂，如乙酸苯汞（phenyl mercuric acetate），能控制气孔开度而减少水分蒸腾损失；薄膜型抗蒸腾剂，如十六烷醇（hexadecanol），可以形成单分子薄层，阻止水分散失；反光型抗蒸腾剂，如高岭土（caoline），能降低叶温，减少蒸腾。

第三节　植物的抗涝性

水分过多对植物造成的伤害就是涝害（flood injury）。植物对涝害具有一定的抵抗性。

一、涝害对植物的伤害

涝害可以导致植物细胞代谢紊乱，营养失调，乙烯含量增加。涝害时，植物根部缺少氧气，大量消耗可溶性糖，光合作用速率下降，蛋白质被分解，生长受阻。涝害严重时，蛋白质被分解，细胞的结构遭受破坏而死亡。涝害时，土壤中的氨化细菌（ammonifying bacteria）、硝化细菌（nitrifying bacteria）的生长活动受到抑制，厌气性细菌生长活跃，土壤溶液的酸度增加，从而影响矿质营养供应，造成植株营养缺乏。低氧促进植物的细胞产生乙烯，导致叶柄偏上生长，叶片向下生长。

二、植物对涝害的适应

植物是否适应涝害胁迫，很大程度取决于植物体内有无通气组织。例如，水生植物的根和茎有发达的通气组织（aerenchyma），能把地上部吸收的氧输送到根部，所以比较耐涝害。茎和根没有通气组织的植物，就不耐涝害。

正常情况下，小麦、玉米根部的皮层由薄壁细胞组成，细胞之间具有很多细胞间隙（图 12-2）。小麦、玉米如果根部缺氧，可诱导形成通气组织（图 12-2）。涝害的低氧条件能诱导根部通气组织形成的原因是缺氧刺激乙烯的生物合成，乙烯刺激纤维素酶活性加强，将皮层细胞的细胞壁溶解，最后形成通气组织。

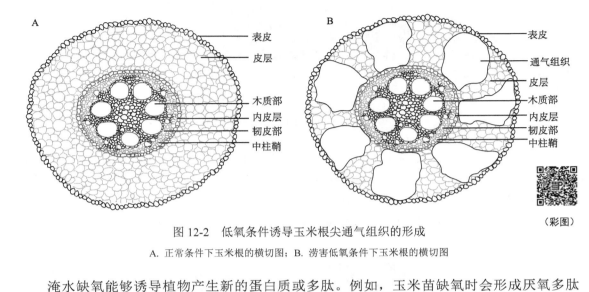

图 12-2　低氧条件诱导玉米根尖通气组织的形成

A. 正常条件下玉米根的横切图；B. 涝害低氧条件下玉米根的横切图

（彩图）

淹水缺氧能够诱导植物产生新的蛋白质或多肽。例如，玉米苗缺氧时会形成厌氧多肽（anaerobic polypeptide）。进一步研究表明，厌氧多肽有一些就是糖酵解酶，或者是与乙醇发酵相关的酶，如乙醇脱氢酶和丙酮酸脱羧酶等，这些酶会产生 ATP，供应细胞能量；调节碳代谢，避免有毒物质的形成和累积。

第四节　植物的抗盐性

土壤盐分过多对植物造成的危害，称为盐害（salt injury），也称盐胁迫（salt stress）。造成植物盐胁迫的盐类主要是 $NaCl$、Na_2SO_4、Na_2CO_3、$NaHCO_3$。$NaCl$ 和 Na_2SO_4 占优势的土壤是盐土，Na_2CO_3 和 $NaHCO_3$ 含量较多的土壤是碱土（alkaline soil）。通常情况下，土壤中同时存在这些盐，称为盐碱土（saline-alkaline soil）。土壤含盐量在 0.2%～0.5%就不利于植物生长，而盐碱土的含盐量高达 0.6%～12%，这种土壤会严重伤害植物，危害农业生产。

一、盐胁迫对植物的伤害

土壤盐分过高，会造成植物细胞吸水困难，生物膜被破坏，生理紊乱。因为土壤盐分过多，土壤溶液的渗透势变低，植物细胞吸水困难，形成生理干旱。高浓度的 $NaCl$ 中的 Na^+ 可置换细胞膜结合的 Ca^{2+}，使膜结构破坏，细胞内的 K^+、磷和有机溶质外渗。盐分过多会降低蛋白质合成速率，加速贮藏蛋白质的水解，使细胞内的氨积累多，植株含氨量增加，产生氨毒害。

二、植物对盐胁迫的适应

不同植物的抗盐性也各不相同。根据植物抗盐能力的大小，可分为盐生植物（halophyte）和甜土植物（glycophyte）。盐生植物可生长的盐度范围为 1.5%～2.0%，如碱蓬、海蓬子等；甜土植物的耐盐范围为 0.2%～0.8%，如甜菜、高粱、棉花等（图 12-3）。

碱蓬　　　　海蓬子　　　　　　甜菜　　　　　高粱　　　　棉花

盐生植物　　　　　　　　　　　甜土植物

图 12-3　几种盐生植物和甜土植物

不同植物对盐胁迫的适应方式也不同。一些植物的根细胞对 Na$^+$ 和 Cl$^-$ 的透性较小，不吸收 Na$^+$ 和 Cl$^-$，如高冰草（*Agropyron elongatum*）（图 12-4）。有的植物吸收盐分后，把盐分从茎叶表面的盐腺排出体外，本身不积存盐分，如柽柳（*Tamarix chinensis*）（图 12-4）、滨藜（*Atriplex patens*）和二色补血草（*Limonium bicolor*）等。滨藜的盐囊泡和二色补血草的盐腺结构示意图见图 12-5。

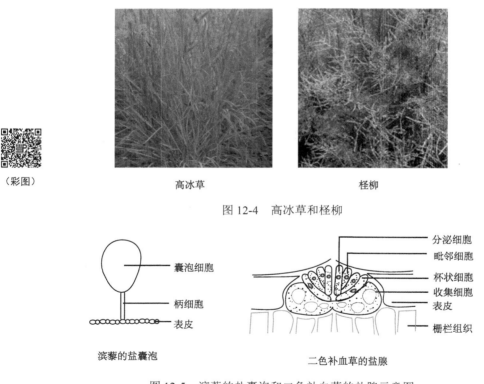

高冰草　　　　　　　　　　　柽柳

图 12-4　高冰草和柽柳

囊泡细胞　　　　　　　　　　　　　　　分泌细胞
柄细胞　　　　　　　　　　　　　　　　毗邻细胞
表皮　　　　　　　　　　　　　　　　　杯状细胞
　　　　　　　　　　　　　　　　　　　收集细胞
　　　　　　　　　　　　　　　　　　　表皮
　　　　　　　　　　　　　　　　　　　栅栏组织

滨藜的盐囊泡　　　　　　　二色补血草的盐腺

图 12-5　滨藜的盐囊泡和二色补血草的盐腺示意图

当 Na$^+$ 进入盐生植物的细胞后，细胞可以通过把 Na$^+$ 排出细胞外和 Na$^+$ 区室化（compartmentalization）来降低细胞质的盐浓度。

细胞膜上有 Na$^+$/H$^+$ 反向转运体（Na$^+$/H$^+$ antiporter），细胞膜上的 H$^+$-ATP 酶水解 ATP，把 H$^+$ 泵入细胞质后，造成质子电化学梯度，Na$^+$/H$^+$ 反向转运体利用电化学梯度或称为质子动力（proton motive force）把 Na$^+$ 排出细胞外（图 12-6）。

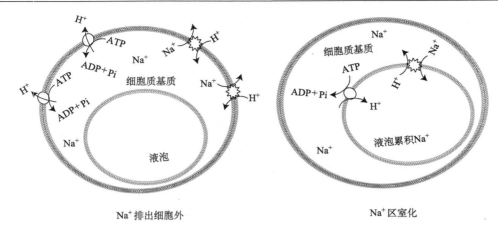

Na⁺ 排出细胞外   Na⁺ 区室化

图 12-6 Na⁺排出细胞外和区室化的机制

Na⁺区室化是指当 Na⁺进入植物的细胞后，植物能把细胞质和细胞器等中的 Na⁺集中到液泡的现象。Na⁺的区室化是由液泡膜上的 Na⁺/H⁺反向转运体来完成的。液泡膜上也有 Na⁺/H⁺反向转运体。液泡膜上的 H⁺-ATP 酶水解 ATP，ATP 水解产生能量将 H⁺泵出液泡，造成质子电化学梯度，驱动 Na⁺跨膜运输，因而得以实现 Na⁺的区室化，降低了细胞质中的 Na⁺浓度（图 12-6）。Na⁺区室化一方面可使渗透压保持一定梯度，让水分进入细胞，另一方面可维持细胞质中正常的盐浓度，保持生物酶的活性，维持细胞内的离子平衡。

例如，在盐胁迫条件下，冰叶日中花中的 H⁺-ATP 酶活性增加，Na⁺/H⁺反向转运体的数量增加，过多的盐分被区室化到液泡中。目前已从冰叶日中花 cDNA 文库中分离编码 Na⁺/H⁺反向转运体的基因，将该基因转入不耐盐的植物中，使其在根部特异表达，对提高植物的抗盐能力将具有重要意义。

第五节 植物的抗冷性

低温对植物的危害，按低温程度和受害情况，可分为冷害（chilling injury）（零上低温）和冻害（freeze injury）（零下低温）两种。零度以上的低温能引起一些植物的生理障碍，使植物受伤甚至死亡，这种现象称为冷害。水稻、玉米、香蕉、甘蔗、甘薯等植物很容易受到冷害。

一、冷害对植物的影响

遇到冷害时，植物的水分平衡会失调，呼吸速率会大起大落，光合作用速率减弱，细胞膜上和细胞内的酶活性会发生改变。在低温胁迫下，植物吸水能力降低，植物会萎蔫。刚刚受到冷害时，植物的呼吸速率急剧增加，释放大量的热量。随着低温时间的延长，体内的物质被消耗得越来越多，呼吸速率会大大下降。

二、植物冷害的机制

细胞膜和细胞器的膜在常温下是液相（liquid phase），在低温下呈凝胶相（gel phase）。

膜的流动性降低时，膜上的蛋白质的功能就不正常，H^+-ATP 酶活性会被抑制，溶质出入细胞、能量转换、酶代谢等受到影响。

三、影响植物冷害的内外因素

不同植物、同一作物不同品种的抗冷性也不同。例如，生长在冷凉环境中的粳稻的抗冷性要高于生长在高温环境中的籼稻。同一品种不同生长期，抗冷性也不同，如营养生长比生殖生长时抗冷。

抗冷植物细胞膜中不饱和脂肪酸的比例，常常大于不抗冷植物的。不饱和脂肪酸增多，使膜在较低温度时仍保留液相。以同一植物不同抗冷性品种比较，抗冷品种叶片膜脂的不饱和脂肪酸在含量和不饱和程度方面（双键数目），都比不抗冷品种的高。

低温锻炼和合理施肥也可以提高植物的抗冷性。例如，在 25℃条件下生长的番茄苗，在 12.5℃锻炼几小时到两天，对 1℃的低温就有一定的抵抗能力。

在低温来临之前，应合理施用磷钾肥，少施或不施氮肥，不宜灌水，以控制植物生长速率，提高抗寒能力。还可以喷施植物生长延缓剂，延缓生长，提高脱落酸水平，提高抗性。

第六节　植物的抗冻性

当植物遇到 0℃以下的温度，体内发生冰冻，细胞受伤甚至死亡，这种现象称为冻害（freezing injury）。

一、植物对冻害的适应

遇到冻害时，植物的含水量会下降，呼吸作用减弱，脱落酸含量增加，细胞会停止生长，进入休眠状态。细胞内产生一些保护物质，合成抗冻蛋白来等适应冰冻的环境。

随着温度的下降，吸水量减少，含水量下降；植物体内的束缚水含量相对提高，而自由水含量则相对减少；呼吸变弱，代谢活动低，有利于贮存营养物质来抵抗不良的环境条件。例如，落叶树木随着冬季日照变短、气温降低，逐渐形成较多的脱落酸，并运到生长点（芽），抑制茎的伸长，开始形成休眠芽，叶片脱落，植株进入休眠阶段。

在温度下降的时候，淀粉水解成糖。糖既可以提高细胞液浓度，使冰点降低，又可缓冲细胞质过度脱水，保护细胞质不致遇冷凝固。同时，氨基酸的含量也增高。脂类化合物集中在细胞质表层，水分不易透过，代谢降低，细胞内不容易结冰，亦能防止过度脱水。低温条件下，一些植物可以合成抗冻蛋白，抑制细胞结冰，保护细胞膜不受冰冻的损伤。

二、植物冻害的机制

冻害对植物的影响主要是结冰而引起的。由于冷却情况不同，结冰情况不一样，伤害就不同。结冰伤害的类型有两种：细胞间结冰和细胞内结冰。细胞间结冰是细胞间隙中的水分结成冰。大多数经过抗寒锻炼的植物能忍受细胞间结冰。某些抗寒性较强的植物（如白菜、葱）细胞间如果结冰，解冻后仍然不死亡。研究证明，冬小麦在抗冷锻炼中，细胞膜向内凹陷，并与液泡连接，形成一个液泡内水分流出细胞的通道，从而降低细胞内的含水量。

当温度继续下降，除了细胞间结冰，细胞内也会结冰。首先是细胞质结冰，随后液泡结冰。细胞内结冰可以破坏生物膜、细胞器和细胞质基质的结构，使酶失活，影响代谢。结冰时，蛋白质会形成二硫键，破坏蛋白质的结构。解冻时，蛋白质的构象发生改变，从而引起细胞的伤害和死亡。

三、影响植物冻害的内外因素

不同植物、同一植物不同品种的抗冻性各不相同。生长在北方的树木，如雪松能安全度过-30～-40℃的严寒；而生长在热带、亚热带的植物，则容易受冻害的损伤。冬小麦在春化以前的幼年阶段抗冻性最强，春化以后抗冻性急剧下降，完成光周期诱导后抗冻性就更为减低。休眠状态的木本植物抗冻性最强；春季恢复到生长状态时，抗冻性减弱。

温度、日照长短、光照强度、含水量、植株是否健壮都会影响到植物的抗冻性。秋季，温度逐渐降低，植株慢慢进入休眠状态，抗冻性逐步提高。冬季，日照渐短，促使植物休眠，抗冻性提高。光照强度适合，光合强，细胞内积累很多糖分，抗冻性增加；光照强度弱，光合弱，细胞内积累的糖少，抗冻性也下降。植物细胞吸水太多，细胞间和细胞内的冰也多，抗寒力差。细胞的含水量适合，植物的抗冻性增加。植株生长健壮，抗冻性增加。秋季不宜施氮肥，避免植株徒长、抗冻力降低。

第七节 植物的抗热性

高温对植物的伤害就是热害（heat injury）。热害可分为间接伤害和直接伤害。

一、高温对植物的影响

间接伤害是指高温引起的植物细胞饥饿、氨毒害、蛋白质破坏等代谢异常等。高温持续时间越长或温度越高，伤害程度也越严重。高温下，植物的呼吸速率大于光合速率，会消耗贮存的养料，时间长了，细胞就会饥饿甚至死亡。

高温下，细胞分解大于合成，产生很多很多氨，氨积累过多，会毒害细胞。高温会破坏蛋白质的结构，影响酶的活性和功能。

直接伤害是高温直接影响细胞的结构，呈现热害症状。例如，叶片出现坏死斑，叶色变褐、变黄；鲜果（如葡萄、番茄）烧伤，受伤处形成木栓；甚至出现花粉雄性不育、花序或子房脱落等现象。直接伤害主要是因为膜蛋白变性，膜脂分子液化，膜结构破坏，生物膜的正常生理功能不能进行，最终细胞死亡。

二、热激蛋白

热激蛋白（heat shock protein, HSP）又称热休克蛋白，是生物受高温刺激后大量表达的一类蛋白质。当大豆幼苗从 25℃突然转至 40℃时，一些细胞中常见的 mRNA 和蛋白质停止合成，30～40 种新的蛋白质进行转录和翻译。HSP 的分子质量为 15～124 kDa。多数 HSP 具有分子伴侣（molecular chaperone）的作用。分子伴侣是指一类在序列上没有相关性但有共同功能的蛋白质，它们在细胞内帮助其他含多肽的结构完成正确的组装，而且在组装完毕后与之分离，不构成这些蛋白质结构执行功能的组分。换言之，分子伴侣是指细胞质中一类蛋白质，能够识别并结合到不完整折叠或装配的蛋白质，帮助这些多肽正确折叠、转运或防止它们聚集，其本身不参与最终产物的形成。

HSP 就是一大类分子伴侣，在蛋白质翻译后修饰过程中起到促进需要折叠的多肽链折叠为天然空间构象的蛋白质。在高温条件下，大部分植物的正常蛋白合成受到抑制，而 HSP 的合成开始并迅速增强。研究已经证实，在高温下植物产生的 HSP 可保护机体蛋白质免遭损伤或修复已受损伤的蛋白质，从而对植物起到保护作用，这说明 HSP 的诱导形成能使植物获得一定的耐热性。

热激蛋白的急剧增加是由热激转录因子（heat shock transcription factor, HSF）介导的。它可以介导热激蛋白的基因转录。在正常环境条件下，HSF 以单体形式存在于细胞质或细胞核内，没有与 DNA 结合。当热胁迫时，HSF 单体在细胞核内组装成三聚体，于是能够与 DNA 的特殊序列元件（称为热激元件，heat shock element，HSE）结合。HSE 是 DNA 序列上 HSF 的结合位点。三聚体 HSF 一旦与 HSE 结合，HSF 就磷酸化，促进 HSP 基因的转录，合成 HSP70。HSP70 与 HSF 结合，使得 HSF 与 DNA 的复合体解离，HSF 回转到 HSF 单体的状态（图 12-7）。

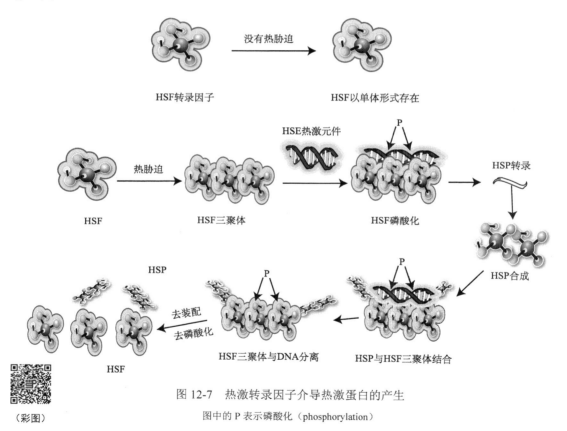

图 12-7　热激转录因子介导热激蛋白的产生

图中的 P 表示磷酸化（phosphorylation）

（彩图）

三、内外因素对植物耐热性的影响

不同植物、同一植物的不同品种，甚至同一植物在不同生长期的耐热性都是不同的。例如，肉质植物（succulent plant）可以忍受 50℃左右的高温，而酢浆草只能忍受 40℃左右的高温。干燥的种子比较耐热，随着种子吸水，耐热性下降。与成熟的葡萄相比，未成熟的葡萄比较耐热。油料作物的种子，如大豆、花生比淀粉种子水稻、玉米耐热。

高温锻炼和细胞的含水量会影响植物的耐热性。高温锻炼可以提高植物的耐热性。适当的高温，蛋白质分子之间一些亲水键断裂，形成一些较强的硫氢键，使整个蛋白质重新恢复其空间结构，热稳定性更大，耐热性增强。细胞含水量低，耐热性强。干燥种子的抗热性强，随着含水量增加，耐热性下降。

第八节 植物的抗病性

真菌、细菌、病毒等病原微生物感染植物会引起植物患病。植物对病原微生物（pathogenic microorganism）侵染的抵抗力，就是植物的抗病性。病原微生物会引起植物病害，导致植物减产。

一、病原微生物对植物的伤害

病原微生物感染植物，会引起植物水分平衡失调，呼吸速率增加、光合作用速率下降，生长发生改变。植物水分平衡失调是因为植物的根被微生物破坏，根毛吸水能力下降。同时维管束被堵塞，水分的运输中断。细胞膜被破坏，水分散失快。水分散失可以引起植物萎蔫，如茄子患枯萎病后，叶片枯萎。

由于病原微生物的呼吸，加上作物的呼吸速率加快，两者共同释放大量的热量。这和人类感冒后会发烧非常类似。同时，因为水分减少，光合速率下降，合成的营养物质变少。作物染病的同时，会形成各种植物激素，如吲哚乙酸等。激素使感染部位出现异常生长。例如，烟草叶片感染花叶病毒后出现畸形、黄化等现象；玉米感染丝穗病后，雄穗变黑，雄花变成黑粉。

二、植物对病原微生物侵染的抵抗

植物抗病性是指寄主植物具有抵御病原微生物的侵染及侵染后所造成损害的能力的特性。抗病性是植物与其病原生微生物在长期的协同进化中相互适应、相互选择的结果。病原微生物发展出不同类别、不同程度的寄生性和致病性，植物也相应地形成了不同类别、不同程度的抗病性。

按植物抗病原微生物的侵染程序，植物的抗病性分为抗接触、抗入侵、抗扩展、抗损害和抗再侵染。

1. 抗接触和抗入侵 植物的抗接触和抗入侵的特征主要包括植物表皮上有角质、木栓质和蜡质等保护物质。这些保护物质可以限制植物丧失水分，形成抵御细菌和真菌进入植物体的屏障。

角质是由许多长链脂肪酸通过酯键形成的紧密结构（图12-8A）。角质分布在所有草本植物地上部分的细胞壁中。

木栓质是由羟基和环氧脂肪酸通过酯键相连而形成的（图12-8B）。木栓质与角质的不同在于木栓质的二羧酸基链较长，并且苯化合物是其主要成分。木栓质也存在于植物根内皮层的凯氏带中，凯氏带上的细胞壁栓质化加厚，在皮层和中柱之间形成了一个屏障。

蜡质是由疏水性强的直链烷烃和烷醇组成的，也含有醛、酮、脂和游离的脂肪酸（图 12-8 C）。

A　羟基脂肪酸聚合形成角质　　　　　　　　$HOCH_2 (CH_2)_{14} COOH$　　$CH_3 (CH_2)_8 \underset{\underset{\displaystyle OH}{|}}{CH}(CH_2)_5 COOH$

B　羟基脂肪酸与其他成分聚合形成木栓质　　$HOCH_2 (CH_2)_{14} COOH$　　$HOOC (CH_2)_{14} COOH$

C　普通蜡质成分

直链烷烃　　$CH_3 (CH_2)_{27} CH_3$　　　$CH_3 (CH_2)_{29} CH_3$　　　长链脂肪酸　　$CH_3 (CH_2)_{22} COOH$

脂肪酸酯　　$CH_3 (CH_2)_{22} \overset{\overset{\displaystyle O}{\|}}{C} - O(CH_2)_{25} CH_3$　　　长链脂肪醇　　$CH_3 (CH_2)_{24} CH_2OH$

图 12-8　角质（A）、木栓质（B）和蜡质（C）的组成

2. 抗扩展　　病原微生物一般通过植株表面的伤口入侵植物体内。病原微生物通过伤口入侵后，入侵附近的细胞和组织木栓化，会形成木栓层，阻止病原微生物的进一步入侵。一些病原微生物只能生活的活细胞里。病原微生物入侵后，寄主在侵染点周围的细胞迅速死亡，组织坏死，从而遏制了病原微生物的进一步扩展。这种现象称为植物的过敏性坏死反应（hypersensitive necrosis reaction, HNR）。HNR 是植物的一种保护性反应。

3. 抗损害　　病原微生物入侵作物后，会产生毒素，如枯萎病菌产生镰刀菌酸（fusarium acid）。作物主要通过增加氧化酶活性和产生抑制物质来抵抗病原微生物。作物细胞内的酶类，如过氧化物酶、抗坏血酸氧化酶可以将病原菌产生的毒素氧化分解为二氧化碳和水，或转化为无毒物质。例如，过氧化物酶、抗坏血酸氧化酶活性高的甘蓝品种，一般对真菌病害的抵抗力较强。

植物会产生一些对病原微生物有抑制作用的物质而使植物具有一定的抗病性，如病程相关蛋白（pathogenesis related protein, PR）、植保素（phytoalexin，也称植物防御素、植物抗毒素、植物保卫素）、木质素（lignin）、抗病蛋白等。

（1）病程相关蛋白：PR 是植物受病原微生物侵染或不同因子的刺激后产生的一类水溶性蛋白质。PR 可能的功能是攻击病原物、降解细胞壁大分子、降解病原物毒素、抑制病毒外壳蛋白与植物受体分子的结合等。

（2）植保素：植保素是植物受到病原微生物侵染后，或者是受到多种生理的、物理的刺激后所产生或积累的一类低分子质量抗菌性次生代谢产物，属于非酶类小分子化合物。植保素对菌物的抗性较强，具有病原微生物入侵后可迅速合成的属性。

现在已知 20 多个科 100 多个种的植物产生植保素，这些植物主要发布在豆科、茄科、锦葵科、菊科和旋花科等。90 多种植物保素的结构式已被确定，其中异类黄酮植物防御素和倍半萜烯植物防御素两类研究最多。前者主要在豆科植物中产生，如苜蓿素（medicarpin）（图 12-9 A）、豌豆素（pisatin）、菜豆素（phaseollin）和大豆抗毒素（glyceollin）（图 12-9 B）等；后者主要在茄科植物中产生，如辣椒素（capsidiol）（图 12-9 C）和日齐素（rishitin）（图 12-9 D）等。

（3）木质素：是由对香豆醇、松柏醇和芥子醇形成的多聚体（图 12-10）。植物感染病原微生物后，细胞增加木质素的合成可阻止病原菌进一步扩展。

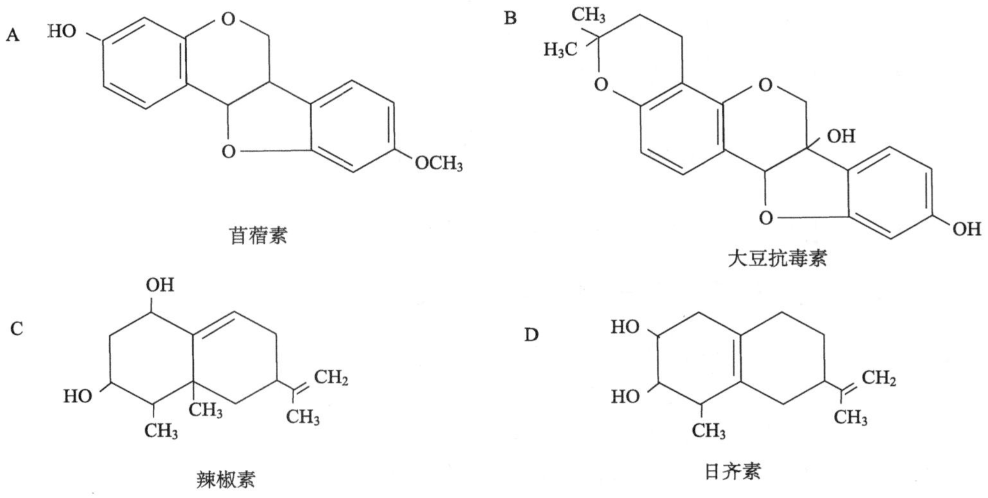

图 12-9 几种植保素的结构式

A 苜蓿素
B 大豆抗毒素
C 辣椒素
D 日齐素

对香豆醇　　松柏醇　　芥子醇

图 12-10 组成木质素的单体

木质素的生物合成以苯丙氨酸为起始，且必须经过苯丙氨酸解氨酶（phenylalanine ammonia-lyase, PAL）的催化（详见第十章第三节"四、木质素"的内容），所以 PAL 的活性与抗病性密切相关。

（4）抗病蛋白：植物还可以能生成一些抗病蛋白和酶，以抵御病原体的伤害。抗病蛋白包括几丁质酶、β-1, 3 -葡聚糖酶和植物凝集素等。

几丁质酶（chitinase）能水解许多病原菌细胞壁的几丁质。β-1,3-葡聚糖酶（β-1, 3-glucanase）能水解病原菌细胞壁的 1,3 -葡聚糖。

凝集素（lectin）是指一种从各种植物、无脊椎动物和高等动物中提纯的糖蛋白或结合糖的蛋白质，因其能凝集红细胞，故名凝集素。植物凝集素（phytolectin）是来源于植物的一类能凝集细胞和沉淀单糖或多糖复合物的非免疫来源的非酶蛋白质。植物凝集素通常以其被提取的植物命名，如花生凝集素和大豆凝集素等。由于植物凝集素对于单糖或糖复合物特异性结合的能力，使得其在信号转导、免疫反应、植物防御等过程中均具有重要作用，同时还具有细胞凝集、抗病毒、抗真菌及诱导细胞凋亡等多种能力。例如，小麦、大豆和花生的凝集素能抑制多种病原菌的菌丝生长和孢子萌发。水稻胚中的凝集素能使稻瘟病菌的孢子凝集成团，甚至破裂。

4. 抗再侵染　　抗再侵染是指植物在受到病原物的入侵后产生使同类病原物不能继续入侵的能力，即植物具有系统获得抗性（systemic acquired resistance, SAR），是由初次感染后经过一段时间形成的。SAR 往往是广谱而且系统性的，相当于动物的后天获得免疫性。现已证实，水杨酸（salicylic acid, SA）是 SAR 的重要诱导因子，也是植物受病原菌侵染后活化一系列防卫反应的信号转导途径中的重要组成成分。

第九节　环境污染对植物的影响

环境污染分为大气污染、水体污染和土壤污染。这些污染会对植物产生危害。

一、大气污染对植物的影响及植物对大气污染的抵抗

大气污染物主要有硫化物、氟化物、氧化物、粉尘和光化学烟雾（photo-chemical smog）等。大气污染会使植物生长不良，抗逆性减弱。例如，来自炼油厂、硫酸厂、化肥厂、热电站的 SO_2，一旦进入植物体内，就会变成 H_2SO_3，H_2SO_3 解离成 H^+、HSO_3^-、SO_3^{2-}，这三种离子会伤害植物细胞。H^+ 可以降低细胞的 pH，干扰代谢过程。HSO_3^- 和 SO_3^{2-} 可以破坏叶绿体，抑制光合作用。

氟化物主要来源于炼铝厂和磷肥厂，主要成分是氟化氢（HF）。氟化氢进入植物细胞，叶尖和叶缘会出现红棕色至黄褐色的坏死斑。氟化氢可以干扰细胞的代谢，抑制一些酶和活性，降低光合速率，使气孔关闭，影响水分平衡。

石油和煤炭等燃烧的废气、汽车产生的尾气及挥发性的有机溶剂等，是以氧化碳、氮氧化物和碳氢化物为主的混合气体，这些物质的比重较轻而易上升至高空，在太阳紫外线的作用下发生各种化学反应，形成臭氧（O_3）、NO_2、醛类、硝酸过氧化乙酰（peroxyacetyl nitrate, PAN）等有害物质，这些物质再与大气中的硫酸和硝酸等液滴接触后产生淡蓝色的烟雾，由于这种烟雾是通过光化学作业形成的，所以称为光化学烟雾（photochemical smog）。

光化学烟雾可随气流漂移数百公里，使远离城市的农作物也受到损害。光化学烟雾多发生在阳光强烈的夏、秋季节。

O_3 是光化学烟雾的主要成分，其氧化能力极强。O_3 伤害的典型症状是植物叶面出现密集、细小的斑点，严重时出现大面积的失绿斑。O_3 可以破坏植物的质膜，使植物体内的防御酶失活，抑制光合作用等。

因植物体内存在硝酸还原酶和亚硝酸还原酶，可以使进入植物体内的 NO_2 转变成 NH_3 参与氨基酸的合成，所以植物能够忍受一定浓度的 NO_2 而不出现伤害症状。但高浓度的 NO_2 抑制酶的活力，影响膜的结构，导致膜透性增大，引起膜脂过氧化，产生活性氧和自由基，对叶绿体膜造成伤害，叶片褪色，光合作用减弱。

PAN 有剧毒，只要空气中浓度在 $20\ \mu L/L$ 时就会伤害植物，叶片背面出现银灰色斑点，叶片变皱、扭曲。PAN 能抑制植物的光合作用，影响磷酸戊糖代谢途径及植物细胞壁的合成等。

植物对大气污染的抗性分为屏蔽性、忍耐性和适应性。屏蔽性是让污染物不进入或少进入植物组织、细胞。忍耐性是指污染物进入细胞内，细胞产生一些生理变化限制其毒性或减少受其毒害，也可以通过代谢解毒。适应性是植物在一定的大气污染浓度下，产生适应机制，使污染造成的伤害不再继续增加。

有的植物叶片角质层很厚，并且气孔可以在大气污染物的刺激下关闭，从而阻止污染物进入植物体内。

一些植物细胞内含有硝酸还原酶，硝酸还原酶可以把 NO_3^-、NO_2^- 转变成 NH_3 参与氨基酸的合成。细胞内的亚硫酸氧化酶可以把 HSO_3^-、SO_3^{2-} 转变成毒性小的 SO_4^{2-}。SO_4^{2-} 可以用于胱氨酸的合成，也可以把 HSO_3^-、SO_3^{2-} 变成 H_2S 释放到大气中。

有些植物在大气污染下出现伤害症状，继续暴露在污染大气中，伤害不再继续增加。这说明植物对大气污染有一定的适应性。

二、水体污染对植物的影响

污染水体中的物质种类很多，有重金属、洗涤剂、漂白粉、酚类、染料等。例如，工业污水中含有 Hg、Cr、As、Cd、Pb 等重金属。重金属可以使蛋白质变性，抑制酶的活性，干扰正常代谢；如果与细胞膜上的蛋白质结合，会影响膜的通透性。含有石油的污水中含有一些稠环芳香烃，它们具有强致癌性，通过植物富集影响人类的健康。

水生植物如水葫芦、金鱼藻和黑藻等（图 12-11）可以吸收水中的重金属等污染物。这些重金属污染物被植物吸收后，有的被分解为营养物质，有的形成络合物使毒性降低。

水葫芦　　　　　　　金鱼藻　　　　　　　黑藻　　　　　（彩图）

图 12-11　几种可吸收重金属污染物的水生植物

三、土壤污染对植物的影响

使用污水灌溉农田，或者大气污染随着雨、雪降落到土壤中都会导致土壤污染。使用残留量高的农药也会污染土壤。生长在污染土壤中的植物会富集有毒物质，通过食物链危害人类健康。

土壤污染物大致可分为无机污染物和有机污染物两大类。无机污染物主要包括酸、碱、重金属、盐类、放射性元素铯和锶的化合物，以及含砷、硒、氟的化合物等。有机污染物主要包括有机农药、酚类、氰化物、石油、合成洗涤剂、3,4-苯并芘，以及由城市污水、污泥及厩肥带来的有害微生物等。

当土壤中含有害物质过多，就会导致土壤的组成、结构和功能发生改变。另外，土壤污染破坏植物根系的正常吸收和代谢功能，土壤中有害物质或其分解产物也会影响植物生长发育，它们在土壤中逐渐积累，通过"土壤→植物"或"土壤→水→植物"间接被植物吸收，从而危害植物健康生长。土壤中的污染物被植物吸收富集，转化为生物污染，进而危害人、畜健康。

当前，土壤污染对植物生长影响的研究主要集中在重金属污染、农药污染、土壤 pH、盐分对植物的影响等方面。例如，当土壤中镉的含量过高时，对植物造成的危害包括叶褪绿、枯黄或出现褐斑等症状。用含锌污水灌溉农田,会对农作物特别是小麦的生长产生较大影响,造成小麦出苗不齐、分蘖少、植株矮小、叶片萎黄。用未经处理的炼油厂废水灌溉,结果水稻严重矮化,初期症状是叶片披散下垂,叶尖变红;中期症状是抽穗后不能开花受粉,形成空壳,或者根本不抽穗。

复习思考题

1. 根据查阅"Web of Science"、"PubMed"及"中国知网 CNKI"的结果,请说明近 3~5 年来植物抗逆生理研究有哪些研究热点和研究进展? 同时根据自己的兴趣和所掌握的知识,撰写一篇相关的研究进展小综述。

2. 为了让作物及时安全越冬,在栽培措施上应注意些什么? 其原因何在?

3. 为了提高植物对低温胁迫的抗性,常常需要培育壮苗。请根据你所学的植物生理学知识,列举出培育壮苗的各种方法和措施,并说明其理论依据。

4. 植物抗旱和抗盐的生理学机制是什么? 在农业生产上如何来提高植物的抗旱性和抗盐性?

5. 为什么常用植物组织中游离氨基酸的含量作为植物抗逆性的指标?

6. 如何运用水肥管理和植物生长调节剂来提高植物的抗逆性?

7. 请说明生物膜的成分与抗寒性有何关系。

主要参考文献

蔡庆生. 2011. 植物生理学. 北京: 中国农业大学出版社.

蔡永萍. 2008. 植物生理学. 北京: 中国农业大学出版社.

苍晶, 李唯. 2017. 植物生理学. 北京: 高等教育出版社.

曹婧, 兰海燕. 2014. 植物激素脱落酸受体及其信号转导途径研究进展. 生物技术通报, 30(6): 22-27.

曹仪植, 宋占午. 1998. 植物生理学. 兰州: 兰州大学出版社.

曹宗巽, 吴相钰. 1979. 植物生理学(上册、下册). 北京: 高等教育出版社.

陈琳. 2010. 植物生理学教程. 北京: 中国农业科学技术出版社.

陈琳. 2013. 现代植物生理学原理及应用. 北京: 中国农业科学技术出版社.

陈清, 汤浩茹, 董晓莉, 等. 2009. 植物 Myb 转录因子的研究进展. 基因组学与应用生物学, 28 (2): 365-372.

陈润政, 黄上志, 宋松泉, 等. 1998. 植物生理学. 广州: 中山大学出版社.

陈晓亚, 何祖华, 樊培, 等. 2018. 植物生理学回顾与展望. 农学学报, 8(1): 7-11.

陈晓亚, 汤章城. 2007. 植物生理与分子生物学(3 版). 北京: 高等教育出版社.

丁丽娜, 杨国兴. 2016. 植物抗病机制及信号转导的研究进展. 生物技术通报, 32(10): 109-117.

丁跃, 吴刚, 郭长奎. 2016. 植物叶绿素降解机制研究进展. 生物技术通报, 32(11): 1-9.

段志坤, 秦晓惠, 朱晓红, 等. 2018. 解析植物冷信号转导途径:植物如何感知低温. 植物学报, 53(2): 149-153.

高慧君, 明家琪, 张雅娟, 等. 2015. 园艺植物中类胡萝卜素合成与调控的研究进展. 园艺学报, 42(9): 1633-1648.

高俊凤. 2006. 植物生理学实验指导. 北京: 高等教育出版社.

郭振清, 郭晓强. 2007. 脱落酸的信号转导途径. 生命的化学, 27(6): 482-484.

郝建军, 康宗利. 2005. 植物生理学. 北京: 化学工业出版社.

郝建军, 于洋, 张婷. 2013. 植物生理学(2 版). 北京: 化学工业出版社.

霍培, 季静, 王罡, 等. 2011. 植物类胡萝卜素生物合成及功能. 中国生物工程杂志, 31(11): 107-113.

江苏农学院. 1985. 植物生理学. 北京: 农业出版社.

姜丽, 冷平. 2017. 关于 ABA 信号转导核心组分 PP2C 的研究进展分析. 中国农业文摘, 29(5): 17-25.

蒋德安. 2011. 植物生理学(2 版). 北京: 高等教育出版社.

蒋丽, 齐兴云, 龚化勤, 等. 2007. 被子植物胚胎发育的分子调控. 植物学通报, 24(3): 389-398.

焦廷伟. 2010. 醉香含笑花被片衰老过程中细胞结构和若干生理指标的变化. 福州: 福建农林科技大学硕士学位论文.

科学出版社名词室. 2005. 英汉生物学词汇(3 版). 北京: 科学出版社.

李栋栋, 罗自生. 2013. 植物衰老叶片与成熟果实中叶绿素的降解. 园艺学报, 40(10): 2039-2048.

李合生. 2000. 植物生理生化实验原理和技术. 北京: 高等教育出版社.

李合生. 2007. 现代植物生理学学习指南. 北京: 高等教育出版社.

李合生. 2012. 现代植物生理学(3 版). 北京: 高等教育出版社.

李辉严, 马三梅. 2008. C3、C4 和 C3-C4 中间型植物的进化. 植物生理学通讯, 44(5): 1004-1006.

李杰芬. 1987. 植物生理学. 长春: 东北师范大学出版社.

李玲, 肖浪涛, 谭伟明. 2018. 现代植物生长调节剂技术手册. 北京: 化学工业出版社.

李玲. 2009. 植物生理学模块实验指导. 北京: 科学出版社.

李万昌, 马三梅, 王永飞. 2012. 视觉卡片在《植物学》教学中的应用. 生物学通报, 47(9): 29-31.

李唯. 2012. 植物生理学. 北京: 高等教育出版社.

李小方, 张志良. 2016. 植物生理学实验指导(5 版). 北京: 高等教育出版社.

李颖章, 刘国琴, 杨海莲. 2012. 植物生理学与生物化学历年真题与全真模拟题解析(6 版). 北京: 中国农业大学出版社.

李颖章. 2016. 植物生理学复习指南暨习题解析(9 版). 北京: 中国农业大学出版社.

列淦文, 郭淑红, 薛立. 2014. 臭氧胁迫对植物生长影响的综述. 生态科学, 33(3): 607-612.

列淦文, 薛立. 2014. 臭氧与其他环境因子对植物的交互作用. 生态学杂志, 33(6): 1678-1687.

刘虹, 金松恒. 2014. 植物学实验. 武汉: 华中科技大学出版社.

刘慧丽, 李玲. 2001. 脱落酸(ABA)诱导基因表达的调控元件. 植物学通报, 18(3): 276-282.

刘建武, 孙成华, 刘宁. 2004. 花器官决定的 ABC 模型和四因子模型. 植物学通报, 21(3): 346-351.

龙海涛, 李玲, 万小荣. 2004. ABA 诱导基因及其与逆境胁迫的关系. 亚热带植物学报, 33(4): 74-77.

陆定志, 傅家瑞, 宋松泉. 1997. 植物衰老及其调控. 北京: 中国农业出版社.

路文静. 2011. 植物生理学. 北京: 中国林业出版社.

罗静静, 张亚飞, 赵永飞, 等. 2018. 水杨酸对草莓 SnRK1 活性及植株生长的影响. 植物生理学报, 54 (1): 113-120.

马三梅, 王永飞. 2004. 高等植物叶绿体基因组的转化. 植物生理学通讯, 40(3): 385-390.

马三梅, 王永飞. 2006. 一部适于《植物生物学》双语教学的优秀国外教材. 植物生理学通讯, 42(1): 98-100.

马三梅, 王永飞. 2017. 植物生物学. 北京: 科学出版社.

马三梅, 王永飞, 李宏业. 2012. 思维导图在《植物生化与分子生物学》教学中的应用. 生命的化学, 32(6): 599-602.

马三梅, 王永飞, 李万昌. 2018. 植物学实验(2 版). 北京: 科学出版社.

马三梅, 王永飞, 孙小武. 2014. 植物学实验指导(双语教材). 北京: 科学出版社.

马三梅, 王永飞, 叶秀麟, 等. 2004. 植物无融合生殖的若干新进展. 热带亚热带植物学报, 12(5): 477-481.

马三梅. 2008. "植物组织培养"发展简史教学的改进. 高等理科教育, 2008 年教育教学研究专辑(一): 369-371.

孟庆伟, 高辉远. 2011. 植物生理学. 北京: 中国农业出版社.

莫蓓莘. 2016. 植物生理学(英汉双语版). 北京: 高等教育出版社.

牟望舒, 应铁进. 2014. 植物乙烯信号转导研究进展. 园艺学报, 41(9): 1895-1912.

牛义岭, 姜秀明, 许向阳. 2016. 植物转录因子 MYB 基因家族的研究进展. 分子植物育种, 14(8): 2050-2059.

潘瑞炽. 2008. 植物生理学(6 版). 北京: 高等教育出版社.

潘瑞炽. 2012. 植物生理学(7 版). 北京: 高等教育出版社.

任怡怡, 戴绍军, 刘炜. 2012. 生长素的运输及其在信号转导及植物发育中的作用. 生物技术通报, 28(3): 9-16.

斯蒂芬·帕拉蒂. 2011. 木本植物生理学(原著第 3 版). 尹伟伦, 郑彩霞, 李凤兰等译. 北京: 科学出版社.

宋纯鹏, 王学路. 2009. 植物生理学(4 版). 周云等译. 北京: 科学出版社.

宋纯鹏, 王学路. 2015. 植物生理学(5 版). 周云等译. 北京: 科学出版社.

孙广玉. 2016. 植物生理学. 北京: 中国林业出版社.

索尔·汉森. 2017. 种子的胜利: 谷物、坚果、果仁、豆类和核籽如何征服植物王国, 塑造人类历史. 杨婷婷译. 北京: 中信出版社.

谭景莹, 董志伟. 2000. 英汉生物化学及分子生物学词典. 北京: 科学出版社.

唐宁, 陈信波. 2014. 植物 MYB 转录因子与非生物胁迫响应研究. 生物学杂志, 31(3): 74-78.

陶怡, 王盈阁, 李鸿杰, 等. 2016. 植物脱落酸信号转导途径的上游信使. 核农学报, 30(9): 1722-1730.

王宝山. 2006. 植物生理学学习指导. 北京: 科学出版社.

王宝山. 2007. 植物生理学(2 版). 北京: 科学出版社.

王丰, 施一公. 2014. 26S 蛋白酶体的结构生物学研究进展. 中国科学: 生命科学, 44(10): 965-974.

王贵芳, 彭福田, 赵永飞, 等. 2018. 植物 SnRK1 蛋白激酶研究进展. 山东农业科学, 50(1): 164-172.

王贵芳, 于雯, 罗静静, 等. 2018. 平邑甜茶 *MhSnRK1* 在番茄中超表达对种子萌发及幼苗生长的影响. 园艺学报, 45 (6): 1185-1192.

王镜岩, 朱圣庚, 徐长法. 2008. 生物化学教程. 北京: 高等教育出版社.

王培培, 宋萍, 张群. 2016. 磷脂酶 D 信号转导与植物耐盐研究进展. 生物技术通报, 32(10): 58-65.

王三根, 梁颖. 2006. 植物生理学学习指导与习题解答. 重庆: 西南师范大学出版社.

王三根, 宗学凤. 2015. 植物抗性生物学. 重庆: 西南师范大学出版社.

王文然, 樊秀彩, 张文颖, 等. 2017. 果树赤霉素代谢与信号途径研究进展. 生物技术通报, 33(11): 1-7.

王小菁, 李娘辉, 潘瑞炽. 2006. 植物生理学学习指导. 北京: 高等教育出版社.

王学奎, 黄见良, 李合生. 2013. 中国植物生理学教材建设的回顾、探索与展望. 植物生理学报, 49 (6): 510-514.

王学奎, 李合生. 2009. 英汉植物生理生化词汇. 北京: 高等教育出版社.

王学奎. 2006. 植物生理生化实验原理和技术(2 版). 北京: 高等教育出版社.

王衍安, 龚维红. 2004. 植物与植物生理. 北京: 高等教育出版社.

王永飞. 2010. 关于种子植物生活史中寄生说法的商榷. 种子, 29(1): 94-95.

王永飞, 马三梅. 2005. 植物生理学双语教学的尝试. 植物生理学通讯, 41(4): 521-524.

王永飞, 马三梅. 2017. 作品导向型学习在植物生化与分子生物学教学中的应用. 生命的化学, 37(4): 642-644.

王永飞, 马三梅, 王莹. 2004. 高等植物叶绿体转化的应用研究进展. 遗传, 26(6): 977-983.

王永飞, 马三梅, 周天鸿. 2010. 关于苔藓植物世代交替中"寄生现象"说法的商榷. 植物生理学通讯, 46(1): 71-72.

王云生. 2014. 植物生理学学习指导. 北京: 中国农业大学出版社.

王忠. 2009. 植物生理学(2 版). 北京: 中国农业出版社.

王忠, 顾蕴洁. 2009. 植物生理学复习思考题答案. 北京: 中国农业出版社.

魏春茹, 李虎滢, 田苗苗, 等. 2017. 拟南芥 F-box 蛋白家族的功能研究进展. 西北植物学报, 37(11): 2300-2308.

武维华. 2008. 植物生理学(2 版). 北京: 科学出版社.

萧浪涛, 王三根. 2004. 植物生理学. 北京: 中国农业出版社.

徐丹丹, 孙帆, 王银晓, 石英尧, 等. 2018. 泛素/26S 蛋白酶体途径在水稻中的生物学功能研究进展. 中国农业科技导报, 20(1): 25-33.

杨晴, 杨晓玲, 秦玲. 2012. 植物生理学. 北京: 中国农业科学技术出版社.

余叔文, 汤章城. 1998. 植物生理与分子生物学(2 版). 北京: 科学出版社.

余叔文. 1992. 植物生理与分子生物学. 北京: 科学出版社.

曾广文, 蒋德安. 2000. 植物生理学. 北京: 中国农业科技出版社.

翟中和, 王喜忠, 丁明孝. 2011. 细胞生物学(4 版). 北京: 高等教育出版社.

张继澍. 2006. 植物生理学. 北京: 高等教育出版社.

张继澍. 2011. 植物生理学学习指导与题解. 北京: 高等教育出版社.

张娟. 2009. 生长素信号转导途径及参与的生物学功能研究进展. 生命科学研究, 13(3): 272-277.

张立军, 梁宗锁. 2007. 植物生理学. 北京: 科学出版社.

张立军, 刘新. 2011. 植物生理学. 北京: 科学出版社.

张淑珍, 徐鹏飞, 吴俊江. 2012. 作物种子生理学实验. 北京: 化学工业出版社.

张蜀秋. 2011. 植物生理学. 北京: 科学出版社.

张彧, 董春海. 2016. 乙烯信号转导及其在植物逆境响应中的作用. 生物技术通报, 32(10): 11-17.

张彦文, 周浓. 2014. 植物学. 武汉: 华中科技大学出版社.

张志良, 瞿伟菁, 李小方. 2009. 植物生理学实验指导(4 版). 北京: 高等教育出版社.

张治安, 陈展宇. 2009. 植物生理学. 长春: 吉林大学出版社.

赵赫, 陈受宜, 张劲松. 2016. 乙烯信号转导与植物非生物胁迫反应调控研究进展. 生物技术通报, 32(10): 1-10.

赵书平, 谈宏斌, 鹿丹, 等. 2017. 植物蛋白激酶介导的非生物胁迫和激素信号转导途径的研究进展. 植物遗传资源学报, 18(2): 358-366.

赵彦. 2016. 种子的智慧. 上海: 上海锦绣文章出版社.

郑炳松, 朱诚, 金松恒. 2011. 高级植物生理学. 杭州: 浙江大学出版社.

郑彩霞. 2013. 植物生理学(3 版). 北京: 中国林业出版社.

郑青松, 刘金隆, 石峰, 等. 2014. 渗透胁迫下植物细胞脱落酸的信号转导途径研究进展. 南京农业大学学报, 37(5): 1-6.

周莉, 刘莉. 2011. 类胡萝卜素生物合成的调控因素及其对光合作用的影响. 天津农业科学, 17(5): 5-8.

周云龙. 2004. 植物生物学(2 版). 北京: 高等教育出版社.

朱家柟, 陆玲娣, 陈艺林, 等. 2001. 拉汉英种子植物名称(2 版). 北京: 科学出版社.

邹琦. 2000. 植物生理生化实验指导. 北京: 中国农业出版社.

Bidlack J E, Jansky H S. 2017. Stern's Introductory Plant Biology (14th edition). New York: McGraw-Hill Higher Education.

Brian E S G, Martin W S. 1999. Plant Cell Biology: Structure and Function. Sudbury: Jones and Bartlett Publishers.

Evert R F. 2006. Esau's Plant Anatomy: Meristems, Cells, and Tissues of the Plant Body: Their Structure, Function, and Development (3rd Edition). Hoboken: John Willey & Sons Inc.

Grove M D, Spencer G F, Rohwedder W K, et al. 1979. Brassinolide, a plant growth-promoting steroid isolated from *Brassica napus* pollen. Nature. 281(5728): 216-217.

Lack A J, Evans D E. 2001. Instant Notes in Plant Biology. 北京: 科学出版社.

Mitchell J W, Mandava N, Worley J F, et al. 1970. Brassins: a new family of plant hormones from rape pollen. Nature. 225(5237): 1065-1606.

Raven P H. 1999. Biology of Plants (6th edition). New York: Worth Publishers Inc.

Rost T L, Barbour M G C, Stocking R, et al. 2006. Plant Biology (2nd edition). Belmont: Thomson High Education.

Salisbury F B, Ross C W. 1992. Plant Physiology (4th edition). Belmont: Wadsworth Publishing Company.

Stern K R. 2003. Introductory Plant Biology (9th edition). New York: McGraw-Hill Higher Education.

Stern K R. 2003. Introductory Plant Biology Laboratory Manual (10th edition). New York: McGraw-Hill Higher Education.

Taiz L, Zeiger E, Møller IM, et al. 2014. Plant Physiology and Development (6th edition). Sunderland: Sinauer Associates.

Taiz L, Zeiger E. 2002. Plant Physiology (3rd edition). Sunderland: Sinauer Associates.

Ten Hove C A, Lu K J, Weijers D. 2015. Building a plant: cell fate specification in the early *Arabidopsis* embryo. Development, 142: 420-430.

Uno G, Storey R, Moore R. 2001. Principles of Botany. New York: McGraw-Hill High Education.